Der Nahe und Mittlere Osten – Ein Staatenlexikon

Wolfgang Gieler/ Markus Porsche-Ludwig (Hrsg.)

Der Nahe und Mittlere Osten – Ein Staatenlexikon

2., überarbeitete Auflage

PETER LANG
EDITION

Bibliografische Information der Deutschen Nationalbibliothek
Die Deutsche Nationalbibliothek verzeichnet diese Publikation in der Deutschen Nationalbibliografie; detaillierte bibliografische Daten sind im Internet über http://dnb.d-nb.de abrufbar.

Umschlagabbildung:
Die Staaten des Nahen und Mittleren Ostens.
© Wolfgang Gieler

ISBN 978-3-631-72172-8 (Print)
E-ISBN 978-3-631-72173-5 (E-PDF)
E-ISBN 978-3-631-72174-2 (EPUB)
E-ISBN 978-3-631-72175-9 (MOBI)
DOI 10.3726/b11228

Peter Lang – Frankfurt am Main · Bern · Bruxelles ·
New York · Oxford · Warszawa · Wien

Diese Publikation wurde begutachtet.

www.peterlang.com

Inhaltsverzeichnis

Vorwort

Tag für Tag tritt uns die internationale Politik in unterschiedlichster Form entgegen. Nachrichten und Analysen über bestimmte Handlungen einer Regierung, Kommentare über den Konflikt zwischen zwei oder mehreren Staaten, Informationen über innere Auseinandersetzungen in einem geostrategisch bedeutsamen Staat illustrieren nur facettenhaft die Komplexität, Unübersichtlichkeit und Globalität internationaler Politik. Dies trifft vor allem auf die Staatenwelt des Nahen und Mittleren Ostens zu.

Der „Arabische Frühling“ von 2011 löste ein breites Interesse der europäischen Staaten an der arabischen Welt aus. Damit knüpfte Europa an eine Faszination an, die seit Jahrhunderten für diese Nachbarregion empfunden wird. Im Gegensatz dazu stehen allerdings die eher unklaren Vorstellungen über die Bezeichnung sowie geographische Eingrenzung der Region. Zahlreiche Benennungen werden teils synonym verwendet.

Grundsätzlich wird im Deutschen zwischen dem „Nahen Osten“, dem „Mittleren Osten“ und dem „Fernen Osten“ unterschieden. Im Englischen „Middle East“ sowie in zahlreichen nahöstlichen Sprachen wird die Region als „Mittlerer Osten“ bezeichnet, insbesondere auf Arabisch الشرق الأوسط asch-scharq al-awsat, Hebräisch המזרח התיכון haMizrach haTichon, Türkisch Orta Doğu, Kurdisch rojhilata navîn und Persisch خاورمیانه. Die G8-Definition von Middle East bezieht das gesamte Nordafrika (Mittelmeeranrainerstaaten) mit ein.

Das vorliegende Staatenlexikon legt das kulturgeographische Verständnis der Region zugrunde. Es umfasst somit Nordafrika bis zum Südrand der Sahara, von Mauretanien im Westen bis zum Sudan im Osten, und außerdem in Asien das gesamte Gebiet von der Arabischen Halbinsel im Süden und von Kleinasien im Norden über das Iranische Hochland bis einschließlich Pakistan.

Der Begriff „Naher und Mittlerer Osten“ weist eine stark eurozentrisch geprägte Perspektive auf. Die Namenszuweisung stammt aus der römischen Antike, die den „Orient“ als eine von vier definierten Weltgegenden ausmachte, und zwar als „Osten“, in dem die Sonne aufgeht (lat.: sol oriens). Demgegenüber stand der „Okzident“, der Westen, in dem die Sonne untergeht (lat.: sol occidens).

Eine islamisch geprägte Region, die zugleich ein Zentrum wirtschaftlicher, militärischer und politischer Interessen der westlichen Staatenwelt darstellt, ist von beträchtlicher Bedeutung, insbesondere für die USA, für die Staaten Westeuropas, China und Japan. Um lediglich einige zeithistorische Aspekte anzuführen: die Erdölreserven am Persisch-Arabischen Golf, die Energievorkommen des ehemals sowjetischen Zentralasiens, seine frühere geostrategische Bedeutung für die „Eindämmung" der damaligen Sowjetunion an ihrer Südflanke, der arabisch-israelische Konflikt der letzten Jahrzehnte sowie die neue politische Herausforderung durch Flüchtlingsbewegungen. Zwei Golfkriege in einem Jahrzehnt, die Entführungen westlicher Bürger im Libanon, die Geiselnahme in der US-amerikanischen Botschaft in Teheran im Zuge der schiitischen Revolution im Iran oder das Problem der Unterdrückung der Selbstbestimmung der Kurden sind weitere.

In Anbetracht der Heterogenität der arabischen Staaten, die sich sowohl in Interessenkonflikten zwischen als auch innerhalb dieser Staaten widerspiegelt, stellt dieser Band einen Versuch dar, sich der Region durch den gezielten Blick auf die einzelnen Staaten des Nahen und Mittleren Ostens zu nähern. In alphabetisch geordnetem Aufbau – von Afghanistan, Irak und Iran über Israel, Saudi-Arabien, Syrien und die Türkei bis Marokko und Tunesien – werden insgesamt fünfundzwanzig Staaten thematisiert.

Zentrale Aufgabenstellung war dabei, die Entwicklung der jeweiligen Staaten aus deren Innenperspektive zu analysieren, vor allem, um eine grundlegende Kenntnis der Geographie, Geschichte, Kultur, Politik und Wirtschaft dieser Staaten zu vermitteln. Um eine Komparabilität zu ermöglichen, folgen die jeweiligen Länderbeiträge einer vorgegebenen, identischen Konzeption: Naturraum und geographische Rahmenbedingungen, geschichtliche Entwicklung bis zur Unabhängigkeit, Bevölkerungsstruktur – speziell ethnische Zusammensetzung –, Wirtschaftsstruktur, aktuelle politische Entwicklung und Literatur (verwendete und weiterführende).

In besonderem Maße wurde auf eine interdisziplinäre Betrachtungs- und Vorgehensweise Wert gelegt, was sich sowohl in der internationalen als auch fachwissenschaftlichen Zusammensetzung der Autoren widerspiegelt. Dank gilt allen Autorinnen und Autoren für die Erstellung der Beiträge; ohne ihre konstruktive Zusammenarbeit wäre dieses Lexikon nicht in der relativ kurzen Zeit zustande gekommen.

Zielgruppe des Bandes sind vor allem Wissenschaftler, Studierende, Dozenten, Journalisten und sonstige Mittler politischer Bildung sowie alle Interessierten, denen das Lexikon wesentliche Hintergrundinformationen zur differenzierten und abgewogenen Darstellung einer der bedeutendsten Regionen in der internationalen Politik an die Hand geben möchte. Insofern eignet es sich sowohl als einführende Überblickslektüre als auch als Vertiefung für alle diejenigen, die sich mit der Region Naher und Mittlerer Osten beschäftigen. Das Staatenlexikon bemüht sich einerseits um eine lesbare, einführende Überblicksdarstellung dieser weltpolitischen Region, andererseits will es doch präzise genug sein, um auch Fachkreise anzusprechen. Von einer Überfrachtung mit Fachterminologie und einem wissenschaftlichen Apparat mit Fußnoten usw. ist daher abgesehen worden.

Bonn/Istanbul und Hualien, im März 2017
Prof. Dr. Wolfgang Gieler
Prof. Dr. Markus Porsche-Ludwig

Staaten

Andreas Dittmann & André Staarmann

Afghanistan

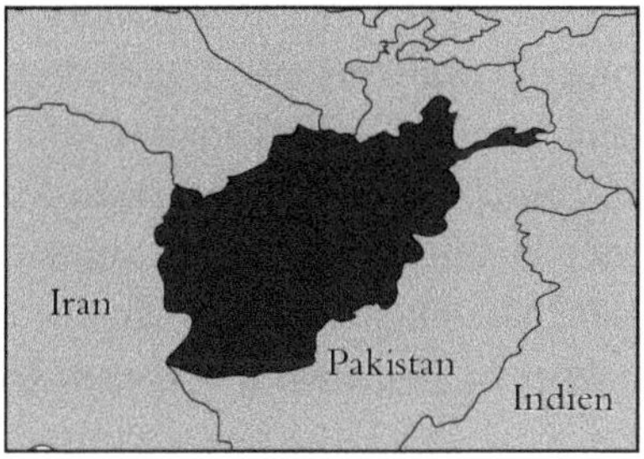

Offizieller Name:	Islamische Republik Afghanistan
Staatsform:	Islamische Republik
Unabhängigkeit:	19. August 1919 (von Großbritannien)
Nationalfeiertag:	19. August (Unabhängigkeitstag)
Hauptstadt:	Kabul
Lage:	Zentralasien
Fläche:	652.864 qkm (Weltrang: 40)
Bevölkerung:	32,5 Millionen (Weltrang: 40)
Landesstruktur:	34 Provinzen (Wilayats) und 398 Distrikte (Woluswali)
Sprachen:	Dari (50 Prozent), Paschtu (35 Prozent), daneben Turksprachen (11 Prozent)
Religionen:	Islam (80 Prozent Sunniten und 19 Prozent Schiiten), Andere (1 Prozent)
Währung:	Afghani (AFN)
Wirtschaftszweige:	Landwirtschaft: weltweit größte Opiumproduktion; Haschischproduktion, Weizen, Früchte, Nüsse, Wolle, Hammelfleisch, Schaffelle, Lammfelle; Industrie: Ziegelherstellung, Textilien, Seife, Möbel, Schuhe, Dünger, Bekleidung, Lebensmittel, alkoholfreie Getränke, Mineralwasser, Zement; handgewebte Teppiche; Erdgas, Erdöl, Kohle, Kupfer
Mitgliedschaften:	UN, WTO (Beobachterstatus), ICC, NAN, OIC, SAARC, Bewegung der Blockfreien Staaten
Wichtigste Medien:	Die staatliche Rundfunkanstalt Radio Television Afghanistan (RTA) betreibt eine Reihe von Radio- und Fernsehstationen in Kabul und den Provinzen; schätzungsweise 150 private Radiosender, 50 TV-Sender und etwa ein Dutzend internationale Sender stehen zur Verfügung.

Naturraum und geographische Rahmenbedingungen

Der Naturraum Afghanistans ist durch eine starke vertikale Gliederung und ein ausgeprägtes Relief gekennzeichnet. Daher ist Afghanistan trotz seiner in den nördlichen und südlichen Landesteilen gelegenen Hochebenen und Tiefländern in erster Linie als ein Gebirgsland anzusprechen. Gestalt und Ausprägung der afghanischen Landschaften sind das Ergebnis der Formbildungen durch tektonische Prozesse, die insbesondere in der Zeit der alpidischen Gebirgsbildung im Oligozän/Miozän sowie den seit dem Tertiär auftretenden Hebungs- und Senkungsphasen das gegenwärtige Landschaftsbild prägten. Mit Blick auf die Lage des Landes im Großrelief des asiatischen Kontinents ist der größte Teil dem Iranisch-Afghanischen Hochland zuzurechnen. Fast die Hälfte des gesamten afghanischen Staatsterritoriums (46 Prozent) nimmt eine mittlere Höhenlage von 600 bis 800 m ein. 33 Prozent der Landesfläche liegen zwischen 1.800 und 3.000 m und etwa 10 Prozent über 3.000 m.

Das vom Meer abgeschlossene Binnenland Afghanistan wird von dem mächtigen Gebirgszug des Hindukusch als dem südwestlichsten der großen zentralasiatischen Hochgebirge dominiert. Der im Norden an das Darwaz-Gebirge und den Pamir angelagerte Hindukusch markiert die Hauptwasserscheide zwischen dem Amu-Darja und seinen Nebenflüssen, die zum Aralsee hin entwässern und dem Einzugsgebiet des Kabul-Flusses, dessen Wasser dem Indus und damit dem Indischen Ozean zuströmt.

Der östliche Teil des Hindukusch ist mit mittleren Höhenlagen von 2.000 bis 3.500 m stark zerschnitten, teilweise vergletschert und daher als „hochalpin“ anzusprechen. Der zentrale Hindukusch wird von langgestreckten und tief eingeschnittenen Tälern durchzogen. Der höchste Gipfel dieses im Mittel 5.000 bis 6.000 m hohen Gebirgsabschnittes ist der 6.843 m hohe Kuh-e Bandaka. Der westliche Teil des Hindukusch wird von der Salang-Kette dominiert, deren mittlere Höhenlagen in ost-westlicher Richtung von etwa 5.000 auf etwa 4.000 m absinken. Die maximale Höhenlage wird im Wakhan-Korridor im Nordosten Afghanistans mit 7.485 m erreicht.

Das afghanische Hochland befindet sich einerseits im Osten des Landes, wo eine Reihe von Hochbecken durch relativ niedrige Passübergänge oder enge Durchbruchstäler miteinander in Verbindung stehen. Im Nordosten zeigt sich das Hochland vergleichsweise stärker gestuft und geklammert.

Hier befinden sich die Becken der Kabul-Ebene, das Logar-Tal und der Koh-e Daman. Die sich im südlichen Einzugsgebiet des Kabul-Flusses am Gebirgsrand befindenden, tief eingeschnittenen Täler eröffnen eine östliche Verbindung in das subkontinentale Indus-Tiefland. Der Süden ist durch ein abflussloses Becken gekennzeichnet, welches sich vom Gebirgsrand in südlicher Richtung auf ca. 500 m absenkt. In diesem Gebiet verläuft sich der Fluss Helmand in den flachen Endseen von Seistan. Weiterhin liegen innerhalb dieser Beckenlandschaft die beiden Wüsten Registan (Sanddünen) sowie Dasht-e Margo (Schotter und Lehm). Die sich entlang der westlichen Landesgrenze befindliche Aneinanderreihung von kleineren Becken wird im Norden Afghanistans durch die Abdachung der Gebirge und das jeweils vorgelagerte Tiefland, das sich bis zum nördlichen Grenzfluss Amu Darja auf ca. 300 m absenkt, unterbrochen.

Das Klima wird durch die Lage des Landes im altweltlichen Trockengürtel, durch die Entfernung zum Indischen Ozean sowie durch die ausgeprägte Reliefgestaltung bestimmt. Folglich sind große Teile als aride Wüsten- und Steppengebiete anzusprechen. Des Weiteren provozieren die kontinentale Binnenlage sowie die zumeist großen Höhenlagen über dem Meeresspiegel ein durch Frost und Schneefall gekennzeichnetes winterkaltes Klima, was in weiten Teilen Afghanistans eine längere Vegetationspause bedingt.

In den Hochgebirgsregionen des Hindukusch (> 4.500 m) werden mit mehr als 700 mm die landesweit höchsten Jahresniederschläge erreicht. Absteigend folgen dann das zentrale Bergland (4.500 bis 1.250 m) mit 700–200 mm Jahresniederschlag, die Halbwüsten- und Steppengebiete des Südwestens und Nordens von Afghanistan mit 100–200 mm Jahresniederschlag sowie die wüstenhaften Becken Südwest-Afghanistans mit weniger als 100 mm Jahresniederschlag. Lediglich ein schmaler Streifen im Osten liegt im nordwestlichen Randbereich des vorderindischen Sommermonsuns und seiner tropischen Luftmassen und empfängt daher regelmäßige Sommerregen.

Grundsätzlich sind für Afghanistan die folgenden klimatischen Merkmale zu identifizieren: Afghanistan ist hygrisch-klimatisch allgemein durch geringe Niederschlagsmengen gekennzeichnet. Diese treten mit einer hohen Variabilität auf und konzentrieren sich zudem weitgehend auf wenige Tage innerhalb der Niederschlagsperiode im Winter und Frühjahr. Thermisch-klimatisch ist für Afghanistan eine starke Kontinentalität des Klimas mit einer hohen jahreszeitlichen Veränderlichkeit sowie einer ausgeprägten Höhenstufung zu konstatieren. Die mittlere Jahresschwankung der Temperatur, d.h. die Differenz zwischen den Mittelwerten der Lufttemperatur im wärmsten und kältesten Monat eines Jahres, kennzeichnet den Grad der Kontinentalität des Klimas. Innerhalb Afghanistans streut diese Differenz zum Teil sehr beträchtlich zwischen 20 und 33 °C. Die höchsten mittleren Jahresschwankungen der Lufttemperatur (29–33 °C) treten sowohl im zentralen Hochland als auch in den Tiefländern Nord- und Südafghanistans auf. Die für diese Räume zu konstatierende deutlich kontinentale Prägung des Klimas unterscheidet sich signifikant von den thermisch-klimatischen Bedingungen in den Höhenlagen des Hindukusch-Gebirges. Die sich hier zwischen 20 und 21 °C einpendelnden Differenzwerte markieren die geringsten Schwankungen der mittleren Jahreslufttemperatur innerhalb Afghanistans und damit ein durch ozeanische Einflüsse geprägtes Klima.

Das relativ dichte Gewässernetz kann aufgrund seiner hydrologischen Gegebenheiten in fünf große Einzugsgebiete gegliedert werden, die etwa 90 Prozent der Gesamtfläche des Landes entwässern. Im Norden und Nordosten Afghanistans befindet sich das Einzugsgebiet des Amu Darja, das im Norden 10 Prozent und im Nordosten 14 Prozent der Landesfläche abdeckt. Im Osten befindet sich das Einzugsgebiet des Kabul-Flusses, das 12 Prozent der Landesfläche abdeckt. Im Westen entwässern die Flüsse Hari Rud und Morghab ihre jeweiligen Einzugsgebiete (11 Prozent des Landes). Im Südwesten schließlich sorgt das Einzugsgebiet des Helmand für die Entwässerung von 43 Prozent der gesamten Landesfläche und repräsentiert damit das größte Flusseinzugsgebiet Afghanistans.

Geschichtliche Entwicklung

Afghanistan liegt aufgrund seiner strategisch wichtigen Lage im „Herzen Asiens" seit Jahrhunderten im Fokus der Interessen externer Akteure. Als frühe Beispiele externer Einflussnahmen sei auf die Herrschaft der persischen Achämeniden (559–330 v. Chr.), die Einfälle der griechischen Heere unter Alexander dem Großen (330–326 v. Chr.), die Herrschaft der Sassaniden (226–642), die Eroberungen durch die Araber (649 u. 663) mit folgender Islamisierung und die Einfälle der Mongolen unter Dschingis Khan (13. Jahrhundert) verwiesen. Im Anschluss an die klassische Weber'sche

Dreigliederung zur Typisierung moderner Nationalstaaten (= Staatsvolk, Staatsgebiet und Staatsmacht) ist die Etablierung des Nationalstaates Afghanistan auf das ausgehende 19. Jahrhundert zu datieren. „Hence it only is little more than one hundred years old" (Schetter 2006: 20). Im Zuge der im Laufe des 19. Jahrhunderts erfolgenden imperialen Durchdringung Zentral- und Südasiens durch das zaristische Russland und das Britische Empire wird das bis in die Gegenwart bestehende Staatsgebiet Afghanistans durch koloniale Grenzziehungskommissionen eben dieser Akteure festgeschrieben.

Dieser unter der Bezeichnung „Imperiales Great Game" zu subsumierende Prozess produziert den modernen Nationalstaat Afghanistan, welcher als eine Pufferzone zwischen den territorialen Interessensphären rivalisierender Großmächte konstruiert wird und damit als ein Produkt externer Einflussnahme anzusprechen ist. Die der imperialen Grenzziehung unterliegenden ausschließlich geostrategischen Interessen sind durch eine völlige Ignoranz ökonomischer und ethnischer Sachverhalte gekennzeichnet. Insbesondere letzterer Aspekt trägt bis zum gegenwärtigen Zeitpunkt zur anhaltenden Instabilität und Labilität des afghanischen Staatsgebildes bei.

Während des Ost-West-Konfliktes steht Afghanistan abermals im Fokus der Interessen externer Akteure. Die Zeit zwischen dem Ende des Zweiten Weltkrieges und der sowjetischen Invasion (1979) ist durch einen ideologischen Wettbewerb um sozialistisch und kapitalistisch geprägte Einflussnahmen gekennzeichnet, welcher unter der Prämisse entwicklungspolitischer Maßnahmen geführt wird. Neben der Implementierung und Finanzierung infrastruktureller Großprojekte, wie die Errichtung von Staudämmen zur Produktion von Hydroenergie, zielen bildungspolitische Maßnahmen, wie Universitäts- und Hochschulgründungen sowie die Entsendung afghanischer Studierender ins sozialistische bzw. kapitalistische Ausland, auf eine direkte ideologische Indoktrination der afghanischen Bevölkerung. Die nach dem Einmarsch der Sowjets erfolgende Errichtung eines kommunistischen Regimes katapultiert Afghanistan in einen zehnjährigen Stellvertreterkrieg (1979–1989), der seitens der Sowjetunion durch direkte militärische Intervention und seitens der USA durch indirekte Unterstützung oppositioneller Gruppen (Mujahedin) in Form von Waffenlieferungen, militärischer Beratung und Ausbildung geführt wird. Mit dem Rückzug der Roten Armee und dem folgenden Zusammenbruch des kommunistischen Regimes etablieren oppositionelle Mujahedin-

Gruppen den Islamischen Staat Afghanistan. „This government lacked control over its territory and also had its problems in the capital" (Kohistani 2011: 175).

Durch die Abwesenheit einer zentralen Staatsmacht sowie die Existenz diverser oppositioneller Gruppen mit unterschiedlichsten und teilweise unvereinbaren Zielsetzungen und Interessen ergibt sich seit Beginn der 1990er Jahre eine anarchistische Situation, welche in einem Bürgerkrieg mündet, im Zuge dessen weite Teile der afghanischen Hauptstadt Kabul völlig zerstört werden. In diesem Zusammenhang sei abermals auf die zentrale Rolle externer Akteure verwiesen (u.a. Pakistan, Iran, USA, Saudi Arabien, Russland, Türkei), die durch Finanzhilfen an unterschiedliche rivalisierende Gruppen die Fortführung des Bürgerkrieges ermöglichen und damit unter der Prämisse eines „New Great Game" (Dittmann 2004: 66) ihre jeweiligen Interessen in Afghanistan respektive der Großregion Zentralasien durchzusetzen suchen. Mit dem Erscheinen der radikal-islamistischen Taliban-Bewegung, die sich vor allem aus Paschtunen, Usbeken, Tschetschenen und anderen Dschihadisten aus Zentralasien und dem Kaukasus zusammensetzt, wird der innerafghanische Bürgerkrieg beendet. Nach den Eroberungen von Kandahar und Herat wird im September 1996 die afghanische Hauptstadt Kabul von den Taliban eingenommen.

Mit der folgenden Etablierung des Taliban-Regimes bei gleichzeitiger Expansion in den Norden Afghanistans erreicht der Herrschaftsbereich eben dieser Gruppierung um die Jahrtausendwende ihren Höhepunkt. „By 2000 [...] the Taliban brought over eighty percent of the country under their control" (Kohistani 2011: 187). Die diplomatische Anerkennung des Taliban-Regimes durch Pakistan, Saudi Arabien und die Vereinigten Arabischen Emirate kennzeichnet sowohl die finanziellen als auch die ideologischen Unterstützer der radikal-islamistischen Herrschaftselite in Afghanistan. Der in der Folge von den Terroranschlägen von „9/11" im Oktober 2001 eingeleitete Krieg der US-geführten westlichen Militärallianz in Afghanistan führt zum Sturz des Taliban-Regimes und zur Etablierung der Islamischen Republik Afghanistan. Die auf dem Petersberg in Bonn verabschiedete Verfassung des afghanischen Staates steht exemplarisch für die jüngste Phase externer Einflussnahme in dem Land am Hindukusch. Die bis in das Jahr 2014 andauernde massive militärische Präsenz westlicher Staaten sowie die gegenwärtige und auch zukünftig sicherlich kaum abnehmende Abhängigkeit der Islamischen Republik Afghanistan von westlichen Finanz- und insbesondere Militärhilfen unterstreicht die einleitend vorgebrachte These von der langen Tradition externer Einflussnahme in Afghanistan.

Bevölkerungsstruktur – speziell ethnische Zusammensetzung

Afghanistan ist gekennzeichnet von einer ausgesprochen ethno-linguistischen Vielfalt. Konkrete Zahlenangaben sind sehr schwierig und verlässliche Daten kaum zu bekommen, da sie von unterschiedlichsten Akteuren jeweils verfälscht und zur Durchsetzung ihrer politischen Zwecke instrumentalisiert werden. Dennoch lässt sich festhalten, dass die größte Gruppe mit etwa 51 Prozent der Gesamtbevölkerung die Paschtunen ausmachen, deren traditionelle Siedlungsgebiete sich überwiegend im Osten und Süden des Landes befinden. Im Zuge von Umsiedlungsmaßnahmen gelangten jedoch auch viele Paschtunen in andere Gegenden des Landes, wie etwa in das südliche Umland von Herat.

Mit ca. 35 bis 38 Prozent stellen die Tadschiken die zweitgrößte ethnolinguistische Gruppe des Landes. Sie verteilen sich vor allem auf den Raum Kabul sowie die nördlichen und nordöstlichen Landesteile. Tadschiken und Paschtunen tendieren vielfach dazu, sich jeweils selbst als die für eine Herrschaft über ganz Afghanistan zuständige Gruppe zu betrachten und leben dazu eine nahezu alle Bereiche der afghanischen Gesellschaft durchdringende Konfliktkultur aus, welche die Landesentwicklung gleichzeitig paralysiert. Als rein theoretische Konstrukte, die aber mit der tatsächlichen Wirklichkeit der aktuellen Lebenswelten innerhalb des Landes nur wenig zu tun haben, müssen daher Überlegungen eingestuft werden, die Ethnizität, Tribalismus und das Denken in ethnischen Kategorien als „westliche Konstruktionen“ abtun wollen, und damit einfach nur eine eigene tiefgreifende Unwissenheit über die aktuellen emischen Prägefaktoren Afghanistans offenbaren.

Die dritte große ethno-linguistische Gruppe des Landes bilden mit etwa 16 Prozent die heute überwiegend Tadschikisch sprechenden Hazara, deren Siedlungsgebiete sich im Zentrum des afghanischen Hochlandes befinden. Kleinere Gruppen bilden Usbeken und Turkmenen, von denen aber zumindest die erstgenannten zur Zeit der Mujahedin-Kriege einen gewissen militärisch-politischen Einfluss erlangen konnten. Einige Tausend

Belutschen bewohnen den äußersten Süden des Landes, haben aber ihre Bevölkerungsschwerpunkte mehr in ihren pakistanischen bzw. iranischen Siedlungsgebieten.

Wirtschaftsstruktur

Die Wirtschaft Afghanistans wird, gemessen am BIP (2014: 21,7 Mrd. USD), durch den Dienstleistungssektor (53,5 Prozent) dominiert. Den zweitwichtigsten Wirtschaftsfaktor repräsentiert die Landwirtschaft, welche in 2014 einen 27,7 Prozent-Anteil am BIP hält. Die aus diesem Verhältnis abzuleitende nachrangige Bedeutung des sekundären Sektors respektive des produzierenden Gewerbes kennzeichnet Afghanistan als einen Staat mit geringer industrieller Produktion, welcher folglich durch eine hohe Importabhängigkeit gekennzeichnet ist. Da eine Vielzahl afghanischer Produkte aufgrund qualitativer Mängel auf den internationalen Märkten nicht wettbewerbsfähig sind, ergibt sich etwa für das Jahr 2011 ein Handelsdefizit (Export minus Import) von 5 Mrd. USD. Gleichwohl repräsentiert der Außenhandel einen wichtigen Eckpfeiler der afghanischen Volkswirtschaft. Die Einnahmen aus Exporten von Gütern und Waren weisen kontinuierliche Steigerungsraten auf. Im Vergleich zu 7 Prozent im Jahr 2003 stellen eben diese im Jahr 2011 bereits einen 24 Prozent-Anteil am gesamten Exportvolumen von 366 Mio. USD.

Analog zur gesamtwirtschaftlichen Bedeutung der Landwirtschaft stellen landwirtschaftliche Produkte mehr als die Hälfte der afghanischen Exportgüter dar. In diesem Zusammenhang sei auf die wirtschaftliche Bedeutung des Exports verschiedener Traubensorten, frischer und getrockneter Nüsse sowie von Säften und Ölsaaten verwiesen. Als Hauptabnehmer dieser Güter gelten Indien und Iran. Weitere wichtige Exportgüter stellen Produkte aus afghanischen Manufakturen dar. In diesem Kontext muss auf die wirtschaftliche Bedeutung der Teppichproduktion verwiesen werden. Die entsprechenden Güter werden vornehmlich nach Pakistan und in die Türkei exportiert. Das Importvolumen der afghanischen Volkswirtschaft weist gleichfalls erhebliche Steigerungsraten auf. Während sich im Jahr 2003 die Importe auf eine Gesamtsumme von etwa 4,3 Mrd. USD belaufen, werden im Jahr 2014 bereits Waren und Güter im Wert von ca. 7,2 Mrd. USD bezogen. Zu den wichtigsten Importgütern zählen u. a. Treibstoffe, Dienstleistungen im Bereich der Telekommunikation, Strom, Kraftfahrzeuge samt Zubehör sowie Maschinen und dazugehörige Ersatzteile (29 Prozent Anteil am Importvolumen). Des Weiteren sind Produkte aus Manufakturen (20 Prozent Anteil) sowie der Landwirtschaft (16 Prozent Anteil) als wichtige Bestandteile der afghanischen Importwirtschaft zu nennen.

Neben der nach wie vor angespannten Sicherheitslage und den daraus resultierenden Hemmnissen für Investitionstätigkeiten sind die lagebedingten Faktoren Afghanistans als Binnenstaat und die sich daraus ergebenden vergleichsweise hohen Transportkosten sowie die mangelhafte und schlecht ausgebaute Infrastruktur als zentrale Probleme für die weitere Entwicklung der Volkswirtschaft zu nennen. Gleichwohl werden hohe wirtschaftliche Erwartungen an die zukünftige Erschließung der durchaus nennenswerten afghanischen Rohstoffvorkommen (Erdöl, Erdgas, Kohle, Lithium, Gold, Edelsteine und seltene Erden) gestellt.

Da Afghanistan als eine, im internationalen Vergleich sehr offene Volkswirtschaft zu bezeichnen ist und sich die Regierung als sehr aufgeschlossen gegenüber ausländischen Investitionen zeigt, markiert die Erschließung eben jener Rohstoffvorkommen ein wichtiges Element für die zukünftige wirtschaftliche Entwicklung des Landes. Neben den bereits angeführten Problemen ist das beträchtliche Ausmaß der informellen Wirtschaftstätigkeiten (insbesondere Drogenwirtschaft) als ein weiteres Hemmnis für die wirtschaftliche Entwicklung zu nennen. 80 bis 90 Prozent aller wirtschaftlichen Aktivitäten finden im informellen und illegalen Sektor statt. Afghanistan ist der weltweit größte Produzent von Opium, Heroin und Cannabis. Etwa 2,2 Mio. Afghanen leben direkt oder indirekt vom Drogenanbau, -handel und -verkauf. Maßnahmen zur Eindämmung der Drogenwirtschaft werden bis in die Gegenwart durch die angespannte Sicherheitslage sowie die weitverbreitete Korruption konterkariert. Gleichzeitig erschweren die in diesem Bereich zu erzielenden hohen Gewinne den sowohl für die Grundversorgung der afghanischen Bevölkerung als auch den für den Außenhandel wichtigen Ausbau der Agrarwirtschaft.

Aktuelle politische Entwicklung

Im Rahmen der ersten internationalen Afghanistan-Konferenz wurden 2001 auf dem Petersberg bei Bonn die neue afghanische Verfassung und die Kooperationsvereinbarungen zum Wiederaufbau Afghanistans beschlossen. Für viele Afghanen kommt diesem Ort und der mit ihm verbundenen Symbolkraft bis heute eine große, besonders verehrte Bedeutung zu. Zehn Jahre nach Beginn des Aufbauprogramms für Afghanistan sollte hier in einer zweiten Afghanistan-Konferenz Bilanz gezogen werden. Potentiell sind Jubiläen immer Gelegenheiten, auf Geleistetes zurückzublicken – besonders dann, wenn sich die Frage stellt, ob es denn etwas zu bejubeln gibt. Der afghanische Präsident Hamid Karzai und der damalige deutsche Außenminister Guido Westerwelle vereinbarten daher eine Folgekonferenz auf dem Petersberg für den Spätherbst 2011.

Eine weitergehende Bilanz der Ziele der ersten internationalen Afghanistan-Konferenz fällt heute, nach vierzehn Jahren, nicht nur eher bescheiden, sondern sogar ausgesprochen ernüchternd aus. Kaum eines der übergeordneten, internationalen Verantwortungskooperationen zugeordneten Ziele scheint erreicht. Dies gilt insbesondere für den Bereich der inneren Sicherheit, aber auch für viele Entwicklungsprogramme. Erklärungsversuche für das weitgehende Ausbleiben des afghanischen Wiederaufbaus können weder vollständig sein noch können sie direkt umsetzbare Alternativprogramme aufzeigen. Sie dürfen aber den Versuch wagen, auch auf solche Aspekte hinzuweisen, die allgemein zu den weniger häufig veröffentlichten Aspekten oder sogar zu den ungeliebten Wahrheiten gehören.

In diesem Zusammenhang sei erwähnt, dass immer noch ein klares Entwicklungsziel, das auch das Ende der massiven internationalen Präsenz in Afghanistan markieren könnte, fehlt. Zudem sind die Sicherheitsprogramme gescheitert. Vom Frieden ist Afghanistan heute weiter entfernt als noch vor fünf Jahren. Die sog. „sicheren Zonen" innerhalb des Landes sind seit 2005 immer weniger und immer kleiner geworden. Heute sind sogar der lange Zeit als relativ sicher geltende Norden und die Hauptstadt Kabul Risikogebiete. Kompetenzgerangel und das zögerliche bzw. nur teilweise erfolgte Bereitstellen der auf der ersten internationalen Afghanistan-Konferenz fest zugesagten Entwicklungsbudgets behindern den Wiederaufbau des Landes. Aufbau-Aktivisten wirken in ihrer Massierung als „Flut der Helfer" (vgl. Dittmann/Kohistani 2004) in vielen Bereichen sogar eher entwicklungshemmend.

Mit der Durchsetzung seines Entwicklungs- und Sicherheitskonzeptes hat der Westen nicht nur seine Kräfte überspannt, sondern in der Vernachlässigung afghanischer Lösungsansätze sogar zum Wiedererstarken der Taliban beigetragen. Westliche Akteure, die in militärischen Belangen offiziell als verbündete, wenn auch nicht immer besonders gut koordinierte Partner agieren, konkurrieren in vielen Aufbaubereichen (z. B. im Hochschulsektor, Kohistani 2011a und 2011b) hart miteinander. Die große Gruppe der Exil-Afghanen (allein 71.000 in Deutschland), auf die in den Anfangsjahren große Hoffnungen als Mittler im Wiederaufbauprozess gesetzt wurden, hat sich nach ersten (oft einmaligen) Besuchen im alten Heimatland mit der niederschmetternden Bilanz „hoffnungslos“ größtenteils wieder in die Privatheit zurückgezogen.

In der deutschen (und allgemein westlichen) Öffentlichkeit ist das Interesse an afghanischen Belangen in den letzten fünf Jahren rapide zurückgegangen. Afghanistan interessiert in Deutschland heute kaum noch eine breitere Öffentlichkeit. Ein weitgehend unklares Einsatzbild für die Bundeswehr und die unsinnigen Diskussionen darüber, wann ein Krieg als solcher bezeichnet werden darf, haben ihren Teil dazu beigetragen. Dieser Interessenverlust an Afghanistan spiegelt sich auch in den Programmen akademischer Fördereinrichtungen (z. B. DAAD) deutlich wider.

Die traditionellen nationalistischen Konfliktkonstellationen zwischen Paschtunen und Nicht-Paschtunen wirken sich zunehmend als ernste Entwicklungshemmnisse aus. Westlichen Akteuren gelang es vielfach nicht, sich aus paternalistischen quasi-kolonialen Denkmustern zu befreien. So ist das Scheitern vieler Aufbau- und Entwicklungsprogramme – um es politisch korrekt auszudrücken – nicht nur auf externe Einflussfaktoren zurückzuführen.

Das Nichterreichen wichtiger Ziele in den Wiederaufbau- und Sicherheitsprogrammen internationaler Akteure wird in letzter Zeit vielfach damit begründet, dass viele der zur Anwendung gekommenen Konzepte vom Ansatz her „un-afghanisch“ seien bzw. zu wenig Rücksicht auf vorhandene traditionelle Strukturen genommen hätten. Auch wenn diese Einschätzung zunächst verallgemeinernd und generalisierend klingt, kann sie doch für einen Großteil des Scheiterns des Wiederaufbaus in Verteidigungs- und Sicherheitsprogrammen gelten, zu denen die Einrichtung einer eigenständigen afghanischen Armee (ANA = Afghan National Army), der Sicherheitsdienste, der Polizei und der Projekte der Minenräumung und Entwaffnung früherer Kombattanten gehören. Lediglich im Bereich größerer Minensäuberungsaktionen konnten rasch einige Erfolge verzeichnet werden. Der Aufbau der ANA steckt auch nach sechs Jahren noch ebenso in den Anfängen wie die Entwaffnungsprogramme ziviler Gruppen.

Auch der Deutschland als verantwortlichem Kooperationspartner übertragene Aufbau der afghanischen Polizei kann derzeit beim besten Willen nicht als erfolgreich abgeschlossen bewertet werden. Offensichtlich übersteigen die Aufgaben des Wiederaufbaus nach westlichen Konzepten die logistischen, personellen und finanziellen Möglichkeiten vieler der involvierten Akteure. Man darf sich also begründet eingeladen fühlen, über Alternativkonzepte nachzudenken. Eine afghanische Perzeption formulierte dazu die folgenden eindrücklichen Worte: „In our area we organize our living from three major sources. One is animal husbandry, the second is agriculture, and the third is warlordism.“ Unter „Warlordism" (= Kriegsherrenwirtschaft) ist dabei das zeitweise Verdingen in den Diensten eines lokalen Kriegsherren auf Zeit zu verstehen. Damit werden für die jeweiligen Haushalte Zusatzeinkommen generiert, welche Lücken stopfen, die aus Viehzucht und dem Anbau landwirtschaftlicher Produkte allein nicht ausgeglichen werden können. In die Dienste eines Warlords tritt man, soweit sich dies einrichten lässt, außerhalb der Haupternte oder anderer wichtiger Zeiten im landwirtschaftlichen Jahr. Wahrzunehmen sind beim Warlord Aufgaben aus den Bereichen Militär, Polizei und vor allem (Wege-)Zoll, während die Grenzen zu kriminellen Betätigungsfeldern (Waffen- und Drogengeschäfte) nicht unbedingt immer im allgemeinen Unrechtsbewusstsein verhaftet sind.

Trotz der potentiellen Implikation des Handelns mit illegalen Gütern, die Warlordism naturgemäß beinhaltet, muss darüber nachgedacht werden dürfen, ob nicht dieses traditionell afghanische System ein erörterungswürdiges Alternativprogramm zu den bislang – trotz allen Aufwandes – weitgehend gescheiterten Konzepten darstellen könnte. Warlordism würde manche Aufgabenbereiche im Sicherheitssektor erfüllen können, die zu gewährleisten die Gemeinschaft der internationalen Akteure derzeit nicht in der Lage ist. Polizeiliche Aufgaben und Zollbestimmungen sowie Landes- bzw. Gebietsverteidigung im eigenen Verantwortungsbereich würden die Warlords (wieder) übernehmen – inklusive des Kampfes gegen die Taliban und andere Konkurrenten. Eine Übertragung solcher hoheitlicher Aufgabenbereiche in Warlord-Strukturen würde zudem den Taliban im wahrsten Sinne des

Wortes den ideologischen Boden unter den Füßen entziehen, da ihr Hauptfeindbild, der Kampf gegen nicht-islamische Fremdbestimmung, wegfiele.

Zu den wenigen Bereichen mit einer gewissen Erfolgsbilanz gehören die Anstrengungen im Wiederaufbau bzw. Neuaufbau akademischer Strukturen in Afghanistan. Den Steuerungsfunktionen, die dabei vom Ministry of Higher Education (MoHE) und der Universität Kabul ausgehen, kommt darin zentrale Bedeutung zu. Auch ohne die Zerstörung universitärer Infrastruktur im Zuge der kriegerischen Auseinandersetzungen der letzten Jahre und dem jahrzehntelangen Braindrain, den Afghanistan erlitten hat, wären die Herausforderungen zur Einrichtung eines nachhaltig funktionierenden Universitätssystems in Überwindung der noch von der Sowjetunion eingerichteten, zentralistischen Altlasten groß genug.

Verschärfend kommen – seit 2005 latent und in den letzten drei Jahren verstärkt – die Bedrohungen der Sicherheit von Universitätseinrichtungen, Personal und Studierenden durch die Taliban hinzu. Aber auch die Konkurrenzen und Intrigen der verschiedenen außer-afghanischen Aufbauhelfer tragen ihren Teil dazu bei. Sie konzentrieren sich, dem ebenso zentralistisch wie hierarchisch ausgerichteten Universitätssystem entsprechend, vor allem auf Kabul. Die jeweils verfolgten Strategien der akademischen Aufbaubemühungen sind von Methodik und Zielsetzungen her sehr unterschiedlich angelegt. Während die westeuropäischen Partner (v. a. Deutschland, Großbritannien, Frankreich und Italien) auf nachhaltige, breit angelegte, langjährige und auf solider Grundausbildung basierende Programme des Capacity Building vor Ort ausgerichtet sind, streben andere Akteure fast ausschließlich über im Vergleich durchaus großzügige Stipendien für afghanische Doktoranden und Studierende eine engere Bindung vor allem der ingenieurwissenschaftlichen Studiengänge an.

Die Anstrengungen der USA hingegen sind auf eine kurzfristige Erfassung begabter junger Menschen und ihre Einbindung in Stipendienprogramme in den USA ausgerichtet. Instrumentalisiert wird dafür die American University in Kabul. Diese hat ganz bewusst weniger das nachhaltige Capacity Building an afghanischen Universitäten zum Ziel, als vielmehr die Rekrutierung junger Afghanen mit entsprechendem intellektuellen Potential als künftige amerikanische Botschafter in der afghanischen Wirtschaft und Gesellschaft. Konkret bedeutet dies im Alltag des Capacity Building an afghanischen Universitäten ein ständiger Abwehrkampf von Anwerbungsversuchen für afghanische Dozenten von Seiten der American University und unausgesetzte Versuche, die

Lücken zu füllen, die an den staatlichen Universitäten durch einen ebenso persistenten wie systemimmanenten Braindrain durch die Aktivitäten einer verbündeten Nation (USA) überhaupt erst entstanden sind.

Ausblick – Afghanistan als sicheres Herkunftsland?

Als im Oktober 2015 die Europäische Union und die Bundesregierung Deutschlands unter dem Eindruck einer verstärkten Zuwanderung von Flüchtlingen aus Syrien und aus Afghanistan zunehmend gezwungen waren, nach Notlösungen zu suchen, um der Migrantenzahl Herr zu werden, entwickelten einige Akteure doch recht bemerkenswerte Strategien. Diese waren vor allem Ausdruck einer gewissen Hilfs- und Konzeptlosigkeit. So sah sich Bundesinnenminister de Maizière dazu veranlasst, Afghanistan zu einem sogenannten „sicheren Herkunftsland“ zu erklären, eine Bewertung, die westliche Beobachter bis dahin völlig anders wahrgenommen hatten. Der Innenminister hätte es eigentlich besser wissen müssen, hatte er doch in einem früheren Ministeramt sogar selbst Afghanistan mehrfach bereist. Entscheidend für die strategische, bewusste Fehleinschätzung Afghanistans als einem „sicheren Herkunftsland“ waren leider nicht sich etwa tatsächlich zwischenzeitlich verbesserte Sicherheitskonstellationen im Land, als vielmehr der Versuch, mit einer solchen Kategorisierung Flüchtlinge aus Afghanistan abschrecken bzw. leichter wieder abschieben zu können.

So wurden von ministerieller Seite die Gründe auch gleich mit benannt. Demnach wären es vor allem Angehörige der Mittelschicht, die auf der Suche nach Asyl Afghanistan verließen, anstatt sich am Aufbau des Landes zu beteiligen sowie Armeeangehörige, die besser im Lande bleiben sollten, damit es nicht notwendig sei, beispielsweise Bundeswehrsoldaten zur Sicherung dort zu stationieren. Schließlich habe der Aufbau des Landes und die Stationierung internationaler Truppen ungeheure Geldmittel verschlungen. Was nicht ergänzt wurde, war der Hinweis darauf, dass Zehntausende von Flüchtlingen, die Afghanistan verlassen, der offenkundigste Beleg dafür sind, dass alle bisherigen Stabilisierungsstrategien weitgehend fehlgeschlagen sind. Ob ein Land als „sicheres Herkunftsland“ eingestuft werden kann, wird nach wie vor nicht definiert von den Unzulänglichkeiten der Flüchtlingsaufnahmepolitik in den Zielländern, sondern von den tatsächlichen Sicherheitsbedingungen in den Herkunftsländern.

Literatur

Amt für Geoinformationswesen der Bundeswehr (2010): Afghanistan. Militärische Landesinformation für Einsatzkontingente. Euskirchen.

Auswärtiges Amt (2015): Afghanistan. In: http://www.auswaertiges-amt.de/DE/Aussenpolitik/Laender/Laenderinfos/Afghanistan/Wirtschaft_node.html. [26.11.2015].

Central Statistics Organization of Afghanistan (2015): Afghanistan data. http://cso.gov.af/en. [26.11.2015].

Dittmann, A. (2004): Das „New Great Game" der Aufbauhilfe in Afghanistan. In: Petermanns Geographische Mitteilungen 148/2, S. 66–71.

Dittmann, A. (Hg.) (2014a): National Atlas of Afghanistan. Bonn.

Dittmann, A. (2014b): Ethno-linguistic Groups. In: National Atlas of Afghanistan. Bonn, S. 70–71.

Dittmann, A. (2014c): Central Kabul. In: National Atlas of Afghanistan. Bonn, S. 98–99.

Dittmann, A. (2014d): Herat. In: National Atlas of Afghanistan. Bonn, S. 100–101.

Dittmann, A. und S. M. Kohistani (2004): Wiederaufbau an afghanischen Hochschulen. Disaster- und Hazard-Forschung in den Geowissenschaften. In: Südasien, Jg. 24, Nr. 2/3, S. 41–45.

Dittmann, A. und D. Rafiqpoor (2011): Zur naturräumlichen Gliederung Afghanistans. In: Geographische Rundschau 63/11, S. 8–16.

Grötzbach, E. (1990): Afghanistan. Eine geographische Landeskunde. Darmstadt.

Hahn, H. (1964): Die Stadt Kabul (Afghanistan) und ihr Umland. – Bonner Geographische Abhandlungen 34. Bonn.

Hoßfeld, A. C. und A. Staarmann (2014): Development of Borders. In: National Atlas of Afghanistan. Bonn, S. 74–75.

Kohistani, S. M. (2006): Afghanistan: Nation-building in the Minds of People. In: Geographische Rundschau. International Edition, Vol. 2, No. 4, S. 14–18.

Kohistani, S. M. (2011a): State Building in Afghanistan: The Role of Institutional Capacity. Gießener Geographische Schriften 81. Bonn.

Kohistani, S. M. (2011b): Entwicklung und Herausforderungen in der Hochschulbildung Afghanistans. In: Geographische Rundschau 11, S. 32–38.

Kohistani, S. M. (2014a): Culture and History. Language. In: National Atlas of Afghanistan. Bonn, S. 68.

Kohistani, S. M. (2014b): Human dimension. Higher education. In: National Atlas of Afghanistan. Bonn, S. 91–92.

Löwenstein, W. (2014): Economy and Agriculture. Trade Export and Import. In: National Atlas of Afghanistan. Bonn, S. 42–44.

Rathjens, C. (1972): Der Naturraum. In: Kraus, W. (Hg): Afghanistan. Natur, Geschichte und Kultur, Staat, Gesellschaft und Wirtschaft. Tübingen, S. 17–20.

Schetter, C. (2003): Ethnizität und ethnische Konflikte in Afghanistan. Berlin.

Schetter, C. (2006): Geopolitics and the Afghan Territory. In: Geographische Rundschau. International Edition, Vol. 2, No. 4, S. 20–26.

Snoy, P. (1972): Die ethnischen Gruppen. In: Kraus, W. (Hg.): Afghanistan. Natur, Geschichte und Kultur, Staat, Gesellschaft und Wirtschaft. Tübingen, S. 165–194.

Staarmann, A. (2012): Der Kolonialist in unseren Köpfen. – Entwicklungsforschung. Berlin.

UN COMTRADE (2014): UN Commodity Trade Statistics Database. In: http://comtrade.un.org/db/dqBasicQuery.aspx. [26.11.2015].

UNHCR (2012a): Statistical Yearbook 2012, 12th edition, http://www.unhcr.org/52a7213b9.html. [26.11.2015].

UNHCR (2012b): Statistical Summary of Conflict-induced Internal Displacement, 30. November 2012; http://www.refworld.org/type,COUNTRYPROF,,AFG,518a9ff24,0.html. [26.11.2015].

Wiebe, D. (1978): Stadtstruktur und kulturgeographischer Wandel in Kandahar und Südafghanistan. In: Kieler Geographische Schriften 48. Kiel.

Wiebe, D. (1981): Die Demokratische Republik Afghanistan. In: Geographische Rundschau, Jg. 33, H. 4, S. 134–146.

WTO (2014): Statistics database, time series. In: http://stat.wto.org/StatisticalProgram/WSDBStatProgramHome.aspx?Language=E. [26.11.2015].

Ismail Dalay & Ines Emmermann

Ägypten

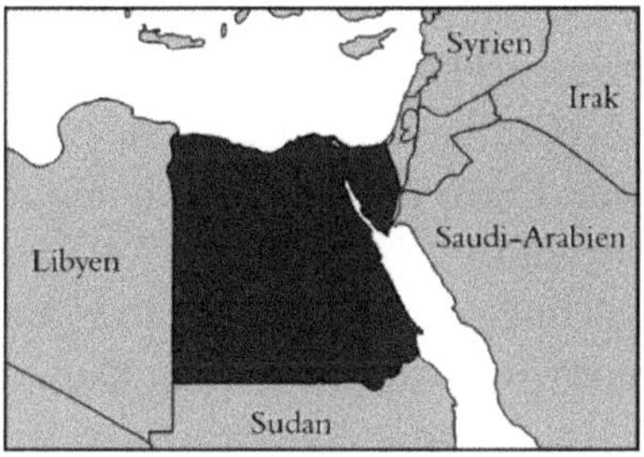

Offizieller Name:	Arabische Republik Ägypten (Jumhuriyat Misr al-'Arabiyah)
Staatsform:	Präsidialrepublik
Unabhängigkeit:	28. Februar 1922 (von Großbritannien)
Nationalfeiertag:	23. Juli (Tag der Revolution von 1952)
Hauptstadt:	Kairo
Lage:	Nordafrika
Fläche:	1.001.450 qkm (Weltrang: 29)
Bevölkerung:	91,5 Millionen (Weltrang: 15)
Landesstruktur:	27 Provinzen
Sprachen:	Arabisch, nubische und Berbersprachen
Religionen:	Sunnitische Muslime (90 Prozent) und mehrheitlich Koptische Christen (10 Prozent), Islam ist Staatsreligion
Währung:	Ägyptisches Pfund
Wirtschaftszweige:	Landwirtschaft, Industrie, Tourismus
Mitgliedschaften:	UN, IAEA, ILO, FAO, UNESCO, UNRWA, WHO, IWF, ICAO, UPU, WMO, WTO, AU, Arabische Liga, Bewegung der Blockfreien
Wichtigste Medien:	*Fernsehen*: Staatsfernsehen ERTU: 3 landesweite, 6 regionale Programme in arabischer Sprache sowie Nile TV mit einem gemischten fremdsprachigen Programm und mehreren spezialisierten Programmen; zwei private Sender (Dream TV, Al-Mehwar); *Rundfunk*: Radio Kairo (staatlich): lokale Sendungen in 8 Sprachen, Überseeprogramme in über 30 Sprachen (darunter Deutsch); wenige private Musiksender (Nogoom, Nile FM); *Zeitungen und Zeitschriften, die der Regierung nahe stehen*: al-Ahram, Abendausgabe al-Ahram al-Masa'i; al-Gumhuriyya, Le Progrès Egyptien; Al Ahram Weekly, Al Ahram Hebdo (wöchentlich); *Nachrichtenagentur*: Middle-East News Agency (MEN), staatlich

Naturraum und geographische Rahmenbedingungen

Geographisch gliedert sich Ägypten in die folgenden – an die Eignung als Besiedlungsraum orientierten – Regionen: das Niltal, das Nildelta, die westliche oder libysche Wüste, die östliche oder arabische Wüste und den Sinai mit der Suezkanal-Zone. Zum Niltal gehören die mittelägyptischen Gouvernorate El-Gisa, Benim Suef, El-Faiyum und El-Minya sowie die oberägyptischen Gouvernorate Asyut, Sohag, Quena, Aswan und die Stadt Luxor. Diese neun, südlich von Kairo gelegenen Gouvernorate werden auch als Oberägypten bezeichnet; hier lebten 2014 37,1 Prozent der ägyptischen Bevölkerung. Inmitten von tertiären Kalk- und Sandsteinschichten verläuft der Nil in diesem Gebiet in einem Kastental. Das Nildelta ist mit seiner Fläche von 22.000 qkm annähernd doppelt so groß wie das Niltal, in seinen Gouvernoraten Dumyat, Ed-Daqahliya, Esh-Sharqiya, Ismailiya, Kafresh-Sheik, El Gharbiya, El-Minufiya, El-Beheira und El-Qualybiya lebten 2014 42,3 Prozent der Ägypter. Auf der 160 km langen Strecke zwischen Kairo und dem Mittelmeer bildet der Nil mit zwei Hauptkanälen und sieben Nebenarmen und einem Gefälle von insgesamt nur 20 m das Delta.

Die 1.002.000 qkm große Gesamtfläche Ägyptens teilt der Nil in zwei große Wüsten, die westliche Wüste nimmt mit ihren 680.000 qkm 68 Prozent der Landesfläche ein, die östliche mit 220.000 qkm rund 22 Prozent. Die westliche Wüste wird von einer Kette von Senken – Qattara, Wadi en-Natrun, El-Faiyum und Wadi er-Rayan – durchzogen, die durch Verwerfungen während des Tertiärs und durch Einbrüche im ausgedehnten Karsthöhlensystem entstanden sind. Die östliche Wüste besteht zum größten Teil aus dem Rote-Meer-Gebirge mit dem Gabal Shayib el-Banat (2.187 m) als höchster Erhebung. Der Sinai besteht seit 1979 aus zwei Verwaltungsbezirken: Im Nordsinai mit der Hauptstadt El-Arish soll vornehmlich der Aufbau der Landwirtschaft gefördert werden, der Südsinai mit der Hauptstadt Et-Tor konzentriert sich auf den Tourismus. In der petrochemischen Industrie Ägyptens steht Suez heute nach Kairo und Alexandria an dritter Stelle. Der zwischen 1859 und 1869 gebaute Suezkanal erzielte 2014 5 Mrd. USD Einnahmen aus gezahlten Nutzungsgebühren und ist damit eine der wichtigsten Devisenquellen Ägyptens – neben den Einnahmen aus dem Tourismus und den Rücküberweisungen ägyptischer Gastarbeiter aus dem Ausland.

Klimatisch ist das Land durch seine Lage zwischen zwei Klimazonen geprägt: der Westwindzone im Norden mit eindringenden atlantischen Luftmassen in das mediterrane Tiefdruckgebiet und dem für den Wüstengürtel im Süden entscheidenden Hochdruckgebiet der Rossbreiten – und lässt sich in drei Zonen unterteilen. Der im Norden gelegene Küstenstreifen mit seinen kühlen, feuchten Wintern und trockenen, heißen Sommern steht unter dem Einfluss des Mittelmeerklimas. Auf der Sinai-Halbinsel mit seinen Gebirgen bis zu einer Höhe von 2.637 m sind die Temperaturen zum Teil wesentlich niedriger und die Niederschläge höher als in anderen Landesteilen der gleichen Breitenlage. Die übrigen Landesteile sind gekennzeichnet durch ein vollarides, heißes, subtropisches Wüstenklima mit mäßig warmen Wintern. Die mittleren Jahrestemperaturen nehmen von Nord- nach Südägypten zu (Alexandria 14–26 °C, Luxor 13–32 °C), die mittleren Jahresniederschläge ab (Alexandria 193 mm, Aswan 3 mm).

Ägypten besteht zu 96 Prozent aus Wüsten. Das etwa 1.550 km lange und 1 bis 20 km breite Stromtal des Nils, sein Mündungsdelta, die Senke von Faiyum sowie die übrigen Oasen sind nutzbar und besiedelt. Die Grundwasservorräte des Nubischen Aquifersystems der westlichen Sandwüsten und deren Förderung – Stand 2013: 1.029 Mio. m^3 pro Jahr – bilden die Grundlage der zukünftigen Entwicklung des Landes. Zu den wichtigsten heutigen Bergbauprodukten zählen Erdöl und Erdgas, gefolgt von Eisenerz, Phosphaten (2012: 6,2 Mio. t) und Salz (2013: 1,2 Mio. t). Daneben werden Mangan und Kohle als weitere mineralische Rohstoffe abgebaut. In den Jahren 2002/03 betrugen die Abbaumengen für Kaolin 304.000 t, Quarzit 35.000 t und Gips 1 Mio. m^3. In der Liste der Devisenbringer standen die Einnahmen von über 3.900 Mio. USD aus dem Export von Erdöl und Erdgas an vierter Stelle, nach den Einnahmen aus dem Tourismus, den Rücküberweisungen ägyptischer Gastarbeiter aus dem Ausland und den Gebühren der Suezkanal-Nutzung. Die Fördermenge an Öl – ca. 4 Mio. bbl. im Jahr 2014 – setzt sich zusammen aus ca. 2,8 Mio. bbl. Rohöl und 1,2 Mio. bbl. Kondensat. Der Gasverbrauch der Bevölkerung ist von 2000 bis 2015 sukzessive angestiegen, jedoch ist die Gasförderung seit September 2014 eingebrochen und das Land ist nun trotz unerschlossener Gasvorkommen in einigen Offshore-Gebieten von Exporten abhängig.

Die natürliche Vegetation lässt sich in drei Zonen bzw. Typen differenzieren: den der mediterranen Küstenzone und Wüstensteppe mit salzliebenden

Pflanzen, den der Küstenregion am Roten Meer sowie den der westlichen, der östlichen und der nubischen Wüste, der überwiegend aus Binsen und Schilf besteht. Durch die fortwährende Desertifikation geht wertvolles Agrarland durch Versalzungsprozesse, Übersandung, Abbau des Landes als Folge des Aswan-Staudamms und durch das Wachstum von Städten und Dörfern verloren.

Geschichtliche Entwicklung bis zur Unabhängigkeit

Aufgrund seiner geographisch und strategisch wichtigen Lage inmitten der Wüste, mit dem fruchtbaren Land in der Nilaue und deren Wasserreichtum, weckte Ägypten Begehrlichkeiten bei fremden Mächten, die das Land ausbeuteten. In der dynastischen Zeit um 3000 v. Chr. erfolgte die politische Einigung des Landes durch oberägyptische Könige und die Erfindung der Schrift. Auf die dynastische Spätzeit folgte die ununterbrochene Fremdbestimmung durch wechselnde Herrscher, die ein Ende des kulturellen Eigenlebens der Ägypter zur Folge hatte. Nubier, Assyrer, Libyer und Perser beherrschten nacheinander das Land. Mit dem Einmarsch Alexander des Großen 332 v. Chr. und der Einführung der Sprache und Kultur der Ptolemäer erfolgte die Hellenisierung. Mit dem Sieg Octavians 30 v. Chr. und Kleopatras Niederlage wurde Ägypten erst römische, später byzantinische Kolonie. Die bereits im 1. Jahrhundert durch den Apostel Markus christianisierten Ägypter waren sowohl unter den römischen Kaisern, die ihren Anspruch der Gottähnlichkeit bedroht sahen, wie unter den byzantinischen Christen schweren Verfolgungen ausgesetzt, weil sie sich zur Kirche von Alexandria bekannten.

Mit der Machtübernahme durch die Araber 640 n. Chr. folgte eine Phase hoher Tributverpflichtungen – meist in Form von Weizenlieferungen – in der Kalifenzeit. Zwischen dem 9. und 13. Jahrhundert geriet Ägypten unter tunesische, türkische, kurdische und syrische Herrschaft. Die Massenaufstände der Ägypter in den Jahren 725–733 und 832 n. Chr. wurden niedergeschlagen. Auf die Herrschaft der Abbasiden folgten die aus Nordwestafrika stammenden Fatimiden, die versuchten, den schiitischen Islam einzuführen, bevor der Kurde Saladin, Begründer der Aiyubiden-Dynastie, den sunnitischen Glauben zur Staatsreligion machte. Im Jahr 1250 ergriffen die Mamluken, Söldner aus dem Schwarzmeergebiet, die Macht, gefolgt von den Osmanen unter Selim I. im Jahr 1517. Bis 1798 blieb das Land türkische Provinz. In Napoleon Bonapartes ägyptischem Feldzug von 1798 bis 1801 wurde insbesondere dem Bauernvolk, den Fellachen, durch Brandschatzung und Vergewaltigung ihrer Frauen großer Schaden zugefügt.

Die nachfolgende Zeit der türkisch-albanischen Dynastie Mohammed Alis zwang die Ägypter zur Übernahme der osmanischen Kultur und zu hohen Tributzahlungen an die Machthaber in Istanbul. 1882 geriet Ägypten unter Kolonialherrschaft der Briten, die im Interesse der eigenen Industrie den Baumwollanbau durchsetzten und zur Bewässerung der Felder den ersten Staudamm bei Aswan von 1899 bis 1902 errichten ließen. Zum anderen war das britische Interesse darin begründet, die Handelswege nach Indien zu sichern. 1919 erhoben sich die Ägypter in einem Massenaufstand gegen die Briten und errangen 1922 die nominelle Unabhängigkeit in der konstitutionellen Monarchie. Auf die Revolution von 1952 und die Absetzung des von den Briten protegierten Königs Faruk folgte nach einer 3.000-jährigen Geschichte der ununterbrochenen Fremdherrschaft 1953 die Erklärung Ägyptens zur Republik.

Bevölkerungsstruktur – speziell ethnische Zusammensetzung

Die Mehrheit der ca. 91,5 Mio. Einwohner zählenden Bevölkerung Ägyptens sind auch heute noch Fellachen, die auf dem Land oder in großen Siedlungen mit ländlicher Prägung leben. Diese ‚fallahiin' unterscheiden sich wesentlich von den Bewohnern der ‚madina', der Stadt, die ihre Bedeutung von ‚madaniyya', d. h. der Zivilisation herleitet. Auf einer anderen Identitätsebene lassen sich drei Bevölkerungsgruppen unterscheiden: die ‚eigentlichen' Ägypter, die Beduinen und die dunkelhäutigen ägyptischen Nubier. Hinsichtlich ihrer Religionszugehörigkeit sind die Ägypter mehrheitlich Muslime, die Minderheit besteht überwiegend aus christlichen Kopten. Viele Ägypter verstehen sich heute als Araber, ein Umstand, der im Wesentlichen auf die panarabische Propaganda während Nassers Regierungszeit und dessen Führungsanspruch in der arabischen Welt zurückzuführen ist.

In der Wahrnehmung der Ägypter existieren heute nebeneinander zwei Kulturen in ihrem Land, die die meisten für unvereinbar halten: ‚baladi', die als ‚einheimische' bezeichnete traditionelle Kultur, und ‚afrangi', die ‚ausländische', die fortschrittliche, westliche Kultur. Die christliche Minderheit der ägyptischen Bevölkerung gehört mehrheitlich der koptisch-orthodoxen Kirche an, nicht einmal 250.000 Personen sind anderen christlichen Glaubensrichtungen zuzurechnen. Waren vor der Übernahme durch islamische Herrscher noch 90 Prozent der Vorfahren der heutigen Ägypter koptische Christen, reduzierte sich ihr Anteil während der fast vierzehn Jahrhunderte dauernden Herrschaft infolge von Repressalien oder wirtschaftlicher Diskriminierung – insbesondere durch die Kopfsteuer für Nicht-Muslime. Auch in der heutigen Zeit der Reislamisierung sind wirtschaftlicher und sozialer Druck häufig die Ursache für den Übertritt zum Islam.

Im Laufe der Geschichte zeichnen sich Kopten ethnisch durch eine stärker homogene Struktur aus, während die Vorfahren ägyptischer Muslime durch interethnische Beziehungen mit muslimischen Arabern, Türken und Mamluken eine weitaus stärkere Heterogenität aufweisen. Die heutigen Kopten werden daher als die direkten Nachkommen der alten Ägypter angesehen. Die altägyptische koptische Sprache – Demotisch – besteht aus dem um sieben Buchstaben erweiterten griechischen Alphabet. Heutige koptische Kirchenliturgien werden noch in Demotisch abgehalten, als gesprochene Sprache wurde sie schon im 15. Jahrhundert fast vollständig durch das Arabische ersetzt.

Der heutige Anteil der Glaubensanhänger der koptischen Kirche, die viele Elemente der frühchristlichen Kirche beibehalten hat, liegt bei etwa 10 Prozent der Gesamtbevölkerung, die Regierung gibt ihren Anteil offiziell mit 6 Prozent an. Dies hat zur Folge, dass die Kopten im Parlament und in höheren Ämtern des Staatsapparates im Verhältnis zu ihrem tatsächlichen Bevölkerungsanteil unterrepräsentiert sind und die Quote koptischer Studenten an den Universitäten ebenfalls reduziert ist. Vom Studium an der berühmten Al-Azhar-Universität und dem Besuch der Al-Azhar-Schulen sind sie ausgeschlossen, obwohl diese sich mit Steuergeldern von Muslimen und Christen gleichermaßen finanzieren.

Nach immer weiteren Verfolgungen im Laufe der Geschichte haben sich die Christen geographisch in Oberägypten angesiedelt – vor allem in El-Minya, wo sie 20 Prozent der Bevölkerung stellen. In mittleren Positionen des Staatsdienstes ist der Anteil der Kopten vergleichsweise hoch, diese Stellen sind schlecht bezahlt und unattraktiv. Da die Kopten als Minderheit über keine Beziehungen verfügen, erhalten sie keine Lizenzen staatlicher

Behörden für den lukrativen Privatsektor. Die gelegentliche Berufung von Ministern in unbedeutende Ministerien dient eher der Demonstration, dass keine Diskriminierung der Kopten erfolgt, als einer tatsächlichen Beteiligung an Entscheidungsstrukturen.

Die ägyptischen Nubier gehören zur Gruppe der Kenuz, ihre Hautfarbe ist dunkler als die der meisten anderen Ägypter. Mit dem Bau des Aswan-Staudamms in den 1960er Jahren versank die hoch entwickelte 4.000 Jahre alte Kultur des einstmals mächtigen Königreiches Nubien und ihr bisheriger Lebensraum im Wasser des Stausees. Die 50.000 im Sudan lebenden Nubier wurden nach Khashim el-Girba im Sudan zwangsumgesiedelt, die 70.000 ägyptischen Nubier erhielten in Kom Ombo Land. Die Vertreibung der Nubier begann bereits 1902 durch den Bau des ersten Staudamms bei Aswan durch die Briten, sie setzte sich mit den Erhöhungen des Damms 1912 und 1938 fort, da ihr Siedlungsraum mehr und mehr überflutet wurde. Nach der Umsiedlung verdienten sich die Nubier ihren Lebensunterhalt vornehmlich im Dienstleistungssektor in Kairo und Alexandria als Diener, Köche, Kellner oder Portiers. Heute sind sie in allen Berufen tätig. Die Nubier versuchten wiederholt, sich die Nutzungsrechte entlang des Nasser-Stausees in ihrer alten Heimat zu sichern. Wegen der Gefahr, die die Ansiedlung menschlicher Gemeinschaften in der Nähe des Trinkwasserreservoirs darstellt, ist dies aber umstritten.

Die Anzahl der Beduinen, die mobile Tierhaltung betreiben, wird auf gegenwärtig 50.000 geschätzt. Die Niltalbewohner grenzen sich von diesen Wüstenbewohnern ab, die sie als ‚arab' bezeichnen, wozu sie auch die Bevölkerungsgruppen arabischen Ursprungs und die 23.000 in der Oase Siwa ansässigen Berber zählen. Die Nachfahren der einstmals als Piraten der Wüste gefürchteten Beduinen finden sich heute in Siedlungen am Rande des Niltals, deren Namen mit ‚Beni-' (Söhne) und ‚Awlad' beginnen. Der Großteil der Beduinen wanderte von der Arabischen Halbinsel ein, andere entstammen afrikanischen Ethnien. Die Regierung versucht, mit der Übereignung von Agrarland, der Einrichtung von Schulen und der Bereitstellung einer Wasserversorgung, die Loyalität der Beduinen in Grenzgebieten zu gewinnen. Da sich die Siedlungsgebiete der Beduinen über Landesgrenzen erstrecken, haben sie gegenüber Ägypten weder Zugehörigkeit noch Loyalität entwickelt.

Wirtschaftsstruktur

Seit der Revolution von 1952 standen drei Staatspräsidenten an der Spitze des Staates, welche die Wirtschaftsstruktur des Landes charakteristisch prägten. Gamal Abdel Nasser (1952–1970) führte den Sozialismus und die Planwirtschaft nach sowjetischem Vorbild ein, stärkte den öffentlichen Sektor und führte eine sozialistische Bodenreform durch, die den Landbesitz pro Familie auf 100 feddan (42 ha) begrenzte. In seine Amtszeit fiel auch der Bau des Hochstaudammes von Aswan. Der aufgeblähte öffentliche Sektor und der unterrepräsentierte Privatsektor sind noch heute bestimmende Faktoren der Wirtschaftsstruktur.

Anwar as-Sadat (1970–1981) verfolgte eine Politik wirtschaftlicher Liberalisierung und zugleich eine Stärkung der islamischen Ausrichtung des Landes. Ausländische Investoren, angezogen von der wirtschaftlichen Öffnung ‚infitah', trugen mit den modernen Produktionsanlagen, die sie errichteten, zur Schwächung der heimischen Industrie bei, eingeführte Billigwaren belasteten die Handelsbilanz. Als Präsident Husni Mubarak 1981 sein Amt antrat, strebte er eine Kontinuität der Politik seiner Vorgänger an. Ab 1991 führte der Internationale Währungsfonds (IMF) Strukturanpassungsprogramme durch, die eine weitere Liberalisierung der Wirtschaft und Privatisierung von Staatsbetrieben zum Ziel hatten. Mit dem GATT-Abkommen von 1994 entfiel die Preisbindung für als strategisch wichtig angesehene Agrarprodukte wie Baumwolle, Reis und Weizen – lediglich für Brot, Zucker, Speiseöl und Treibstoffe wurden staatliche Subventionen beibehalten. Die Privatisierung des öffentlichen Sektors gestaltete sich jedoch bei wirtschaftlich weniger erfolgreichen Betrieben als schwierig.

Die monatliche Warenhandelsbilanz hat sich zu Beginn 2015 mit einem Gesamtdefizit von ca. 2,787 Mio. USD insgesamt weiter verschärft. Hierbei ist insbesondere der Bereich der Agrarwirtschaft mit einem Importüberschuss von ca. 7,714 Mio. USD defizitär. Einnahmen aus der Ölproduktion stellen eine Ausnahme mit ca. 14,834 Mio. USD jährlich dar, welche aber durch den zusätzlichen Import von raffiniertem Öl in Höhe von ca. 12,777 Mio. USD erheblich geschmälert wird. Die jährliche Leistungsbilanz stellte sich, trotz Einnahmen aus dem Tourismus, den Einnahmen aus den Suezkanal-Gebühren und den Überweisungen von im Ausland als

Gastarbeiter tätigen Ägyptern, als insgesamt negativ dar, der Habensaldo betrug 11,428 Mio. USD. Die Staatsverschuldung im Ausland betrug 2014 33,6 Mrd. USD, was einem Anteil von ca. 11,8 Prozent des BIP entsprach. Aufgrund der schwierigen ökonomischen Lage verringerten sich die Ausgaben des Staates für Gesundheit und Erziehung beständig und lagen 2008 bei 3,78 Prozent des BIP. Wichtigste Handelspartner sind bei den Ex- und Importen die EU, gefolgt von den USA, Israel und den arabischen Ländern.

Die Wirtschaft Ägyptens ist in erheblichem Umfang von ökonomischen Renten und von externen Geldtransferleistungen abhängig, die je nach politischer Lage schwanken können. Binnenökonomische Renten resultieren aus dem überdimensionierten öffentlichen Sektor, der Devisenmarkt ist dabei ein wichtiger Bereich des Staatsmonopols. Als Folge dieser Politik wurde wenig für die Wettbewerbsfähigkeit der alten nationalen Industrien wie der Textilindustrie auf dem Weltmarkt getan und eher auf Import und Konsum gesetzt. Ägyptens Abhängigkeit von Renten führte im Innern zur Eliten- und Privilegiertenbildung, zu einem unzeitgemäßen politischen und ökonomischen System, das nicht durch Nachhaltigkeit gekennzeichnet ist und macht es anfällig für ausländische ökonomische Krisen.

Aktuelle politische Entwicklung

1991 stand Ägypten auf amerikanischer Seite im Golfkrieg gegen den Irak und beteiligte sich am Krieg durch die Entsendung eigener Truppen. Auch 2003 unterstützte die ägyptische Regierung die Invasion des Irak durch die Amerikaner mit Verlautbarungen. Obwohl dies zu Verstimmungen im Inland und in der arabischen Welt führte, behielt Ägypten seine Schlüsselrolle bei den Verhandlungen zwischen Palästinensern und Israelis, die es seit 1979 innehat. So trafen sich 2005 der Palästinenserführer Abbas und der israelische Präsident Scharon im ägyptischen Sharm esh-Sheikh und vereinbarten den Abzug israelischer Siedler aus dem Gazastreifen.

Mit den Nilanrainerstaaten – insbesondere Äthiopien und Sudan – steht Ägypten in Verhandlungen um die Nutzung und Verteilung des Nilwassers. Das Ergebnis dieser Verhandlungen ist für die beteiligten Staaten von existenzieller Bedeutung. Bisher erfolgte die Verteilung des Wassers nach den beiden Verträgen, welche die Vertragspartner Ägypten und Sudan 1929 und 1959 geschlossen hatten. In den letzten Jahren hat die äthiopische Regierung betont, dass sie sich nicht an die Verträge gebunden fühlt, und verwies darauf, dass die Nutzung des Nils für Agrarprojekte und Stauwerke zur Energiegewinnung für die Stärkung der Ernährungsbasis von Millionen Äthiopiern von wesentlicher Bedeutung ist. Auch dem Sudan ist daran gelegen, die Bewässerungsflächen im Norden seines Landes zu erweitern. Heute unterstützt Ägypten, dessen Anteil am Nilwasser dreimal so hoch ist wie der des Sudan, durch finanzielle und technische Hilfe Agrar- und Bewässerungsprojekte des Nachbarlandes.

Das parlamentarische System Ägyptens besteht gemäß Verfassung aus den mehreren Hauptorganen – dem Präsidenten der Republik, der Volksversammlung und – bis 2013 – der Shura, einem Beratungsgremium mit zuletzt 270 Mitgliedern. Die Ereignisse im Zusammenhang mit den Wahlen für die Volksversammlung im Jahr 2000 vermitteln einen Eindruck von der bisherigen Situation der Zivilgesellschaft in Ägypten. Vor den Wahlen wurden Hunderte Ägypter ohne Anklage inhaftiert. Saad Eddin Ibrahim, Professor für Soziologie sowie Gründer und Direktor des Ibn-Khaldun-Zentrums für Entwicklungsforschung, wurde mit der Begründung, den nationalen Frieden zu stören, festgenommen und zu sieben Jahren Gefängnis verurteilt. Sein mit Mitteln der EU finanziertes Zentrum, das sich zur Aufgabe gemacht hat, die Teilnahme der Ägypter an nationalen Wahlen und ihr politisches Bewusstsein zu fördern, wurde vorübergehend geschlossen.

In der Vergangenheit hatte die regierende unpopuläre Nationaldemokratische Partei (NDP) immer etwa 90 Prozent der Sitze in der Volksversammlung errungen. Unter dem Druck der Opposition hatte die Regierung nun ein Gesetz eingebracht, das die Wahlen unter Aufsicht von Richtern stellte – und nicht wie bisher von Regierungsbeamten. Erstmals standen die Wahlen im Jahr 2000 unter richterlicher Beobachtung und die NDP gewann lediglich 38 Prozent der 454 Sitze. Nach Beendigung der Wahlen traten jedoch 218 der 256 Kandidaten der als ‚Unabhängige' Angetretenen der NDP bei, die danach wieder 85 Prozent der Parlamentsmitglieder stellte. Es ist anzunehmen, dass die Kandidaten käuflich waren beziehungsweise NDP-Mitglieder als ‚Unabhängige' angetreten waren, wie auch 17 Mitglieder der in Ägypten verbotenen Muslimbruderschaft, die als ‚Unabhängige' gewählt wurden. An die Oppositionsparteien entfielen nur 16 Sitze.

Mit dem Arabischen Frühling 2011, dessen Ursprung in der revolutionären Bewegung Tunesiens lag, geriet auch das System Hosni Mubarak unter Druck und führte nach 18 Tagen der Proteste am 10. Februar 2011 zur Übergabe der Regierungsgeschäfte an Vizepräsident Omar Suleiman. Dieser erklärte kurz daraufhin die Niederlegung der Präsidentschaft Mubaraks und übertrug die politische Macht an die ägyptische Armee. Der daraufhin eingesetzte Militärrat unter Vorsitz von Feldmarschall Mohamed Hussein Tantawi löst daraufhin das Parlament auf, setzte die Verfassung außer Kraft und kündigte an, die 30 Jahre andauernde Notstandsgesetzgebung zu beenden. Am 04. März 2011 wurde Essam Sharaf Interim zum neuen Premierminister ernannt, jedoch blieben die Notfallgesetze bestehen und wurden vom Militär umfassender eingesetzt, als es zu Mubaraks Amtszeit der Fall war. Dies wurde nach Anschlägen auf die Israelische Botschaft in Ägypten am 09. September 2011 deutlich, als Demonstrations- und Streikrechte deutlich eingeschränkt wurden. Die Notstandgesetze wurden am 24. Januar 2012 teilweise und am 31. Mai 2012 vollständig aufgehoben.

Am 23. und 24. Mai 2012 wurden in zwei Runden die ersten demokratischen Präsidentschaftswahlen nach der Ära Mubaraks abgehalten. Während des ersten Wahlgangs mit einer Wahlbeteiligung von 46 Prozent wurde zwischen fünf Hauptkandidaten abgestimmt: Mohamed Morsi (25 Prozent), Ahmed Shafik (24 Prozent), Hamdeen Sabahi (21 Prozent), Abdel Moneim Aboul Fotouh (18 Prozent) und Amr Moussa (11 Prozent). Der zweite Wahlgang mit einer Wahlbeteiligung von 52 Prozent entschied sich zwischen den beiden Mehrheitsführern: Morsi, als Kandidat der ehemals verbotenen Muslimbruderschaft, und Shafik als Repräsentant einer säkularen Bewegung. Diese Wahl spiegelte sehr deutlich die innenpolitische und gesellschaftliche Teilung Ägyptens zwischen dem islamischen und dem säkularen Lager wider. Morsi entschied diese Wahl mit 51,7 Prozent für sich und wurde am 30. Juni 2012 für das Präsidentenamt vereidigt.

Morsis Amtszeit war geprägt von erheblichen Unruhen, die am 22. November 2012 zu öffentlichen Protesten und Demonstrationen führten. Als Auslöser gilt der Versuch Morsis, sich durch eine Verfassungsänderung – vordergründig zum Schutz des Parlamentes vor justiziellem Eingreifen – nahezu unbegrenzte Befugnisse einzuräumen. Grund hierfür war eine Entscheidung des obersten Gerichtshofes gegen Morsis Erlass, das ehemalige Parlament wieder einzuberufen. Die Konsequenz der erweiterten Handlungsbefugnis der Verfassungsänderung wäre gewesen, dass alle von Morsi bereits erlassenen und zukünftigen Gesetze und Verordnungen sowohl von individueller, politischer oder auch staatlicher Seite unanfechtbar gewesen wären. Die Proteste gipfelten am 03. Juni 2013 in einem Coup d'état unter der Führung von Generaloberst Abd al-Fattah al-Sisi durch eine Koalition aus Militär, säkularen und linksgerichteten Gruppen, in deren Folge Morsi abgesetzt und der ehemalige Verfassungsrichter Adli Mansur als Interimspräsident vereidigt wurde. Morsi wurde unter Arrest gestellt und mehrere hochrangige Mitglieder der Muslimbruderschaft festgenommen. Am 16. Mai 2015 verurteilte ein ägyptisches Gericht Morsi wegen Verschwörung mit der palästinensischen Hamas und der libanesischen Hisbollah zum Tode.

Infolge des Umsturzes kam es zu schweren und flächendeckenden Auseinandersetzungen zwischen Unterstützern der Muslimbruderschaft und denen des Militärs. Während der Ausschreitungen wurden mehrere bewaffnete Razzien gegen die Muslimbruderschaft durchgeführt und öffentliche Medienanstalten geschlossen, die im Verdacht standen, mit der Muslimbruderschaft zu sympathisieren. Am 26. und 27. Mai 2014 wurden erneut Präsidentschaftswahlen abgehalten, bei denen al-Sisi als klarer Favorit galt und mit 93,3 Prozent der Stimmen, bei einer Wahlbeteiligung von 45 Prozent, gewählt wurde.

Die wirtschaftlichen Missstände im Lande vor dem ‚Arabischen Frühling' waren lange Zeit Ursache für eine große Unzufriedenheit der Bevölkerung mit der Regierung und trugen 2012 zur großen Popularität der Islamisten bei, deren radikale Gruppen Ägypten in eine islamische Republik verwandeln wollten. Die seitdem beständigen Unruhen und die immer wieder auftretende Gewalt im Land führten u.a. zu einem erheblichen Einbruch der Tourismusbranche und damit einhergehend zu einer sukzessiven Verschlechterung der wirtschaftlichen Gesamtlage. Die fehlenden bzw. unzureichenden politischen wie ökonomischen Reformen und die zunehmende Knappheit an Öl und Gas, die durch Importe kompensiert werden muss, werden diesen Zustand längerfristig zementieren.

Literatur

Abdelnasser, G. u. Hegasy, S. (2003): 'On the Threshold to a Civil State? Elite Change Scenarios in Egypt', in: Hamzawy, A. u. a. (Hg.) Religion, Staat und Politik im Vorderen Orient, S. 263–286.

Ahmed, E. (2013): 'Nubian Sandstone Aquifer System', Merit Research Journals, 1:16, S. 114–118.

Alkazaz, A. (1999): ‚Globalisierung und Politik sozialer Stabilisierung in Ägypten', Orient 40 (4), S. 577–596.

Chayes, S. (2015): Thieves of State. Why Corruption Threatens Global Security. London.

CIA World Factbook (2015): Egypt, https://www.cia.gov/library/publications/the-world-factbook/geos/eg.html [02.05.2015].

Die Welt (2014): Ägypten baut den Suezkanal zweispurig aus, 05.08.2014, http://www.welt.de/wirtschaft/article130907673/Aegypten-baut-den-Suezkanal-zweispurig-aus.html [20.04.2015].

Egypt State Information Service (2015): Population, http://www.sis.gov.eg/En/Templates/Articles/tmpArticles.aspx?CatID=19 [02.05.2015].

El-Mikawy, N. (2004): ‚Zivilgesellschaft und Medien in Ägypten', Entwicklung und Zusammenarbeit 45 (7), S. 282–283.

El-Mikawy, N. (2005): ‚Institutionelle Reform und Wachstum in Ägypten', Wirtschaft im Vorderen Orient, S. 33–53.

Ennaji, M. (2014): Multiculturalism and Democracy in North Africa: Aftermath of the Arab Spring. Oxon.

Fahrer, C. (2001): 'The Geography of Egypt's Islamist Insurgency', Arab World Geographer 4 (3), S. 160–184.

Gasiorowski, M. (2014): The Government and Politics of the Middle East and North Africa. Boulder.

Habashi, G. (2012): Das neue Ägypten. Wege zur Demokratie. Wien.

Harders, C. (1998): ‚Strukturanpassung: Das leichte Brot der Armen. Abstrakte Zahlen, konkrete Armut und der Sozialfonds in Ägypten', Blätter des Informationszentrums 3. Welt 230, S. 10–11.

Hasemann, A. (2014): ‚Ägypten hat gewählt – große Erwartungen und wenig Illusionen. Das Pendel schlägt zurück', Perspektive FES Ägypten.

Ibrahim, F. N. u. Ibrahim, B. (2003): Egypt. An Economic Geography. London.

Ibrahim, F. N. u. Ibrahim, B. (2006): Ägypten. Geographie, Geschichte, Wirtschaft, Politik. Darmstadt.

Khomami, N. (2015): ‚Mohamed Morsi sentenced to death by Egyptian court', The Guardian, http://www.theguardian.com/world/2015/may/16/mohammed-morsi-sentenced-death-egyptian-court-former-president [21.05.2015].

Lange, B. (2004): ‚Regieren in Zeiten der Unsicherheit. Staatliches und zivilgesellschaftliches Konfliktmanagement in Ägypten', Nord-Süd aktuell 18 (2), S. 336–349.

Observatory of Economic Complexity (2015): Egypt, https://atlas.media.mit.edu/en/profile/country/egy/ [21.04.2015].

Taib, M. (2014): The Mineral Industry of Egypt, U.S. Geological Survey, 2012 Minerals Yearbook, http://minerals.usgs.gov/minerals/pubs/country/2012/myb3-2012-eg.pdf [02.05.2015].

Trading Economics (2015): Egypt, Economic Indicators, http://www.tradingeconomics.com/egypt/indicators [21.04.2015].

Werbner, P. (2014): The Political Aesthetics of Global Protest. The Arab Spring and Beyond. Edinburgh.

Bruno Muñoz-Pérez

Algerien

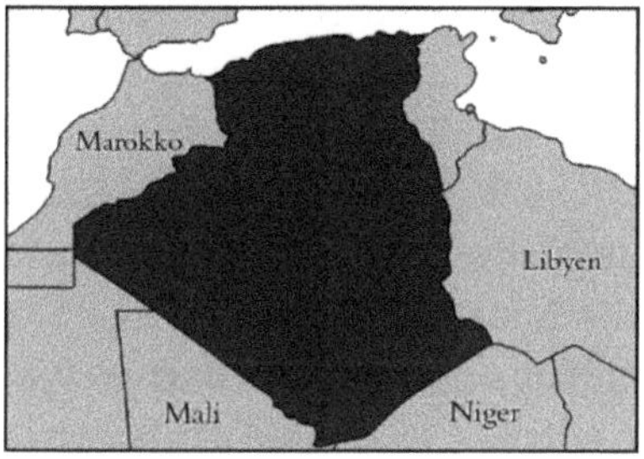

Offizieller Name:	Demokratische Volksrepublik Algerien (El-djumhuriya El-djazairiya ed dimukratiya esch-schaâbiya)
Staatsform:	Präsidialrepublik
Unabhängigkeit:	5. Juli 1962 (von Frankreich)
Nationalfeiertag:	1. November (Beginn des Unabhängigkeitskampfes 1954)
Hauptstadt:	Algier (El Djazair)
Lage:	Nordafrika
Fläche:	2.381.741 qkm (Weltrang: 10)
Bevölkerung:	39,6 Millionen (Weltrang: 34)
Landesstruktur:	Aufteilung in 48 Verwaltungsbezirke (Wilayate), unterteilt in 1.541 Gemeinden
Sprachen:	Arabisch, Mazirisch; Verkehrssprache auch Französisch
Religionen:	Islam, sunnitisch, unter 3 Prozent Christen, Islam ist Staatsreligion
Währung:	Algerischer Dinar
Wirtschaftszweige:	Erdöl, Erdgas
Mitgliedschaften	UN, IAEA, ILO, FAO, UNESCO, WHO, IWF, ICAO, UPU, WMO, WTO, OPEC, OSZE, AU, AMU, CEN-SAD, Arabische Liga, Bewegung der Blockfreien, EU (assoziiert)
Wichtigste Medien:	*Radio und Fernsehen* (nur staatlich): ENTV (Entreprise Nationale de la Télévision); ENRS (Entreprise Nationale de la Radio sonore); *Tageszeitungen* (Auswahl): französisch: Le Quotidien d'Oran, Liberté, El Watan, L'Expression, El Moudjahid, La Tribune, La Nouvelle République, Le Jeune Indépendant, Le Soir d'Algérie; arabisch: El Khabar, El Youm, El Ennahar, Echourouk El Yaoum

Naturraum und geographische Rahmenbedingungen

Die Demokratische Volksrepublik Algerien ist ein Land im Norden Afrikas und mit 2,38 Mio. qkm flächenmäßig das größte Land Afrikas. Die angrenzenden Länder sind Marokko und Westsahara im Westen, Libyen und Tunesien im Osten sowie Mauretanien, Mali und Niger im Süden. Im Norden grenzt es an das Mittelmeer. Die Hauptstadt von Algerien ist Algier mit ca. drei Mio. Einwohnern. Die nächstgrößeren Städte sind Oran, Constantine und Annaba. Etwa 96 Prozent der Einwohner leben im Norden, auf einem Fünftel der Staatsfläche, dem fruchtbareren Teil des Landes. Algeriens Geographie ist eine Mischung von Küsten über Gebirgsketten und Steppen bis hin zur Sahara und hat somit eine Vielfalt an Naturräumen zu bieten. Das Atlasgebirge (mit Tellatlas, Hochland der Schotts und Saharaatlas) teilt das Land in zwei unterschiedliche (Klima-)Regionen – die nördliche Küstenregion, Tell, und die südliche Wüstenregion, Sahara. Die Gebirgskette ist Teil des West-Massivs in Nordafrika, welches beim Aufeinanderprallen der afrikanischen und der europäischen Kontinentalplatte entstanden ist.

Innerhalb der nördlichen Küstenregion (einem 1.200 km langen Küstenstreifen) mit ihren fruchtbaren Böden erhebt sich das Atlasgebiet (Tell). Der steil zum Meer ansteigende Gebirgszug, Tellatlas, erreicht östlich von Algier mit dem Berg Kabylei (2.308 m) seinen höchsten Punkt. Auf der Südseite fällt der Tellatlas in das anschließende Hochland der Schotts, mit zahlreichen, versumpften Salzseen, auf 391 m über dem Meeresspiegel ab. Der im Süden parallel zum Tellatlas verlaufende Sahara-Atlas erhebt sich auf bis zu 2.328 m. An dessen Südseite beginnen die Hammadaflächen (in den Schotts des östlichen Tieflandes bis 35 m unter Meeresniveau). Daran anschließend (südlich des Atlas-Gebirges) erstreckt sich die zweitgrößte Wüste der Welt, die Sahara (vergleichbar mit der Größe Europas) mit ihrem heißen Wüstenklima, und nimmt etwa 85 Prozent der algerischen Landesfläche ein.

Die Sand- und Steinwüste wird im Südosten unterbrochen vom Ahaggar-Massiv, einem wüstenhaften Hochgebirge vulkanischen Ursprungs mit dem höchsten Berg Algeriens, dem Tahat (3.003 m). Das Gebirge ist umrahmt von Schichtstufenlandschaften (Tassili). Bis auf die Flüsse in der Küstenregion des Tellatlas sind die Flüsse (mit Ausnahme der Regenzeit) trocken. Der längste Fluss des Landes mit knapp 700 km ist der Cheliff. Das Klima in der Küstenregion und im Atlas ist typisch mediterran mit warmen und trockenen Sommern sowie kühlen und niederschlagsreichen Wintern. In höheren Gebirgslagen und im Hochland der Schotts erreichen die Temperaturen extremere Werte (Januarmittel kaum über 0 °C, Augustmittel 30 °C). Dort fällt im Winter auch Schnee. In der Sahara ist nicht nur die Trockenheit extrem, sondern auch die Temperaturen unterliegen starken Schwankungen von bis zu 20 °C und mehr am Tag. Die Temperaturen erreichen im Sommer über 40 °C, im Winter können sie unter 0 °C sinken. Insgesamt ist weniger als 1 Prozent des Landes bewässert und landwirtschaftlich genutzt, vornehmlich im Norden. In den Gebirgslagen wachsen subtropische Gehölze und mediterrane Sträucher (z. B. Korkeiche, Macchie etc.). Im Hochland dominiert typische Steppenvegetation mit Gras und Wermutgewächsen, die im Süden in die weitgehend vegetationslose Wüste übergeht, in der es vereinzelte Oasen gibt. An wildlebenden Tieren gibt es Gazellen, Füchse, Affen, Skorpione, Echsen und vom Aussterben bedrohte Leoparden und Geparden, in der Wüste Wüstenhasen und Wüstenspringmäuse.

Geschichtliche Entwicklung bis zur Unabhängigkeit

Ursprünglich war das heutige Gebiet Algeriens von berbersprachigen Nomaden bewohnt, die sich dort niederließen. Die geographische Lage, die fruchtbaren Böden und das angenehme Klima machen das Gebiet zu einem angenehmen Lebensraum und zogen zu allen Zeiten unterschiedliche Gesellschaften an. So kamen Phönizier, Römer, Vandalen, Araber, Osmanen und Franzosen, um das Territorium zu besiedeln. Die Phönizier, ein semitisches Volk des Altertums, das hauptsächlich im Gebiet des jetzigen Libanons und Syriens an der Mittelmeerküste lebte, errichteten an der Küste im 12. Jahrhundert v. Chr. erste Handelsstützpunkte und vertrieben oder unterdrückten die Berber.

Unter Massinissa (238 v. Chr. bis 149 v. Chr.) wurde 202 v. Chr. das Königreich der Numidien aus unterschiedlichen Gruppen von Berbern aus den Gebieten des heutigen Mauretanien, Marokko und Algerien zusammengeschlossen. Diese nutzten die Ambitionen der Großmacht Rom, das gesamte Mittelmeer zu beherrschen, und schlossen sich den Römern im Krieg gegen die Phönizier (Karthago) an. 146 v. Chr. war Karthago erobert und unterstand dem Römischen Imperium. Nach dem Eindringen der Vandalen (ein ostgermanisches Volk) und ihrer ca. 100-jährigen Herrschaft (429 n. Chr. – 534) eroberte der oströmische Kaiser Justinian I. (ca. 482 n. Chr. – 565) die Gebiete zurück. Justinian I. gab die Gebiete als Provinz (nach der Römischen Reichsteilung ca. 395) an die östliche Hälfte des Römischen Reiches, dem späteren Byzantinischen Reich mit Hauptstadt in Konstantinopel, ab. Nach dem Niedergang des Römischen Reiches im 5. Jahrhundert erwarben die Berber ihre Unabhängigkeit zurück. Nur zwei Jahrhunderte später, Mitte des 7. Jahrhunderts, fielen die Araber im östlichen Afrika ein und eroberten die gesamten nordafrikanischen Gebiete, Teile Spaniens wie auch die Gebiete am Roten Meer. Die Region um Algerien wurde zur Provinz Ifriqiya.

Nach wiederholten Aufständen der Berber gegen die arabischen Invasoren, konnten sie sich im 11. Jahrhundert in den Gebieten des heutigen Algeriens befreien. Die Berber-Dynastie der Almoraviden (mit ihrem Zentrum in Marrakesch) verwaltete bis 1147 die Gebiete, wie auch später die Gebiete des heutigen Marokko und Südspaniens (al-Andalus). Innerhalb der Almoraviden entstand eine Bewegung der Almohaden unter Ibn Tumart (1121). Sie eroberten die Gebiete der Almoraviden in al-Andalus (1147). Im 13. Jahrhundert zerbrach das Reich der Almohaden, und die Gebiete fielen anderen Fürstentümern und Königreichen zu oder wurden autonom. In der Region um Algerien entstand das Reich der Abdalwadiden mit dem Zentrum Tlemcen (1236–1554).

Im 15. Jahrhundert begann (nach Eroberungserfolgen in Südamerika) Spanien die Küstenstädte des Mittelmeers zu erobern, wurde aber Mitte des 16. Jahrhunderts mit Hilfe der Osmanen unter Sultan Süleyman I. vertrieben. Das Osmanische Reich (mit dem Zentrum Konstantinopel, dem heutigen Istanbul) übernahm die Kontrolle der Gebiete. Anfang des 18. Jahrhunderts erlangten diese aber wieder ihre Unabhängigkeit, da das Osmanische Reich durch die zentralen Kriege in Europa die Region im nördlichen Afrika nur halbherzig verwaltete und so verlor. Während dieser Zeit waren die algerische Küste und die Seegebiete unter den Korsaren (mit Cheire ad-Din Barbarossa) ein Zentrum für Piraterie und Sklavenhandel. Die Expansion der europäischen Länder nach Übersee (Amerika, Asien, Afrika) verschaffte den Europäern große Vorteile. Diese gewannen durch technische Innovationen aus den Handelsgewinnen (Atlantikhandel, Indienhandel etc.) immer mehr an wirtschaftlicher Bedeutung und militärischer Übermacht.

1830 begann Frankreich mit der Eroberung der Gebiete Algier, Oran und Bone im heutigen Algerien und proklamierte, nach 18 Jahren schwerer Kämpfe und Widerstände (vor allem unter dem Berber-Führer Abd el-Kader), 1848 die vollständige Kolonialisierung. Algerien wurde militärisch, politisch und wirtschaftlich unterworfen und formal-juristisch an Frankreich angegliedert. 1906 eroberte Frankreich auch die (rohstoffreichen) südlichen Saharagebiete Algeriens, die ebenfalls zu einem Département Frankreichs wurden. Die mit äußerster Rücksichtslosigkeit vorangetriebene Eroberung der Franzosen ging einher mit dem System des Siedlerkolonialismus. Hierbei kamen französische und andere europäische Siedler (vor allem Italiener und Spanier) ins Land, für die ausgedehnte Ländereien (durch die Aufhebung des üblichen Gemeindeeigentums) der ansässigen Bevölkerung beschlagnahmt wurden. Die einheimischen Bauern wurden in weniger fruchtbare Gebiete vertrieben. Aufstände gegen die Enteignungen wurden von den französischen Soldaten blutig niedergeschlagen.

Seit Ende der 1930er Jahre verstärkten sich die Aufstände gegen die Kolonialmacht und führten in einigen Städten zu schweren Unruhen und Massakern seitens der französischen Armee. Als beschwichtigende Politik Frankreichs wurde im September 1947 allen Algeriern die französische Staatsbürgerschaft zuerkannt. Dies konnte aber den offenen Widerstand und den Unabhängigkeitskrieg (Algerienkrieg 1954–1962) gegen die Kolonialmacht nicht aufhalten. Der opferreiche Algerienkrieg wurde von der französischen Armee wie auch der Nationalen Befreiungsfront (FLN) auf algerischer Seite mit äußerster Härte geführt und endete mit den Verträgen von Evian und der Unabhängigkeit Algeriens. Die Zahl der getöteten Algerier wurde von Frankreich mit 350.000, von algerischer Seite mit 1,5 Mio. angegeben.

Bevölkerungsstruktur – speziell ethnische Zusammensetzung

Das heutige Algerien ist von mediterraner, arabischer und afrikanischer Kultur geprägt, welche die unterschiedlichen Weltkulturerbestätten der UNESCO widerspiegeln. Hierzu gehören bspw. die Felsmalereien des Tassili n'Ajjer in der Zentralsahara, die römischen Ruinen von Djemila und die Kabah (Altstadt) von Algier. Die Bevölkerung Algeriens beträgt ca. 39,6 Mio. Der überwiegende Teil siedelt in den nördlichen Küstenregionen. Eine Minorität lebt in den Oasen der Sahara und ca. 1,5 Mio. leben als Nomaden oder Halbnomaden in der Wüste. Algerien hat eine sehr junge

Bevölkerung. Mehr als zwei Drittel sind jünger als 30 Jahre und ein Drittel der Bevölkerung ist jünger als 15 Jahre. Das Bevölkerungswachstum liegt bei 1,2 Prozent. Die algerischen Männer werden im Durchschnitt 71,5 Jahre alt, die Frauen 74,6 Jahre. Von den etwa 34,4 Mio. Algeriern sind ca. 70 Prozent Araber und 30 Prozent gehören zu unterschiedlichen Gruppen der Ethnie der Berber.

Zu dieser ethnischen Minderheit der Berber gehören die in der östlich Algiers gelegenen Bergregion lebenden Kabylen (ca. 6 Mio.), die in der Pentapolis Ghardaia lebenden Mozabiten, die im Aurès-Gebirge lebenden Schaoui (ca. 4 Mio.) sowie kleinere Berbergruppen in der Küstengegend, wie ca. 1 Mio. Tuareg in der Sahararegion. Dies sind nur Schätzungen, da die Regierung bei Bevölkerungszählungen nicht nach Ethnie, Religion und Sprache differenziert. Die Zahl der Europäer sank nach Erlangung der Unabhängigkeit bis auf etwa 20.000. Schätzungsweise 2,3 Mio. Algerier leben im Ausland, davon mehr als 1,5 Mio. in Frankreich. Der schlechte Arbeitsmarkt und die Arbeitslosenzahlen (nach inoffiziellen Schätzungen ca. 30 Prozent), vor allem unter den Jugendlichen, führen zu weiteren Auswanderungen. Zielgebiet ist aufgrund der Sprache und unterschiedlicher Migrationskanäle zu algerischen Bekannten hierbei hauptsächlich Frankreich.

Offizielle Amtssprache in Algerien ist Arabisch. Ein Großteil der Bevölkerung spricht aber auch Französisch. Dementsprechend spielt Französisch noch immer eine wichtige Rolle als Bildungs-, Handels- und Verkehrssprache. Die unterschiedlichen Berbergruppen sprechen ihre eigenen Sprachen, die allerdings eine gewisse Verwandtschaft haben und dem Tamazigh ähneln. Dies betrifft auch das Tamascheq, die Sprache der Tuareg in der Sahara. Staatsreligion ist der Islam sunnitischer Richtung. Der Islam kam im 7. Jahrhundert mit den arabischen Eroberungszügen nach Nordafrika und prägt seitdem das Leben und die Kultur der Menschen.

Die Anhänger des Christentums werden auf weniger als 3 Prozent geschätzt. Zu ihnen gehören vor allem in Algerien lebende Europäer und afrikanische Studenten wie auch eine kleine Gruppe Algerier. Bei den Berbern auf dem Land vermischt sich allerdings die Religion des Islam mit den ethnischen Religionen und Traditionen der Berber. Brauchtümer und Kultur sind bei den unterschiedlichen Ethnien sehr verschieden. Bei den Tuareg, einem Nomadenvolk, herrscht bereits über Jahrhunderte das Matriarchat – den Frauen der Tuareg unterliegt die Bewahrung von Kultur und Sprache.

Eine Frau erlangt höhere Geltung in der Gesellschaft, je größer ihre Weisheit und Lebenserfahrung ist. Die Frau ist auch bestimmend bei der Partnerwahl. Dagegen tragen die Männer der Tuareg meistens einen Schleier (Litham).

Wirtschaftsstruktur

Die algerische Wirtschaft ist seit der Unabhängigkeit stark vom Energiesektor (der Förderung von Erdöl und Erdgas) abhängig, der von der staatlichen Öl- und Gasgesellschaft Sonatrach verwaltet wird. Nach Erlangung der Unabhängigkeit 1962 konzentrierte sich die regierende Einheitspartei Front de Libération Nationale (FLN) lange auf eine staatliche Planwirtschaft und einen „algerischen Sozialismus". Mit anhaltender wirtschaftlicher Krise und großem Unmut der Bevölkerung brachen in den 1990er Jahren Bürgerkriege aus und isolierten Algerien international, wodurch die Wirtschaft völlig zusammenbrach. Nachdem sich die innenpolitische Lage seit Ende der 1990er Jahre deutlich stabilisiert hatte, bemühte sich die Regierung unter Bouteflika verstärkt um eine Liberalisierung und Privatisierung der Wirtschaft. Seit 1999 wächst Algeriens Wirtschaft jährlich um ca. 4 Prozent. Die Auslandsschulden reduzierten sich seitdem von 28 Mrd. auf 5 Mrd. USD. Heute befindet sich die Wirtschaft wie auch die Gesellschaft in einem großen Prozess des Umbruchs beim Übergang von einem staatlich kontrollierten System zur privaten Marktwirtschaft. Ein schwieriges und konfliktreiches Unterfangen, da noch viele Sektoren, wie Industrie und Banken, weitgehend von Staatsunternehmen geführt werden.

Herausragende wirtschaftliche Bedeutung hat die Förderung von Erdöl und Erdgas. Sie macht ca. 95 Prozent der Warenexporterlöse aus. Die Ölreserven Algeriens werden auf 11,8 Mrd. Barrel taxiert und stehen damit auf dem 14. Platz der weltweiten und dem 3. Platz der Vorkommen Afrikas. Die Gasreserven wurden auf 4,5 Billionen Kubikmeter geschätzt und wären damit die achtgrößten Vorkommen der Welt. Hauptsächlich liegen die Öl- und Gasvorkommen im östlichen Teil der Sahara. Rund 95 Prozent seiner Erdgasproduktion liefert Algerien nach Europa. Es ist damit nach Russland und Norwegen Europas drittgrößter Gaslieferant. Es liefert rund 30 Prozent des europäischen Verbrauchs.

Eine intensive Landwirtschaft befindet sich lediglich auf einem dünnen, fruchtbaren Küstenstreifen der Tellregion im Norden des Landes. Dieser macht nur ca. 3 Prozent der gesamten Landesfläche Algeriens aus. Hauptsächlich befindet sich die Landwirtschaft in Privatbesitz. Zum BSP trägt die Landwirtschaft ca. 8 Prozent bei und beschäftigt ca. 14 Prozent der Arbeitnehmer. Vorwiegend werden Getreide (vor allem Weizen), Kartoffeln, Zuckerrüben, Hülsenfrüchte, Tomaten, Oliven, Datteln, Feigen, Tabak, Wein und Zitrusfrüchte angebaut. Algerien ist reich an Bodenschätzen, neben Erdöl und Erdgas werden vor allem Eisen, Kupfer, Blei, Zink, Quecksilber und Phosphat abgebaut. Im industriellen Sektor liegen die Schwerpunkte primär bei der Erdöl- und Erdgasverarbeitung. Weitere Bereiche sind die Eisen- und Stahlindustrie, die Verarbeitung von landwirtschaftlichen Produkten (Speiseölraffinerie und Zuckerraffinerie) und die Baustoffindustrie.

Mit seinen 200.000 Touristen jährlich ist Algeriens Tourismus nicht mit dem seiner Nachbarländer Tunesien und Marokko vergleichbar. Der Tourismus trägt lediglich 1 Prozent zum BSP bei. Die Regierung zielt mit ihrem Plan „Horizon 2025" auf eine verbesserte Tourismusinfrastruktur (Hotels, Transport etc.), vor allem entlang der Mittelmeerküste wie auch in der Sahara, ab.

Ein wirtschaftspolitisches Hauptziel der Regierung unter Abdelaziz Bouteflika war die Entwicklung und Diversifikation der Wirtschaft außerhalb des Energiesektors, verbunden mit einer Liberalisierung und Privatisierung der Wirtschaft. Mit dieser Ausrichtung verabschiedeten die Regierungen mit den Jahren verschiedene Investitionsprogramme, die Reduzierung der Regierungsbürokratie, die Modernisierung des Zolls, Bankenreformen, den Ausbau der Infrastruktur und die Förderung eines attraktiveren Umfeldes für inländische und ausländische Investoren. So gibt es eine Privatisierungsagenda für den Verkauf staatlicher Unternehmen. Die nationale Zementfabrik und Stahlunternehmen sind bereits verkauft, Privatisierungsmaßnahmen weiterer Industriebereiche und des Bankensektors sind in Planung. Auch wurde im März 2005 die Verstaatlichung der Bodenschätze aufgehoben. Mit unterschiedlichen Großprojekten soll auch die Baubranche unterstützt werden und einen Wachstumsimpuls bekommen.

Mit dem Privatisierungs-Energie-Gesetz vom April 2005 ermöglicht die Regierung ausländischen Unternehmen, die Gas- und Ölexploration wie auch die Ölproduktion auszubauen. Ähnlich sucht Algerien Investoren für die Sektoren Transport-, Energie- und Wassersysteme. Diese wirtschaftspolitischen Maßnahmen unterstützt die Regierung mit einer Liberalisierung der Außenwirtschaftsbeziehungen. So ist seit dem 1. September 2005 ein Assoziierungsabkommen mit der Europäischen Union in Kraft getreten. Damit sollen bis 2017 alle Handelsschranken und Exportzölle zwischen der EU und Algerien wegfallen. Für Algerien bietet das Assoziierungsabkommen den freien Zugang zum europäischen Absatzmarkt, erleichterte Bedingungen für Investoren und erweiterte Finanzhilfen. Schon heute werden mehr als 60 Prozent des algerischen Außenhandels (hauptsächlich Erdgas und Erdöl) mit unterschiedlichen EU-Ländern abgewickelt. Bilaterale Beziehungen zu einzelnen europäischen Ländern wurden seitdem erheblich intensiviert.

Seit 2012 arbeiten Algerien und die EU an gemeinsamen Aktionsplänen für 2014–2020 im Rahmen der Europäischen Nachbarschaftspolitik (ENP). Dabei sollen Justiz, gesellschaftliche Partizipation, Diversifizierung der Wirtschaft und die Förderung der Zivilgesellschaft reformiert und gefördert werden. Neben der EU hat Algerien unterschiedliche Partnerschafts- und Investitionsverträge mit anderen Ländern, z. B. mit China, Ägypten, Malaysia und Jemen, erstellt. Die verheißungsvollen Pläne zur Liberalisierung und Privatisierung der Wirtschaft des Präsidenten Bouteflika haben in der praktischen Umsetzung aber noch mit großen inneren Widerständen zu kämpfen. So interveniert weiterhin der Staat in Preise und Faktorkosten mit Subventionen unterschiedlicher Bereiche, nimmt Einfluss auf den Wechselkurs und erhält wettbewerbsverzerrende Regularien aufrecht. Exzessive Bürokratien und weiterhin große Unsicherheiten beherrschen inländische und ausländische Investoren durch die weiterhin unsichere Lage oder die weitverbreitete Korruption und Seilschaften.

Obwohl Algerien durch sein wirtschaftliches Herzstück, die Erdöl- und Erdgasförderung, enorme Einnahmen verzeichnen kann, ist dieser Wirtschaftszweig durch ein geringes Arbeitskräftepotential gekennzeichnet. Auch wenn das Bruttoinlandsprodukt seit Jahren stabil wächst (2013: 2,7 Prozent; 2014: 4,0 Prozent), profitiert nur eine kleine Anzahl wirklich davon.

Die Bekämpfung der Arbeitslosigkeit, speziell der Jugendarbeitslosigkeit, gilt deshalb, trotz sinkender Zahlen, weiterhin als größte Herausforderung der Regierung. So lag die Arbeitslosenquote bei ca. 10 Prozent im Jahr 2013 und 9,4 Prozent im Jahr 2014. Die Jugendarbeitslosigkeit darunter liegt bei ca. 24,8 Prozent. Schätzungen von Nichtregierungsorganisationen bezeichnen die Daten als „erheblich untertrieben“ und gehen daher von einer Verdopplung aus.

So herrscht eine große Diskrepanz zwischen den staatlichen Verwaltungen und Institutionen wie auch den Staatsunternehmen auf der einen und den Menschen und ihren Einnahmen im informellen Sektor auf der anderen Seite. Mehr als die Hälfte der algerischen Bevölkerung befindet sich bereits oder droht in die wirtschaftliche Armut abzugleiten. Die Unzufriedenheit in der Gesellschaft steigt zudem mit der anhaltenden Wohnungsnot, welche in den letzten Jahren vermehrte soziale Unruhen und Streiks hervorrief.

Aktuelle politische Entwicklung

Algerien ist eine Republik, die unterteilt wird in insgesamt 48 Bezirke. Der Präsident als Staatsoberhaupt wird alle fünf Jahre direkt gewählt. Seit 1999 regiert Abdelaziz Bouteflika als Präsident in Algerien und wurde – trotz schwerer Krankheit – bei den Wahlen vom April 2014 zum 4. Mal wiedergewählt. Bei den Wahlen zur Nationalen Volksversammlung von 2012 gewann die Einheitspartei Nationale Befreiungsfront (FLN) 221 Sitze und die Nationale Demokratische Sammlungsbewegung (RND) 70 Sitze; beide bilden im Zusammenschluss die Regierung. Zum Premierminister wurde abermals Abdelmalek Sellal ernannt.

In den Jahren seit der Unabhängigkeit durchlief die Gesellschaft viele Veränderungen. Auf den Versuch einer sozialistischen Planwirtschaft und Öffnung zum Ostblock folgte nach wirtschaftlichen Misserfolgen ein blutiger Bürgerkrieg zwischen Staat und islamistischen Bewegungen. Nach der Verbesserung der Sicherheitslage durch die Versöhnungspolitik Bouteflikas seit 1999 versucht die Gesellschaft, die großen Probleme der Arbeitslosigkeit, Korruption und Vetternwirtschaft mit Modernisierungskonzepten anzugehen. So konzentrieren sich die algerischen Regierungen unter dem Präsidenten Bouteflika gegenwärtig mit – sogenannten – 5-Jahres-Plänen auf die Modernisierung der Infrastruktur. Dabei umfassten die Investitionen von 2010–2014 ca. 286 Mrd. US-Dollar. Für die Jahre 2015–2019 sind ca. 200 Mrd. USD für die Fortsetzung dieser Programme und ihren weiteren Ausbau eingeplant. Dabei bilden beispielsweise der Ausbau von Wohnungen, des Straßen- und Schienennetzes, die Versorgung mit Wasser und Strom, der Gesundheitssektor und die Modernisierung der Industrie und der Landwirtschaft sowie die Förderung des Tourismussektors die Schwerpunktziele der Investitionen.

Die Profite erreichen aber bis heute nicht die unteren und mittleren Schichten. Ein dreitägiger Generalstreik des Gewerkschaftsdachverbandes UGTA, an dem über 90 Prozent der Arbeiter teilnahmen und der sich vor allem gegen das Privatisierungsprogramm der staatlichen Betriebe und die Öffnung des Erdöl- und Erdgassektors für private Investitionen richtete, zeigte die Unzufriedenheit der Bevölkerung. Das Scheitern der ehrgeizigen Wirtschaftsprogramme würde an Algeriens Wirtschaftskrise der späten 1980er und 1990er Jahre erinnern. Hohe Arbeitslosigkeit und Wohnungsnot führten zu schweren Unruhen und zum Aufschwung islamistischer Bewegungen. Der Abbruch der Wahlen 1991, wegen eines sich deutlich abzeichnenden Sieges der Front Islamique du Salut (FIS), und die anschließende Anordnung zur Auflösung durch die Regierung führten zu einem blutigen Bürgerkrieg, der bis 1998 währte und ca. 200.000 Tote forderte.

Wichtigstes innenpolitisches Ziel und Wahlversprechen Bouteflikas war daher die Beendigung der gewaltsamen Konfrontationen durch eine „Politik der nationalen Versöhnung“. Hierbei versuchte die Regierung, islamistische Gruppen und Parteien in den politischen Prozess zu integrieren, etwa mit der Zulassung und Regierungsbeteiligung islamischer Parteien wie Ennahda und Hamas/MSP. 2005 wurde eine „Charta für Frieden und nationale Versöhnung” vom Volk in einem Referendum bestätigt. Sie sieht eine Generalamnestie für die beteiligten Kampfgruppen vor, die keine schweren Verbrechen wie Mord, Vergewaltigung oder Bombenanschläge begangen haben. Gleichzeitig schränkt sie die Opfer ein, die Ereignisse juristisch aufzuarbeiten, so dass weder die staatlichen Übergriffe noch die Vergehen der islamistischen Guerillakämpfer thematisiert wurden. Nach Niederlegung der Waffen haben sich Teile der islamistischen Kämpfer in kleine Splittergruppen aufgeteilt und verüben weiterhin einzelne Angriffe und Attentate. Viele dieser Gruppen (beispielsweise die „Salafistengruppe für Predigt und Kampf“ – GSPC) schließen sich gegenwärtig der „Al Qaida des islamischen Maghreb“ an mit dem Ziel des „heiligen Krieges“ gegen die algerische Staatsmacht.

Eine weitere brisante innenpolitische Aufgabe ist die Situation der Ureinwohner und heutigen Minderheit der Berber in der östlich gelegenen Bergregion Kabylei. Verschiedene Demonstrationen für mehr Autonomie und demokratische Partizipation sowie die Anerkennung ihrer kulturellen Identität und ihrer Sprache Tamazigh wurden gewaltsam von der staatlichen Gendarmerie niedergeschlagen (ca. 130 Tote). Im Zuge der ansteigenden Zahl von Demonstrationen und aufgrund politischen Kalküls (Parlamentswahlen) wurde die Berbersprache Tamazigh als Nationalsprache anerkannt und in Schulen und Universitäten gelehrt. Als Amtssprache gilt weiterhin nur Arabisch. Die gleichzeitig verlangte wirtschaftliche Förderung der Region wurde bisher nicht verwirklicht. In den vergangenen Jahren, seit Beendigung des Bürgerkrieges, hat Algerien in der internationalen Politik wieder mehr Teilnahme und Einfluss. Seit Staatspräsident Abdelaziz Bouteflika und den liberal-politischen Vorhaben wie auch der Versöhnungspolitik im Land, konnte die Regierung auf internationaler Bühne wieder Vertrauen gewinnen und sich von der Isolierung durch den Bürgerkrieg lösen.

Vor allem durch die schlechten Erfahrungen während der französischen Kolonialherrschaft und des Unabhängigkeitskrieges verfolgte die Regierung in ihrer Politik zum einen das Prinzip des Rechts auf nationale Souveränität und zum anderen die Solidarität zur arabischen Welt und ihrer Einheit. Das Prinzip des Rechts auf nationale Unabhängigkeit zeigt sich hinsichtlich des Engagements Algeriens bei der Unterstützung im Dekolonialisierungsprozess in Afrika und im Nahen Osten sowie in Lateinamerika. Durch die Solidarität zur arabischen Einheit engagiert sich Algerien insbesondere im Nahen Osten. Dies zeigte sich u. a., als Algerien sich als nicht-ständiges Mitglied des Sicherheitsrates der Vereinten Nationen von 2004–2005 vor allem für die Interessen der Palästinenser im Nahostkonflikt und für die arabischen Länder einsetzte.

Früh, nach seiner schwerumkämpften Unabhängigkeit, orientierte sich das Land in Richtung Ostblock und entwickelte eine algerische Innen- und Wirtschaftspolitik, basierend auf dem sozialistischen Entwicklungsmodell. Vor dem Hintergrund der wirtschaftlichen Abhängigkeit gegenüber Frankreich und dem Versuch einer Emanzipation wurde die Ausrichtung und Politik Algeriens mit unterschiedlichen Krediten der Sowjetunion unterstützt. Trotz des Umlenkens seit 1999 zum liberalen marktwirtschaftlichen Modell teilt Algerien große Partnerschaften (vor allem in den Bereichen Energie und Rüstung) mit Russland. Im Hinblick auf Europa und die USA nutzt Algerien seine Bedeutung in der Sicherheitspolitik (vor allem nach dem 11. September 2001 im Kampf gegen den internationalen Terrorismus) und als Energielieferant.

Trotz der Öffnung und Ausrichtung zum Westen hin scheut sich das Land nicht, Kritik gegenüber seinen Partnern zu äußern. So wurden die Interventionen im Irak wie auch die Unterstützung des Westens durch islamistische Terroristen in unterschiedlichen Bürgerkriegen verurteilt. Zu der ehemaligen Kolonialmacht Frankreich besteht auch nach 50 Jahren Unabhängigkeit ein ambivalentes Verhältnis. Zum einen ist Frankreich (trotz großer Versuche der wirtschaftlichen Emanzipation) seit der Unabhängigkeit eine Schlüsselfigur in wirtschaftlichen Belangen für Algerien (Spezialisten, Vermittler bei EU-Assoziierungsabkommen, Wirtschaftshilfen etc.). Zum anderen belasten noch immer die bitteren Erfahrungen des Kolonialismus und der blutige Unabhängigkeitskrieg das Verhältnis zu Frankreich. Algerien empört sich über die Verherrlichung und kolonialgeschichtliche Darstellung Frankreichs mit „einer positiven Rolle der französischen Präsenz in Afrika". Trotz gegenseitiger Staatsbesuche und Eröffnung mehrerer Konsulate kühlte das Verhältnis zwischen den beiden Staaten vor allem in den letzten Jahren wieder ab, und man legte sogar einen lang vorbereiteten Freundschaftsvertrag auf Eis. Auch auf den Vorstoß des ehemaligen französischen Präsidenten Sarkozy zur Bildung einer Mittelmeerunion reagierte Algerien zurückhaltend.

Problematisch war auch lange Zeit das Verhältnis zum Nachbarstaat Marokko. Marokko besetzte 1963 das Gebiet Tindouf in Südalgerien, eine rohstoffreiche Region. Einige Jahre später (1975) besetzte Marokko (wegen Interesses an den großen Phosphatvorkommen) die ehemalige Kolonie Westsahara. Die folgenden Grenzkonflikte wie auch Algeriens Unterstützung (diplomatisch und militärisch) beim Befreiungskrieg der Westsahara belasteten über Jahrzehnte die bilateralen Beziehungen wie auch die Zusammenarbeit in internationalen Organisationen. Erst durch eine zunehmende wirtschaftliche Bedrohung der Maghreb-Staaten näherten sich Algerien und Marokko bei der Bildung der EG-Süderweiterung 1986 und speziell beim Assoziierungsabkommen mit der EU (2001) und bei der Wiederaufnahme der Integrationsprozesse im Rahmen der Arabischen Maghreb-Union (2002) an – trotz der Unklarheiten im Westsaharakonflikt. Bis heute sind jedoch die Spannungen zwischen den beiden Staaten so stark, dass die Grenzen zwischen ihnen (seit 1999) geschlossen sind.

Die Proteste des Arabischen Frühlings von 2011 in den arabischen Ländern führten auch in Algerien zu Reformforderungen. Diese versandeten jedoch schnell durch die Ankündigung des Präsidenten Bouteflika, umfassende politische Reformprozesse zu implementieren. Der seit 19 Jahren geltende Ausnahmezustand wurde aufgehoben. Einzelne Dezentralisierungsgesetze wie auch Demokratisierungsreformen bezüglich Parteien und Pressefreiheit wurden neu angestoßen. Die von Bouteflika angekündigten großen Reformprozesse und Verfassungsänderungen wurden bisher allerdings nur diskutiert und blieben somit aus. Kritiker und große Teile der Bevölkerung haben längst die Hoffnung auf große Veränderungen unter der gegenwärtigen Regierung verloren. Dabei wird Präsident Bouteflika als Marionette der sogenannten „Macht" („Le Pouvoir") betitelt, einer politischen, militärischen und wirtschaftlichen Elite, die im Hintergrund die politischen Fäden zieht.

Literatur

BBC News (2005): 'Algeria strikes deal with Berbers', unter: http://news.bbc.co.uk/go/pr/fr/-/2/hi/africa/4180887.stm [20.12.2015].

Begga, C. u. Abid, K. (2004): 'The Euro-Algerian Relationship: A Review of its Development', in Aghrout, A. u. R. Bougherira (Hg.) Algeria in Transition. Reforms and Development Prospects. London, S. 73–86.

Brandt, E. (2015): ‚Algerien', unter: http://www.liportal.giz.de/Algerien/ [7.12.2015].

CIA World Factbook (2009): 'Algerian facts', unter: http://www.cia.gov/library/publications/the-world-factbooks/geos/ag.html [15.12.2015].

Energie Information Administration – EIA (2009): 'Algeria Country Analysis Brief – Algeria Energy Data, Statistics and Analysis – Oil, Gas, Electricity, Coal', unter: http:// www.eia.doe.gov/emeu/cabs/Algeria/pdf.pdf. [21.12.2015].

Fondation d'el Djazair (2006): 'Histoire', unter: http://vieilalger.free.fr/histalger/conquete.htm [15.12.2015].

Gieler, W. (2007): Die Außenpolitik der Staaten Afrikas. Ein Handbuch: Ägypten bis Zentralafrikanische Republik. Paderborn.

Gieler, W. u. Kemal, I. (2005): Foreign Policy of States – A Handbook on World Affairs. Istanbul.

Hubel, H. (Hg.) (1988): Nordafrika in der internationalen Politik. München.

Kahina, S. (2007): 'La situation financière de l'Algérie s'améliore', unter: http://www.algerie-dz.com/article10543.html [15.12.2015].

Martinez, L. (1998): La guerre civile en Algérie. Paris.

Mathieu, A. (2004): 'Un engagement déterminé contre le colonialisme', Monde Diplomatique, Novembre 2004, S. 8–10.

Metz, H. C. (1995): 'Area Handbook Algeria: A Country Study' (Baton Rouge), unter: http://countrystudies.us/algeria/ [15.12.2015].

Ministère de l'Énergie et des Mines (2009): 'L'Algérie, l'Energie, l'Avenir', unter: http://mem-algeria.org/ [15.12.2015].

Mortimer, R. (2004): 'Bouteflika and the Challenge of Political Stability', in Aghrout, A. u. R. Bougherira (Hg.) Algeria in Transition. Reforms and Development Prospects. London, S. 183–198.

Mourad, H. (2007): 'La lutte antiterroriste prend un nouveau départ – La déroute du GSPC', unter: http://liportal.inwent.org/lis/lis/algerien/terrneuestrategie.doc [15.12.2015].

Nadia, M. B. (2009): 'Lutte contre le chômage et promotion de l'emploi', unter: http://www.algeria-watch.org/fr/article/eco/soc/lutte_contre_chomage.htm [15.12.2015].

Rasmussen, S. (2006): 'Dress, Identity, and Gender in Tuareg Culture and Society', in Seligman, T. (Hg.) Art of Being Tuareg. Los Angeles, S. 139–157.

RIA Novosti (2007): 'Waffenmarkt: Algerien kann Indien und China bei Waffenkäufen in Russland übertreffen', unter: http://de.rian.ru/business/20070405/63137770.html [15.12.2015].

Rößler, H.-C. (2008): 'Algerien – Ein alter Präsident und viele Junge ohne Arbeit', unter: http://www.algeria-watch.org/de/artikel/2008/alte_junge.htm [15.12.2015].

Touati, M. (2009): 'Les salaires de la misère', unter: http://www.algeria-watch.org/fr/article/eco/soc/salaires_misere.htm [15.12.2015].

Valérie, G. (2005): 'Les Français approuvent la loi', unter: http://www.rfi.fr/actufr/articles/072/article_40204.asp [15.12.2015].

Yanis, P. R. (2005): 'Histoire de l'Algérie', unter: www.algerie-monde.com/histoire-algeire/histoire-la-prehistoire.html [15.12.2015].

Zoubir, Y. H. (2004): 'The Dialectics of Algeria's Foreign Relations, 1992 to the Present', in Aghrout, A. u. R. Bougherira (Hg.) Algeria in Transition. Reforms and Development Prospects. London, S. 151–182.

Christian Johannes Henrich

Aserbaidschan

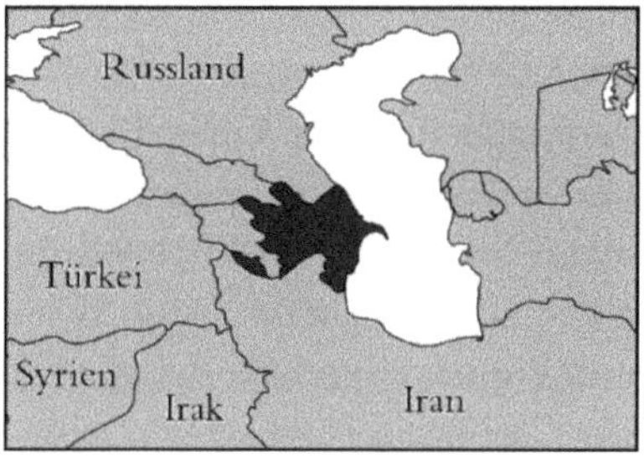

Offizieller Name:	Republik Aserbaidschan (Azərbaycan Respublikası)
Staatsform:	Präsidiale Republik mit Nationalversammlung
Unabhängigkeit:	28. Mai 1918 (vom Russischen Reich) 18. Oktober 1991 (von der Sowjetunion)
Nationalfeiertag:	28. Mai, Unabhängigkeitstag
Hauptstadt:	Baku
Lage:	Südkaukasus
Fläche	86.600 qkm (Weltrang: 111)
Bevölkerung:	9.65 Millionen (Weltrang: 91)
Landesstruktur:	66 Provinzen (Rayon) und 11 Städte (Sahar)
Sprachen:	Aserbaidschanisch, Russisch, Armenisch
Religionen:	Muslime (93,4 Prozent), russisch-orthodoxe Christen (2,5 Prozent), armenisch-orthodoxe Christen (2,3 Prozent)
Währung:	Manat (AZN)
Wirtschaftszweige:	Erdöl und Erdgas
Mitgliedschaften:	Vereinte Nationen, Gemeinschaft Unabhängiger Staaten (GUS), OSZE, Europarat, Organisation für Islamische Zusammenarbeit (OIC), GUAM, Partnerschaft für den Frieden und Euro-Atlantischer Partnerschaftsrat
Wichtigste Medien:	*Fernsehen:* AzTV (staatlich), ITV, ATV, ANS, Space, Khazar, Lider TV, Idman, Madaniyat TV *Rundfunk:* Araz (staatlich) *Zeitungen:* Yeni Musavat, Azadliq, Azerbaycan, Bakinskij Rabotchij, Ayna, Echo (russisch)

Naturraum und geographische Rahmenbedingungen

Aserbaidschan liegt am äußersten Rand Europas im südöstlichen Kaukasus. Es zeichnet sich durch eine sehr hohe Biodiversität, also eine sehr vielfältige Flora und Fauna aus. Mehr als zehn Prozent Aserbaidschans sind bewaldet. Durch die jahrhundertelange Erdöl- und Erdgasförderung ist das Ökosystem stark aus dem Gleichgewicht gebracht worden. Besonders auf der Halbinsel Abscheron (Abşeron yarımadası) an der Küste des Kaspischen Meeres leidet die Natur unter dem umweltverschmutzenden Einfluss der Öl- und Gasindustrie. Dort steht auch eines der beeindruckendsten Sehenswürdigkeiten des Landes, der Yanar Dağ, der brennende Berg. Wenige Kilometer von der Hauptstadt Baku entfernt kommt es zu zahlreichen Erdbränden, da sich unter der Oberfläche liegende Gasblasen entzünden. Dieses beeindruckende und sehr seltene Naturschauspiel ist im Land sehr verbreitet und war letztlich namensgebend, denn Aserbaidschan heißt übersetzt Land des Feuers.

Der Norden bildet die Grenze zu Russland. Dort liegt der Große Kaukasus (Böyük Qafqaz Dağları) mit dem Bazardüzü Daği (4.466 m; höchster Berg Aserbaidschans) als Grenzbegirge. Im Südwesten bildet der Kleine Kaukasus (Kiçik Qafqaz Dağları) mit dem Karabachgebirge (Qarabağ silsiləsi) die Grenze zu Armenien und Georgien. Im Süden erstreckt sich Aserbaidschan bis ins Talysch-Gebirge (Talış dağları) zum Iran, im Osten ans Kaspische Meer (Xəzər dənizi). Die Autonome Republik Nachitschewan ist eine Exklave, die eine elf Kilometer lange Grenze mit der Türkei hat.

Aserbaidschan liegt in der subtropischen Klimazone und ist reliefbedingt sehr unterschiedlich. Die Kura-Ebene ist eine Halbwüste oder Steppe mit 200 bis 300 mm Niederschlag jährlich. In den Küstengebieten dagegen herrscht ein feucht-subtropisches Klima vor mit teilweise erheblichen Niederschlagsmengen von im Winter bis zu 1.800 mm. Im Gebirge ist ein alpines Klima mit ebenfalls hohen Niederschlägen (1.500 mm). Die durchschnittliche Jahrestemperatur beträgt 13,1 °C.

Geschichtliche Entwicklung bis zur Unabhängigkeit

Anfang des 15. Jahrhunderts beherrschten Stammesföderationen das heutige Aserbaidschan. Zudem entstand das Khanat Karabach. Die damals wichtigsten Zentren der aserbaidschanischen Kultur waren Täbris (Təbriz) und Schemacha (Şamaxı). Das Land war Teil des persischen Reiches und hatte großen Einfluss bei Hofe. Die russische Armee unter Zar Peter I. erobert 1723 im ersten Russisch-Persischen Krieg die Gebiete von Baku und Dərbənd und den Rest der persischen Küste des Kaspischen Meeres. Daraufhin sagten sich die Khanate Schirwan, Salyan und Scheki von Persien los, das Osmanische Reich besetzte zudem Naxçıvan. Bereits 1736 konnte Persien unter der Führung von Nadir Schah ganz Aserbaidschan zurückerobern.

Nach der Ermordung Nadirs 1747 zerfielen die zu Persien gehörenden Gebiete Aserbaidschans und Transkaukasiens in unabhängige Khanate. Streitereien unterhalb dieser Khanate wurden häufig kriegerisch ausgetragen. Nach dem Russisch-Persischen Krieg 1804 bis 1814 wurden die Khanate nördlich des Aras, außer Nachitschewan (Naxçıvan) und Eriwan (İrəvan), im Frieden von Gulistan dem zaristischen Russland zugesprochen. Diese beiden Provinzen wurden erst nach dem Russisch-Persischen Krieg von 1826 bis 1828 im Frieden von Turkmantschai dem Zaren zugesprochen. Die im letzten Vertrag festgelegte Grenze trennt noch heute Aserbaidschan und Armenien vom Iran. Durch die voranschreitende Industrialisierung stieg die weltweite Nachfrage nach Erdöl ungemein an. Seit den 1870er Jahren begann man mit der exzessiven Erdölförderung.

Nach der Februarrevolution 1917 und dem Zusammenbruch des Zarenreichs in Transkaukasien wollten Aserbaidschaner, Georgier und Armenier eine Transkaukasische Demokratisch-Föderative Republik gründen. Nachdem sich dies als unmöglich entpuppte, wurde am 28. Mai 1918 die erste Republik im islamischen Orient, die Demokratische Republik Aserbaidschan (Demokratik Cumhuriyyəti Azərbaycan), in der Hauptstadt Gandscha (Gəncə) ausgerufen. Diese Republik bestand formal zwischen 1918 und 1920, und das Einflussgebiet erstreckte sich lediglich auf den Norden Aserbaidschans. Baku und der Osten des Landes wurden von der Anfang 1918 errichteten pro-sowjetischen Kommune von Baku kontrolliert. Aserbaidschanische Nationalisten hatten Bestrebungen, sich der Demokratischen Republik Aserbaidschan anzuschließen; diese Separatisten wurden von den Bolschewiki und ihren verbündeten armenischen Nationalisten (Daschnaken) verfolgt und ermordet.

Es kam zu erheblichen Massakern an der muslimischen Zivilbevölkerung, den sogenannten März-Ereignissen. Im Sommer 1918 rückten osmanische Truppen auf Baku vor. Daraufhin kam es im Rat der Volksbeauftragten zum Bruch mit den Bolschewiki, um die in Persien stationierten britischen Truppen von General Lionel Dunsterville um Hilfe zu bitten. Im September 1918 mussten die Briten allerdings Baku den übermächtigen Osmanen überlassen. Während der osmanischen Besatzungszeit rächten sich die Osmanen mit ihren aserbaidschanischen Brüdern an den ansässigen Armeniern für die März-Massaker. Der Waffenstillstand von Mudros stellte Baku im November 1918 wieder unter britische Kontrolle.

Anfang 1920 wurde Aserbaidschan von den Alliierten als unabhängiges Land anerkannt. US-Präsident Woodrow Wilson empfing am 11. Januar 1920 eine aserbaidschanische Regierungsdelegation. Es folgte die offizielle Anerkennung Aserbaidschans durch die Vereinigten Staaten. Die Rote Armee verletzte am 28. April 1920 völkerrechtswidrig die Souveränität Aserbaidschans, indem sie das Land besetzte. Die sowjetischen Truppen nutzen einen bewaffneten Aufstand der Armenier in der Region Bergkarabach, um die Staatsgrenze zu Aserbaidschan in der Nähe der Stadt Yalama zu überqueren und das Land einzunehmen.

Das aserbaidschanische Militär war im Westen mit den armenischen Aufständischen so gebunden, dass sie keinen dauerhaften Widerstand gegen die Rotarmisten leisten konnten. Somit endete am 28. April die erste Aserbaidschanische Republik, und ein russisches Okkupationsregime regierte in Baku. Nach ein paar Monaten wurde Aserbaidschan zu einer Sowjetrepublik, die 1922 mit Georgien und Armenien zur Transkaukasischen Sozialistischen Föderalen Sowjetrepublik (Закавказская Социалистическая Федеративная Советская Республика) zwangsvereinigt und in die UdSSR integriert wurde. Erst 1936 wurde Aserbaidschan eine selbstständige Sowjetrepublik innerhalb der UdSSR. Das kulturelle und sprachliche Alltagsleben wurde seit der Okkupation russifiziert. Dieser Politik fielen auch Vertreter von Literatur und Kunst zum Opfer, so wurden Dichter, Schriftsteller und andere Kunstschaffende mit Berufsverboten belegt, interniert oder gar ermordet. Moscheen und Synagogen wurden geschlossen.

Aufgrund armenischer Gebietsansprüche beantragte 1988 der dortige Oberste Sowjet in Abwesenheit aserbaidschanischer Abgeordneter den Transfer des Gebiets Bergkarabach aus aserbaidschanischer in armenische Republikhoheit. Daraufhin kam es in Sumgait (Sumqayıt) zu Pogromen an der armenischen Bevölkerung mit mehreren Dutzend Toten. Auch in anderen aserbaidschanischen Städten kam es zu Übergriffen auf die armenische

Minderheit. Am 23. September 1989 beschloss der Oberste Sowjet in Baku das Verfassungsgesetz zur Souveränität Aserbaidschans. Die anschließende Militärintervention sowjetischer Truppen forderte mehrere Hundert tote und Tausende verletzte Zivilisten.

Am 30. August 1991 rief Aserbaidschan die Unabhängigkeit aus und gründete mit anderen ehemaligen Sowjetrepubliken die Gemeinschaft unabhängiger Staaten (GUS). Erster Präsident der zweiten unabhängigen Republik Aserbaidschan war Ayaz Mütallibov.

Bevölkerungsstruktur – speziell ethnische Zusammensetzung

Die Republik Aserbaidschan hat 9.651.780 Einwohner. 53,2 Prozent der Bevölkerung leben in Städten. Das Bevölkerungswachstum 2015 betrug rund ein Prozent. Knapp 40 Prozent der Bevölkerung sind unter 25 Jahre, fast 23 Prozent sind unter 15 Jahre alt. Die durchschnittliche Lebenserwartung liegt bei 72,2 Jahren. 91,6 Prozent der Bevölkerung betrachten sich als Aserbaidschaner, der Rest gliedert sich in Lesgier (2,0 Prozent), Armenier (1,4 Prozent), Russen (1,3 Prozent) und Türken (0,4 Prozent).

Infolge des bewaffneten Konflikts mit Armenien in der Region Bergkarabach und der seit 1993 andauernden armenischen Besetzung von nahezu 20 Prozent des aserbaidschanischen Staatsgebiets leben mehr als 700.000 Aserbaidschaner unter äußerst schlechten Lebensbedingungen als Binnenflüchtlinge im eigenen Land. Auf dem Papier ist die vorherrschende Religion mit 93,4 Prozent zwar der schiitische Islam, aufgrund der langen Besetzung durch die kommunistisch-atheistische Sowjetunion wurden zahlreiche Aserbaidschaner jedoch säkularisiert. Die tatsächliche Anzahl der Gläubigen oder praktizierenden Moslems ist deutlich niedriger. Unter den anderen Religionen finden sich Sunniten, armenisch-apostolische und russisch-orthodoxe Christen, aber auch wenige Juden.

Wirtschaftsstruktur

Zu Beginn dieses Jahrtausends wuchs die Wirtschaft Aserbaidschans sehr schnell, das BIP stieg zwischen 1999 und 2001 im zweistelligen Bereich. Diese Entwicklung basiert zu einem großen Teil auf einer expansiven Erdölindustrie, welche den wichtigsten Wirtschaftszweig des Landes darstellt. In den letzten drei Jahren stieg das BIP lediglich zwischen 2,2 und 5,8 Prozent.

Das BIP liegt im Jahr 2014 bei circa 165 Mrd. US-Dollar. Eines der größten Probleme für das Land ist die weit verbreitete Korruption. Transparency International führt Aserbaidschan im Corruption Perceptions Index 2014 auf Platz 126 von 174 Ländern.

Die Ölindustrie erwirtschaftet um die 60 Prozent des BIP. Die Ölproduktion lag im Jahr 2004 noch bei 15,5 Mio. Tonnen, 2014 schon bei 42 Mio. Tonnen. Für den Export des Öls wurde die Baku-Tiflis-Ceyhan-Pipeline gebaut und im Sommer 2005 in Betrieb genommen. Sie kann täglich bis zu einer Million Barrel Rohöl von Baku in die türkische Hafenstadt Ceyhan transportieren. Später soll die Kapazität bis auf 1,8 Mio. Barrel pro Tag erhöht werden. Aserbaidschan gilt zudem als Hauptlieferant für die geplante Nabucco-Pipeline, welche Gas über die Türkei nach Europa bringen soll.

Politisches System und aktuelle politische Entwicklung

Im September 1993 wurde der ehemalige KGB-Offizier und KP-Chef Heydar Aliyev zum Präsidenten gewählt. Aliyev bemühte sich um gute Beziehungen zu Russland, der Türkei und den USA, aber auch um gute Nachbarschaft mit dem Iran.

Seit 1993 wurden verschiedene Parteien gegründet. Zu den heute wichtigsten Parteien zählen die Regierungspartei Neues Aserbaidschan (Yeni Azərbaycan Partiyası), die Aserbaidschanische Hoffnungspartei (Azərbaycan Ümid Partiyası), die Volksfront-Partei Aserbaidschans (Azərbaycan Xalq Cəbhəsi Partiyası) und die älteste Partei Aserbaidschans, die Gleichheitspartei (Müsawat Partiyası). Als weitere, kleinere Vertreter des Mehrparteiensystems gelten die Partei der nationalen Unabhängigkeit (Istiklal Partiyası) und die Aserbaidschanische Kommunistische Partei (Azərbaycan Kommunist Partiyası).

Nach dem Tod Heydar Aliyevs wurde sein Sohn İlham Aliyev 2002 zum Nachfolger im Amt des Präsidenten ernannt und 2003 vom Volk gewählt. Die internationalen Wahlbeobachtungsmissionen des Büros für Demokratische Institutionen und Menschenrechte (ODIHR) und der Parlamentarischen Versammlung der OSZE kritisierten in ihrem Bericht stets die Wahlen in Aserbaidschan der Aliyev-Ära als unfrei und manipuliert. Auch führende Demokratieforscher stufen Aserbaidschan als autoritäres Regime ein.

Die aserbaidschanische Verfassung verbrieft zwar umfassende Menschenrechte, dennoch sind Presse-, Meinungs- und Versammlungsfreiheit stark eingeschränkt. Auch die Arbeit von Nichtregierungsorganisationen (NGO) wurde durch zahlreiche Gesetzesänderungen in den letzten Jahren deutlich erschwert. Insbesondere vom Ausland finanzierte Organisationen werden bei der Durchführung ihrer Projekte behindert.

Als 2012 der Eurovision Song Contest in der Hauptstadt Baku stattfand, rückte Aserbaidschan durch diese Großveranstaltung in den Mittelpunkt des öffentlichen Interesses. Das autoritäre Regime, die Unterdrückung der Opposition und die Menschenrechtsverletzungen wurden dabei häufig thematisiert. Ähnliche Aufmerksamkeit erlangte Aserbaidschan 2015 anlässlich der Europaspiele in Baku. Der Deutsche Bundestag verabschiedete eine Resolution, die die Bundesregierung auffordert, „die systematische Verletzung der Menschenrechte weiterhin anzuprangern" und sich für die „sofortige und bedingungslose Freilassung der politischen Gefangenen einzusetzen". In Baku wurde die Resolution der deutschen Parlamentarier als Angriff gegen Aserbaidschan empfunden. Eine grundlegende Verbesserung der politischen Situation ist derzeit nicht zu erwarten.

Literatur

Auch, Eva-Maria (2001): Öl und Wein am Kaukasus. Deutsche Forschungsreisende, Kolonisten und Unternehmer im vorrevolutionären Aserbaidschan. Wiesbaden.

Avşar, Ferhat (2006): Schwarzer Garten im Land des Feuers. Darmstadt.

Baberowski, Jörg (2003): Der Feind ist überall. Stalinismus im Kaukasus. München.

Cornell, Svante E. (2001): Small Nations and Great Powers: A Study of Ethnopolitical Conflicts in Caucasus. Surrey.

Hasanov, Nurlan (2014): Der Ausbau rechtsstaatlicher Strukturen in der Republik Aserbaidschan, gefördert durch die Europäische Nachbarschaftspolitik. Berlin.

Heintze, Hans-Joachim (2016): Territoriale Integrität der Staaten: Fortbestehende Grundlage des Völkerrechts. Untersuchung vor dem Hintergrund des Berg-Karabach-Konflikts zwischen Armenien und Aserbaidschan. Berlin.

Henrich, Christian Johannes (2010): ‚Armenische Revolutionskomitees im Osmanischen Reich'. In: Gieler, Wolfgang; Henrich, Christian Johannes: Politik und Gesellschaft in der Türkei. Wiesbaden.

Henrich, Christian Johannes (2011): ‚Armenische Aufstände als Bestandteil russischer Okkupationstaktik'. In: Aghayev, Mardan; Suleymanova, Ruslana (Hg.): Jahrbuch Aserbaidschanforschung 2010. Beiträge aus Politik, Wirtschaft, Geschichte und Literatur. Berlin.

Hildermeier, Manfred (1989): Die Russische Revolution 1905–1921. Frankfurt am Main.

Jäger, Stefanie (2014): Die Wirkung der Östlichen Partnerschaft. Eine Analyse des EU-Einflusses auf die ehemaligen Sowjet-Republiken Ukraine, Moldawien und Aserbaidschan. Saarbrücken.

Kipke, Rüdiger (2012): Das armenisch-aserbaidschanische Verhältnis und der Konflikt um Berg-Karabach. Wiesbaden.

Kipke, Rüdiger (2015): Konfliktherd Südkaukasus. Wiesbaden.

Kunze, Thomas; Vogel, Thomas (2011): Von der Sowjetunion in die Unabhängigkeit. Eine Reise durch die 15 früheren Sowjetrepubliken. Berlin.

Mamedova, Farida (1995): ‚Ursachen und Folgen des Karabach-Problems. Eine historische Untersuchung'. In: Halbach, Uwe; Kappeler, Andreas (Hg.): Krisenherd Kaukasus, S. 110–128. Baden-Baden.

Müller, Daniel (2008): Sowjetische Nationalitätenpolitik in Transkaukasien 1920–1953. Berlin.

Nordbeck, Ralf (2013): Internationaler Politiktransfer und nationaler Politikwandel. Ausbreitung und Effektivität des Umweltaktionsprogramms in Mittel- und Osteuropa. Berlin.

Quiring, Manfred (2016): Pulverfass Kaukasus. Nationale und islamistische Gefahren am Rande Europas. Bonn.

Swietochowski, Tadeusz (2004): Russian Azerbaijan, 1905–1920: The shaping of national identity in a Muslim community. London.

van der Leeuw, Charles (2000): Azerbaijan: A quest for identity. A short history. New York.

Zürrer, Werner (1978): Kaukasien 1918–1921. Der Kampf der Großmächte um die Landbrücke zwischen Schwarzem und Kaspischem Meer. Düsseldorf.

Wolfgang Gieler & Sabrina Keller

Bahrain

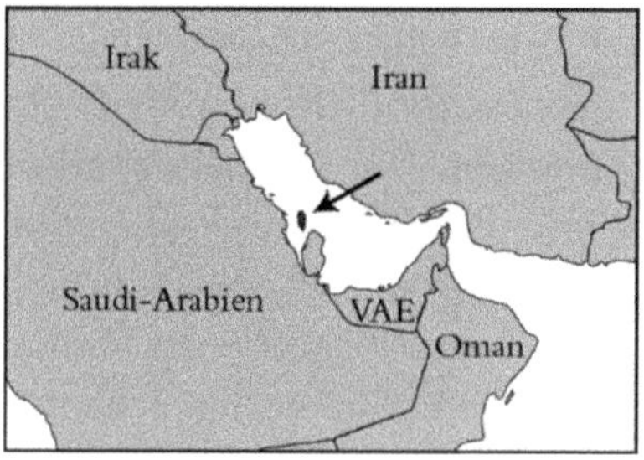

Offizieller Name:	Königreich Bahrain
Staatsform:	Konstitutionelle Monarchie
Unabhängigkeit:	15. August 1971 (von Großbritannien)
Nationalfeiertag:	16. Dezember (Unabhängigkeitstag)
Hauptstadt:	Manama
Lage:	Persischer Golf
Fläche:	760 qkm (Weltrang: 177)
Bevölkerung:	1,37 Millionen (Weltrang: 150)
Landesstruktur:	4 Gouvernements
Sprachen:	Arabisch (Amtssprache), Englisch (Geschäftssprache), Farsi, Urdu
Religionen:	Islam (70,3 Prozent), Christentum (15,5 Prozent), Hindu (9,8 Prozent), Buddhismus (2,5 Prozent), Judentum (0,6 Prozent)
Währung:	Bahrain-Dinar
Wirtschaftszweige:	Erdöl- und Aluminiumindustrie
Mitgliedschaften:	UN, AL, GCC, OAPEC, IMO, IWF, WTO, IAEO, IRENA
Wichtigste Medien:	*Fernsehen:* Channel 44 (staatlich), OSN, ART, Al-Jazeera *Rundfunk:* Bahrain FM, Quran Radio, Radio Bahrain, Your FM (Hindi), Youth FM *Zeitungen:* Akhbar Al Khaleej, Al Ayam, Al Wasat, Gulf Daily News, Gulf Madhyamam, Malayala Manorama

Naturraum und geographische Rahmenbedingungen

Das Königreich Bahrain erstreckt sich über 33 zum größten Teil unbewohnte Inseln und Sandbänke im Golf von Bahrain, einer Bucht des Persischen Golfs, östlich von Saudi-Arabien und nord-westlich von Katar. Mit rund 700 qkm Fläche ist Bahrain etwas kleiner als die Hansestadt Hamburg und einer der kleinsten Staaten der Welt. Die Hauptinsel Bahrain ist knapp 50 km lang und maximal 16 km breit. Sie besteht aus einem schildförmigen Kalkplateau, das im Zentrum beim Jabal ad Dukhan eine maximale Höhe von etwa 122 m erreicht. Die Küsten sind flach, im Süden befinden sich große Salzsümpfe. Während im Norden Oasenwirtschaft betrieben wird, besteht die Hauptinsel ansonsten größtenteils aus Wüste. Die Jahresniederschläge erreichen durchschnittlich 74 mm, die Luftfeuchtigkeit kann bis über 80 Prozent ansteigen. Die Jahresdurchschnittstemperatur in der Hauptstadt Manama liegt bei 26 °C und schwankt zwischen 16 °C im Januar und 34 °C im Juli und August. Neben zunehmender Wüstenbildung bestehen durch steigenden Grundwasserbedarf für die Landwirtschaft auch Engpässe bei der Versorgung mit Süßwasser. Schäden an der Küste, Korallenriffen und Meeresvegetation sind auf Verschmutzung durch Erdöl und andere Ausflüsse großer Tanker und Raffinerien zurückzuführen. Natürliche Ressourcen sind neben Erdöl auch Erdgas, Fisch und Perlen.

In direkter Nachbarschaft liegen im Nordosten die Inseln Al-Muharrak und Asry mit etwa 60 qkm und die Insel Sitra mit etwa 15 qkm sowie im Westen die Insel Umm Na'san mit etwa 20 qkm Fläche. 2009 wurde auf der Insel Al-Muharrak der Großhafen ‚Khalifa bin Salman Port' eröffnet. Der Erdölexport erfolgt über einen Offshore-Pier vor der Nachbarinsel Sitra, der durch eine Pipeline direkt mit Saudi-Arabien verbunden ist. Ein wenig weiter entfernt vor der Nordküste Katars liegen die Hawar-Inseln mit einer Größe von gut 50 qkm, die Bahrain nach langen Auseinandersetzungen mit Katar durch ein Urteil des Internationalen Gerichtshofs im Jahr 2001 zugesprochen wurden. Dämme und Brücken verbinden die Hauptinsel über 25 km mit Saudi-Arabien sowie auch mit Al-Muharrak und Sitra. Das bisher längste Brückenprojekt der Welt, das Bahrain über eine etwa 46 km lange Strecke mit Katar verbinden soll, befindet sich im Bau.

Geschichtliche Entwicklung bis zur Unabhängigkeit

Über Tausende von Jahren war Bahrain aufgrund seiner reichhaltigen Süßwasserquellen ein Anziehungspunkt für Händler und Seefahrer. Wenngleich viele der Quellen heute nicht mehr existieren, besteht die Erinnerung des Landes als Oase im kollektiven Bewusstsein weiter fort. Vor rund 3.000 Jahren lag Bahrain im Gebiet einer Hochkultur namens Dilmun, von der heute zahlreiche archäologische Funde zeugen. Die Insel galt den Sumerern als das „Paradies auf Erden“ und als Sitz der ersten Generation von Göttern. In einer Geschichte, ähnlich der Noahs in der Bibel, spielte ein Priester aus Dilmun die entscheidende Rolle für das Überleben der Menschheit nach einer großen Flut. Anscheinend spielte Dilmun über 2.000 Jahre hinweg eine zentrale Rolle im Handel zwischen Mesopotamien und der Hochkultur des Industals sowie den Ländern der Golfregion und Ägypten. Im 16. Jahrhundert fiel das Gebiet des heutigen Bahrain unter portugiesische Herrschaft und im 17. und 18. Jahrhundert mit Unterbrechung unter persische Herrschaft.

Um das Jahr 1716 zogen Teile der Stammeskonföderation der Utub aus dem Gebiet des Nadschd, im Zentrum des heutigen Saudi-Arabiens, in Richtung Küste. Aus den Gebieten, die von ihnen eingenommen wurden, entstanden später die Staaten Kuwait, Katar und Bahrain. Nachdem Scheich Sabah von seinen Gefolgsleuten zum Chef in Kuwait erklärt wurde, zog ein anderer Zweig der Utub, die Al-Khalifa, 1763 weiter nach Zubarah, von wo aus sie weite Teile des heutigen Katar dominierten und ein florierendes Handelswesen etablierten. Der Handel, der von arabischen Kaufleuten und Seefahrern geleitet und von Stammeseliten kontrolliert wurde, stützte sich auf ein riesiges Netzwerk, das Indien, Persien, das obere Niltal, das östliche Mittelmeer, das Gebiet des Euphrats, die italienischen Städte Venedig und Genua und die Westküste Afrikas miteinander verband. Dafür wurden Schutzgelder an die Stammesaristokratie auf der arabischen Halbinsel gezahlt.

Als Zubarah Mitte der 1980er Jahre des 18. Jahrhunderts an Einfluss verlor, zogen die großen Handelsfamilien nach Bahrain. Der persische Statthalter in Bahrain versuchte mehrfach Zubarah zu erobern, während Bahrain zweimal von den Al-Khalifa geplündert und in Brand gesetzt wurde. Im Jahr 1783 stellte Scheich Achmed bin Mohammed al-Khalifa eine Koalition mit anderen Familien der Bani Utub zusammen und nahm Bahrain ein. Damit entstand die Dynastie Al-Khalifa, die bis heute andauert. Der Scheich bekam den prestigeträchtigen Titel „der Eroberer“. Er verbrachte die Sommermonate in Bahrain und regierte bis zu seinem Tod 1796 von Zubarah aus. Dafür setzte er auf Stammesallianzen und die Unterwerfung der Einwohner der Städte.

Während die Hafenstädte wirtschaftlich florierten und der Sklavenhandel boomte, befand sich der Scheich in ständiger Konfrontation mit Händlern, Seefahrern und Perlentauchern. Gleichzeitig versuchten die Briten, ihren Einfluss in der Region zu erweitern und Profit aus dem Fernhandel zu ziehen. Um ihre Anliegen in Ruhe verfolgen zu können, diffamierten sie jeglichen Widerstand als Piraterie und verschleierten ihre eigenen wirtschaftlichen Interessen. Auch Wahhabiten und der Imam von Muskat waren in der Region aktiv und griffen Bahrain mehrfach an. 1830 wurde ein erster Vertrag mit Großbritannien geschlossen, der Bahrain vor Angriffen schützen sollte und zur Protektion der Al-Khalifa durch die Briten führte. Die folgenden Jahrzehnte sind nicht zuletzt gekennzeichnet durch interne Machtkämpfe zwischen den Söhnen des Scheichs, tribalen Kriegen und weiteren Auseinandersetzungen auf regionaler Ebene sowie der brutalen Unterdrückung der ursprünglichen Einwohner des Landes, deren Ländereien konfisziert wurden. 1941 war der Handel um fast die Hälfte zurückgegangen. Das Verhältnis zu Großbritannien wurde zunehmend enger und exklusiver. Weitere Interaktionen mit der Außenwelt erfolgten erst wieder nach Beginn der Erdölförderung 1932. In der Folgezeit spielten die Ölgesellschaften eine zentrale Rolle im Land. Das spezielle Verhältnis des Scheichs zu Großbritannien, verbunden mit den internationalen Ölinteressen, beschränkte fortan die Möglichkeiten sozio-politischer Dynamiken aus der Gesellschaft. So gelang es, zum Teil bis heute, soziale Traditionen und tribale Bräuche aufrechtzuerhalten.

Während die schiitischen Bauern zunehmend verarmten, entstand eine an Grundbesitz gebundene sunnitische Oligarchie. Die zahlreichen Palmengärten wurden jeweils von einem Al-Khalifa-Scheich verwaltet. Wer dem Herrscher loyal war, bekam Land und Ansehen, wobei der Besitz immer in den Händen der Kernfamilie des jeweils Herrschenden blieb und von dort temporär „verschenkt“ wurde. Der Emir übte seine Herrschaft mit Hilfe eines Rates, des Majlis, aus. Die Sicherheitskräfte waren schon damals vorrangig mit Ausländern besetzt, die weniger Skrupel im Umgang mit der einheimischen Bevölkerung zeigten. Alle Scheiche unterhielten eine kleine Privatarmee, die Zwangsarbeit und das Eintreiben von Abgaben ermöglichten. 1926 kam der Brite Sir Charles Belgrave als sogenannter Berater nach Bahrain, um eine moderne Administration aufzubauen.

Bahrain wurde das erste Land in der Region, das Schulen aufbaute und hat heute eine der niedrigsten Analphabetenquoten im arabischen Raum. Neben dem Verwaltungsapparat wurden eine kostenlose Gesundheitsversorgung und eine funktionierende Post aufgebaut; Satellitenfernsehen wurde eingeführt und das erste Kino eröffnet. Sämtliche Institutionen waren und sind allerdings durch klientelistische Machtverhältnisse gekennzeichnet. Während des in den 1950er Jahren entstehenden arabischen Nationalismus machte sich auch Kritik an der Machtfülle der Briten breit. 1954 und 1956 kam es zu Unruhen und Belgrave musste das Land schließlich verlassen. In den 1960ern übernahm ein anderer Brite; der für grausame Methoden bekannte Henderson dirigierte die nächsten dreißig Jahre den Sicherheitsapparat und baute den berüchtigten Geheimdienst auf. Die politische Alimentierung durch Großbritannien beförderte somit die ungewöhnliche Machtkonzentration der herrschenden Familie und führte zu einer langfristigen Klientelbindung an die Hegemonialmacht des internationalen Systems. Ein weiterer Effekt der äußeren Einflüsse ist das zum Teil widersprüchliche bahrainische Rechtssystem, das sich aus islamischem Recht, britischem Common Law, ägyptischem Zivil-, Straf- und Handelsrecht sowie Gewohnheitsrecht zusammensetzt.

Noch in den 1960er Jahren, nachdem die Briten ihren Rückzug aus den Gebieten östlich von Suez angekündigt hatten, verhandelten Katar, Bahrain und die heutigen Vereinigten Arabischen Emirate über einen Zusammenschluss, der damals jedoch scheiterte. Am 15. August 1971 erlangte das Emirat Bahrain seine Unabhängigkeit und schloss gleichzeitig einen Freundschaftsvertrag mit Großbritannien.

Bevölkerungsstruktur – speziell ethnische Zusammensetzung

Bahrains Einwohnerzahl umfasste 2015 1.377.571 Personen und lag damit etwa doppelt so hoch wie beim Zensus 2001. War die einheimische Bevölkerung 2001 noch knapp doppelt so groß wie die ausländische, übertraf der Anteil der ausländischen Bevölkerung die inländische im Jahr 2015 bereits um etwa 100.000 Personen. Über 80 Prozent der ausländischen Bevölkerung kommt aus Asien, vor allem aus Iran, Indien und Pakistan, knapp 10 Prozent sind Araber aus anderen Ländern, etwa 3 Prozent kommen aus Afrika, knapp 2 Prozent aus Europa und weniger als 1 Prozent aus Amerika.

So werden neben der Staatssprache Arabisch vor allem Englisch, Farsi und Urdu gesprochen. Viele Ausländer sind über das sogenannte Freie-Visa-System nach Bahrain gekommen, das vielen als modernes Sklavensystem gilt. Sogenannte Sponsoren erheben zum Teil enorme Gebühren für den Service der Visavermittlung, was viele Ausländer aus Asien und Afrika zu einer Art Schuldknechtschaft nötigt. Passentzug, Einschränkung der Bewegungsfreiheit, Bedrohung, Mord, sexuelle Übergriffe oder auch Zwangsprostitution sind keine Seltenheit. Die bahrainische Regierung hat in den letzten Jahren, zuletzt vor den Wahlen 2014, die Gesetzgebung reformiert, um den Verkauf von Visa in Umgehung des Arbeitsministeriums zu verhindern. Gemessen werden muss die Gesetzgebung jedoch schließlich an der konkreten Umsetzungspraxis.

2015 waren etwa 70 Prozent der Gesamtbevölkerung und fast alle Staatsangehörigen Muslime, wobei der Anteil der Schiiten mit geschätzten 60–70 Prozent über dem der Sunniten lag. Der Islam ist Staatsreligion und die Herrscherfamilie selbst ist sunnitisch. Christen werden auf knapp 15 Prozent, Hindus auf etwa 10 Prozent, Buddhisten auf 2,5 Prozent und Juden auf 0,6 Prozent geschätzt. Religionsfreiheit ist offiziell garantiert. Jedoch herrscht seit der Eroberung der Inseln durch die Al-Khalifas im 18. Jahrhundert ein Konflikt zwischen der nun unterdrückten und gedemütigten autochthonen schiitischen Bevölkerung von Bauern, Fischern, Perlenfischern und Händlern einerseits und den sunnitischen Beduinen andererseits.

Um das Jahr 2000 waren 55 Prozent der Staatsbürger arabische Schiiten, die sich ‚Baharna' nennen und weitere geschätzte 18 Prozent ursprünglich aus Persien kommende Schiiten, die in mehreren Einwanderungswellen nach Bahrain gelangt sind und wie zu Zeiten des Kalifats ‚Ajam' (Nicht-Arabisch-Sprechende) genannt werden. Bis heute ist ein Großteil der Schiiten im politischen System Bahrains, das weiterhin durch tribale Werte geprägt ist, ausgegrenzt. Da sozio-ökonomische wie politische Beziehungen und Loyalität und damit der Zugang zu und die Verteilung von Macht und Ressourcen hauptsächlich an Stammeszugehörigkeit beziehungsweise Verwandtschaft sowie auch die Konfession gebunden sind, fehlt eine Identifikation mit übergeordneten Zielen und damit auch eine innergesellschaftliche Solidarität. Das soziale Gefälle entsteht durch die Vergabepraxis staatlicher Revenuen aus dem Erdölgeschäft. Letztlich haben strukturelle Diskriminierung und

Korruption systemimmanenten Charakter. Entsprechend sehen sich viele Schiiten nicht nur auf dem Arbeitsmarkt, durch schlechtere Ausbildungschancen und den Ausschluss aus Anstellungsverhältnissen im Innen- und Verteidigungsministerium benachteiligt, sondern auch durch die Vernachlässigung von Wohngebieten. Hinzu kommt der alltägliche Terror durch die Sicherheitskräfte.

Auch die Erinnerung der Geschichte durch Schiiten und Sunniten in Bahrain, zum Beispiel in religiösen Riten und Mythen, unterscheidet sich erheblich. Gemeinsam agierten Sunniten und Schiiten insbesondere während der 1950er und 1960er Jahre im Einfluss von panarabischen, nationalistischen und kommunistischen Bewegungen und kämpften etwa in der Arbeiterbewegung für mehr Rechte. Dieser Schulterschluss erfolgte in dezidierter Abgrenzung zu den Ausländern im Land. Um den Einfluss linker Meinungsführer einzudämmen, waren dem Regime schiitische Kleriker willkommen, die zum „wahren Islam zurückkehren“ wollten und Atheismus sowie Kommunismus kritisierten. Spätestens seit der iranischen Revolution und einem Putschversuch mit iranischer Unterstützung 1981 wurden die Schiiten dann unter Generalverdacht der Kollaboration mit dem Iran gestellt, vom Regime als illoyal und subversiv beschrieben und zunehmend ausgegrenzt.

Einige Schiiten werfen dem Regime bis heute vor, durch gezielte Einbürgerungen von Sunniten aus anderen Ländern die Mehrheitsverhältnisse in der Bevölkerung verändern zu wollen. Innerhalb der schiitischen Jugend machte sich angesichts von eklatantem Machtmissbrauch und der ungerechten Verteilung der ökonomischen Ressourcen zunehmend ein Gefühl von Angst und Wut breit, die in den 1990er Jahren in einer Intifada gipfelte, die brutal unterdrückt wurde. Forderungen nach mehr Beteiligungsmöglichkeiten wurde auch in der Folgezeit allenfalls rhetorisch nachgekommen. Die daher seit Februar 2011 wieder aufflammenden Proteste werden ebenfalls brutal unterdrückt. Nicht nur im Inneren des Landes ist das Verhältnis zwischen Sunniten und Schiiten ein Tabuthema. Bis in die 1990er Jahre versuchte der bahrainische Informationsminister, auch jede Erwähnung der Schiiten durch ausländische Journalisten zu unterbinden.

So steht die bahrainische Gesellschaft weiterhin vor erheblichen Herausforderungen hinsichtlich der Konstruktion ihrer Identität und der Definition von Zugehörigkeit. Dies wird akzentuiert durch die rasanten sozio-ökonomischen Entwicklungen im 20. Jahrhundert, mit denen viele Menschen Beobachtern zufolge nicht mithalten konnten, ohne die innere Balance zu verlieren. Angesichts ungelöster Identitätsfragen wurden Äußerlichkeiten, wie Kleidung und schnelle Autos, für viele umso wichtiger. Auch Alkohol, Drogen und Prostitution mögen Ausdruck von Kompensationsverhalten sein. Die Suche nach Sinnzusammenhängen und ethischen Werten ist neben der Entfremdung vom politischen System angesichts mangelnder Beteiligungsmöglichkeiten wohl auch eine Triebfeder für die Ausbreitung des Islamismus.

Wirtschaftsstruktur

Bereits im 19. Jahrhundert geriet das Gebiet des heutigen Bahrain in die internationale Rentenzirkulation, durch welche die Großmächte ihre Einflusssphären zu sichern trachteten. Bis heute ist das Königreich in hohem Maße von finanzieller und politischer Unterstützung der Nachbarstaaten sowie der USA abhängig. Die U.S. Naval Forces Central Command (NAVCENT) haben ihr Hauptquartier in Manama. Die engen Beziehungen zunächst zu Großbritannien, später auch zu den USA, wurden immer wieder von der Bevölkerung kritisiert, und insbesondere seit dem 11. September macht sich in zunehmendem Maße ein Anti-Amerikanismus breit.

Den USA wird vorgeworfen, dass sie sich aufgrund von handfesten Eigeninteressen, vorrangig bezüglich Öllieferungen und Waffenverkäufen, nicht für demokratische Reformen einsetzen und daher zum Beispiel auch nicht gegen die Auflösung des Parlaments 1975 protestiert hätten. Der Beginn der Erdölförderung veränderte das Land auch in anderer Hinsicht drastisch. Insbesondere von Mitte der 1970er bis Mitte der 1980er Jahre boomte die Wirtschaft aufgrund hoher Ölpreise. Zu dieser Zeit wurden ein Großteil der Infrastruktur des Landes sowie die öffentlichen Dienstleistungen ausgebaut. In relativ kurzer Zeit entstand eine glitzernde Hochhauswelt. Als Mitte der 1980er Jahre die Preise für Erdöl einbrachen, folgte eine Rezession, einhergehend mit einer Deklassierung der (vorwiegend schiitischen neuen) Mittelschicht und einer weiteren Verarmung der Armen (Schiiten). Das Haushaltsdefizit stieg von 45 Mio. Dinar 1990 auf 394 Mio. Dinar 1995 an und wird für 2015 auf 1,5 Mrd. Dinar veranschlagt.

Der von Patriarchat und Tribalismus geprägte Staat organisiert zur Absicherung der eigenen Macht die Verteilung politischer Renten und der Öl-Revenuen. So konnten Bevölkerungsgruppen, die eng mit dem Herrscherhaus verbunden sind, ohne große Anstrengungen über lange Zeit hinweg Vorteile wie Einkommen, Landeigentum, Wohlfahrtspolitik, Subventionen, Aufträge, Vergünstigungen oder Konsummöglichkeiten in Anspruch nehmen. Ausschlaggebend für den Zugang zu Ressourcen sind dabei Stammeszugehörigkeit oder Verwandtschaft sowie religiöse Bindungen und Loyalität zum Regime.

Die Verteilungspraxis dient damit auch der Kooptierung von Oppositionellen. Während sich Bahrainis im öffentlichen Sektor konzentrieren, wurde ein Großteil der Privatwirtschaft und Produktion an Ausländer übergeben. Diese arbeiten zum Beispiel im Baugewerbe, als Angestellte von Reisebüros, als Lehrer, Hotelpersonal, Verkäufer oder Angestellte in der Gastronomie. Dies hat historische Gründe und geht auf den Beginn der Erdölförderung zurück. Damals übernahmen besser qualifizierte Ausländer die Führungspositionen, während Bahrainis sich in den schlechter bezahlten unteren Hierarchien wiederfanden, woraufhin sie sich schließlich in einer organisierten Arbeiterbewegung zusammenschlossen und insbesondere in den 1950er Jahren zahlreiche Streiks organisierten. Im Sinne der besitzenden Eliten wurden sie zunehmend durch fügsamere, billigere und zum Teil besser ausgebildete Gastarbeiter aus dem Ausland ersetzt, während es dem Staat durch die Erdöleinnahmen möglich wurde, wenig arbeitsintensive Stellen in der Verwaltung für Inländer zu schaffen.

1996 beschäftigten 60 Prozent aller Firmen nicht einen einzigen Bahraini. Angesichts sinkender Erdölressourcen wird es für den Staat allerdings zunehmend schwieriger, Arbeitsplätze für alle Bahrainis bereitzustellen, so dass diese sich nun wieder der direkten Konkurrenz der ausländischen Arbeitnehmer ausgesetzt sehen. 2010 lag die Arbeitslosenquote Regierungsangaben zufolge bei 16,5 Prozent, während andere Quellen von etwa 30 Prozent ausgingen. Viele Bahrainis haben sich an einen relativ hohen Lebensstandard gewöhnt und zeigen sich wenig interessiert, für wenig Geld hart zu arbeiten. Gleichzeitig mangelt es an Ausbildungsplätzen. Angesichts ausgeprägter sozialer Ungleichheit sehen sich insbesondere viele junge Schiiten zunehmend abgehängt. Von der Opposition wird immer wieder das Verhältnis zwischen arbeitslosen (schiitischen) Bahrainern und der vergleichsweise hohen Zahl an niedrig bezahlten Gastarbeitern kritisiert.

Der Agrarsektor steuert heute weniger als 1 Prozent zum BIP bei. In den kleinen landwirtschaftlichen Betrieben werden mit staatlicher Unterstützung vor allem Datteln, Tomaten, Zwiebeln und Kopfsalat angebaut. Wenngleich der Staat versucht, die Fischerei auszuweiten, sinken die Fangmengen aufgrund der ansteigenden Meeresverschmutzung. Dennoch erreicht Bahrain bei Fisch sowie auch bei Eiern und Geflügel einen Selbstversorgungsgrad von 50 Prozent.

Der Anteil des Bergbaus am BIP liegt bei knapp 30 Prozent, allerdings arbeiten hier nur etwa ein Prozent der im Privatsektor sozialversichert Beschäftigten. Aus dem Öl- und Gassektor kommen in den letzten Jahren etwa 80 Prozent der Staatseinnahmen, wobei dies angesichts limitierter eigener Ressourcen inzwischen der petrochemischen Industrie sowie der Raffination von Rohöl aus Saudi-Arabien geschuldet ist. Im verarbeitenden Gewerbe, das etwa 15 Prozent zum BIP beisteuert, arbeiten unter 18 Prozent der sozialversichert Beschäftigten, unter anderem in der chemischen Industrie, in der Mineralölverarbeitung, Gasverflüssigung, Aluminiumerzeugung, Eisen- und Stahlverarbeitung, im Schiffbau sowie in der Leichtindustrie. Aluminiumexporte machen weiterhin über die Hälfte der Nicht-Öl-Exporte aus. Angesichts zahlreicher Großprojekte verzeichnete der Bausektor jahrelang zweistellige Wachstumsraten. Inzwischen hat der Boom deutlich nachgelassen.

Seit dem Bürgerkrieg in Libanon avancierte Bahrain zum wichtigsten Bankstandort am Golf. Heute gibt es über 400 Finanz- und Versicherungshäuser mit etwa 14.000 Beschäftigten, und der Anteil des Finanz- und Versicherungswesens am BIP liegt bei knapp 20 Prozent. Transport und Kommunikation steuern 6 Prozent zum BIP bei und der Öffentliche Dienst über 10 Prozent.

Das staatliche Gesundheitssystem wird ebenso wie das Schulsystem vom Staat gefördert. Während sie dadurch allen Bürgern offenstehen, wird die Qualität von Beobachtern differenziert eingeschätzt. Es heißt, den Schülern fehlten Grundkenntnisse, und selbständiges Denken würde so gut wie gar nicht gefördert, so dass Informationen kaum in Frage gestellt und Lösungen meist innerhalb traditioneller Rezepte gesucht werden.

Im Sinne der regionalen wirtschaftlichen Integration beschloss der im Jahr 1981 gegründete Golf-Kooperationsrat (GCC) auf einem 2003 beginnenden Gipfeltreffen eine Zollunion. 2007 einigten sich die sechs Mitgliedsstaaten Saudi-Arabien, Katar, Kuwait, Oman und die Vereinigten Arabischen Emirate auf einen Gemeinsamen Golf-Markt, der partiell implementiert ist, wobei der Anteil des GCC-Binnenhandels weiter unter 10 Prozent liegt. Für die Zukunft ist geplant, Bahrains Rolle als regionales Zentrum für Freihandel und Dienstleistungen weiter auszubauen. Dafür wirbt das Königreich mit gut ausgebauter Infrastruktur und Telekommunikation, Steuervorteilen, niedrigen Energiekosten und der zentralen Lage in der Region. 2004 unterzeichnete Bahrain als erster Golfstaat ein Freihandelsabkommen mit den USA. Bereits seit 1980 ist der Bahrain-Dinar an den US-Dollar gebunden.

Nach einem kurzzeitigen Einbruch, während der Krise 2011, stieg das Wirtschaftswachstum wieder auf über 4 Prozent, unter anderem durch den Ausbau des Tourismus. Dennoch bleiben die großen Herausforderungen bestehen, vor denen Bahrain angesichts von Jugendarbeitslosigkeit und steigender Staatsverschuldung steht. Die Haushaltsentwürfe für 2015 und 2016 sehen jeweils ein Defizit um die 1,5 Mrd. Dinar vor, wodurch sich erneut die erhebliche Abhängigkeit vom Erdöl und den Weltmarktpreisen zeigt. Inzwischen wird über den Abbau von Subventionen nachgedacht, die derzeit die Preise für Fleisch, Benzin, Strom und Wasser niedrig halten. Als erster Schritt in diese Richtung soll ab Oktober 2015 rotes Fleisch teurer werden. Es bleibt zu fragen, wie sich etwaige weitere Budgetkürzungen unter den gegebenen Umständen auf die soziale Stabilität und das Zusammenleben der verschiedenen Bevölkerungsgruppen auswirken werden.

Aktuelle politische Entwicklung

1975 löste Emir Isa bin Salman al-Khalifa das Parlament auf, welches der US-amerikanischen Militärpräsenz im Land skeptisch gegenüberstand und Fragen zum Landrecht und dem Staatshaushalt stellte. Die Verfassung von 1973 wurde praktisch ausgehebelt zugunsten der Machtfülle des Emirs. Erst Anfang der 1990er Jahre ernannte der Emir einen Konsultativrat, der jedoch nur beratende Funktion hatte. Während der irakischen Invasion Kuwaits 1990 war Bahrain ein wichtiger Stützpunkt für US-amerikanische und britische Truppen und auch das Königreich selbst beteiligte sich direkt am Kampf gegen den Irak.

Im Folgejahr wurde ein Abkommen über militärische Zusammenarbeit mit den USA geschlossen. Angesichts des autokratischen Systems, der anhaltenden Diskriminierung von Schiiten, der ungleichen Verteilung von Ressourcen, mangelnder Rechtssicherheit, wie dem repressiven Sicherheitsapparat, begannen 1994 erneut lang andauernde Proteste, vor allem in schiitischen Dörfern, die als Intifada erinnert werden. Auch Sunniten schlossen sich den zentralen Forderungen nach einer Rückkehr zur Verfassung von 1973 und Wiederaufnahme des Parlamentarismus an und unterzeichneten entsprechende Petitionen. Waren die Proteste anfangs friedlich, nahm die Gewalt später zu, wobei darauf geachtet wurde, dass keine Bahrainis zu Schaden kamen. Die Sicherheitskräfte reagierten von Anfang an äußerst brutal, es gab Tote, Tausende wurden verhaftet und gefoltert oder ins Exil geschickt. Wer Reformen gefordert hatte, war in der Folgezeit mit Repressionen des Regimes konfrontiert, in Form von Bedrohungen, Ausschluss aus Arbeitsverhältnissen oder Freiheitsentzug. Eine Auseinandersetzung mit den Ursachen der Intifada wird bis heute unterdrückt.

Auf regionaler Ebene kündigten Bahrain und Katar 1997 trotz bis dahin noch ungelöster Territorialfragen diplomatische Beziehungen an. Im Dezember 2000 schließen die sechs Staaten des Golfkooperationsrates (GCC) einen Verteidigungspakt und ein Jahr später die Bildung eines gemeinsamen Verteidigungsrates.

Die innenpolitische Situation entspannte sich erst, als der heutige König Scheich Hamad bin Isa al-Khalifa im Jahr 1999 nach dem Tod seines Vaters an die Macht kam. Politische Gefangene wurden entlassen, Oppositionspolitiker kamen aus dem Exil zurück und politische, soziale sowie gewerkschaftliche Gruppen durften sich konstituieren. Ein weiterer Schritt war die Abschaffung der Staatssicherheitsgerichte, die als zentrale Elemente der staatlichen Repression gedient hatten. Im Jahr 2000 waren erstmals Frauen bzw. Nichtmuslime, darunter eine Christin und ein Vertreter der jüdischen Minderheit, im Konsultativrat vertreten.

Zudem kündigte der König demokratische Reformen an, einschließlich einer modifizierten Version der Verfassung von 1973, und den Übergang zu einer konstitutionellen Monarchie. Nachdem über 98 Prozent der Wählerschaft in einer Volksabstimmung am 14. Februar 2001 für die Nationale Charta für Reformen gestimmt hatten, verkündete der Emir 2002 unilateral eine neue Verfassung und wurde damit zum König. Anders als versprochen, hatte es zuvor allerdings keinerlei Partizipationsmöglichkeiten gegeben, und die Opposition kritisierte den neuen Verfassungstext als erheblichen Rückschritt. 2002 fanden erstmals seit 1973 Wahlen zur Abgeordnetenkammer statt, die allerdings kaum Befugnisse hat und nun zusammen mit dem vom König ernannten Konsultativrat als zweite Parlamentskammer die Nationalversammlung bildet. Bei den ersten Kommunalwahlen seit 1957 lag die Wahlbeteiligung bei unter 50 Prozent, alle 50 Sitze gingen an Islamisten, davon 23 Schiiten und 27 Sunniten. Sowohl Sunniten wie Schiiten zeigen sich enttäuscht über die neue Verfassung. Jedoch äußerten in den folgenden Jahren insbesondere Schiiten ihren Unmut über ausbleibende Veränderungen.

Im Frühjahr 2011 kam es auch in Bahrain zu massiven Protesten der Bevölkerung. Am 14. Februar, dem 10. Jahrestag des Referendums über die Nationale Charta, besetzten Demonstranten den zentral gelegenen Perlenplatz. Verschiedene registrierte Gruppen beteiligten sich an den weitgehend friedlichen Protesten und stellten Forderungen, wie die Entlassung politischer Häftlinge, Abschaffung der Verfassung von 2002 und Wahl einer verfassungsgebenden Versammlung mit dem Ziel einer konstitutionellen Monarchie und einer gewählten Regierung, Änderung des Wahlrechts, um allen politischen und sozialen Gruppen eine faire Vertretung zu sichern, sowie den Rücktritt des seit 1971 amtierenden Regierungschefs Khalifa bin Salman Al-Khalifa.

Deutlich radikaler positionieren sich einige unregistrierte Gruppen, die jeglichen Dialog mit dem Regime ablehnen und den Al-Khalifas in einem neuen politischen System allenfalls eine repräsentative Rolle einzugestehen bereit sind. Dies jedoch würde insbesondere für den sunnitischen Bevölkerungsteil einen erheblichen Verlust von Privilegien nach sich ziehen. Im März wurde schließlich, an einem die Geschichte der sunnitischen Al-Khalifa erinnernden Ort, eine Gegendemonstration organisiert. Demonstrierende betonten ihre Treue zum Königshaus, stellten jedoch ebenfalls soziale Forderungen und kritisierten die Korruption. Das Regime reagierte, trotz zunächst moderater Forderungen und friedlichen Protestformen, umgehend mit äußerster Härte gegen die Demonstranten auf dem Perlenplatz, erlaubte dann jedoch, auch angesichts der internationalen Aufmerksamkeit während drei Wochen, die friedlichen Proteste. Reformen ließen jedoch auch weiter auf sich warten, und die Methoden der Demonstrierenden wurden zunehmend provokanter.

Am 14. März 2011 marschierten Truppen und Polizeieinheiten aus Saudi-Arabien und den Vereinigten Arabischen Emiraten in Bahrain ein, um auf der Grundlage des Sicherheitsabkommens des Golfkooperationsrats das Regime zu stützen. Gleichzeitig rief der König Maßnahmen zur nationalen Sicherheit aus, einhergehend mit Ausgangssperren, Demonstrationsverbot und erweiterten Befugnissen des Militärs, die bis Anfang Juni in Kraft bleiben sollten. Sicherheitskräfte griffen erneut brutal gegen Demonstrierende ein. Innerhalb eines Jahres kamen etwa 60 Menschen ums Leben und hunderte Regimekritiker und Sympathisanten der Protestbewegung wurden verhaftet. Eine von König Hamad berufene, internationale Untersuchungskommission dokumentierte in ihrem Bericht unverhältnismäßige Gewalt und massive Menschenrechtsverletzungen bei der Niederschlagung der Proteste durch die Sicherheitskräfte.

Während die Strafverfolgung von Angehörigen der Sicherheitsorgane kaum vorankommt, bleiben Berichten zufolge willkürliche Inhaftierungen, außergerichtliche Tötungen, Folter, unfaire Gerichtsprozesse und Verurteilungen von Anhängern der Opposition eine gelebte Realität. Die Terrorismusgesetzgebung von 2006 wurde 2013 und 2014 weiter modifiziert. Ein von König Hamad initiierter Nationaler Dialog, aus dem sich die schiitische Opposition im September 2013 zurückzog, wurde Anfang 2014 von der Regierung suspendiert. Das als nicht-inklusiv kritisierte Forum hatte auch zuvor wenig kontinuierlich gearbeitet. Auch der als reformorientiert geltende Kronprinz Salman bin Hamad al-Khalifa, den sein Vater König Hamad zum stellvertretenden Ministerpräsidenten ernannte, konnte die Gespräche nicht retten. Er äußert zwar Bereitschaft, über Fragen zur Wirtschaftspolitik, die Einteilung der Wahlbezirke, Einflussnahme auf die Gesetzgebung, Bildung des Kabinetts, Justizreform sowie Sicherheit zu reden, wird jedoch von den mit Saudi-Arabien verbündeten Hardlinern im Königshaus, insbesondere dem Premierminister, regelmäßig konterkariert.

Bei der Organisation der Proteste und auf Rednerbühnen nahmen Kleriker von Beginn an einen prominenten Platz ein, was in Bahrain seit den 1990ern nicht nur Befürchtungen hinsichtlich eines Verbots von Alkoholkonsum schürt, sondern auch vor Einflussnahmen externer Mächte. Die Wahlen, die weiterhin vom klientelistischen Beziehungssystem geprägt sind, wurden auch 2014 von der schiitischen islamistischen Opposition boykottiert. Die Wahlbeteiligung belief sich offiziell auf gut 52 Prozent, während weiterhin nur bahrainische Staatsbürger, die weniger als die Hälfte der Bevölkerung ausmachen, wahlberechtigt sind. Im Parlament findet inzwischen eine Art Wettbewerb um Frömmigkeit statt, der zu einer Marginalisierung liberaler Positionen führt. Die Auseinandersetzungen der letzten Jahre zeigten einmal mehr die unterschiedlichen Vorstellungen von Identität und Zugehörigkeit, die vom Königshaus im Sinne der Absicherung der eigenen Macht regelmäßig polarisiert werden.

Außenpolitisch beteiligt sich Bahrain neben Saudi-Arabien und anderen mehrheitlich sunnitischen Staaten der Region seit Dezember 2014 an den Luftangriffen auf schiitische Huthi in Jemen. Die USA unterstützen die militärische Intervention des Golfkooperationsrates mit Logistik und Aufklärung.

Literatur

Al Saqer, Layla Hassan (2016): Promoting Social Change in the Arab Gulf: Two Case Studies of Communication Programmes in Kuwait and Bahrain. Saarbrücken.

Belfer, Mitchel (2014): Small State, Dangerous Region: a Strategic Assessment of Bahrain. Frankfurt/Main.

Connor, Phillip (2016): Middle East's migrant population more than doubles since 2005, in: PewResearchCenter. Numbers, Facts and Trends Shaping the World.

Cooke, Miriam (2014): Tribal Modern: Branding New Nations in the Arab Gulf. Berkeley.

Davidson, Christopher M. (2011): Power and politics in the Persian Gulf monarchies. London.

Gardner, Andrew (2010): City of strangers: Gulf Migration and the Indian Community in Bahrain. London.

Gasiorowski, Mark (2014): The Government and Politics of the Middle East and North Africa. Boulder.

Gastberg, Aiko (2013): Bahrain: Innere und äußere Akteure und der Verlauf des arabischen Frühlings im Königreich Bahrain und die Auswirkungen auf die übrigen Golfstaaten. München.

Gengler, Justin (2015): Group conflict and political mobilization in Bahrain and the Arab Gulf: Rethinking the Rentier State. Bloomington.

Gieler, Wolfgang (2016): Der Nahe und Mittlere Osten: Staaten und Organisationen. Frankfurt.

Gieler, Wolfgang (2015): Handbuch Außenpolitik Nahost: Eine grundlegende Einführung in die Außenpolitik der Staaten des Nahen und Mittleren Ostens. Berlin.

Gieler, Wolfgang (2006): Außenpolitik in Konfliktregionen: Der Nahe und Mittlere Osten. Berlin.

Kabasci, Kirstin (2013): KulturSchock: Kleine Golfstaaten und Oman. Bielefeld.

Meinel, Ute D. (2003): Die Intifada im Ölscheichtum Bahrain: Hintergründe des Aufbegehrens von 1994–98. Münster.

Nakhleh, Emile (2011): Bahrain: Political Development in a Modernizing Society. Lanham.

Niethammer, Katja (2010): Political Reform in Bahrain: Institutional Transformation, Identity Conflict and Democracy. London.

Pandya, Sophia (2012): Muslim women and Islamic Resurgence: religion, education and identity politics in Bahrain. London.

Rieger, René (2014): In Search of stability: Saudi Arabia and the Arab Spring. / Gulf Research Center.

Schmidmayr, Michael (2011): Politische Opposition in Bahrain: Stabilität und Wandel in einem autoritären Regime. Baden-Baden.

Shehabi, Ala'A und Marc Owen Jones (Hg.) (2015): Bahrain's uprising: Resistance and Repression in the Gulf. London.

Steinberg, Guido (2009): Deutsche Nah-, Mittelost- und Nordafrikapolitik: Interessen, Strategien und Handlungsoptionen. Stiftung Wissenschaft und Politik (SWP). Berlin.

Ultes, Sarah (2014): Systemtransformation in der Arabischen Welt: Akteurskonstellationen in Tunesien und Bahrain. Eine vergleichende Untersuchung. München.

Veit, Simon (2012): Das Königreich Bahrain: Ein Überblick über das Land und seine Strukturen. München.

Wehrey, Frederic M. (2014): Sectarian Politics in the Gulf: From the Iraq War to the Arab Uprisings. New York.

Wimmen, Heiko (2014): Teilen und Herrschen: Konfessionalismus und Machterhalt im Arabischen Frühling. Bahrain, Irak, Libanon und Syrien. Stiftung Wissenschaft und Politik (SWP). Berlin.

Hussein Almohamad & André Staarmann

Irak

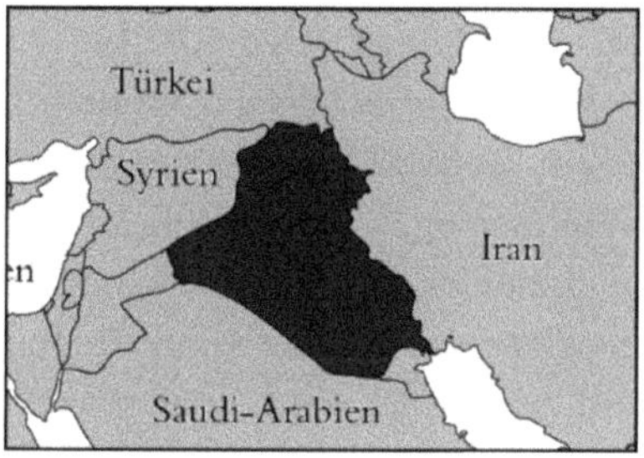

Offizieller Name:	Republik Irak
Staatsform:	Föderale Republik
Unabhängigkeit:	3. Oktober 1932 (von Großbritannien)
Nationalfeiertag:	14. Juli (Republiktag, nicht offiziell)
Hauptstadt:	Bagdad
Lage:	Nördliche arabische Halbinsel
Fläche:	438.317 qkm (Weltrang: 58)
Bevölkerung:	37,1 Millionen (Weltrang: 37)
Landesstruktur:	18 Gouvernements und die autonome Region Kurdistan
Sprachen:	Arabisch (Amtssprache), Kurdisch (offiziell), Turkmenisch, Assyrisch
Religionen:	Islam (99 Prozent, davon 63 Prozent Schiiten und 35 Prozent Sunniten), Christentum (0,8 Prozent)
Währung:	Irakischer Dinar
Wirtschaftszweige:	Erdölförderung
Mitgliedschaften:	UN, AL, OIC, OPEC, OAPEC
Wichtigste Medien:	**Fernsehen:** Al-Iraqqiya (staatlich), Al-Jazeera, Al-Arabiya **Rundfunk:** Republic of Iraq Radio, Radio Nahrain, Radio Dijla **Zeitungen:** Al-Sabah (staatlich), Al-Zaman, Al-mada, Iraq Today, Al-Schahed

Naturraum und geographische Rahmenbedingungen

Der Irak liegt im Nordosten der arabischen Halbinsel und damit im zentralen Teil Vorderasiens. Das Staatsgebiet grenzt an Kuwait, Saudi-Arabien, Jordanien, Syrien, die Türkei, Iran und den Arabisch-Persischen Golf. Der Staat nimmt den größten Teil der zwischen den Flüssen Euphrat und Tigris gelegenen Region Mesopotamien ein. Der Irak ist durch unterschiedliche physisch-geographische Rahmenbedingungen gekennzeichnet und lässt sich in die nachfolgend beschriebenen drei Naturräume gliedern:

Die Alluvialebenen des Euphrat und Tigris im Zentral- und Südirak bilden eine Schwemmlandzone, die den Kernbereich des Landes darstellt. Diese erstreckt sich in einer Länge etwa 650 km von Nordwesten nach Südosten und nimmt etwa 20 Prozent der gesamten Landesfläche ein. Die Schwemmlandzone ist ein Tiefland mit einer durchschnittlichen Höhe von 60–80 m über dem Meeresspiegel. Der nördliche Teil ist durch ein arides Klima und eine geringe Bodenfruchtbarkeit gekennzeichnet. Im Unterschied dazu verfügt der vergleichsweise feuchte südliche Teil des Tieflandes, welcher als Zweistromland bezeichnet wird, über sehr fruchtbare Böden.

Im Norden und Nordosten wird der Irak durch zwei Bergketten begrenzt, die etwa 20 Prozent der gesamten Landesfläche einnehmen. Das Grenzgebiet zur Türkei wird von den Ausläufern des Taurus-Gebirges bestimmt. Im Osten, zum Iran hin, dominiert das Zagros-Gebirge. Sowohl das Taurus- als auch das Zagros-Gebirge liegen auf etwa 1.000–3.500 m Höhe und repräsentieren einen Teil des alpidischen Gebirgsgürtels, der sich vom Balkan aus ostwärts über die Türkei, den nördlichen Irak sowie Iran und dann weiter bis nach Afghanistan erstreckt. Die höchste Erhebung des Irak ist der Gipfel Cheekha Dar (3.607 m), der in unmittelbarer Nähe der Grenze zu Iran gelegen ist. Mit Ausnahme von einigen agrarwirtschaftlich intensiv genutzten Tälern werden die Gebirgsregionen hauptsächlich für die Viehwirtschaft respektive Weidewirtschaft genutzt. Die im Westen des Irak gelegenen wüsten- und halbwüstenhaften Hochflächen erstrecken sich westlich des Euphrat bis in die Wüstenregionen von Syrien, Jordanien und Saudi-Arabien. Diese Hochflächen bestehen im Wesentlichen aus Kalkstein und aus Sanddünen und bedecken etwa 60 Prozent der gesamten Landesfläche des Irak.

Mit Blick auf die klimatischen Rahmenbedingungen ist der Irak durch das Vorherrschen eines kontinental-subtropischen Winterregenklimas gekennzeichnet. Die damit verbundene Beschränkung der Niederschläge auf das Winterhalbjahr deutet auf die Verwandtschaft mit den klimatischen Bedingungen im westlich gelegenen Mittelmeerraum hin. Einen wesentlichen Unterschied hierzu stellt die Kontinentalität des Klimas im Irak dar. Die durchschnittlichen jährlichen Niederschlagswerte betragen 216 mm.

Die Niederschlagswerte sind regional sehr unterschiedlich ausgeprägt und liegen im Nordosten des Irak bei etwa 1.200 mm im Jahr sowie im Westen und Süden des Landes bei unter 100 mm im Jahr. Aufgrund des Vorherrschens des Schemal (deutsch: „aus dem Norden“), eines heißen sommerlichen Nordostwindes, kommt es zu häufigen Sandstürmen. Diese treten im Jahresdurchschnitt z. B. in Dahuk an einem Tag, in Erbid an 1–4 Tagen, in Bagdad an 12 Tagen und in Basra an 8–24 Tagen auf. Im Irak herrschen die nachfolgend kurz skizzierten drei Großklimate vor:

- Ein heißes und trockenes Wüstenklima mit starken tages- und jahreszeitlichen Temperaturschwankungen im Großteil der südlichen Landesteile (etwa 70 Prozent) sowie in Zentralirak. In Bagdad betragen die Durchschnittstemperaturen im Januar etwa 9,5 °C und im Juli etwa 33,5 °C. Gleichwohl treten Höchsttemperaturen von über 50 °C auf. Die Hauptniederschlagszeit liegt in den Monaten von Dezember bis Februar und ist durch relativ geringe Niederschlagsmengen von 50–200 mm gekennzeichnet.
- Das gemäßigte Klima der Gebirgsregionen ist im Sommer als trocken und im Winter als kalt und feucht einzustufen. Bei häufigen Schneefällen und Frösten treten durchschnittliche Niederschlagsmengen von über 600 mm auf. Die Hauptniederschlagszeit liegt in den Monaten von November bis Mai.
- Das gemäßigte Klima der Übergangsregionen zwischen Wüste und Gebirge ist durch durchschnittliche Niederschlagsmengen von 400–600 mm gekennzeichnet. Die Hauptniederschlagszeit liegt in den Monaten von November bis April.

Die Flüsse Euphrat und Tigris, deren Hauptquellgebiete im Osten der Türkei liegen, stellen die wichtigsten Wasserressourcen des Irak dar. Der Euphrat fließt über eine Strecke von etwa 1.000 km und der Tigris über eine Strecke von etwa 1.300 km durch das Staatsterritorium. Das irakische Einzugsgebiet des Tigris hat eine Größe von etwa 253.000 qkm (entspricht 54 Prozent des gesamten Einzugsgebietes). Der durchschnittliche jährliche Abfluss wird auf 21,33 km^3 geschätzt. Der durchschnittliche jährliche Abfluss des Euphrat wird auf 30 km^3 geschätzt. Dabei ist von fluktuierenden Jahreswerten zwischen 10 und 40 km^3 auszugehen. Im Gegensatz zum Tigris erhält der Euphrat während seiner Passage durch den Irak keinerlei

Zuflüsse. Etwa 10 km³ Wasser des Euphrat versiegen jährlich im Hawr al Harnmar (Sumpfgebiet im Südirak). Aus dem Zusammenfluss von Euphrat und Tigris bei Basra entsteht der Fluss Schatt Al-Arab, der nach 190 km in den Arabisch-Persischen Golf mündet. Aus der Nutzung der Wasserressourcen des Euphrat und Tigris ergeben sich bereits seit über 50 Jahren zwischenstaatliche Wassernutzungskonflikte, die im Wesentlichen auf unkoordinierte Wasserentnahmen der Anrainerstaaten Türkei, Syrien und Irak zurückzuführen sind. Der Fluss Karun, dessen Hauptquellgebiet im Iran liegt, weist eine mittlere jährliche Abflussmenge von 24,7 km³ auf und mündet in den Schatt Al-Arab. Die gesamte Wasserentnahme des Irak betrug im Jahr 2010 etwa 55 km³. Davon wurden etwa 85 Prozent für die Landwirtschaft, etwa 7 Prozent für den privaten Gebrauch und etwa 8 Prozent für industrielle Zwecke verwendet.

Geschichtliche Entwicklung

Die Geschichte des irakischen Staatswesens beginnt nach dem Ersten Weltkrieg. Gleichwohl gehen die historischen Wurzeln der irakischen Kultur auf die Zeit der frühen Hochkulturen der Sumerer und Babylonier (etwa 4.500 Jahre vor unserer Zeit) zurück. Im Irak befinden sich daher einige der ältesten Kulturlandschaften der Erde. Die lange Kulturgeschichte ist durch viele historische Baudenkmäler und archäologische Ausgrabungsstätten aus unterschiedlichen Epochen belegt. In diesem Zusammenhang sei beispielsweise auf die prähistorischen Höhlenmalereien und Felsbildnisse im Zagros-Gebirge verwiesen. Weiterhin deuten ehemalige assyrische Stadtanlagen wie Ninive oder Assur auf das gleichnamige Großreich hin. Zu erwähnen sind außerdem das weitgehend rekonstruierte Babylon mit seiner berühmten Prozessionsstraße sowie die zahlreichen Ausgrabungsstätten sumerischer Städte wie Ur, Uruk und Lagash. Auch die kurdischen Besitztümer von Erbil, die turkmenischen Siedlungen bei Kirkuk sowie die schiitischen Städte Kerbala und Nadschaf seien an dieser Stelle erwähnt. Nach der Eroberung durch die Araber wird Bagdad in der Zeit zwischen dem 8. und 13. Jahrhundert als Hauptstadt der abbasidischen Kalifen zum glanzvollen Zentrum der islamischen Welt.

Dieser Status wird mit der totalen Zerstörung der Stadt durch die einfallenden Mongolen (1258) und den damit verbundenen Untergang des

Abbasiden-Kalifats abrupt aufgehoben. Im Jahr 1534 gerät das Territorium des heutigen Irak in den Machtbereich des Osmanischen Reiches. Mit der zunehmenden Erosion der osmanischen Macht seit Ende des 17. Jahrhunderts verstärken sich Bestrebungen der lokalen Statthalter, sich von der Zentralgewalt der Hohen Pforte in Istanbul zu lösen. Beispielsweise betreibt der Statthalter Dāwud Bāshā (1817–1831) ähnlich wie Muhammad Ali Bāshā in Ägypten eine von den Osmanen weitgehend unabhängige Politik. In diesem Zusammenhang wird eine wirtschaftliche, administrative und militärische Modernisierung der Provinz vorgenommen. Dāwud Bāshā fördert außerdem die Entwicklung von Handel und Handwerk und lässt erste Manufakturen errichten. Seine Aktivitäten rufen den Widerstand der East India Company, die ihre Interessenssphäre seinerzeit bis in den Irak hinein ausgedehnt hatte, hervor.

Im Zuge der Reformpolitik des Osmanischen Reiches im Laufe des 19. Jahrhunderts sucht die Hohe Pforte ihren Einfluss auf die vorderasiatischen Provinzen wieder zu stärken. Mit der Absetzung Däwyd Pashas (1831) erlangt die Zentralregierung in Istanbul die Kontrolle über den Irak zurück. Unter Midhat Päshä (1869–1872) erfährt die Provinz einen deutlichen Aufschwung. Im Zuge dessen werden beispielsweise eine Zeitung herausgegeben, ein Hospital eröffnet sowie Schulen und weitere Manufakturen eingerichtet. Gegen Ende des 19. Jahrhunderts kommt es wiederholt zu Aufständen der Muntafiq-Stämme unter Führung von Sa'dun-Päshä'. Insbesondere im städtischen Bürgertum formiert sich eine nationalarabische Opposition, die eine Unabhängigkeit vom Osmanischen Reich einfordert. Zu Beginn des 20. Jahrhunderts gewinnt der Irak durch den Bau der Bagdad-Bahn erheblich an strategischer Bedeutung und wird in die imperialen Interessenskonflikte zwischen dem Osmanischen Reich und dem Deutschen Reich auf der einen Seite sowie Großbritannien auf der anderen Seite hineingezogen. Im Jahr 1916 wird das geheime Sykes-Picot-Abkommen ausgehandelt. Im Zuge dessen werden die territorialen Einflusssphären Frankreichs und Großbritanniens in der Region des Nahen Ostens für die Zeit nach dem absehbaren Zusammenbruch des Osmanischen Reiches durch diplomatische Vertreter eben dieser Großmächte festgeschrieben. Im Ergebnis vergibt der Völkerbund nach Ende des Ersten Weltkrieges das Irak-Mandat an Großbritannien (1920).

Das damit konstruierte Staatsgebilde des Irak entsteht aus dem Zusammenschluss aus drei vorherigen osmanischen Provinzen um die Städte Bagdad, Mosul und Basra. In dem britischen Mandatsgebiet wird ein monarchistisches System installiert. Mit dem formalen Ende der quasikolonialen britischen Mandatsherrschaft am 3. Oktober 1932 erlangt der Irak seine Unabhängigkeit, die jedoch erst nach dem Zweiten Weltkrieg de facto verwirklich wird. Die irakische Revolution des Jahres 1958 führt zum Sturz der Monarchie und zur Gründung einer Republik. Seither ist die irakische Politik bestrebt, das Land als blockfreien respektive von den beiden dominierenden Machtblöcken USA und Sowjetunion unabhängigen Staat zu positionieren. In der Folge wird der Irak bis in die späten 1960er Jahre durch innenpolitische Unruhen erschüttert. In dieser Zeit wechseln sich jeweils von unterschiedlichen Teilen der Militärs gestützte, mehr oder weniger populäre, autoritäre Regenten in schneller Folge ab. Mit dem Staatsstreich im Jahr 1968 übernehmen Repräsentanten der Baath-Partei für 35 Jahre die Macht im Irak. Der Baath-Führer Saddam Hussein stürzt im Juli 1979 den amtierenden Präsidenten Ahmed Hassan al-Bakr und ernennt sich in der Folge selbst zum Staatsoberhaupt des Irak.

Die Periode der autoritären Herrschaft Saddam Husseins (1979–2003) ist gekennzeichnet durch eine repressive Innenpolitik sowie eine aggressive Außenpolitik. Der durch das irakische Regime durch den Angriff des Iran entfachte Erste Golfkrieg (1980–1988) wird u. a. durch territoriale Streitigkeiten zwischen Irak und Iran befeuert. Der Konflikt eskaliert um Fragen der Grenzziehung am Schatt al-Arab sowie um irakische Ambitionen auf die erdölreiche südiranische Provinz Khuzestan. Des Weiteren befeuern religiöse und mit der islamischen Revolution in Iran (1979) auch machtpolitisch begründete Spannungen zwischen sunnitischen Irakern und schiitischen Iranern das Kriegsgeschehen, welches nach erheblichen beiderseitigen Verlusten mit einem Waffenstillstand im Jahr 1988 beendet wird. Nach dem Einmarsch irakischer Truppen in Kuwait im August 1990 wird der Irak im Zuge des US-geführten Zweiten Golfkrieges (1991) weitgehend zerstört und kann aufgrund der nachfolgend implementierten UN-Sanktionspolitik kaum oder nur unzureichend wiederaufgebaut werden. Damit werden sämtliche Errungenschaften der in den 1970er Jahren forcierten durchaus erfolgreichen Modernisierungs- und Entwicklungspolitik zunichte gemacht. Das Regime unter Saddam Hussein indes kann sich bis zum Sturz des irakischen Diktators durch die US-geführte Militärallianz „Koalition der Willigen“ im Jahr 2003 (Dritter Golfkrieg) an der Macht halten. Seit dem Zusammenbruch des Baath-Regimes gerät der Irak zunehmend in den Sog innerstaatlicher und regionaler Konflikte, die inzwischen seine Existenz und territoriale Integrität bedrohen.

Bevölkerungsstruktur – speziell ethnische Zusammensetzung

Die Bevölkerung des Irak zählt derzeit etwa 37,1 Mio. Einwohner und ist im Laufe des 20. Jahrhunderts stark angewachsen. Nach dem Ersten Weltkrieg beläuft sich die Bevölkerungszahl auf etwa 4,5 Mio. Einwohner. Mit Rekurs auf unterschiedliche Volkszählungen seit dem Ende des Zweiten Weltkrieges ergibt sich die nachfolgend dargestellte zahlenmäßige Bevölkerungsentwicklung: 1947 (4,8 Mio.), 1965 (8,04 Mio.), 1977 (12 Mio.), 1984 (15 Mio.), 1997 (22 Mio.) und 2009 (32 Mio.). Folglich ist davon auszugehen, dass sich die Bevölkerung des Irak innerhalb der letzten 50 Jahre fast verfünffacht hat.

Das Bevölkerungswachstum liegt im Zeitraum zwischen 2010 und 2014 bei ca. 2,9 Prozent. Mit Blick auf die Bevölkerungsverteilung (Stand 2009) ist eine Konzentration in den drei Provinzen Bagdad (7,18 Mio. = 22,4 Prozent der Gesamtbevölkerung), Ninive/Mosul (3,24 Mio. = 10,1 Prozent der Gesamtbevölkerung) und Al-Basra (2,6 Mio. = 8 Prozent der Gesamtbevölkerung) festzustellen. Der Anteil der städtischen Bevölkerung steigt von 29,8 Prozent im Jahr 1987 auf 32,7 Prozent im Jahr 1997 an. Im Jahr 2014 leben bereits 70 Prozent aller Iraker in Städten. Der damit zu konstatierende Prozess der rasanten Urbanisierung des Irak konzentriert sich u.a. auf den Agglomerationsraum Bagdad. Im Jahr 2015 beträgt die durchschnittliche Lebenserwartung der Menschen in Irak 69,4 Jahre (Frauen 71,0 Jahre und Männer 68,8 Jahre). Gleichzeitig liegt die Fertilitätsrate auf einem sehr hohen Niveau: Im Jahr 1997 werden durchschnittlich 5,7 Kinder und im Jahr 2015 durchschnittlich 4,1 Kinder pro Frau im gebärfähigen Alter geboren. Der Alphabetisierungsgrad der irakischen Bevölkerung liegt mit insgesamt 74,1 Prozent unter den globalen Durchschnittswerten. Während 84,1 Prozent der männlichen Bevölkerung des Lesens und Schreibens mächtig sind, liegt der prozentuale Anteil bei der weiblichen Bevölkerung bei nur 64,2 Prozent.

Die Bevölkerung des Irak ist weiterhin durch ethnische Vielfalt und religiöse Heterogenität gekennzeichnet. Die ethnische Bevölkerungsmehrheit stellen mit einem 70–80 Prozent-Anteil die Araber, die sich mit der arabischen Bevölkerung der Nachbarstaaten in Form einer kulturellen Gemeinschaft verbunden fühlen. Die zweitgrößte ethnische Bevölkerungsgruppe stellen die Kurden, deren Anteil auf etwa 15–18 Prozent der Gesamtbevölkerung geschätzt wird. Während die arabische Bevölkerung vorwiegend in den westlichen und zentralen Landesteilen sowie im Südirak angesiedelt ist, leben die kurdischen Bevölkerungsteile überwiegend in den Bergregionen im Nordosten des Irak. Allerdings befindet sich auch in der Hauptstadt Bagdad eine größere Enklave kurdischer Bevölkerung, gleichermaßen in Kirkuk, wo Kurden einen 50–60 Prozent-Anteil der Stadtbevölkerung repräsentieren. Als weitere ethnische Gruppen sind die Minderheiten der Assyrer, Armenier und Mandäer anzuführen, welche überwiegend im Nordwesten des Irak siedeln.

Aufgrund der wirtschaftlich und politisch schwierigen Lage sind in der jüngeren Vergangenheit viele Angehörige dieser Minderheiten aus dem Irak emigriert und haben sich in größerer Zahl erst im syrischen Damaskus und später in Europa niedergelassen. Weiterhin sei auf die ethnischen Gruppen der Schabak, der Turkmenen sowie der sogenannten Marschland-Araber, welche unter einem hohen Anpassungsdruck in den südirakischen Marschgebieten leben, verwiesen. Neben den Arabern und den Kurden stellen die genannten ethnischen Minderheiten, mit Tendenzen nach unten, etwa 3 Prozent der irakischen Gesamtbevölkerung dar. Nahezu die gesamte Bevölkerung des Irak (97 Prozent) ist muslimischen Glaubens. Davon gehören 55–60 Prozent der schiitischen und 35–40 Prozent der sunnitischen Ausrichtung des Islam an. Die überwiegende Mehrheit der irakischen Kurden gehört ebenfalls der sunnitischen Ausrichtung des Islam an. Weiterhin repräsentieren Christen, Jesiden und Angehörige anderer Religionen mit etwa 3 Prozent der Gesamtbevölkerung (Stand 2010) weitere religiöse Minderheiten innerhalb des Irak.

In den vergangenen Jahren sind fast 2 Mio. Christen aus dem Irak geflohen. Das US-Außenministerium schätzt die Zahl der irakischen Christen im Jahr 2013 auf eine halbe Million Menschen, die sich vor allem im Nordirak sowie in Bagdad und in Mossul konzentrieren. Die irakischen Christen gehören überwiegend orientalisch-christlichen Glaubensgemeinschaften an. Hierzu zählen etwa die Chaldäisch-Katholische Kirche, die Assyrische Kirche des Ostens, die Alte Kirche des Ostens, die Römisch-Katholische Kirche, die Armenisch-Apostolische Kirche, die Syrisch-Katholische Kirche, die Assyrisch-Evangelische Kirche sowie die Syrisch-Orthodoxe Kirche von Antiochien. Gegenwärtig stehen insbesondere die christlichen und jesidischen Religionsgemeinschaften durch die Verfolgung durch IS-Terroristen unter hohem Druck. Immer wieder werden deren Angehörige von IS-Kämpfern gefangen genommen und festgehalten. Im Zusammenhang der Verschleppung von jesidischen Zivilisten durch den IS werden Frauen als Kriegsbeute betrachtet und systematisch von ihren Familien getrennt und zwangsverheiratet. Über einen Zeitraum von mehr als 2.500 Jahren gab es auch eine jüdische Gemeinde im Irak. Diese noch in den 1940er Jahren etwa 150.000 Angehörige zählende religiöse Minderheit ist gegenwärtig de facto nicht mehr existent.

Wirtschaftsstruktur

Der Irak hat eine mehr als 1.000-jährige Geschichte als Agrarstaat. Die Struktur der irakischen Wirtschaft hat sich allerdings seit den ersten Erdölfunden in den 1920er Jahren erheblich gewandelt. Analog zum sich permanent ausweitenden Erdölgeschäft hat auch die internationale Bedeutung des Irak stetig zugenommen. Heute besitzt der Irak das Potential zu einer der einflussreichsten Wirtschaftsmächte in der Region des Nahen Ostens sowie zu einem der führenden globalen Erdölproduzenten aufzusteigen. In der Zeit zwischen 1968 und 2003 orientiert sich die irakische Wirtschaftspolitik an dem von der Baath-Partei vorgegebenen politischen Programm des Arabischen Sozialismus.

Im Zuge der Einführung einer sozialistischen Gesellschaftsordnung wird das marktwirtschaftlich-kapitalistische System zurückgebaut und stattdessen die Errichtung eines sozialistisch-zentralistischen Wirtschaftssystems forciert. Als das grundlegende Element dieser Umgestaltung der Wirtschaft ist die Sozialisierung der Produktionsmittel anzuführen, welche durch die Verstaatlichung privaten Eigentums insbesondere in den produktionsbezogenen Wirtschaftssektoren erreicht wird. Als Zielsetzung dieser wirtschaftspolitischen Maßnahmen wird die Überwindung von Unterentwicklung und Rückständigkeit sowie ökonomischer Abhängigkeiten von ausländischen

Akteuren angeführt. In der Konsequenz verfolgt die Baath-Führung in den 1960er/70er Jahren zunächst die Abschaffung der traditionellen Feudalstrukturen sowie die weitgehende Verstaatlichung der Produktionsmittel. Im Ergebnis erfährt der Irak in den Jahren von 1974 bis 1981 einen enormen wirtschaftlichen Aufschwung. In der Zeit zwischen 1968 und 1981 steigt das irakische BIP von 0,272 Mrd. USD auf 2,50 Mrd. USD und das entsprechende Pro-Kopf-Einkommen von 24 auf 175 USD.

Der wirtschaftliche Aufschwung ist insbesondere auf die steigenden Einnahmen aus dem Erdölgeschäft zurückzuführen, welches die irakische Wirtschaft dominiert. Die mit dem Ersten Golfkrieg verbundene Zerstörung großer Teile der Erdölfördereinrichtungen sowie der Verladeanlagen am Arabisch-Persischen Golf einschließlich des daraus resultierenden drastischen Rückgangs der Einnahmen aus dem Erdölgeschäft (von 26 Mrd. USD in 1980 auf 9 Mrd. USD in 1983) führt zu einem vorläufigen Ende des wirtschaftlichen Aufschwungs. Das Kriegsgeschehen bremst die ökonomische Entwicklung des Irak so stark, dass das BIP zwischen 1980 und 1985 um 8,1 Prozent sowie zwischen 1985 und 1989 abermals um 1,7 Prozent sinkt. Das im Zuge des Zweiten Golfkrieges verhängte UN-Embargo (1991–2003) führt zu einer abermaligen Lähmung der irakischen Wirtschaft. Das nationale Rationierungssystem, welches im Jahr 1991 von der irakischen Regierung eingeführt wird, soll drohende Nahrungsengpässe verhindern. Mit dem folgenden Rückgang des Energiegehalts der einzelnen Rationen sowie der zunehmenden Verknappung von Lebensmitteln außerhalb des Rationierungssystems steigen Mangelernährung und Mortalitätsraten insbesondere bei Kindern drastisch an.

Das im Jahr 1995 vom Sicherheitsrat der Vereinten Nationen implementierte Oil for Food-Programm trägt vorübergehend zur Sicherung der humanitären Bedürfnisse der irakischen Bevölkerung bei. In der Folge werden aus den Erlösen, die aus den von der UN bewilligten Exporten irakischen Erdöls generiert werden, Lebensmittel und andere humanitäre Güter bezogen. Die gesamtwirtschaftliche Lage des Irak erweist sich in den Jahren zwischen 2006 und 2013 als erstaunlich robust. Obwohl die irakische Wirtschaft strukturell noch immer unter den Folgen von Kriegszerstörung, UN-Embargo und Korruption leidet, entwickeln sich maßgebliche Wirtschaftsindikatoren äußerst positiv. Die Steigerungsraten des BIP von durchschnittlich 5,3 Prozent im Jahr belegen diese Entwicklung.

Im gleichen Zeitraum kann auch das BIP pro Kopf von 4.000 USD im Jahr 2008 über 4.600 USD im Jahr 2012 auf 6.850 USD im Jahr 2013 gesteigert werden. Nach den Jahren des Aufschwungs durchläuft die irakische Wirtschaft gegenwärtig eine neuerliche Krise. Mit dem Rückgang des BIP um 0,6 Prozent im Jahr 2015 befindet sich der Irak in einer Phase der wirtschaftlichen Rezession, die u.a. durch einen Rückgang der Realeinkommen gekennzeichnet ist. Als Hauptursachen sind der niedrige Ölpreis, der Krieg gegen den IS sowie das Ausbleiben struktureller Reformen und die weiterhin grassierende Korruption anzuführen. Seit 2014 ist auch das BIP pro Kopf (6.500 USD) wieder rückläufig. Im Jahr 2016 wird nur noch ein Pro-Kopf-Einkommen in Höhe 4.330 USD erreicht. Die gegenwärtig schwierige wirtschaftliche Lage zeigt auch negative Auswirkungen auf Investitionstätigkeiten in die Infrastruktur. Dringender Investitionsbedarf besteht derzeit u.a. in den Bereichen des Gesundheitssystems, der Elektrizitäts- und Wasserversorgung und der Erdölindustrie.

Die Umsetzung einer Vielzahl bereits geplanter Projekte verläuft entsprechend der skizzierten Rahmenbedingungen jedoch eher schleppend bzw. wurde ganz eingestellt. Die Zahl der Erwerbstätigen hat sich in der Zeit zwischen 2006 und 2010 um rund 1 Mio. Arbeitskräfte erhöht. Sie dürfte aktuell zwischen 8 und 9 Mio. Menschen liegen. Der irakische Ministerrat hat im Jahr 2010 einen Fünfjahres-Entwicklungsplan für den Zeitraum von 2010 bis 2014 verabschiedet. Das Vorhaben umfasst 2.700 Projekte und hat ein Gesamtbudget von 140 Mrd. Euro. Die Maßnahmen zielen auf die Stärkung von Wirtschaftsbereichen außerhalb des Erdölsektors wie auf die Agrarwirtschaft und auf das produzierende Gewerbe. Im Zuge der Implementierung der wirtschaftspolitischen Maßnahmen suchen die verantwortlichen Akteure verstärkt nach privaten Partnern für irakische Staatsunternehmen. Entsprechende Projekte werden aus dem Budget des Entwicklungsplans zu 50 Prozent gefördert.

Abschließend werden wichtige Bereiche der irakischen Wirtschaft skizziert:

Die Förderung und Verarbeitung der fossilen Energieträger Erdöl und Erdgas markiert den zentralen Bereich der irakischen Wirtschaft. Der Erdölexport stellt die wirtschaftliche Haupteinnahmequelle dar. Der Irak ist Mitglied der OPEC und verfügt über die fünftgrößten Erdölreserven der Welt. Im Jahr 2015 werden die Rohölreserven auf über 143 Mrd. Barrel geschätzt. Dieser Wert entspricht 18 Prozent der nachgewiesenen Reserven im Nahen Osten und fast 9 Prozent der weltweiten Rohölreserven. Bereits im Jahr 1902 beginnt die Suche nach Erdöl mit der ersten Bohrung im Zagros-Basin im Nordosten des Irak. Der erste Ölfund erfolgt aber erst 20 Jahre später. Im Jahr 1927 wird mit der Bohrung Baba Gurgur 1 das gigantische Erdölfeld Kirkuk entdeckt.

Die in der Folge in Irak agierenden ausländischen Erdölgesellschaften werden in der Zeit zwischen 1972 und 1975 verstaatlicht und von der Iraq National Oil Company sowie der Northern Petroleum Organization übernommen. Die irakische Erdölförderung steigt seit 1969 kontinuierlich an und erreicht im Jahr 1979 mit einer Fördermenge von 3,5 Mio. Barrel pro Tag ihren Höhepunkt. Die Golfkriege der 1980er und 1990er Jahre führen zu einem Zusammenbruch der Erdölförderung. Die Fördermenge sinkt von 900.000 Barrel pro Tag im Jahr 1981 auf nur 300.000 Barrel pro Tag im Jahr 1991. Das UN-Embargo der 1990er Jahre schränkt die irakischen Erdölexporte zudem erheblich ein, da mit den damit verlorenen Staatseinnahmen eine neuerliche militärische Aufrüstung verhindert werden sollte. Im Jahr 1998 darf der Irak Erdöl im Wert von rund 10 Mrd. USD exportieren. Von den Erlösen werden vor allem wichtige humanitäre Importgüter finanziert. Nach Beendigung des UN-Sanktionsregimes (seit 2004) profitiert der Irak wieder zunehmend von seinen Erdölreserven.

Die Rohölproduktion steigt von 2,6 Mio. Barrel pro Tag im Jahr 2011 auf knapp 4,1 Mio. Barrel pro Tag im Jahr 2015 an. Insbesondere im irakischen Teil Kurdistans, in der halbautonomen nordöstlichen Region des Landes, wird die Rohölproduktion erheblich gesteigert. Die landesweite Produktion wächst jedoch weit langsamer, als von der irakischen Regierung erwartetet. Als wesentliche Gründe hierfür sind Infrastrukturengpässe im Südirak, Versorgungsunterbrechungen im Nordirak sowie Verzögerungen bei der Vertragsabschlüssen zu nennen. Gleichwohl boomt die gegenwärtige Rohölproduktion und steigt im Vergleich zum Niveau des Vorjahres im Jahr 2015 um fast 700.000 Barrel pro Tag. Dieser Anstieg repräsentiert die höchste jährliche Steigerungsrate seit Wiedererstarken der Erdölförderung im Jahr 2004. Im Jahr 2014 entfallen 93 Prozent der gesamten Staatseinnahmen auf den Erdölexport. Im Jahr 2015 erwirtschaftete der Irak etwa 49 Mrd. USD an Rohöl-Exporteinnahmen, dies sind etwa 35 Mrd. USD weniger als im Vorjahr. Diese Einbußen lassen sich trotz einer deutlichen Zunahme der Exportvolumina auf den derzeitigen Rückgang der Rohölpreise zurückführen. Um diesen Preisrückgang aufzufangen, plant die irakische Regierung eine weitere Steigerung der Erdölexporte in den kommenden Jahren. Zwecks Erreichung dieser Zielsetzung wurden in der jüngsten Vergangenheit zahlreiche Erdöl- sowie Erdgasförderlizenzen an internationale Konsortien vergeben. Die wichtigsten irakischen Erdölfelder konzentrieren sich auf Gebiete am Persisch-Arabischen Golf bei Basra, im Norden des Landes zwischen Mosul und Kirkuk sowie in östlichen Landesteilen nahe der Grenze zu Iran. Die zunehmende wirtschaftliche Bedeutung der Erdgasförderung ergibt sich aus dem Sachverhalt, dass der Irak über die viertgrößten Erdgasvorkommen der Welt verfügt und seine Erdgasproduktion in den vergangenen Jahren um mehr als 50 Prozent ausgeweitet hat.

Der Irak nutzt seine Erdgasressourcen zunehmend für die Stromerzeugung sowie für Maßnahmen zur Verbesserung der Erdölrückgewinnung. Mit einer Fördermenge von nahezu 112 Billionen Kubikfuß ist der Irak seit Ende 2015 als der zwölftgrößte Erdgasproduzent der Welt einzustufen. Etwa 75 Prozent der irakischen Erdgasreserven liegen in den südlichen Landesteilen. Die Tatsache, dass die westlichen und zentralen Landesteile außer geringen Vorkommen an Schwefel und Phosphat über keine nennenswerten Bodenschätze verfügen, stellt die irakische Wirtschaftspolitik vor erhebliche Herausforderungen. Die Auswirkungen der regionalen Ungleichverteilung von Bodenschätzen sind umso gravierender, da die Einnahmen aus den Erdöl- und Erdgasgeschäft nahezu die gesamten Staatseinnahmen ausmachen. Weitere wichtige Bereiche der irakischen Wirtschaft sind die Düngemittelindustrie, die Lebensmittelverarbeitung sowie die Textil- und Baustoffindustrie. Die meisten Industriebetriebe konzentrieren sich auf Bagdad und ihr Umland sowie auf den Norden des Landes.

Neben den bereits genannten Schwefel- und Phosphatvorkommen werden im Irak in kleinerem Umfang Meersalz und Gips gewonnen. Etwa 75 Prozent der Landesfläche werden durch Wüsten oder Halbwüsten eingenommen und lediglich 12 Prozent werden als Ackerland genutzt. In den nördlichen Bergregionen ist wegen vergleichsweise hoher Niederschlagsmengen Ackerbau möglich. In den südlichen Landesteilen wird in der Region zwischen Euphrat und Tigris überwiegend Bewässerungsfeldbau betrieben. Der Agrarsektor, der in der Zeit vor 1958 von Großgrundbesitzern dominiert war, wurde durch mehrere Bodenreformen umgestaltet. Die Umverteilung der vom Staat konfiszierten Agrarflächen ging jedoch nur sehr langsam voran. In diesem Zusammenhang wurde den Patronageinteressen des herrschenden Regimes Vorrang vor ökonomischer Rationalität eingeräumt. Der Agrarsektor stellt nach dem Erdölsektor bis in die 1990er den wichtigsten Wirtschaftszweig dar. In der Agrarwirtschaft waren in den 1970er Jahren etwa 30 Prozent aller Erwerbstätigen beschäftigt. Bis Anfang der 2000er Jahre hat sich der Anteil der Beschäftigten in der Agrarwirtschaft auf 23,4 Prozent verringert. Nach der Entwicklungsstrategie der Baath-Partei sollte die Landwirtschaft die Versorgung der irakischen Bevölkerung mit Nahrungsmitteln sicherstellen und darüber hinaus Rohstoffe (z.B. Baumwolle) für den industriellen Sektor liefern. Im Entwicklungsplan für den Zeitraum von 1976 bis 1980 wurden 18 Prozent des gesamten Investitionsvolumens für die Landwirtschaft bereitgestellt. Bis in die 1980er Jahre konnte die Nahrungsmittelversorgung der irakischen Bevölkerung im eigenen Land erwirtschaftet werden. Heute ist der Irak bezogen auf Güter der Grundversorgung für seine Bevölkerung auf Importe angewiesen. Verglichen mit anderen Nahost-Staaten verfügt der Irak über reichliche Wasserressourcen, die jedoch regional ungleich verteilt sind.

Die Hauptprobleme der irakischen Agrarwirtschaft bestehen in der Versalzung der Böden (80 Prozent der Nutzflächen weisen unterschiedliche Grade von Versalzung auf), einer erheblichen Witterungsabhängigkeit in den Regenfeldbaugebieten und der generellen Wasserknappheit in den mittleren und südlichen Landesteilen. Die Schwemmlandzonen beinhalten die fruchtbarsten Böden des Landes. Die agrarwirtschaftliche Produktivität leidet außerdem unter weiteren Faktoren, die u.a. durch die Auswirkungen von Klimawandel und Misswirtschaft gekennzeichnet sind. Die agrarwirtschaftlichen Hauptanbauprodukte sind Weizen und Gerste. In den intensiv bewirtschafteten Uferbereichen des Euphrat und Tigris werden Obst und Gemüse angebaut (vor allem Granatäpfel, Zitrusfrüchte, Feigen und Hülsenfrüchte). Als weitaus bedeutendste Kulturpflanze gilt die Dattelpalme, deren Früchte weltweit exportiert werden. Außerdem werden im Irak die berühmten arabischen Vollblutpferde gezüchtet. Auch der Fischfang in Euphrat und Tigris stellt eine sehr ergiebige Einnahmequelle der irakischen Wirtschaft dar. Der Dienstleistungssektor hingegen ist im Irak als nur unzureichend entwickelt einzustufen. Gleichwohl sind in diesem Wirtschaftsbereich etwa 69 Prozent der Arbeitskräfte gebunden. Der entsprechende Anteil am BIP beläuft sich auf 47 Prozent.

Aktuelle politische Entwicklung

Im Zuge des Dritten Golfkrieges (2003–2008) wird das irakische Regime unter Saddam Hussein von der US-geführten sogenannten „Koalition der Willigen“ binnen weniger Wochen gestürzt. Als Begründung für diesen als völkerrechtswidrig einzustufenden Angriffskrieg wird die vermeintliche Existenz von Massenvernichtungswaffen angeführt, deren tatsächliches Vorhandensein jedoch nie bewiesen werden konnte. Nach dem Sturz des Diktators Saddam Hussein, welcher als Angehöriger der arabisch-sunnitischen Minderheit die Interessen dieser Bevölkerungsgruppe ggf. mit äußerst repressiven Maßnahmen durchsetzte, steuert der von US-Präsident George W. Bush jr. eingesetzte Zivilverwalter Paul Bremer in der Zeit von Mai 2003 bis zur ersten irakischen Parlamentswahl im Januar 2005 die politischen Geschicke des Irak. Im Zuge dieser Aktivitäten wird jedoch weder eine Stabilisierung des erheblich geschwächten Staatswesens noch eine Demokratisierung der irakischen Bevölkerung erreicht.

Die von der US-Besatzungsmacht implementierten Maßnahmen wie etwa die vollständige Auflösung der irakischen Armee und die damit verbundene Entlassung sämtlicher militärischer Entscheidungsträger, das Verbot der Baath-Partei und die damit verbundene Entlassung sämtlicher politischer Entscheidungsträger sowie die aktive Förderung der Spaltung der irakischen Bevölkerung entlang ethnisch-religiöser Grenzen sind als konzeptionell falsche und desaströse Weichenstellungen einzustufen, deren Auswirkungen u. a. durch ein Erstarken von radikal-islamistischen Gruppierungen gekennzeichnet sind. Mit der Machtübernahme der schiitisch-dominierten Regierung im Irak (seit 2005) verschiebt sich das regionale geostrategische Machtgefüge im Nahen Osten zum Vorteil der Islamischen Republik Iran. Der Iran unterstützte über Jahre schiitische Parteien und Gruppierungen im Irak, vor allem die Islamische Dawa-Partei, die mit Waffengewalt gegen das Regime Saddam Husseins vorging. Gleichermaßen erhielt der irakische Großajatollah und einflussreiche schiitische Führer Mohammed Baqir as-Sadr zwecks Wahrung der iranischen Interessen erhebliche materielle, militärische und propagandistische Unterstützung aus dem Iran.

Die sich seit der Machtübernahme der schiitisch-dominierten Regierung abzeichnende zunehmende Diskriminierung der arabisch-sunnitischen

Minderheitsbevölkerung führt zu einer erheblichen Zunahme an Kämpfern und Sympathisanten für radikal-islamistische Gruppierungen. Die damit einhergehende stetig zunehmende Polarisierung zwischen Sunniten und Schiiten entlädt sich in offen ausgetragenen Gewalttätigkeiten zwischen militanten Gruppierungen beider Ausrichtungen, in deren Verlauf in der Zeit zwischen 2006 und 2008 eine Vielzahl von Anschlägen und Übergriffen auf die Zivilbevölkerung verübt werden. Nach Jahren des gewalttätigen Widerstandes aus der irakischen Bevölkerung ziehen sich die US-amerikanischen Truppen einschließlich ihrer Verbündeten am Ende des Jahres 2011 aus dem Irak zurück. Das damit entstehende Machtvakuum wird unmittelbar von Iran gefüllt. Gleichzeitig erhöht sich der Einfluss sunnitischer radikal-islamistischer Gruppierungen wie Al-Qaida, die seit dem Jahr 2007 unter der Bezeichnung Islamischer Staat im Irak (ISI) auftritt. Mit dem Aufkeimen der zunächst innerstaatlichen Konflikte in Syrien entwickelt sich aus dem ISI der sogenannte Islamische Staat im Irak und in Syrien (ISIS).

In der Zeit bis Ende Juni 2014 erobert die sich inzwischen als Islamischer Staat in der Levante (ISIL) bezeichnende Terrororganisation die irakischen Städte Falludscha und Ramadi, die Hauptstadt der westirakischen Provinz Al-Anbar und Mossul. Anschließend werden die mehrheitlich von Sunniten und teilweise von Kurden bewohnten Provinzen Salahaddin und Ninive Anbar im Norden und Westen des Irak von ISIL besetzt. Am 29. Juni 2014 wird der sogenannte Islamische Staat (IS) ausgerufen, welcher mit der abermaligen Umbenennung in IS einen neuerdings globalen Führungsanspruch erhebt. Der IS versteht sich als ein Kalifat unter der Führung von Abu Bakr al-Baghdadi als „Kalif Ibrahim". Mit der Ernennung eines „Kalifen", welcher als „Anführer der Gläubigen" zu verstehen ist, wird der Anspruch auf die Nachfolge des Propheten Mohammed als politisches und religiöses Oberhaupt aller Muslime erhoben. Ayatollah al-Sistani, der schiitische Religionsführer im Irak, veröffentlicht im Juni 2014 einen Aufruf zur Mobilisierung gegen den IS. In der Folge gründen sich zahlreiche schiitische Milizen. Gleichzeitig etabliert die irakische Regierung die sogenannte „Volksmobilmachung" (Al-Haschd asch-Schaʿbī), welche seither als eine Dachorganisation für über 50 fast ausschließlich schiitische Milizen, die gegen den IS kämpfen, agiert.

Zunehmend gewinnt die irakische Regierung durch eigene militärische Anstrengungen aber auch durch die Unterstützung der US-geführten Anti-IS-Koalition die Kontrolle über einige vorab vom IS beherrschte irakische Städte, wie etwa Falludscha, Ramadi und Al-Anbar, zurück. Seit 2014 ist der Irak in drei Herrschafts- respektive Einflussbereiche gespalten. Der staatliche Verwaltungsapparat funktioniert nur noch in größeren Städten und die allgemein zerrütteten staatlichen Strukturen lassen die Korruption aufblühen. Der überwiegend schiitische Süden des Landes wird von der Zentralregierung in Bagdad kontrolliert. Die autonome Region Kurdistan steht unter einer regionalen Verwaltung und wird durch kurdische Einheiten (Peschmerga) geschützt. Der IS füllt das Machtvakuum im Zentralirak sowie im Nordirak in Richtung des Nachbarlandes Syrien. Die irakische Gesellschaft wird zunehmend durch ethnisch-religiöse Spannungen gespalten. Dies wirkt sich insbesondere für Minderheiten wie etwa Christen, Jesiden und Turkmenen nachteilig aus. Die innerstaatlichen Konflikte führen zu einer stetig steigenden Anzahl von Binnenflüchtlingen, die zum überwiegenden Teil in der noch relativ sicheren autonomen Region Kurdistan Schutz finden.

Der Irak steht nach dem Failed-State-Index des Fund for Peace (2015) an der Spitze der gescheiterten bzw. zerfallenden Staaten. Trotz umfangreicher internationaler Hilfsleistungen schreitet der Wiederaufbau des Landes nur langsam und schleppend voran. In den Bereichen Verkehrs- und Kommunikationsinfrastruktur, in der Energieversorgung, im Bildungs- und Gesundheitswesen sowie im Wohnungsbau besteht weiterhin eklatanter Nachholbedarf. Die angespannte Sicherheitslage in weiten Landesteilen stellt nach wie vor das wesentliche Hindernis für dringend notwendige vor allem ausländische Investitionen dar. Gleichwohl kann die Sicherheitslage in Teilen des Nordirak als relativ stabil eingeschätzt werden. Für den Süden des Landes lässt sich ebenfalls eine zunehmende Verbesserung der Sicherheitslage feststellen. Die staatlichen Strukturen und Institutionen des Irak sind schwach, die politische Klasse ist korrupt und zerstritten. Der Irak steht im Korruptionsindex von Transparency International (2015) auf Platz 161 und zählt damit mit Blick auf die Verbreitung von Korruption zu den Schlusslichtern der insgesamt 178 bewerteten Staaten.

Das Land kann eine Rückkehr zu Sicherheit und Stabilität nur erreichen, wenn die Einflussnahme aus dem Iran sowie die Agitation radikal-islamistischer Gruppierungen beendet werden. Eine aktive Beteiligung der unterschiedlichen ethnischen und religiösen Gruppierungen an der irakischen Regierungspolitik kann sich auf das Zurückdrängen des IS potentiell positiv auswirken.

Literatur

Al-Ansari, N. A., and Knutsson, S. (2011): Toward Prudent Management of Water Resources in Iraq. In: Journal of Advanced Science and Engineering Research, Vol. 1.

Arab Forum for Environment and Development (2008): Annual report of the Arab Forum for Environment and Development. Beirut.

Armborst A. (2014): Der Islamische Staat im Irak und seine Vorgängerorganisationen. Frankfurter Forschungszentrum Global Islam (FGI). Frankfurt.

Aziz, A.; Aws, A. (2012): Waste Water Production Treatment and use in Iraq Country. Bagdad.

Bundeszentrale für politische Bildung (2015): Der Erste Golfkrieg (1980–1988). Online verfügbar unter: http://www.bpb.de/politik/hintergrund-aktuell/212301/erster-golfkrieg (letzter Zugriff: 9. September 2016).

Bundeszentrale für politische Bildung (2015): Irak. Online verfügbar unter: http://www.bpb.de/internationales/weltweit/innerstaatliche-konflikte/54603/irak (letzter Zugriff: 9. September 2016).

CSOI (2016): Statistical Summary Report for Iraq 2016. Bagdad.

Deutsche Gesellschaft für Internationale Zusammenarbeit, GIZ (2015): Länderportal Irak. Online verfügbar unter: https://www.liportal.de/irak/ueberblick/ (letzter Zugriff: 5. November 2016).

Deutsches Orient-Institut (2011): Der Arabische Frühling: Auslöser, Verlauf, Ausblick. Berlin.

Dienste, W. (2016): Sachstand: Zur Situation religiöser Minderheiten in Irak und Syrien. Wissenschaftliche Dienste, Deutscher Bundestag. Berlin.

Dittmann, A. (2015): Zerstörung von Kulturerbe der Menschheit in Syrien und Irak. In: Geographische Rundschau 10.

Ermagan, I. u. Gümüs, B. (2016): Irak. In: Gieler, W. (Hg.): Der Nahe und Mittlere Osten: Staaten und Organisationen. Frankfurt am Main.

Food and Agriculture Organization (2003): Towards sustainable agricultural development in Iraq: The Transition from Relief, Rehabilitation and Reconstruction to Development. Roma.

Fund for Peace, FFP (2016): Fragile States Index 2016. Online verfügbar unter: http://library.fundforpeace.org/fsi16-report (letzter Zugriff: 5. November 2016).

Fürtig, H. (2014): Kleine Geschichte des Irak: Von der Gründung 1921 bis zur Gegenwart. München.

Germany Trade & Invest (2016): Wirtschaftsdaten kompakt: Irak.

Holtmann, C. (2004): Die Wirtschaft des Irak: Entwicklungsstand und -potential. Bonn.

Hünseler, P. (1983): Irak. In: Nohlen, D. u. F. Nuscheler (Hg.): Handbuch der Dritten Welt. Hamburg.

International Monetary Fund, IMF (2012): World Economic Outlook Database, Nominal GDP list of countries. Data for the year 2012. Online verfügbar unter: http://www.imf.org/external/pubs/ft/weo/2012/01/weodata/index.aspx (letzter Zugriff: 5. November 2016).

Iraqi Council of Representatives (2016): Iraq. Online verfügbar unter: http://www.parliament.iq/English/# (letzter Zugriff: 10. Dezember 2016).

Iraqi Oil Ministry and Iraq Oil Report (2016): Iraq exports rebound but oil price does not. Online verfügbar unter: http://www.iraqoilreport.com/news/iraq-exports-rebound-oil-price-not-17880/ (letzter Zugriff: 5. Dezember 2016).

Koszinowski, T. (1988): Irak. In: Steinbach, U. u. R. Robert (Hg.): Der Nahe und Mittlere Osten: Politik, Gesellschaft, Wirtschaft, Geschichte, Kultur. Länderanalysen. Opladen.

Landeszentrale für politische Bildung Baden-Württemberg (2015): Der Irak Krieg 2003: Thema Krieg in den Medien. Online verfügbar unter: https://www.lpb-bw.de/irak_krieg.html (letzter Zugriff: 14. Dezember 2016).

Oil & Gas Journal (2016): Worldwide Look at Reserves and Production.

Sissakian, V. K.; Al-ansari, N. u. S. Knutsson (2013): Sand and dust storm events in Iraq. In: Natural Science 5 (10).

Transparency International (2016): Transparency International: Country Profiles. Online verfügbar unter: https://www.transparency.org/country#IRQ (letzter Zugriff: 4. Dezember 2016).

US Department of State (2014): International Religious Freedom Report 2013. Online verfügbar unter: http://www.state.gov/j/drl/rls/irf/religiousfreedom/index.htm#wrapper, (letzter Zugriff: 2. Oktober 2016).

World Bank (2014): The World Bank: Iraq, Washington. Online verfügbar unter: http://data.worldbank.org/country/Iraq (letzter Zugriff: 2. Oktober 2016).

André Staarmann

Iran

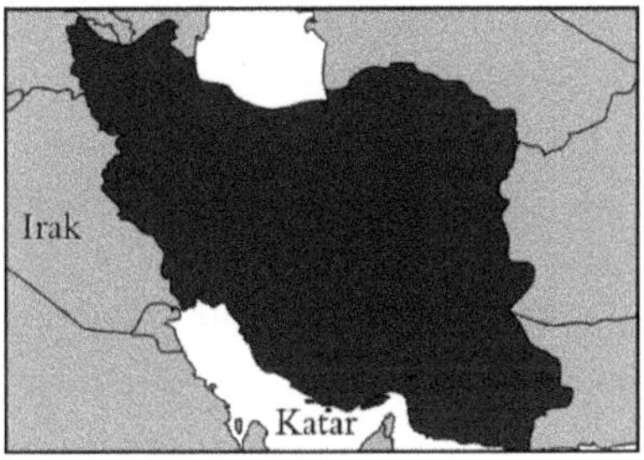

Offizieller Name:	Islamische Republik Iran (Dschomhuri-ye Eslāmi-ye Irān)
Staatsform:	Präsidentielle Theokratie
Unabhängigkeit:	formell nie abhängig, aber Islamische Revolution am 1. April 1979 (Ausrufung der islamischen Republik)
Nationalfeiertag:	1. April (Tag der Republik)
Hauptstadt:	Teheran
Lage:	Mittlerer Osten, angrenzend an den Golf von Oman, den Persischen Golf und das Kaspische Meer
Fläche:	1.648.000 qkm (Weltrang: 17)
Bevölkerung:	79,1 Millionen (Weltrang: 17)
Landesstruktur:	31 Provinzen, 172 Gouvernements, 499 Distrikte
Sprachen:	Persisch (Fārsī), daneben Turksprachen, Kurdisch, Arabisch und Belutschisch
Religionen:	Islam (Schiiten: 90–95 Prozent, Sunniten: 5–10 Prozent), daneben Judentum und Christentum, Zarathustrier und Bahá'í (zusammen unter 0,3 Prozent)
Währung:	Iranischer Rial
Wirtschaftszweige:	Erdöl, Erdgas, Textil- und Landwirtschaft
Mitgliedschaften:	UN, OPEC, G15, G77, IAEA, ILO, IWF, Interpol, IDB, ECO
Wichtigste Medien:	**Fernsehen:** IRIB (Staatliche Rundfunk und Fernsehanstalt); IRNA (Staatliche Nachrichtenagentur); Farsnews **Rundfunk:** IRIB World Service (staatlich), Radio Payam, Radio Maaref, Radio Farhang **Zeitungen:** Kayhan, Hamshahri, Iran, Jomhuri-je Eslami, Sharq, Aftab-e-Yazd

Naturraum und geographische Rahmenbedingungen

Der Iran ist der dominierenden Terminologie im deutschen Sprachraum folgend innerhalb der Region des Nahen Ostens, die sich von Marokko im Westen über die Arabische Halbinsel bis nach Iran im Osten erstreckt und auch die Türkei im Norden mit einschließt, zu verorten. Mit Blick auf seine naturräumlichen Rahmenbedingungen repräsentiert der Iran einen Teil des sich über die beiden Kontinente Nordafrika und Vorderasien erstreckenden Großraumes Orient, der aufgrund seiner Lage im altweltlichen Trockengürtel hinsichtlich seiner Landesnatur (Klima, Gebirgsbau, Oberflächenform u.a.) weitgehende Gemeinsamkeiten aufweist und damit eine großräumige regionale Einheit darstellt.

Das durch die Staatsterritorien von Iran sowie Afghanistan eingenommene Hochland von Iran ist durch seine nördlichen und südlichen Randgebirge, seine im Westen und Osten anschließenden Gebirgsknoten sowie die jeweils nördlich und südlich vorgelagerten Tiefländer und Senkungszonen gekennzeichnet. Das Hochland von Iran lässt sich im Anschluss an Ehlers (1988) grob in die nachfolgend angeführten fünf naturräumlichen Großeinheiten aufteilen:

- Das zum größten Teil unter dem Niveau des Meeresspiegels gelegene südkaspische Tiefland, das einen 500 km langen und oft nur wenige Kilometer breiten Schwemmlandstreifen darstellt und die Südküste des Kaspischen Meeres umschließt.
- Das von Armenien und Aserbaidschan ausgehende mächtige Alborz-Gebirge, das in seinen zentralen Teilen mehrfach Höhen von über 4.000 m erreicht und mit dem Vulkankegel des Demawend (5.670 m) die höchste Erhebung des Landes beinhaltet.
- Das sich an die Südabdachung des Alborz-Gebirges anschließende Hochland von Iran als flächenmäßig größte naturräumliche Einheit, das mit der großen Salzwüste Dasht-i Kawir und der Wüste Lut den Kernraum des Landes darstellt.
- Das den Westen, Südwesten und Süden des Hochlandes von Iran abschließende Zagros-Gebirge, das einen kettengebirgsartigen Charakter aufweist und analog zum Alborz-Gebirge gleichfalls Höhen von über 4.000 m erreicht.

- Die Tiefländer der Golfküstenregion, die mit Ausnahme von Khuzistan häufig nur schmale und zudem klimatisch ungünstige Küstensäume ohne ein größeres Hinterland darstellen.

Mit Blick auf die klimatischen Bedingungen ergibt sich für den Iran aufgrund der erheblichen Unterschiede in seiner naturräumlichen Ausstattung ein ähnlich facettenreiches Bild. Während der gebirgige Norden, Nordwesten und Westen des Landes thermische wie hygrische Gunsträume darstellen, nehmen die Niederschläge und damit auch die Humidität des Klimas von Westen nach Osten hin kontinuierlich ab. Der dadurch verursachte erhebliche Temperaturanstieg bedingt eine sich in südöstlicher Richtung verstärkende Aridität der klimatischen Bedingungen, die in der Dasth-i Lut sowie im Becken des Hamun-i Jaz am stärksten ausgeprägt sind. Die damit verbundene Ungunst dieser Trockenräume schränkt die Möglichkeiten landwirtschaftlicher Nutzung sowie menschlicher Siedlung mit Ausnahme einiger Bewässerungsoasen und Höhenregionen erheblich ein.

Geschichtliche Entwicklung

Die Geschichte des Iran ist sowohl durch Perioden der Machtfülle und stetigen Expansion als auch durch Perioden des Niederganges und des Zerfalls gekennzeichnet. Der entsprechend ambivalente historische Erfahrungsschatz der iranischen Bevölkerung begünstigt die Entstehung einer politischen Kultur respektive Identität, die bis zum gegenwärtigen Zeitpunkt von den gegensätzlichen kollektiven Wahrnehmungen einer politisch gewichtigen und bedeutungsvollen Position einerseits und einer politischen wie ökonomischen Opferrolle andererseits geprägt wird. Mit seiner mehr als zweitausendfünfhundertjährigen Geschichte ist der Iran zweifelsohne als eines der ältesten Kulturländer der Erde einzustufen.

Die Bezeichnung Iran bedeutet so viel wie „Land der Arier“ und geht zurück auf die Einnahme des vorderasiatischen Raumes durch zur indoeuropäischen respektive indogermanischen Sprachfamilie gehörende Völker, die, vermutlich aus den südlichen zentralasiatischen Tiefländern kommend, das Territorium des heutigen Iran in der Zeit um etwa 2000 v. Chr. eroberten und in der Folge besiedelten. Der zur Zeit des Großreiches der Achämeniden (550 bis 331 v. Chr.) begründete Zoroastrismus ist bis zur Eroberung des Iran durch die Araber mit nachfolgender Islamisierung der iranischen Bevölkerung (641) als persische Staatsreligion zu begreifen. Diese bis heute von einer religiösen Minderheit insbesondere um das zoroastrische Zentrum Yazd praktizierte monotheistische Religion, die vielfältige Spuren in der gelebten iranischen Kultur hinterlassen hat, geht zurück auf die Lehren des vermutlich aus dem heutigen Afghanistan stammenden Propheten Zoroaster bzw. Zarathustra, welcher neben Moses, Jesus und Mohammed eine Schlüsselfigur in der Geschichte der Weltreligionen darstellt.

Die Islamisierung des Iran markiert insofern einen historisch gewichtigen Einschnitt in der Geschichte Persiens, als dass der Islam nicht nur als eine Religion, sondern als eine ganz eigengeartete, in sich geschlossene Kultur- und Lebensform einzustufen ist und daher bis in die jüngste Vergangenheit als ein bestimmendes Merkmal der iranischen Geschichte anzusprechen ist. Beispielsweise markiert die unter der Herrschaft der Safawiden (1501 bis 1722) institutionalisierte Übernahme der Schia als Staatsreligion einschließlich der damit vollzogenen Abgrenzung gegenüber der mehrheitlich sunnitischen Ausrichtung des Islam in den Nachbarstaaten den entscheidenden Schritt für die nationalstaatliche Eigenständigkeit des Landes, die bis in die Gegenwart in diesem Sinne verstanden wird.

In der zweiten Hälfte des 19. Jahrhunderts steht das formal nie kolonialisierte qadjarische Persien unter dem machtpolitischen Einfluss der imperialen Großmächte Großbritannien und Russland. In der Folge werden neben der Absteckung russischer und britischer territorialer Einflusssphären die Explorations- und Nutzungsrechte wichtiger iranischer Ressourcen sowie die Verfügungsrechte über lukrative Wirtschaftszweige in Form von Konzessionsvergaben an Repräsentanten vornehmlich der genannten Großmächte übergeben.

Als weiteres prägendes Element in der Geschichte des Iran sind die seit Beginn des 20. Jahrhunderts bekannten beträchtlichen Erdölressourcen anzuführen. Mit der „Entdeckung“ der Bedeutung des fossilen Brennstoffes Erdöl für die industrielle und damit machtpolitische Verwendung gerät der Iran seit der Erschließung des im Südwesten des Landes gelegenen Ölfeldes von Masjid-i Suleyman (1908) und der damit einhergehenden langfristigen Abtretung der Explorations- und Nutzungsrechte an Repräsentanten europäischer Großmächte (vor allem Briten) in den Fokus der geostrategischen Interessen internationaler Akteure.

Mit der Erschließung weiterer iranischer Ölfelder (z. B. Gach Saran im Jahr 1928) sowie der unmittelbar vor Ausbruch des Zweiten Weltkrieges zu datierenden Entdeckung gewaltiger Erdölvorkommen auf der Arabischen Halbinsel wird die bis in die Gegenwart unangefochtene wichtige geostrategische Bedeutung der „Ölprovinz Persisch-Arabischer Golf" als ertragreichster Fundort des bedeutendsten Rohstoffes in der Geschichte des 20. Jahrhunderts festgeschrieben. Die weltpolitischen Machtverhältnisse widerspiegelnd wird das über 40 Jahre von Großbritannien dominierte iranische Ölgeschäft, das den Iranern durch ungerechte Gewinnbeteiligungen und kolonialherrlich diktierte Zugriffsregelungen die Verfügungsgewalt über die wertvollste nationale Ressource verweigert, in der Zeit nach dem Zweiten Weltkrieg zunehmend durch US-amerikanische Interessen und Akteure beeinflusst.

In der frühen Nachkriegszeit wird der Iran durch innenpolitische Spannungen und Unruhen erschüttert, die sich zwischen pro-britischen und monarchistischen Anhängern des autokratischen Pahlavi-Regimes, welche mehrheitlich als Nutznießer der prekären wirtschaftlichen Verhältnisse einzustufen sind, sowie anti-britischen und anti-imperialistischen Anhängern einer sich aus religiösen Klerikern, Sozialisten und Nationalisten konstituierenden Nationalen Front, die eine vollständige Verfügungsgewalt über die nationale Ressource Erdöl sowie die Verstaatlichung der britisch-dominierten Erdölindustrie einfordert, entfalten. Diese von politisch motivierten Attentaten und Massendemonstrationen begleiteten innenpolitischen Konflikte führen mit der Ernennung von Mohammad Mossadeq zum Premierminister (1951) zum vorläufigen Sieg der in der Nationalen Front gebündelten oppositionellen Kräfte. Die in unmittelbarer Folge vollzogene Verstaatlichung der Erdölindustrie wird seitens der Briten und auch der Amerikaner mit einem Boykott iranischer Erdölexporte sowie mit der Abriegelung des für die Ausfuhr iranischen Erdöls unverzichtbaren Ausgangs des Persischen Golfs sowie der Straße von Hormuz beantwortet. Im Ergebnis gerät der Iran zwischen 1951 und 1954 in eine schwere wirtschaftliche und innenpolitische Krise, in deren Folge der Schah Mohammed Reza Pahlavi das Land fluchtartig verlässt.

Erst nach dem durch Intervention des US-amerikanischen Geheimdienstes CIA bewerkstelligten Sturz des Premierministers Mossadeq im Sommer 1953 sowie der Rückkehr des Schah wird die wirtschaftliche Krise des

Iran durch Wiederaufnahme der Erdölförderung und der Erdölexporte behoben. Die politische Krise des Iran indes wird mit der Wiedererrichtung des repressiven und autokratischen Herrschaftssystems unter Schah Mohammed Reza Pahlavi und der damit einhergehenden Positionierung der USA als neuerliche Schutzmacht sowie wichtigster Verbündeter des Schah-Regimes innerhalb der Ölprovinz Persisch-Arabischer Golf, deren geostrategische Bedeutung im angebrochenen Zeitalter des Ost-West-Konfliktes sowohl für den kapitalistischen Block unter Führung der USA als auch für den sozialistischen Block unter Führung der Sowjetunion von unverändert hoher Relevanz bleibt, nicht gelöst. Der Schah übernimmt bereitwillig die Rolle eines „Polizisten am Golf" und vertritt damit westliche und vor allem amerikanische Interessen in einem Land, dessen bereits skizzierte wichtige geostrategische Bedeutung unter den Bedingungen der Blockkonfrontation durch die direkte Nachbarschaft zur Sowjetunion noch gesteigert wird.

Die vom Schah-Regime in den 1960er und 1970er Jahren durchgeführten Maßnahmen zur Modernisierung, Industrialisierung und Militarisierung des Iran zielen vornehmlich auf die urbanen Zentren und gehen einher mit einer nahezu vollständigen Vernachlässigung der Entwicklung des ländlichen Raumes. Die geringe Berücksichtigung der Belange der ländlichen Bevölkerung, die zu Beginn der 1970er Jahre einen Anteil von 80 bis 85 Prozent an der iranischen Gesamtbevölkerung stellt, befördert ein erhebliches Konfliktpotential, das sich insbesondere aus den offenkundigen Gegensätzen zwischen traditionell iranisch-islamischen Lebensgewohnheiten und Wertvorstellungen einerseits und den vom herrschenden Regime propagierten westlich modernen Lebensstylen andererseits ergibt. Im Ergebnis keimen die seit den frühen 1950er Jahren latent vorhandenen innergesellschaftlichen politischen Konflikte wieder auf, die, von einer breiten anti-imperialistisch und islamistisch-revolutionär ideologisierten Oppositionsbewegung getragen, im Herbst 1979 zum Sturz der Monarchie sowie zur nachfolgenden Ausrufung der Islamischen Republik Iran unter dem charismatischen Revolutionsführer Ayatollah Khomeini führen.

Mit der Errichtung der Islamischen Republik, die hinsichtlich ihres politischen Systems als eine Mischung aus Theokratie und Demokratie einzustufen ist und insofern ein Unikat innerhalb der heutigen Staatenwelt darstellt, verlagert sich der Schwerpunkt der iranischen Außenpolitik von der vom Schah-Regime betriebenen Strategie der stetigen Macht- und Einflusserweiterung innerhalb des internationalen Systems zu einer Strategie der Herausforderung des internationalen Systems. Seither gelten die Feindschaft gegenüber den USA und ihrer Interessen in der Region des Nahen Ostens einerseits sowie die Feindschaft gegenüber Israel andererseits als ideologische Grundkonstanten der iranischen Außenpolitik.

Des Weiteren stellt die Feindschaft zu Saudi-Arabien, das von der Führung der Islamischen Republik als „Büttel der USA" etikettiert wird, eine weitere Grundkonstante der iranischen Außenpolitik dar, welche einerseits religiös (Sunniten versus Schiiten), andererseits ethnisch (Araber gegen Perser) sowie ideologisch (US-Verbündete gegen US-Gegner) begründet wird. Die konfliktgeladenen Beziehungen zwischen diesen beiden Nahost-Staaten liegen insbesondere auch darin begründet, dass sich sowohl Riad als auch Teheran als quasi natürliche Führungsmächte nicht nur in der Region des Nahen Ostens, sondern in der gesamten islamischen Welt betrachten und insofern nach Vorherrschaft streben.

Bevölkerungsstruktur – speziell ethnische Zusammensetzung

Iran zählt zu den Staaten mit einer überdurchschnittlich jungen Bevölkerung. Derzeit stellen junge Menschen im Alter zwischen 15 und 29 Jahren einen 35 Prozent-Anteil an der Gesamtbevölkerung. Gleichzeitig repräsentiert diese auf etwa 30 Mio. Menschen zu beziffernde Bevölkerungsschicht die am besten ausgebildete Generation in der bisherigen Geschichte des Iran. Angesichts der auch nach den jüngeren politischen Ereignissen eher stagnierenden wirtschaftlichen Entwicklung stellt das rasante Bevölkerungswachstum von jährlich etwa 1,2 Prozent im Zusammenhang mit dem auch langfristig zu erwartenden hohen Anteil arbeitssuchender und mehrheitlich gut ausgebildeter junger Menschen die iranische Regierung bereits heute vor allergrößte Herausforderungen.

Zur Verdeutlichung der Dynamik des Bevölkerungswachstums sei angeführt, dass die Bevölkerung des Iran, die zu Beginn der 1980er Jahre auf etwa 40 Mio. Einwohner beziffert wurde, sich mit derzeit etwa 80 Mio. Menschen innerhalb der letzten 35 Jahre mehr als verdoppelt hat. Unter Bezugnahme auf die mittlere Variante der Bevölkerungsprognose der Vereinten Nationen ist davon auszugehen, dass die iranische Bevölkerung bis zum Jahr 2050 um weitere 20 Mio. auf etwa 100,6 Mio. Menschen ansteigen wird.

Mit Blick auf die Bevölkerungsverteilung sind in der jüngeren Vergangenheit weitere erhebliche Veränderungen zu beobachten. Lebte etwa in der Mitte der 1970er Jahre noch mehr als die Hälfte der iranischen Bevölkerung im ländlichen Raum, so hat sich innerhalb der vergangenen 40 Jahre die Bevölkerungsverteilung durch das bereits skizzierte Bevölkerungswachstum sowie durch erhebliche Bevölkerungsbewegungen (Landflucht und Urbanisierung) dramatisch gewandelt. Zum gegenwärtigen Zeitpunkt leben etwa 75 Prozent der iranischen Bevölkerung in urbanen Zentren.

In diesem Zusammenhang markieren insbesondere Städte wie die sich gegenwärtig zu einer Megastadt entwickelnde Hauptstadt Teheran (ca. 12 Mio. EW) sowie die Großstädte Mashad (2,1 Mio. EW), Esfahan (1,5 Mio. EW), Tabriz (1,4 Mio. EW) und Shiraz (1,2 Mio. EW) die wichtigsten Destinationen für die inneriranischen Bevölkerungsbewegungen. Neben den genannten demographischen Aspekten ist die Bevölkerung des Iran durch eine ausgeprägte ethnisch-sprachliche Heterogenität gekennzeichnet, die teilweise ein erhebliches Konfliktpotential darstellt. Die vornehmlich im Südwesten des Iran lebenden Araber mit einem 3 Prozent-Anteil an der Gesamtbevölkerung stellen eine Bevölkerungsgruppe dar, die beiderseits der Landesgrenzen siedelt. Gleichermaßen stellt der Nordwesten des Iran mit seiner kurdischen Bevölkerung (7 Prozent-Anteil an der Gesamtbevölkerung) einen Teil des geschlossenen Siedlungs- und Wirtschaftsraumes der Kurden dar, der sich die iranischen Staatsgrenzen überschreitend bis in die südöstliche Türkei sowie nach Syrien ausdehnt.

Des Weiteren weist das Siedlungsgebiet der vornehmlich in den Grenzräumen zur Türkei und zu Azerbaidschan siedelnden Azeri-Bevölkerung grenzüberschreitend in eben diese Nachbarstaaten. Gleiches gilt für die im Nordosten des Iran lebenden Turkmenen, die durch koloniale Grenzziehungen im Laufe des 19. Jahrhunderts von ihren Stammesangehörigen im heutigen Turkmenistan abgetrennt wurden. Die in den südöstlichen Grenzräumen zu Afghanistan und Pakistan siedelnden Belutschen repräsentieren eine weitere ethnische Minderheit in Iran, die durch Sezessionsbestrebungen einen permanenten Unruhefaktor nicht nur in Iran, sondern auch in Afghanistan und Pakistan darstellen.

Wirtschaftsstruktur

Die iranische Wirtschaft befindet sich seit der Islamischen Revolution (1979) überwiegend in den Händen des Staates bzw. mit der Staatsmacht verbundener religiöser Stiftungen (geschätzt bis zu 80 Prozent) und ist strukturell durch weitgehende staatliche Kontrolle sowie Zentralisierung gekennzeichnet. Im Ergebnis wird mehr als 80 Prozent des iranischen Bruttosozialprodukts von staatlichen und halbstaatlichen Unternehmen generiert. Die mit den wirtschaftsstrukturellen Rahmenbedingungen einhergehenden staatlichen Eingriffe wie Preisregulierungen und/oder Subventionsmechanismen, die in aller Regel politischen Interessen folgen, relativieren wirtschaftsliberale Tendenzen und stellen ein wesentliches Hemmnis insbesondere für die eigenständige Entwicklung der Privatwirtschaft dar.

Mit Blick auf ihre Organisationsstruktur ist die Wirtschaft des Iran als eine Form von Marktwirtschaft mit Markteingriffen, Preisregulierungen sowie Produktions- und Konsumlenkung einzustufen. Die Lage des Iran innerhalb der Ölprovinz Persisch-Arabischer Golf, welche einen 64 Prozent-Anteil an den globalen Erdölreserven und einen 30 Prozent-Anteil an der Welterdölförderung hält, determiniert den zentralen Stellenwert des fossilen Brennstoffs Erdöl innerhalb der iranischen Wirtschaft. Iran besitzt nach Saudi-Arabien die weltweit größten Erdölressourcen und zählt zu den wichtigsten Nettoerdölexporteuren der Welt. Während das Erdölgeschäft die iranische Wirtschaft bereits seit Beginn des 20. Jahrhunderts dominiert, gewinnt die Förderung der gleichfalls reichhaltig vorhandenen Ressource Erdgas erst in jüngerer Zeit eine zunehmende wirtschaftliche Bedeutung. Mit der staatlich monopolisierten Förderung von Erdöl und Erdgas werden zum gegenwärtigen Zeitpunkt etwa 80 bis 85 Prozent der gesamten Staatseinnahmen generiert.

Der sekundäre Sektor repräsentiert mit etwa 35 Prozent der Erwerbstätigen und einem 46 Prozent-Anteil am BIP den wichtigsten Bereich der iranischen Wirtschaft. Neben der enormen gesamtwirtschaftlichen Bedeutung der Energiewirtschaft sind industriell-gewerbliche Schlüsselindustrien wie die Automobil-, Textil-, Stahl- sowie Baustoffindustrie als weitere wichtige Elemente der iranischen Wirtschaft anzusprechen. In der Automobilindustrie werden etwa mit dem Staatskonzern Iran Khodro, der im Rahmen eines Joint Venture mit dem französischen Autohersteller Renault kooperiert, die derzeit höchsten Wachstumsraten erwirtschaftet. Gleichwohl ist auch der industriell-gewerbliche Bereich der iranischen Wirtschaft, der mit einem 15 Prozent-Anteil am iranischen BIP beteiligt ist, durch strukturelle Hemmnisse gekennzeichnet, die im Wesentlichen auf die Reform- und Innovationsfeindlichkeit der sich auch hier fast ausschließlich in Staatsbesitz befindlichen Unternehmen zurückzuführen sind. Unter den gegebenen strukturellen Rahmenbedingungen lassen sich potentiell produktionssteigernde Maßnahmen wie etwa die Modernisierung und Diversifizierung der Produktionsabläufe kaum oder nur ansatzweise verwirklichen.

In diesem Zusammenhang sei auf die geradezu wachstumsfeindliche Rolle der als „privilegierte Monopolisten" anzusprechenden konservativ-religiösen Stiftungen verwiesen, die – von staatstragenden Institutionen getragen und gefördert – als Eigentümer der meisten Unternehmen des produzierenden Gewerbes auftreten und sich mehrheitlich als resistent gegenüber Modernisierungstendenzen erweisen. Im Unterschied dazu repräsentiert das hauptsächlich durch traditionelle Wirtschaftsaktivitäten gekennzeichnete verarbeitende Gewerbe, welches vornehmlich von kleineren Familienbetrieben getragen wird und welches gemessen am BIP nur einen geringen gesamtwirtschaftlichen Beitrag leistet, einen der wenigen Bereiche der iranischen Wirtschaft, die durch privatwirtschaftliche Aktivitäten dominiert werden. Im Kontrast zur wirtschaftlichen Bedeutung des sekundären Sektors ist der primäre Sektor der iranischen Wirtschaft durch einen stetigen Bedeutungsverlust und durch Stagnation gekennzeichnet.

Die Einnahmen aus der iranischen Agrarwirtschaft leisten mit etwa 10 Prozent einen eher geringen Anteil am BIP. Der Anteil der Erwerbstätigen im primären Sektor ist von 40 Prozent in den 1980er Jahren auf gegenwärtig etwa 20 Prozent zurückgegangen. Trotz der geringen gesamtwirtschaftlichen Bedeutung ist davon auszugehen, dass mehr als die Hälfte der iranischen Bevölkerung direkt oder indirekt von der Agrarwirtschaft abhängig ist. Die Preise für landwirtschaftliche Produkte werden durch eine staatlich stark regulierte Preispolitik festgelegt.

Das im Norden des Iran gelegene Kaspische Tiefland stellt ein besonders reiches und intensiv bewirtschaftetes Anbaugebiet für die wichtigen Nutzpflanzen Reis, Tee, Zitrusfrüchte, Tabak und Baumwolle dar. Im Hochland von Iran werden insbesondere die Grundnahrungsmittel Weizen und Gerste angebaut. Weiterhin werden hier im Bereich der Bewässerungslandwirtschaft Weintrauben, Zuckerrüben sowie Granatäpfel, Mandeln und die exportwirtschaftlich wichtigen Pistazien kultiviert. Im klimatisch begünstigten warmen Süden des Iran stellen Dattelpalmen, Südfrüchte und Zuckerrohr wichtige landwirtschaftliche Produkte dar. Trotz Umsetzung unterschiedlicher agrarpolitischer Maßnahmen wie Bodenreformen (1950/60er Jahre) ist die iranische Agrarwirtschaft nach wie vor durch rentenkapitalistische Abhängigkeitsstrukturen zwischen den vornehmlich in den Städten ansässigen Großgrundbesitzern und kleinbäuerlichen Pächtern im ländlichen Raum gekennzeichnet. Diese als tradiert und vorrevolutionär einzustufenden Agrarsozialstrukturen tragen insofern parasitäre Züge, als dass die stadtansässigen Kapitalisten durch das permanente Abschöpfen so gut wie aller Ertragsanteile einen geradezu fortschrittshemmenden Raubbau betreiben und damit jegliches Interesse seitens der kleinbäuerlichen Pächter an Ertragssteigerungen durch innerbetriebliche Verbesserungen, Intensivierung u.a. konterkarieren und im Keim ersticken.

Im Ergebnis ist der primäre Sektor der iranischen Wirtschaft vor allem durch einen strukturbedingten Mangel an Investitionstätigkeiten gekennzeichnet, welcher die Durchsetzung von erforderlichen Maßnahmen zur Steigerung der Agrarproduktion zusätzlich erschwert. Abschließend sei angeführt, dass in der jüngeren Vergangenheit sowohl seitens des Staatsoberhauptes Ayatollah Khamenei als auch seitens unterschiedlicher Vertreter der iranischen Regierung wiederholt betont wurde, dass die Privatisierung der iranischen Wirtschaft vorangetrieben werden solle und in diesem Zusammenhang auch bestimmte staatliche und halbstaatliche Unternehmen sowie ausgewählte Industriebranchen durch Aufhebung bestehender Restriktionen für den Privatsektor geöffnet werden sollen. Inwieweit entsprechende vielversprechende Ankündigungen durch konkrete Maßnahmen in die Tat umgesetzt werden, wird die Zukunft zeigen.

Aktuelle politische Entwicklung

Trotz der konfessionellen Gegensätze zwischen der sunnitischen Mehrheitskonfession (80–90 Prozent) und der schiitischen Minderheitskonfession (10–20 Prozent) ist die überwiegend schiitisch geprägte Iran als ein maßgeblicher und gewichtiger politischer Akteur in der Region des Nahen Ostens einzustufen. Der Iran ist das einzige mehrheitlich muslimische Land, das von Schiiten geführt wird und aus seinen Ansprüchen auf eine regionale Hegemonie respektive Führungsmacht keinen Hehl macht.

Des Weiteren verfügt kein anderer Staat des Nahen Ostens über eine vergleichbare Kombination von geographischer Ausdehnung, geostrategisch zentraler Lage, zahlenmäßig starker und gut ausgebildeter Bevölkerung sowie enormer Ausstattung mit natürlichen Ressourcen. Diese Determinanten befördern das Streben nach einer regionalen Vormachtrolle, das seit der Islamischen Revolution durch verschiedene und gelegentlich durch von der iranischen Politik unabhängige Ereignisse gekennzeichnet ist. Beispielsweise erzeugt die in Reaktion auf die Terroranschläge von 9/11 vollzogene Ausrufung des sogenannten War on Terror mit den aus heutiger Sicht als gescheitert einzustufenden US-geführten Kriegen in Afghanistan und im Irak durch den Sturz des sunnitischen Taliban-Regimes sowie durch den Sturz des irakischen Diktators und iranischen Erzfeindes Saddam Hussein ein regionales Machtvakuum, das maßgeblich von Teheran gefüllt werden konnte.

Damit ist der Iran, der von der Administration des US-Präsidenten George W. Bush (2001 bis 2009) als „Schurkenstaat" bezeichnet und auf einer imaginären „Achse des Bösen" verortet wurde, als der geostrategische Nutznießer der genannten US-geführten Kriege in der Region des Nahen Ostens einzustufen. Seit 2003 werden die Beziehungen zwischen Iran und der Internationalen Gemeinschaft durch den Konflikt um das iranische Atomprogramm geprägt. In diesem Zusammenhang sind im Anschluss an LÜDERS vor allem die USA und Israel, in ihrem Windschatten auch die Europäer, bemüht, die Regionalmacht Iran in die Schranken zu weisen.

Das umstrittene Atomprogramm des Iran wird in den Jahren 2010 bis 2012 zur Legitimierung offener Kriegsvorbereitungen herangezogen, die insbesondere von den USA und Israel vorangetrieben werden und auf einen Regimewechsel abzielen. Die zu dieser Zeit in der westlichen Politik und Medienberichterstattung zu verfolgende Dämonisierung der Islamischen Republik Iran wird durch sicherheitspolitische Einschätzungen flankiert, die vermeintlich „unzweifelhaft" ein stetiges Fortschreiten des iranischen Atomprogramms konstatieren und den u.a. als „mittelalterlichen Gottesstaat" etikettierten Iran zu einer Atommacht aufsteigen sehen. Nach der Amtsübernahme des im Vergleich zu seinem Vorgänger Mahmud Achmadinedschad als gemäßigt geltenden iranischen Präsidenten Hassan Rouhani (seit 2013) werden entsprechende sicherheitspolitische Einschätzungen und

Aktivitäten revidiert und ein neuerlicher Anlauf zur diplomatischen Lösung des Atomkonflikts unternommen.

Die in der Folge im Rahmen der sogenannten „Atomgespräche“ zwischen diplomatischen Vertretern des Iran, der BRD sowie der fünf UN-Vetomächte (USA, Großbritannien, Frankreich, Russland und China) im Sommer 2014 erzielte Einigung im Atomkonflikt leitet eine bis zum gegenwärtigen Zeitpunkt anhaltende Phase der Mäßigung und Entspannung in den Beziehungen zwischen Iran und westlichen Staaten ein. Mit der durch die Verhandlungslösung erreichten Aufhebung der im Rahmen des Atomkonfliktes verhängten UN-Sanktionen gerät der Iran in den Fokus insbesondere wirtschaftlicher Interessen westlicher Akteure. Mit dieser gelegentlich als „Goldgräberstimmung“ bezeichneten Situation ergibt sich für den Iran trotz der oben skizzierten schwierigen wirtschaftlichen Strukturen die Möglichkeit, die dringend erforderliche Modernisierung zumindest in Teilbereichen der iranischen Wirtschaft voranzutreiben. Für die westliche und hier insbesondere europäische Staatengemeinschaft ergibt sich die Möglichkeit, die frühestens seit der Islamischen Revolution (1979) und spätestens seit dem Aufflammen des Atomkonfliktes (2003) eingefrorenen wirtschaftlichen Beziehungen neu zu beleben.

Als Beispiel hierfür sei auf die im Dezember 2016 erfolgte Unterzeichnung eines Kaufvertrages zwischen Vertretern der iranischen Fluglinie Iran Air und Vertretern des US-Unternehmens Airbus für 80 Flugzeuge im Wert von etwa 16 Mrd. USD, die innerhalb der kommenden 10 Jahre ausgeliefert werden sollen, verwiesen. Mit Blick auf die aktuelle politische Lage in der Region des Nahen Ostens sei abschließend auf die Involvierung der aufstrebenden Regionalmächte Iran und Saudi-Arabien in den gegenwärtigen Syrienkonflikt verwiesen. Während Saudi-Arabien hier für die sunnitischen Rebellen nicht nur Partei ergriffen hat, sondern diese auch aktiv mit Finanzmitteln und Waffenlieferungen unterstützt, bemüht sich Iran seinerseits verstärkt darum, die Interessen der Schiiten zu unterstützen.

Die Brisanz dieser Konfliktkonstellation wird deutlich, wenn man bedenkt, dass dadurch de facto ein Stellvertreterkrieg zwischen Saudi-Arabien und Iran auf syrischem Territorium geführt wird, der durchaus das Potential besitzt, sich über den persisch-arabischen Golf hinweg auszuweiten. Inzwischen hat sich der frühere Verdacht, dass Iran über indirekte Unterstützungen (Waffenlieferungen, Kampfverbandsausbildung, Finanzierung von

Söldnern) hinaus auch direkt mit eigenen Kampfgruppen in Syrien sowie im Irak aktiv ist, bestätigt. Iranische Milizen gehören im Irak mittlerweile, spätestens jedoch mit den Kämpfen um Mossul seit Herbst 2016, zu einer festen und unter der sunnitischen Zivilbevölkerung sehr gefürchteten Komponente in den vielschichtigen Konfliktkonstellationen.

Trotz ihrer mehrfach bewiesenen Effizienz zögern sowohl die irakische Regierung als auch die Anti-IS-Koalition des Westens, iranischen Kampfverbänden eine größere Bedeutung im Kampf gegen den sogenannten Islamischen Staat zuzusprechen. Dies geschieht gar nicht so sehr aus geopolitischen Erwägungen als vielmehr in erster Linie aus der berechtigten Sorge vor Übergriffen auf die sunnitische Zivilbevölkerung in Irak, vor allem nachdem entsprechende Exzesse nach der Rückeroberung von IS-Hochburgen in Süd-Irak (Faludscha und Ramadi) bekannt wurden.

Darüber hinaus engagiert sich Iran neuerdings innerhalb des syrischen Bürgerkrieges durch den Einsatz schiitischer Milizen, die von Iran ausgebildet und militärisch sowie kampfausbildungstechnisch unterstützt werden, aber aus dem benachbarten Ausland stammen. In Syrien haben sich in diesem Zusammenhang insbesondere die von Iran bezahlten schiitischen Kampfgruppen der aus Afghanistan stammenden Hazara hervorgetan. Der derzeit beobachtbare, im Vergleich zu früheren Konflikten offenere und intensivere Einsatz von schiitischen Kampfverbänden und anderen Milizen im Ausland stellt ein neues Phänomen in der iranischen Außenpolitik dar. Jahrzehntelang hatte Iran betont, dass von seinem Territorium aus seit etwa 900 Jahren keine Kriege mehr ausgegangen seien.

Diese These besitzt makro-historisch durchaus einige Berechtigung, wird jedoch durch die jüngeren Entwicklungen seit Mitte 2015 im Rahmen der Auseinandersetzungen in Irak und Syrien widerlegt. Dahinter steckt die geostrategische Ideologie des sogenannten „Schiitischen Gürtels", der sich nach Ansicht religiös-ideologischer Hardliner Irans von der Hisbollah im Süd-Libanon über die als Schiiten interpretierten Alawiten in Syrien bis nach Irak und Iran sowie darüber hinaus bis Afghanistan und Nord-Pakistan erstreckt. Der Militäreinsatz iranischer Milizen bringt jedoch auch zwei innenpolitisch vorteilhafte Konstellationen für den Iran. Einerseits werden durch Inszenierungen von äußeren Feinden immer auch schwache Regime stabilisiert und andererseits verlassen kampferprobte junge Männer, die aufgrund der hohen Arbeitslosigkeit keine anderen Betätigungsfelder hätten, auf diese Weise das Land.

Literatur

Axworthy, M. (2007): Iran: Empire of the Mind. A History from Zoroaster to the present Day. London.

Beck, M. (2009): Energie und Wirtschaft in Iran. In: Dossier Iran. Online verfügbar unter: http://www.bpb.de/internationales/asien/iran/40128/energie-und-wirtschaft [29.11.2016].

Central Intelligence Agency (2016): The World Factbook. Country comparison: Population. Online verfügbar unter: https://www.cia.gov/library/publications/the-world-factbook/rankorder/2119rank.html [29.11.2016].

Deutschlandfunk (2016): Nachrichten vom 11.12.2016 – Iran kauft 80 Maschinen bei Boing. Online verfügbar unter: http://www.deutschlandfunk.de/flugzeug-geschaeft-iran-kauft-80-maschinen-bei-boeing.447.de.html?drn:news_id=687543 [29.11.2016].

Deutsche Botschaft Teheran: Übersicht über iranische Medien. Online verfügbar unter: http://www.teheran.diplo.de/Vertretung/teheran/de/07__presse/Presseschau__S.html [29.11.2016].

Ehlers, E. (2005): Die Islamische Republik Iran: Geopolitik zwischen Erdöl und Atomwirtschaft. In: Geographische Rundschau, Jg. 57, H. 11, S. 22–31.

Ehlers, E. (1988): Iran. In: Steinbach, U.; Robert, R. (Hg.): Der Nahe und Mittlere Osten: Politik, Gesellschaft, Wirtschaft, Geschichte, Kultur. 2. Länderanalysen. Opladen, S. 115–144.

Ehlers, E. (1980): Iran: Grundzüge einer geographischen Landeskunde. Darmstadt.

Fischer Weltalmanach (2010): Iran – Statistische Daten. Online verfügbar unter: http://www.weltalmanach.de/staaten/details/iran/ [29.11.2016].

Forbes, S. (2012): War with Iran is Coming! In: Forbes magazine 12.03.2012. Online verfügar unter: http://www.forbes.com/sites/steveforbes/2012/02/22/war-with-iran-is-coming/, zuletzt geprüft am 29.11.2016.

Fürtig, H. (2012a): Was ist der Nahe Osten?: Eine Einführung. In: Informationen zur politischen Bildung 317, S. 4–7.

Fürtig, H. (2012b): Zwischen Kolonialismus und Nationenbildung. In: Informationen zur politischen Bildung 317, S. 20–29.

Gabriel, E. (1999): Die Ölprovinz Persisch-Arabischer Golf. In: Geographische Rundschau, Jg. 51, H. 11, S. 630–638.

Graff, J. u. M. Grömping (2006): Potenziale und Entwicklungshemmnisse der iranischen Wirtschaft. In: Felgentreff, C. (Hg.): Die Islamische Republik Iran. Potsdam, S. 15–26.

Gronke, M. (2003): Geschichte Irans: Von der Islamisierung bis zur Gegenwart. München.

Hunter, S. T. (2010): Iran's Foreign Policy in the Post-Soviet Era. Santa Barnara, Denver, Oxford.

Kooroshy, J. (1990): Wirtschaftsordnung der Islamischen Republik Iran: Anspruch und Wirklichkeit. Hamburg.

Krause, R. F. (1993): Orient, Naher und Mittlerer Osten: Die Begriffe im Wandel der Zeit. In: Geographische Rundschau, Jg. 45, H. 1, S. 4–9.

Kreile, R. (2009): Verliert die Islamische Republik die Jugend. In: Aus Politik und Zeitgeschichte 49. Bonn. Online verfügbar unter: http://www.bpb.de/apuz/31570/verliert-die-islamische-republik-die-jugend [29.11.2016].

Kreutzmann, H. (2005): Ölinteressen in der Region des Persischen Golfs: Politisch-territoriale Transformationen vom Osmanischen Reich zum „Greater Middle East". In: Geographische Rundschau, Jg. 57, H. 11, S. 4–11.

Lexas Länderdaten (2013): Bevölkerungsprognose der Vereinten Nationen. Online verfügbar unter: http://www.laenderdaten.de/bevoelkerung/trendprognose.aspx [29.11.2016].

Liportal (2016): Iran: Wirtschaftssystem und seine Sektoren. Online verfügbar unter: https://www.liportal.de/iran/wirtschaft-entwicklung/#c4405 [29.11.2016].

Lüders, M. (2012): Iran: Der falsche Krieg. München.

Lüders, M. (2007): Allahs langer Schatten: Warum wir keine Angst vor dem Islam haben müssen. Freiburg, Basel, Wien.

Meier, E.-C., Hannemann, A.; R. Meyer zum Felde (2012): Wörterbuch zur Sicherheitspolitik: Deutschland in einem veränderten internationalen Umfeld. Hamburg, Berlin, Bonn.

Peretz, D. (1971): The Middle East Today. Second Edition. New York, Chicago, San Francisco, Atlanta, Dallas, Montreal, Toronto, London, Sydney.

Perthes, V. (2008): Iran: Eine politische Herausforderung. In: Schriftenreihe der Bundeszentrale für politische Bildung, Band 754. Bonn.

Rosiny, S. (2012): Kulturen und Religionen. In: Informationen zur politischen Bildung 317, S. 8–19.

Sadjadpour, K. u. B. Ben Taleblu (2015): Feste Feinde: Die Prinzipien der iranischen Außenpolitik bleiben unverändert. In: Internationale Politik, Jg. 70, H. 6, S. 14–21.

Safiarian, K. (2011): Pulverfass Iran: Wohin treibt der Gottesstaat. Freiburg.

Wirth, E. u. H. Mensching (1989): Nordafrika und Vorderasien: Der Orient. In: Fischer Länderkunde, Band 4. Frankfurt a. M.

Yaron, G. (2011): Der schiitische Halbmond wird rund. In: Internationale Politik, Jg. 66, H. 4, S. 38–43.

Markus Porsche-Ludwig

Israel

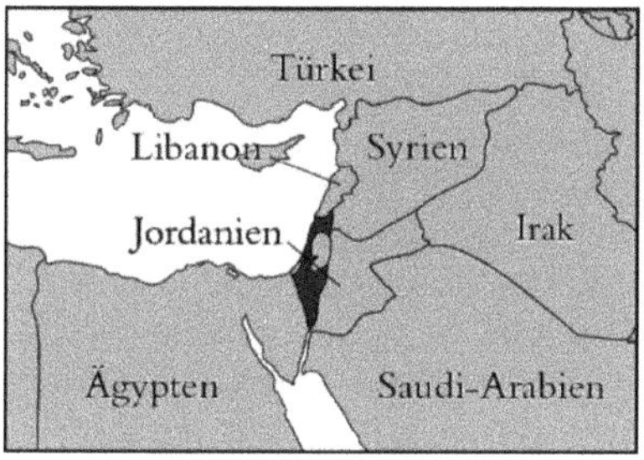

Offizieller Name:	Staat Israel (Medinat Jisra'el)
Staatsform:	Parlamentarische Demokratie (ohne Verfassung)
Unabhängigkeit:	14. Mai 1948 (Proklamation des Staates Israel)
Nationalfeiertag:	2. Mai 2017 Unabhängigkeitstag (Yom HaAtzma'ut), wechselweise im April oder Mai gefeiert (nach jüdischem Kalender)
Hauptstadt:	Jerusalem (international nicht anerkannt), Tel Aviv
Lage:	Naher Osten
Fläche:	20.776 qkm nach der „Grünen Linie" (Weltrang: 150)
Bevölkerung:	8,5 Millionen (einschließlich Israelis im Westjordanland, in Ostjerusalem und auf den Golanhöhen), davon 74,9 Prozent jüdische Israelis und 20,7 Prozent arabische Israelis (Weltrang: 95)
Landesstruktur:	6 Verwaltungseinheiten (Distrikte, Mechosot): Jerusalem, Norddistrikt, Haifa, Zentraldistrikt, Tel Aviv-Jaffa, Süddistrikt, 15 Unterbezirke (Nafot)
Sprachen:	Hebräisch (Ivrit) und Arabisch (offizielle Landessprachen); Englisch (Handelssprache); weit verbreitet auch: Russisch, Rumänisch, Französisch, Amharisch (der Einwanderer aus Äthiopien)
Religionen:	74,9 Prozent Juden, 17,5 Prozent Muslime, 1,9 Prozent Christen (= arabische und nicht arabische Christen), 1,6 Prozent Drusen, 3,9 Prozent nicht nach Religionszugehörigkeit klassifiziert
Währung:	Neuer Israelischer Schekel
Wirtschaftszweige:	Finanzwesen, Pharmaindustrie, Hochtechnologie
Mitgliedschaften:	ECA, ECLA, ESCAP, FIFA, IAEO, IBRD, ICAO, IDA, IFC, ILO, IMO, IOC, IOM, ISO, ITU, IWF, OECD, UEFA, UN und Unterorganisationen, UPOV, UPU, WHO, WIPO, WTO
Wichtigste Medien:	*Fernsehen*: Erster Kanal (Arutz Rishon, staatlich), Arutz Shtaim (seit 1993), Kanal 10 (Arutz Esser, seit 2002); russischsprachiger Neunter Kanal (Arutz Teisha) und arabischsprachige Sender

Hala und Internet-TV-Kanal Ihna (kein Vollprogramm); zahlreiche Lokal- und Spartensender im Kabelnetz und via Satellit. Abschaffung des staatlichen TV-Monopols zu Beginn der 1990er Jahre.
Rundfunk: 8 Programme des staatlichen Rundfunks (Kol Israel [staatlich], Stimme Israels), Galej Zahal (Militärsender, Vollprogramm) und mehrere kommerzielle Sender, Rundfunkstationen, Piratensender.
Presse: in hebräischer Sprache: HaAretz („Das Land", linksliberal; gilt als Flaggschiff und Aushängeschild der israelischen Presselandschaft), Ma'ariv („Am Abend"; einflussreich), Jedioth Achronot („Letzte Nachrichten"; einflussreich), Israel HaYom („Israel heute"; sich über Werbung finanzierend, kostenlos, Regierung Netanjahu nahestehend), Globes (spezialisiert auf Wirtschaftsthemen); Jerusalem Post (gegr. 1932 als „Palestine Post"; einst liberal, Sprachrohr der Siedlerbewegung) (englischsprachig); zahlreiche andere Blätter, etwa das orthodoxe Publikum bedienend oder sich an die arabischen Israelis oder die zahlreichen Neueinwanderer richtend. Arabisch: u. a. Tageszeitung al-Ittihad; Wochenzeitungen: Panorama, Kul al-Arab und as-Sinnara. Drei russischsprachige Zeitungen: Vesti, Vremia, Nowosti-Nedeli. Deutschsprachig: „Israel-Nachrichten".

Naturraum und geographische Rahmenbedingungen

Israel gehört dem asiatischen Kontinent an und ist, unweit Europas gelegen, in dessen äußerstem Südwesten lokalisiert. Es wird dem Nahen Osten zugerechnet. Die Grenzen Israels bilden vier arabische Staaten: im Norden Libanon, im Südwesten Ägypten (afrikanischer Kontinent) sowie Syrien und Jordanien im Osten. Der komplette Süden des Landes wird durch die Wüstenregion des Negev eingenommen. Im Westen grenzt es an das Mittelmeer, im Süden an den Golf von Akaba und das Rote Meer. Die Grenzen Israels waren keine ständigen. Aufgrund der Waffenstillstandslinie (Grüne Linie) von 1949 umfasst das Land ca. 20.700 qkm (etwas kleiner als das Bundesland Hessen). Offiziell werden von israelischer Seite noch die Golanhöhen und Ostjerusalem hinzugerechnet, so dass das Staatsgebiet dann ca. 1.500 qkm mehr misst. Die Nord-Süd-Ausdehnung beläuft sich auf 470 km, die West-Ost-Ausdehnung an der breitesten Stelle auf 135 km. Die palästinensischen Autonomiegebiete umfassen den Gazastreifen (im Westen; im Süden begrenzt durch Ägypten, im Westen durch das Mittelmeer) und

Teile des Westjordanlandes (im Osten; begrenzt durch Jerusalem, Totes Meer und Jordanien).

Israel ist topographisch in viele kleinere Gebiete gegliedert. Diese sind charakterisiert durch einen Wechsel von Hoch- und Tiefland, Wüsten, Flüsse, Seen, Küsten; fruchtbare Gebiete wie Wüstenlandschaft. Das Land lässt sich am besten in vier von Norden nach Süden verlaufende Streifen einteilen. Von der libanesischen Grenze im Norden bis zum Gazastreifen verläuft die sehr geradlinige Mittelmeerküste (187 km lang). In dieser subtropischen Region, die durch das klimatisch regulierende Mittelmeer besonders fruchtbar ist, lebt der Großteil der israelischen Bürger. Die wichtigen Großstädte und Häfen des Landes befinden sich hier.

Drei Abschnitte gliedern die Küstenebene: im Süden das Flachland (Shefela), Israels größte Küstenebene: die Sharonebene, beginnend nördlich von Tel Aviv (55 km lang), reichend vom Fluss Yarkon im Süden bis zum Karmelgebirge in der Nähe von Haifa im Norden, sowie nördlich von Haifa die Sebulon-Ebene (Zevelum-Tal). Den Gazastreifen umfasst die südliche Küstenebene. Die stark mediterran geprägte, 15 bis 35 km breite Küstenebene hat feucht-heiße Sommer, milde und regenreiche Winter (z. B. Tel Aviv: Sommer: 22–28 °C; Winter: 9–15 °C; Regenmenge: 539 mm). Das Israel durchziehende Bergland ist 320 km lang und erstreckt sich im Norden vom Libanon bis im Süden zum Sinai. Die Berge Ober- und Untergaliläas, der Karmel, die Berge von Samaria und Judäa, die massivste Bergkette Israels, sowie das Negev-Gebirge bilden die Bergkette.

Das Bergland ist nur wenig bewaldet und wird vornehmlich von Arabern bewohnt. Es hat eine durchschnittliche Höhe von 850 m; sein höchster Berg ist der Hermon (2.814 m). Die Gebirgsregion oberhalb 800 m Höhe ist ebenfalls mediterran-wechselfeucht, aber wesentlich kühler und niederschlagsreicher. Etwa 450 km lang und durchschnittlich 12 km breit ist der Jordangraben. Dieser ist ein Teil des 6.000 km langen, großen und von der Erdkruste vor Jahrmillionen gebildeten syrisch-afrikanischen Senkungsgrabens. Abgesunkene Teile dieses Grabens sind das Rote Meer, der Golf von Suez und Eilat. Der Graben erstreckt sich von Eilat im Süden bis zu den Quellen des Jordan am Berg Hermon im Norden. Der Jordan hat seinen Ausgangspunkt in einer Höhe von 400 m über NN. Er erreicht nach 500 km seinen tiefsten Punkt am Toten Meer, 400 m unter NN. Die Jordansenke ist von anhaltender Trockenheit gekennzeichnet, außerdem sind ihr erhebliche tages- und jahreszeitliche Temperaturgegensätze eigen. (Tiberias: Sommer: 22–36 °C; Winter: 8–18 °C; Regenmenge: 431 mm).

Die Wüste Negev setzt sich zusammen aus Wüstenlandschaft, Felsenplateaus, Schluchten und Wadis. Geographisch gehört sie zur Wüste Sinai und erstreckt sich im Norden von Be'er Sheva bis nach Eilat, der südlichsten Stadt Israels. Mehr als die Hälfte der Fläche des Landes, 12.000 qkm, sind von Wüste bedeckt. Der Streifen ist geprägt durch heiße, trockene Sommer und milde Winter (Eilat: Winter: 9–21 °C; Sommer: 25–39 °C; Regenmenge: 25 mm). Die Niederschläge nehmen generell von Nordwesten nach Südosten ab. Die sogenannten „Wassertürme" befinden sich auf den Golanhöhen und in der Region Obergaliläa. Sie stellen, neben dem Jordanwasser, die Versorgung des Landes sicher.

Geschichtliche Entwicklung

Am Anfang der Geschichte Israels steht, gmäß des 1. Buches Genesis des Tora-Testaments, Abraham, der vor ca. 4.000 Jahren lebte. Abraham erhielt demnach den Befehl Gottes, in ein Land zu wandern, das ihm von Gott auf seiner Wanderung noch gewiesen werde. (Insgesamt: Bellers/Porsche-Ludwig 2011: 239 ff.). Abraham, der Stammvater der 12 Stämme Israels, gründet das Volk Israel in dem biblisch „gelobten Land" Kanaan, wo „Milch und Honig fließen" und zahlreiche unabhängige Stadtstaaten existieren (seit etwa 3000 v. Chr.), bewohnt von nichtsemitischen Bevölkerungsgruppen und semitischen Einwanderern. Mit Abrahams Sohn Isaak schloss Jahwe einen ewigen Bund: Während das Volk sich sündlos zu halten hatte, sollte Jahwe das Volk letztlich retten. Um 1500 v. Chr. wird das Volk Israel in die Sklaverei nach Ägypten verbannt. Moses führt es, 600.000 Männer und ihre Angehörigen, dann, ca. 200 Jahre später, in einem 40-jährigen Marsch durch die Wüste Sinai wieder in seine Heimat und Freiheit (Buch Exodus). Währenddessen wurde das Volk immer wieder durch Goldene Kälber geprüft und durch Gott bestraft. Er belohnte aber auch die Umkehr des Volkes – mit Wundern. Wissenschaftlich lässt sich dies alles freilich nicht erfassen und begründen, so dass vieles in diesem Zusammenhang bestritten bleibt: So deckt sich die archäologische Forschung nicht immer mit der Bibel. Hebräische bzw. israelitische Nomaden koexistierten für mehrere hundert Jahre mit den Kanaanitern, bevor sie ab ca. 1100 v. Chr.

die kanaanitischen Stadtstaaten ein- und übernahmen. Erfahrungsgemäß erschien das Überleben der 12 Stämme Israels nur durch eine Zentralmacht in Gestalt eines starken Königshauses möglich zu sein.

Um 1000 v. Chr. erreichen Israel und sein Stamm Juda durch König David die Blüte ihrer Macht. Unter ihm, einem Liebling Gottes, konnte das Land expandieren und sich einigen. Jerusalem wurde unter David die Hauptstadt des Königreiches. Salomo folgt seinem Vater; er bringt Frieden und Stabilität. Nach Salomos Tod kommt es zur Teilung des Königreichs in die Staaten Juda (Süden) und Israel (Norden). Jerusalem wird die Hauptstadt Judas. Im 8. Jahrhundert erlag Israel dem militärischen Ansturm der Assyrer. Nachdem König Nebukadnezar II. Israel eroberte, wurde seit 597 v. Chr. insbesondere die israelische Oberschicht nach Babylon zwangsdeportiert, worin die Juden eine Strafe Gottes sahen. Die Theologen waren mit der Auslegung der Tora befasst und fokussierten damit auch die jüdische Identität. Unter den Persern konnten die Juden in ihre Heimat zurückkehren und einen Tempel in Jerusalem errichten. Das heilige Land wurde auch griechisch (im 4. Jahrhundert v. Chr., im Anschluss an die Eroberungen Alexanders des Großen) sowie römisch (ab 63 v. Chr. durch Pompeius) besetzt. Der letzte jüdische Aufstand (Bar Kochba) gegen die römische Herrschaft, die mehr als 700 Jahre andauerte, erfolgte um das Jahr 130 n. Chr. Aus ihrem angestammten Ort sind die Juden in den nachfolgenden 2.000 Jahren vertrieben worden, weltweit – jedoch insbesondere nach Europa oder nach Persien, wo zahlreiche Gemeinden und Synagogen entstanden, die mithalfen, den Glauben zu tradieren, wozu auch die quasi-„multikulturelle" Prägung des Römischen Reiches, neben anderem (z. B. der Dogmatisierung der heiligen Schrift), beiträgt. Die Vertreibungen haben u. a. zur Folge, dass die Juden zu einem wesentlichen Bestandteil abendländisch-antiker Kultur geworden sind und deren Philosophie und Kultur rezipierten. Dem folgten vom 17. bis 19. Jahrhundert weitergehende, kulturelle Integrationsschritte.

Die islamische Herrschaft (im 7. Jahrhundert) – Folge der großen arabischen Eroberungszüge durch den Nachfolger Mohammeds, Kalif Omar – toleriert die Juden, wenngleich Mohammeds Nachfolger deren Zwangskonversion anordnete. Jedoch durften sie ihren Glauben nicht mehr öffentlich ausüben und mussten einen gelben Flicken an der Kleidung tragen, was insgesamt dazu diente, die Überlegenheit des Islam zu demonstrieren. Die Abbasiden lösen Mitte des 8. Jahrhunderts die Umayyaden ab, es folgen 979 n. Chr. die schiitischen Fatimiden. Das Gebiet wurde von der osmanischen Armee unter Sultan Selim I. zu Beginn des 16. Jahrhunderts eingenommen; es wurde an das Osmanische Reich angeschlossen.

Die Herrschaft der Osmanen hielt bis zum 1. Weltkrieg an. Zuvor, Ende des 15. Jahrhunderts, erfolgte in Spanien der endgültige Sieg über die Araber. Es folgten dort antijüdische Ausschreitungen und es kam zu Vertreibungen aller Juden, etwa nach Polen, Russland (im 19. Jahrhundert), Frankreich, Deutschland (zunächst weniger stark, dann aber im „Dritten Reich" umso stärker, in besonders starker Weise durch eine rassistische Nazi-Minderheit) sind ebenfalls betroffen. Nach 1945 bestanden antisemitische Pogrome (z. B. durch die kommunistische Arbeiterpartei in Polen [1960] und auch in arabischen Ländern) mit dem Unterschied, dass es nunmehr den Juden möglich war, nach Israel oder Übersee zu fliehen.

Bevölkerungsstruktur – speziell ethnische Zusammensetzung

Die Bevölkerungszahl Israels beträgt im Dezember 2015 8.463.500, einschließlich der Israelis im Westjordanland, in Ostjerusalem und auf den Golanhöhen. 74,9 Prozent von ihnen sind jüdische Israelis und 20,7 Prozent arabische Israelis. Die Bevölkerung wächst um 1,9 Prozent. Mit einer Bevölkerungsdichte von 388 Einwohnern je qkm gehört Israel zu einem der dichtbesiedelsten Länder Asiens. Die Fertilitätsrate liegt bei 3,13/3,13 Kindern (jüdische/arabische Frau; 2000: 2,6/4,3). Die Geburtenrate von 189.000 (2015) übertrifft deutlich die Sterberate (46.000) und ist die höchste aller OECD-Staaten. Die Altersstruktur der Gesellschaft sieht gegenwärtig wie folgt aus (2015): 0–14 Jahre: 27,83; 15–64 Jahre: 60,93; 65 Jahre: 11,24 (2010: 27,24; 62,33; 10,43), womit die israelische Gesellschaft eine vergleichsweise junge ist: Ihr Durchschnittsalter beträgt 29,8 Jahre (israelische Bevölkerung: 31,1; arabische Bevölkerung: 21,1). 33 Prozent der Bevölkerung sind unter 17 Jahre alt. 92 Prozent aller israelischen Kinder wachsen mit beiden Elternteilen auf. Die Lebenserwartung bei Männern beträgt im Jahr 2015 80,43, die der Frauen 84,21 Jahre. 2014 liegt die Alphabetisierungsrate bei 97,8 Prozent. Rund 92 Prozent der Israelis leben in den Städten, was auch die arabische Bevölkerung betrifft. Die regionale Verteilung ist unterschiedlich; so erfolgte insbesondere eine stärkere Südverlagerung.

Etwa 75 Prozent der israelischen Juden sind in Israel geboren (Zabarim). Die israelische Bevölkerung lässt sich in 6 hauptsächliche Gruppen einteilen. Diese lassen sich jedoch nicht eindeutig trennen (Klassifizierung nach dem Soziologen und Politikwissenschaftler Yoram Peri). Die Veränderung der jeweiligen Gruppengrößen ist nicht nur quantitativ von Belang, sondern stellt vielmehr ein Politikum dar.

1) Die säkularen Juden aus Europa und Amerika (Aschkenasim). Sie bildeten die traditionelle Elite des Landes. Ihr Einfluss in den letzten Jahren ging immer weiter zurück.
2) Die orientalischen Juden aus afro-asiatischen Staaten (insbesondere Marokko und Irak). Sie stammen zumeist aus dem Nahen Osten (sephardische Juden) und sind normalerweise religiöser und auch ärmer und nationalistischer (den Palästinensern gegenüber unnachgiebiger) als die europäischen Einwanderer. Aus Tradition wählen sie meist konservativere politische Parteien.
3) Arabische Israelis machen rund 1,5 Mill. (bzw. 20 Prozent) der Einwohner aus. Sie sind überwiegend Muslime; tlw. aber auch Christen. Sie unterstützen den Kampf der Palästinenser in den besetzten Gebieten. Es sind insbesondere die „Palästinenser in Israel". Sie leben vor allem in Zentral- und Westgaliläa. Zu ihnen zählen auch ca. 130.000 Drusen.
4) Juden, die in den vergangenen Jahren, seit 1989, aus der ehemaligen UdSSR/GUS eingewandert sind (mehr als 1 Million). Sie machen die jüdische Bevölkerung wieder „europäischer", was sich insbesondere auch bei den Wahlen bemerkbar macht, sind meist weltlich ausgerichtet und befürworten eine eher harte Haltung gegen Palästinenser.
5) Ultra-orthodoxe Juden leben nach den alten Traditionen. Diese haben ihre Wurzeln im osteuropäischen Judentum des 18. Jahrhunderts. Sie haben meist mehr Kinder als der israelische Durchschnitt. Dadurch steigt ihr Anteil in der israelischen Gesellschaft sukzessive an. Ultraorthodoxe glauben, dass ein Judenstaat nur durch den Messias errichtet werden darf. Außerdem sehen die in der Tora ihre Arbeit, gehen also keiner Erwerbsarbeit nach. Sie leben in einer geschlossenen Gemeinde. Das ist der Unterschied zu den Orthodoxen. Gleich ist ihnen, dass sie sich beide an die gleichen Regeln der Halach, der jüdischen Religionsgesetze, halten.

Ca. 700.000 Ultraorthodoxe leben in Israel (Jerusalem, Bnei Brak und Bet Schemesch).

6) Orthodoxe Juden: Sie beanspruchen das biblische Israel für sich und bilden eine radikale Gruppe (20 Prozent der Bevölkerung). Zu ihr gehört ein Großteil der etwa 350.000 jüdischen Siedler im besetzten Westjordanland.

Die Zahl der Einwanderer ist nach wie vor sehr hoch. Mehr als 30.000 Juden wanderten demnach 2015 nach Israel ein (2016: ca. 27.000; 2010: 16.633), die meisten von ihnen aus Frankreich (7.350, 10-prozentiger Anstieg gegenüber Vorjahr; Gründe: hohe Jugendarbeitslosigkeit, wachsender Antisemitismus, islamistischer Terror). Es folgen 6.900 Einwanderer aus der Ukraine (Gründe: Bürgerkrieg, unterstützt durch Russland; verbunden mit wirtschaftlichem Verfall, daher 50-prozentiger Anstieg zum Vorjahr). Auch aus Russland kamen 2015 ca. 23 Prozent mehr Immigranten als im Jahr zuvor (Gründe: autoritäre Politik; Druck auf oppositionelle Gruppen). Aus den USA kamen 3.600 Olim (Neueinwanderer). Es zeichnet sich aufgrund der Entwicklungen der letzten Jahre ein Trend ab, nach dem Europa auf längere Sicht seine jüdische Bevölkerung zu verlieren droht. Immer mehr Juden entscheiden sich demgemäß, die europäischen Länder nach Erreichen des 18. Lebensjahres in Richtung Israel zu verlassen. Hauptsächliche gesellschaftliche Konfliktbereiche bestehen zum einen zwischen Juden und palästinensisch muslimischen, teilweise auch christlichen Arabern und zum anderen zwischen euro-amerikanischen und afro-asiatischen Juden.

Wirtschaftsstruktur

Israel steht als OECD-Staat (seit 2010) im Range einer führenden Industrienation. Das Land hat sich zu einem modernen Staat entwickelt, nachdem es bei seiner Gründung ein bettelarmes Entwicklungsland war. Mit Ausnahme von agrarischen und mineralischen (Totes Meer) Rohstoffen sowie (erheblichen) Erdgasvorkommen im Mittelmeer verfügt das Land über keine eigenen Rohstoffe und ist überdies noch wasserarm. Das Bruttoinlandsprodukt (BIP) beträgt 2016 pro Kopf 36.557 USD. Die israelische Wirtschaft wächst im selben Jahr um 2,4 Prozent (2015: 2,3 Prozent), was unter globaler Perspektive durchaus bemerkenswert ist.

Israel ist gekennzeichnet durch eine gut diversifizierte Wirtschaft. Sie hängt hauptsächlich ab von der Ausfuhr von Waren und Dienstleistungen, was schon alleine dem Umstand der geringen Größe des eigenen Marktes geschuldet ist. Ca. 40 Prozent des BIP machen Exporte und Importe aus. Seit Jahren erzielt Israel dabei Handelsbilanzüberschüsse. Die wichtigsten Wirtschaftspartner sind die EU, traditionellerweise die USA und China. Israels Wirtschaft ist also global ausgerichtet, was es dennoch nicht unabhängig macht von den (sicherheits)politischen Entwicklungen in der Region. Auch besteht ein Problem hinsichtlich der überdurchschnittlich großen Abhängigkeit des Landes von den Exportmärkten zur Zeit einer globalen Rezession.

Die arabischen Nachbarstaaten bilden dabei keine Alternative für Exporte, da sie Israel mehrheitlich feindlich gesonnen sind und wohl auch noch nicht die notwendigen Marktvoraussetzungen erfüllten. Es regiert hier der Primat der Politik („Nahostkonflikt"). 2015 trugen die Landwirtschaft 2,5 Prozent (stark abnehmend), die Industrie 27,3 Prozent und die Dienstleistungen 70 Prozent zum BIP bei. 2014 waren die wichtigsten Exportgüter Industrieprodukte (86 Prozent), Diamanten (16 Prozent) und Landwirtschaftsgüter (2 Prozent). Dem modernen dienstleistungs- und High-Tech-orientierten Zentrum des Landes (Tel Aviv, Haifa, Jerusalem) mit weltweit agierenden Unternehmen steht im Norden und Süden eine Peripherie gegenüber. Diese wird vor allem bestimmt durch eine Hochleistungslandwirtschaft, charakterisiert durch die genossenschaftliche Organistionsform des Kibbuzim sowie kleinere Industriebetriebe.

Die Verarbeitungsindustrie hängt fast vollständig von importierten Rohstoffen und Halbfabrikaten ab. Hier erfolgte in den letzten Jahre eine Spezialisierung auf High-Tech-Produkte ([medizinische] Elektronik, erneuerbare Technologien, Bio-Tech-Produkte, Sicherheitsausrüstung und Kommunikationsausrüstung). Ebenfalls fokussierte man die Produktion von Kunstoffprodukten, chemischen Produkten, verarbeiteten Lebensmitteln (Agro-Technologie), Metallprodukten und Maschinen. Der High-Tech-Bereich erfährt traditionellerweise eine Förderung durch den israelischen Sicherheits- und Verteidigungssektor. Insbesondere die Hochtechnologie ist heute für das israelische Wirtschaftswachstum verantwortlich. Sie ist flexibel und kann sich daher schneller an die Anforderungen des Weltmarktes anpassen, was von Vorteil gegenüber anderen Branchen ist. Symbol dessen ist auch die US-amerikanische Technologiebörse NASDAQ, an der 60 israelische Unternehmen gelistet sind. Der Anteil, den Israel für Forschung und Entwicklung aufwendet, ist innerhalb der OECD der höchste und liegt deutlich über 4 Prozent des BIP. Wesentliche Produkte, u. a. der IT- und Computerbranche sowie für die Luft- und Raumfahrt, kommen aus Israel, was es auch zu einem attraktiven Standort für ausländische Unternehmen macht („Silicon Wadi"). Es sind erhebliche ausländische Investitionen und Akquisitionen israelischer Startups durch ausländische Großfirmen zu verzeichnen. Die einseitige Dominanz des High-Tech-Sektors bereitet freilich auch Probleme in Krisenzeiten – so wie sie sich um die Jahrtausendwende ereigneten. Das hat dann gravierendere Folgen für die Gesamtwirtschaft. Israels Außenhandel ging 2015 um ca. 15 Prozent zurück. Dies liegt einerseits an einem Rückgang der Exporte, u. a. aufgrund des starken Schekels, andererseits an verminderten Treibstoffimporten, u. a. aufgrund der Erträge aus eigenen Gasvorkommen. Die Gesamtauslandsverschuldung Israels betrug 2016 90,855 Mrd. USD.

Israel hat den Übergang von einer staatlich dirigierten zu einer offenen, marktorientierten Wirtschaft vollzogen. Das hatte Wachstum zur Folge, kostet aber auch einen nicht geringen wirtschaftlichen Preis. Der Anteil der Mittelschicht an der Gesamtbevölkerung ist so im letzten Jahrzehnt auf 39 Prozent zurückgegangen. In Israel existiert eine kleine, gut ausgebildete Gruppe von Israelis, die global orientiert ist. Sie bildet mit den religiösen Bevölkerungsgruppen und Minderheiten, die z. T. nur marginal am Wirtschaftsleben teilnehmen, eine recht heterogene Gesellschaft. Der Anteil der Israelis, die unterhalb der Armutsgrenze leben, stieg in den vergangenen Jahren von 15 auf über 24 Prozent (= Höchstwert aller OECD-Staaten); die Arbeitslosenquote liegt stabil bei 5,2 Prozent. Der Reichtum konzentriert sich auf eine immer vermögender werdende Elite. Die 16 größten Konzerne umfassen ganze 49 Prozent des Gesamtmarktes inklusive der öffentlichen Unternehmen. Soziale Proteste 2011 haben das Thema auf die politische Tagesordnung gesetzt. Die soziale Diskrepanz ist mittlerweile so groß, dass viele Israelis darin die größte Bedrohung für ihren Staat sehen.

Nahost-Konflikt und neuere politische Entwicklung

Ein Konflikt der Neuzeit besteht zwischen Juden und Palästinensern respektive dem Staat Israel sowie der arabisch-islamischen Welt seit 1948

(Bellers/Porsche-Ludwig 2011: 243 ff.). Er begann mit dem aufkommenden arabischen und jüdischen Nationalismus um das Jahr 1900 und wäre wohl vermeidbar gewesen, hätte das Osmanische Reich der Türken (das auch Palästina und den Nahen Osten umfasste) weiter bestanden. Der Islam, erfolgreich seit dem 7. Jahrhundert, war tolerant gegenüber den Christen und Juden und wollte sie nicht militärisch missionieren. Schon aus territorialen Gründen war eine Zentralisierung (wichtig insbesondere für die Verteidigung) im Vielvölkerstaat schwierig, zugunsten der unteren autonomen Einheiten, was einer ethnischen Vielfalt zugutekommt. Dem damit implizierten Widerspruch zwischen Zentralmacht und autonomen Einheiten wurde erfolgreich im Sinne einer längeren Periode friedlichen Zusammenlebens entgegengewirkt, insbesondere durch die Integrationskraft des Sultans, der gleichzeitig der erste religiöse Führer war.

Seit Beginn des 20. Jahrhunderts bekam der Nahe Osten wirtschaftliche Probleme gegenüber dem industrialisierten Europa, so dass nach Ende des Osmanischen Reiches (1918) Europa faktisch diesen bis zum Ende des Zweiten Weltkrieges und danach erobern konnte. Das hängt mit der sogenannten „Beduinisierung" der arabischen Ökonomie zusammen, die insbesondere einen Mangel an kapitalistischer und industrieller Entwicklung zur Folge hatte. Statt derer dominieren vor allem Handel sowie handwerkliche und kleingewerbliche Produktion. Darüber hinaus unterhöhlten arabische Nationalismen den osmanischen Staat, die – ebenso wie die jüdischen – vor allem ihren Grund haben in der Französischen Revolution, der Geburt der Idee der Nation (neben derjenigen der Demokratie), verbunden mit der Notwendigkeit, Grenzen festzulegen (und damit auch Grenzen der Mitbestimmung), wobei deren Charakterisierungen seitens der geistigen Elite vorgenommen wurden, was eine gewisse Lebensfremde impliziert, wenngleich auch eine rationale Legitimierung durch die kapitalistische industrialisierte Lebensform möglich ist. Das erzeugt Probleme vor dem Hintergrund der Traditionen.

Ein jüdischer Nationalismus neben einem arabischen bestand erst im 19. Jahrhundert in Form des Zionismus – als Folge der allgemeinen Judenemanzipation in den meisten europäischen Staaten; die Juden wurden nunmehr im rechtlichen Sinne den anderen Bürgern religiös gleichgestellt. Wenngleich sich die meisten Juden in die europäischen Gesellschaften emanzipierten, kam es aufgrund des allgemeinen, nationalistischen Zeitgeistes zum Zionismus. So wollte jedes staatenlose Volk seinen eigenen Staat suchen und finden. Der Staat der Juden sollte das Urland der Judenheit, Palästina, sein. Religion und Riten waren nach dem jüdischen Gesetzbuch (Halacha) das einigende Element, nicht die Sprache. Als Folge wanderten in mehreren Wellen Juden nach Palästina aus, das osmanisch beherrscht und britisch verwaltet war.

Die Zahl war zunächst relativ gering (bis 1929: 120.000; zum Vergleich: ca. 3 Millionen wanderten in die USA aus), was sich dann aber mit dem „Dritten Reich" ändert und 1936 durch die Briten aufgrund arabischer Proteste unterbrochen wird. Oftmals kauften die jüdischen Einwanderer das Land von den Palästinensern, z. T. zahlten sie sogar für das gleiche Land mehrmals. Die heutige Bevölkerungszahl von über 8 Millionen zeigt überdies, dass zur Zeit der Jahrhundertwende das Land nicht hätte auf die arabischen Einwohner beschränkt werden müssen, zumal bei einem gewissen Industrialisierungsgrad hatte es bezogen auf die Einkommenssituation mehr Potential bereitgehalten, was insbesondere in den 1930er Jahren möglich gewesen war. Durch die jüdischen Immigranten der Chibbat Zion (= erste zionistische Bewegung, ab 1880) sowie der ersten Masseneinwanderung (Alija, 1882) erfolgten nach Jahrhunderten des Niedergangs (seit der 1. Phase der osmanischen Herrschaft) wieder ökonomische und politische Impulse für das Gebiet. Jedoch stießen unterschiedliche Kulturen aufeinander: die islamisch-arabisch geprägte Beduinen-Kultur einerseits und andererseits europäisch geprägte Juden – bzw. Israelis. Die Juden befassten sich zunächst vor allem mit der Ackerwirtschaft und verwandelten sukzessive Wüste in fruchtbaren Acker. Als Begründer des politischen Zionismus, Vordenker und Wegbereiter des jüdischen Staates, gilt der Wiener Journalist und Schriftsteller Theodor Herzl („Der Judenstaat – Versuch einer modernen Lösung der Judenfrage" [1886]). Besondere Relevanz erfuhr Herzls Vorstellung einer Heimstatt für das jüdische Volk durch den wachsenden Antisemitismus in Europa vor dem Ersten Weltkrieg und der folgenden 2. Masseneinwanderung 1904–1914.

Die komplexe Lage der Jahre 1917/18 schürte falsche Hoffnungen auf beiden Seiten. So versprach Großbritannien in seiner Balfour-Erklärung vom 2.11.1917 den Juden die „Gründung einer nationalen Heimstätte für das jüdische Volk in Palästina", also keinen Staat. In den 1920er und

30er Jahren kam der arabische Nationalismus in mehreren Aufständen der Palästinenser zur Geltung, die aber nicht stets von den relevanten Eliten getragen waren, da diese vielmehr zur Stabilisierung ihrer Macht, sich mit den Kolonialmächten zu arrangieren gewillt sind. Eine erneute Alija, Mitte der 1920er Jahre bis Ende der 30er Jahre aufgrund des deutschen Nationalsozialismus, ließ die Bevölkerung in Palästina stark anwachsen. Die Briten unterteilten das Mandatsgebiet 1923 in die beiden Verwaltungsbezirke Palästina und Transjordanien, wodurch es den jüdischen Einwohnern nur noch erlaubt war, westlich des Jordans zu siedeln. Abdallah ibn Husein wurde im östlichen Teil als König eingesetzt. Transjordanien wurde 1946 unabhängig.

Die Araber reagieren mit einer Mischung aus:

1) Abwehr jüdischer Einwanderung, die aber spätestens mit der Gründung des Staates Israel 1948 obsolet war.
2) Durch eine antiwestliche und antikapitalistische Abwehr seit den 1950ern, insbesondere durch die PLO (Palästinensische Befreiungsorganisation). Probate antikoloniale Ideologie war der Sozialismus, zumal die westlichen Kolonialmächte kapitalistisch waren, der Osten (kommunistisch) keine Kolonien habe (bis zum Ende der UdSSR 1991).
3) Religiöser Kampf gegen Andersgläubige durch islamische Machtübernahme, z. B. im Iran. Diese repräsentiert sich etwa im Kampf der Hamas im Gazastreifen und in der Hisbollah im Libanon.
4) Daneben existiert ein originärer Nationalismus der soeben unabhängig gewordenen Staaten des Nahen Ostens, der sich oftmals mit dem panarabischen Einheitsgedanken verbindet. Die Idee des Heiligen Krieges verleiht diesem Gedanken mehr Gewicht.
5) Durch die Rolle der früheren UdSSR und der USA, die einerseits linksarabische und palästinensische Kräfte, andererseits (USA) die konservativeren arabischen Staaten und Israel unterstützen.
6) Die antiwestliche religiöse Geistlichkeit im Iran verschärft den Konflikt weiter nach ihrer Machtübernahme 1979.
7) Der durch Palästinenser-Präsident Arafat in den 1990er Jahren eingeschlagene Weg des Ausgleichs lässt sich immer schwieriger durchhalten, da ideologische Enttäuschungen (Sozialismus/Kapitalismus) Teile der PLO radikalisierten.

Den Briten gelang es nicht, zwischen Juden und Arabern innerhalb des palästinensischen Staatsgebietes zu vermitteln. Das Mandat wird an die VN gegeben. Die Resolution der VN 181 (II) vom 29.11.1947 sieht eine Zweistaatenlösung vor. Die arabische Seite lehnt diese mehrheitlich ab. Nachdem das Mandat der VN zum 14.5.1948 abläuft, tritt am selben Tag der jüdische Nationalrat in Tel Aviv zusammen. Der Vorsitzende des jüdischen Nationalrates in Palästina, David Ben Gurion, proklamiert die Unabhängigkeit Israels. Damit wird der Staat Israel gegründet. Eine völkerrechtliche Anerkennung ließ nicht lange auf sich warten. Die verschiedenen Nationalismen und Lebensformen prallen in verschiedenen Kriegen aufeinander. So begannen die palästinensischen Araber und arabischen Nachbarstaaten Israels einen Angriffskrieg gegen den jungen Staat Israel, der auf jüdische Terrorgruppen zurückgreifen konnte. Israel siegte in diesem Krieg („Unabhängigkeitskrieg“) klar. Es folgen vier Kriege, meist begonnen von der arabischen Seite. 1956: „Suezkrise“: Es kam zu einer ersten militärischen Intervention, als der ägyptische Präsident Abdel Nasser den Suezkanal privatisieren ließ. 1967: „Sechstagekrieg“: Das ägyptische Militär sperrte die Straße von Tiran. Zuvor trennten Truppen der VN im Sinai die verfeindeten Parteien. 1973: „Jom-Kippur-Krieg“: Syrische und ägyptische Verbände griffen israelisches Territorium an, um sich die verlorenen Gebiete wieder zu holen. 1982: Einmarsch israelischer Truppen in den Libanon, um die PLO als politischen und militärischen Faktor auszuschalten. Wenngleich dies gelang, wurde der Bürgerkrieg fortgesetzt.

Nach diesen Konflikten und der ersten Intifada (Aufstand, 1987) zwischen Palästinensern und der israelischen Armee kamen Israelis und Palästinenser, Ministerpräsident Yitzhak Rabin und PLO-Führer Jassir Arafat, unter Federführung der USA überein, zwischen Jerusalem und Jordan einen palästinensischen Staat zu gründen (Oslo-Friedensprozess 1993). Der Friedensprozess verläuft in wenig zielführenden Konjunkturen. Rabin wurde im September von radikalen jüdischen Studenten erschossen. Schimon Peres setzte den Friedensprozess seines Vorgängers fort.

Unter Benjamin Netanjahu (reg. 1995–1998, Likud-Partei) geriet der Friedensprozess ins Stocken; sein Nachfolger Ehud Barak scheiterte: Die 2000 stattfindenden Camp-David II-Verhandlungen blieben ohne Erfolg. Es folgte eine zweite Intifada, die 2005 zwischen dem Chef der palästinensischen Autonomiebehörde, Mahmud Abbas, und Ministerpräsident Ariel

Scharon durch Waffenstillstand beendet werden konnte. 2006 folgte der sogenannte „33-Tage-Krieg", ein Konflikt im Grenzgebiet zum Libanon zwischen israelischer Armee und Hisbollah. Eine Resolution der VN (1701 v. 11.8.2006) beendete ihn. Es kam in den Folgejahren zu weiteren bewaffneten Konflikten (v.a. mit der radikalislamischen Terrororganisation und Partei Hamas), was dann zu einer Wiederwahl des Ministerpräsidenten Netanjahu 2014 führte, der auf eine wiederholt scharfe Sicherheitspolitik und auf Sozialpolitik setzt und u.a. durch entsprechende Gesetzesvorlagen die jüdische Siedlungspolitik legitimiert und weiter extendiert. Seit Oktober 2015 gibt es eine neue Welle von Gewaltakten, die von manchen Beobachtern als Vorbote einer neuerlichen Intifada angesehen wird.

Ein endgültiger Friedensprozess lässt sich erst dann erfolgreich finalisieren, wenn: 1) die palästinensischen Terrorakte in Israel gestoppt werden; 2) einer Radikalisierung gegen Israel Einhalt geboten wird; 3) ein jüdischer Siedlungsstopp auf dem Gebiet des zukünftigen Palästinenserstaates erfolgt.

Literatur

Ahorni, Yair (1991): The Israeli Economy: Dreams and Reality. London [u.a.].

Amar-Dahl, Tamar (2012): Das zionistische Israel. Jüdischer Nationalismus und die Geschichte des Nahostkonflikts. Paderborn.

Balke, Ralf (2013): Israel. Geschichte, Politik, Kultur, 5. Aufl. München.

Bellers, Jürgen, Markus Porsche-Ludwig (2011): Weltgeschichte der Politik. Volk, Idee, Raum und Ruhm: Ein chronologisches Handbuch. Berlin.

Ben-Bassat, Avi (2002): The Israeli Economy 1985–1998: From Government Intervention to Market Economy. Cambridge.

Ben-Rafael, Eliezer, Stephen Sharot (2007): Ethnicity, Religion, and Class in Israeli Society. Cambridge.

Bloss, Hans A., Elisabeth Wolters-Alfs (1995/96): Israel, 12. Aufl. München.

Brecher, Michael (1972): The Foreign Policy System of Israel: Setting, Images, Process. London.

Brenner, Michael (2016): Traum und Wirklichkeit des jüdischen Staates. Von Theodor Herzl bis heute. München.

Dachs, Gisela (Hg.) (2016): Länderbericht Israel. Bonn.

Dieckhoff, Alain (Hg.) (2013): The Routledge Handbook of Modern Israel.

Eisenstadt, Samuel (1987): Die Transformation der israelischen Gesellschaft, Frankfurt/M.

Elam, Yigal (2000): Judaism as a Status Quo. Tel Aviv.

Friedlander, Dov, Calvin Goldscheider (1979): The Population of Israel. New York.

Grinberg, Lev Luis (2014): Mo(ve)ments of Resistance: Politics, Economy and Society in Israel/Palestine 1931–2013. Boston.

Hafner, Georg, Esther Schapira (2015): Israel ist an allem schuld. Warum der Judenstaat so gehasst wird. Köln.

Haidar, Aziz (1995): On the Margins: The Arab Population in the Israeli Economy. London.

Hollstein, Walter (1974): Kein Frieden um Israel. Zur Sozialgeschichte des Palästina-Konflikts. Frankfurt/M.

Israel Affairs, Ilford, Essex, 1994– (Zeitschrift).

Karmon, Yehudah (1994): Israel. Eine geographische Landeskunde, 2. Aufl. Darmstadt.

Mazie, Steven V. (2006): Israel's Higher Law: Religion and Liberal Democracy in the Jewish State. Lanham.

Plessner, Yakir (2012): The Political Economy of Israel: From Ideology to Stagnation. New York.

Prenzel, Thomas (2012): Religion in Israel, in: M. Porsche-Ludwig, J. Bellers (Hg.), Handbuch der Religionen der Welt, Band 2: Afrika und Asien. Nordhausen, S. 1087–1094.

Prenzel, Thomas (2013): Sozialpolitik in Israel, in: M. Porsche-Ludwig, J. Bellers, W. Gieler (Hg.), Sozialpolitik in Asien. Ein Handbuch der Staaten Asiens von A-Z. Berlin, S. 73–77.

Razin, Assaf (1993): The Economy of Modern Israel. Chicago.

Reich, Bernard (1992): Israel: The Land of Tradition. Boulder.

Schweizer Eidgenossenschaft, Israel, www.seco.admin.ch [25.1.2017].

Segev, Tom (2010): Die ersten Israelis. Die Anfänge des jüdischen Staates. München.

Senor, Dan, Paul Singer (2012): Start-up Nation Israel. Was wir vom innovativsten Land der Welt lernen können. München.

Smooha, Sammy (1988/89): Arabs and Jews in Israel, 2 Vol. Boulder.

Strenger, Carlo (2011): Israel. Einführung in ein schwieriges Land. Berlin.

Timm, Angelika (2003): Israel. Gesellschaft im Wandel. Wiesbaden.

Weissbrod, Lilly (2002): Israeli Identity: In Search of a Successor to the Pioneer. London.

Wolffsohn, Michael (2016): Israel. Geschichte, Politik, Gesellschaft, Wirtschaft, 8. Aufl. Opladen.

Wolffsohn, Michael (2011): Wem gehört das Heilige Land? Die Wurzeln des Streits zwischen Juden und Arabern, 10. Aufl. München.

Wolffsohn, Michael (1995): Die Deutschland-Akte. Juden und Deutsche in Ost und West: Tatsachen und Legenden, 3. Aufl. München.

Markus Mess

Jemen

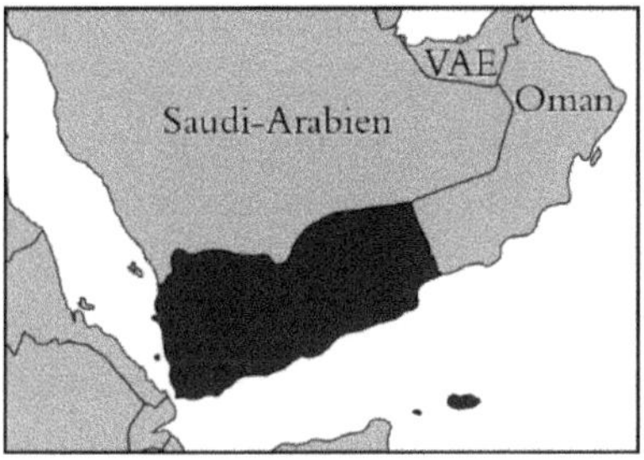

Offizieller Name:	Republik Jemen
Staatsform:	Präsidialrepublik
Unabhängigkeit:	30. Oktober 1918 (Nordjemen vom Osmanischen Reich), 30. November 1967 (Südjemen von Großbritannien)
Nationalfeiertag:	22. Mai (Vereinigung von Nord- und Südjemen 1990)
Hauptstadt:	Sanaa (de jure), Aden (de facto)
Lage:	Südwestliche arabische Halbinsel, Golf von Aden
Fläche:	527.986 qkm (Weltrang: 49)
Bevölkerung:	26,8 Millionen (Weltrang: 49)
Landesstruktur:	21 Gouvernorate und ein Hauptstadtbezirk
Sprachen:	Arabisch
Religionen:	Islam (99,1 Prozent, davon 65 Prozent Sunniten und 35 Prozent Schiiten)
Währung:	Jemen-Rial
Wirtschaftszweige:	Landwirtschaft, Erdöl- und Erdgasförderung
Mitgliedschaften:	UN mit Unterorganisationen, Weltbank, IMF, AL, OIC, IATA, WTO
Wichtigste Medien:	*Fernsehen:* Al-Saeedah, Al-Emam, Suhail, Yemen Sheba, Beqees, Sama Yemen *Rundfunk:* Sana'a Radio, Aden Radio, Al Hudaydah Radio, Say'un Radio, Abyan Radio *Zeitungen:* Al-Thawra (staatlich), Al-Jumhuriya (staatlich), Al-Thawri, Yemen Post

Naturraum und geographische Rahmenbedingungen

Die Topographie des Jemen lässt sich durch den Afrikanischen Grabenbruch vor 35 Mio. Jahren erklären, der als Prozess bis heute andauert. Durch Auf- und Abbrüche der Erdkruste entstanden z. B. die Küstenebene Tihama und die senkrechten Abbruchkanten, die das anschließende Gebirge landeinwärts (ca. 25–30 km) aufweist.

Im Jemen sind die klimatischen Bedingungen für eine landwirtschaftliche Nutzung im Vergleich zu den anderen Staaten der arabischen Halbinsel am günstigsten. Das Küstengebiet im südöstlichen Jemen und der Küstenstreifen am Roten Meer haben, von den natürlichen Bedingungen aus betrachtet, sehr unsichere Bedingungen für Landwirtschaft. Durch die intensive Nutzung des Grundwassers werden jedoch gute Ernteerträge erzielt. Das Wasserscheidengebirge, welches sich an den beschriebenen Küstenstreifen anschließt, ist landwirtschaftlich sehr bedeutsam, da sich Wolken, die vom Roten Meer kommen, hier abregnen. Der Terrassenfeldbau, für den der Jemen bekannt ist, ist in diesen Gegenden gut durchführbar. Der Nordosten des Landes besteht weitestgehend aus Wüste (Rub al-Chali), und Landwirtschaft ist kaum möglich. Im Süden des Landes, in der Region des Wadis Hadramaut, kann Landwirtschaft gut betrieben werden, da sich die Niederschläge des Monsuns hier abregnen.

In den Bergen und Hochplateaus des Jemen finden sich unzählige Wadis, die charakteristisch für diese Regionen sind und es ermöglichen, auch Wasser in diesen Trockenzonen zu nutzen. Die Inselgruppe Sokotra, südöstlich vom Festland gelegen, gehört ebenfalls zum Jemen. Die isolierte Lage der Inseln ergibt eine einzigartige Flora und Fauna, die zum Teil endemisch ist. Der Jemen insgesamt leidet unter akutem Wassermangel und an Überweidung. Hinzu kommen Bodenerosion, Waldschwund und Sandstürme, die eine Ausdehnung der Wüste begünstigen. Diese ungünstigen Entwicklungen werden durch die rasant steigende Bevölkerung begünstigt.

Geschichtliche Entwicklung bis zur Unabhängigkeit

Die Geschichte des Jemen geht sehr weit zurück und ist äußerst facettenreich, vieles ist bis heute unerforscht. Für Archäologen bietet der Jemen umfangreiche Forschungsmöglichkeiten. Unter anderem gibt es Funde, die eine Sesshaftigkeit von Menschen in der Zeit von 8000–6000 v. Chr.

nachweisen. Die Grabungsbeweise für die Verortung des Königreichs der „Königin von Saba“ stehen noch aus. Unter den Königreichen aus der Zeit v. Chr. auf dem Gebiet des heutigen Jemen fand das Reich von Saba sogar Erwähnung im Alten Testament. Die Sabäer verstanden sich u. a. darauf, ein Wasserverteilungssystem mit Schleusen und Überlaufkanälen zu fertigen. Auch der Handel per Karawane oder zur See gedieh in dieser Zeit prächtig. Weihrauch und Myrrhe gehörten zu den wichtigsten Handelsgütern, die im Karawanenhandel transportiert wurden. Das glückliche Arabien – „Arabia Felix“ – wurde der Jemen von den Römern genannt.

Bis ins 6. Jahrhundert n. Chr. konnte das Bewässerungssystem den Menschen im Jemen eine blühende Landwirtschaft garantieren, bis es zum Dammbruch des berühmten Staudamms von Ma'rib kam (Ende des 6. Jahrhunderts). Es wurden Oasen verwüstet, und jemenitische Stämme verließen ihre Heimat. Hierdurch ging die Ära der altarabischen Königreiche zu Ende. Im 7. Jahrhundert verbreitete sich der Islam im Jemen rasant, allerdings mit verschiedenen Ausrichtungen. Es folgten u. a. Herrschaftsphasen der Omaijaden, der Abbasiden und der Ju'firiden. Die Zaiditen herrschten im Nordjemen von 897–1962 in einer ununterbrochenen Abfolge von 65 Imamen.

Im Jahre 1537 marschierten die Osmanen in den nördlichen Teil des Jemen ein und konnten sich dort bis 1636 halten. In dieser Phase blühte das Land wirtschaftlich auf, u. a. durch den Kaffee-Export. Von Mitte des 17. Jahrhunderts bis Mitte des 19. Jahrhunderts regierten wieder zaiditische Imame, die auch Eroberungsversuche der sunnitisch konservativen Wahhabiten abwehrten. Von 1849 bis zur Niederlage des Osmanischen Reichs im Ersten Weltkrieg gehörte der nördliche Teil des Jemen, nie das ganze Land, zum zweiten Mal zum Osmanischen Reich. Innerhalb dieses Zeitraums wechselten Phasen mit stärkerem und schwächerem Einfluss der Osmanen.

Im südlichen Jemen um die Hafenstadt Aden erklärten sich die Briten 1839 zur Schutzmacht. In Bezug auf die wichtigen Schiffsrouten im 19. und 20. Jahrhundert war Aden von strategisch wichtiger Bedeutung. Diese Bedeutung stieg, als 1869 der Suezkanal eröffnet wurde und der Schiffsverkehr durch das Rote Meer anstieg. Der Einflussbereich der Briten um Aden endete erst 1967, als es eine sozialistische Revolution gegen die Briten gab und diese sich aus dem Land zurückzogen. Nach einem Bürgerkrieg im Nordjemen (1962–1969), in den sich auch Saudi-Arabien und Ägypten einmischten, konnten sich republikanische Kräfte durchsetzen. Der heutige

Jemen war um 1970 zweigeteilt: in einen marxistisch orientierten Süden und einen konservativen Norden. Im Jahr 1990 kam es dann zur Wiedervereinigung der beiden Länder zur Republik Jemen, was u.a. an den ausbleibenden Zahlungen der Ostblockstaaten für den Südjemen lag.

Bevölkerungsstruktur – speziell ethnische Zusammensetzung

Die Religionsgemeinschaften des heutigen Jemen sind nicht einheitlich und unterscheiden sich in drei verschiedenen islamischen Ausprägungen, was seit jeher zu Konflikten führt. Im Norden des Landes leben überwiegend Zaiditen (ca. 20 Prozent der Gesamtbevölkerung), die u.a. ihren Imam per Wahl festlegen. Den Großteil der Bevölkerung (etwa 75 Prozent) machen Sunniten aus, die der schafiitischen Rechtsschule folgen. Im mittleren Jemen finden sich zudem noch Ismailiten. Das Judentum hat im Jemen eine lange Tradition. Heute leben noch etwa 100 jüdische Familien im Land. Ab 1950, kurz nach der Gründung Israels, verließen etwa 60.000 Juden den Jemen. Kleinere Gemeinschaften von Zwölferschiiten und aus dem Iran stammenden Baha'i existieren ebenfalls. Hinzu kommen ausländische Christen und Hindus.

Die Landbevölkerung des Jemen macht etwa zwei Drittel der Bevölkerung aus, welche sich durch eine Vielzahl von Stammesgesellschaften voneinander abgrenzt. Die Betrachtung der unterschiedlichen Ethnien ergibt, dass 97 Prozent Araber sind. Hinzu kommen 2 Prozent Somalier und 1 Prozent Gastarbeiter aus Indien und Pakistan. Im Jemen ist weiterhin die Bevölkerungsgruppe der Akhdam zu finden, die wahrscheinlich äthiopisch-afrikanischen Ursprungs ist. Die Akhdam werden gesellschaftlich diskriminiert und arbeiten meist in Berufen mit sehr niedrigen sozialen Status.

Unterscheidungskriterien in der jemenitischen Gesellschaft ergeben sich hauptsächlich durch die Stammeszugehörigkeiten und traditionelle Schichtzugehörigkeiten. So gibt es eine religiöse Oberschicht im Norden des Jemen, die sogenannten Sa'ada. Sie sehen sich als Blutsverwandte des Propheten Mohammed an, und aus ihren Reihen kamen zwischen 897–1962 die Imame der Zaiditen. Die Sa'ada genießen von jeher den Schutz der Stämme. Alteingesessene Bauern, die Landaraber, sind Stammesangehörige. Die Bakil und die Haschid sind die größten Stämme im Nordjemen und gliedern sich in verschiedene Unterstämme. Diese Stämme sind sesshaft.

Im Osten und Süden des Jemen leben Beduinenstämme, wobei sich deren Lebensweise in den letzten 25 Jahren sehr gewandelt hat. Sobald Stammesangehörige in die Stadt ziehen, verlieren sie den Schutz ihres Stammes. Die Bedeutung der Stämme nimmt sukzessive ab, was zum Teil an der Binnenmigration (Umzug in die Stadt aufgrund von Ausbildung oder Arbeit) oder auch an der Arbeitsmigration ins Ausland liegt. Die städtische Bevölkerung wird keiner Stammesföderation zugerechnet und wird als Arab Hadar bezeichnet. Sie arbeiteten traditionell in angesehenen Handwerksberufen, wobei die Traditionen langsam aufweichen (begründet durch z. B. Arbeitslosigkeit und Unterbeschäftigung).

Wirtschaftsstruktur

Die wirtschaftlichen Rahmenbedingungen des Jemen sind in der Region sehr ungünstig. Das Land verfügt nur über sehr bescheidene Rohstoffquellen, insbesondere in Bezug auf Erdöl und Erdgas, und kann dadurch keinen ausreichenden Wohlstand für die Bevölkerung generieren, so wie es beispielsweise Saudi-Arabien gelingt. Trotzdem werden diese Rohstoffquellen umfänglich ausgebeutet und sind das wichtigste Exportgut. Momentan ist es so, dass die schwindenden Erdölvorkommen nur teilweise durch Erdgas ersetzt werden können. Die stark steigende Bevölkerung des Jemen ist ein weiterer ungünstiger Faktor in Bezug auf die wirtschaftliche Entwicklung. Dies liegt zum einen an der hohen Arbeitslosigkeit, als auch an der schlechten Versorgungslage mit Lebensmitteln, die ein Resultat des Bevölkerungswachstums sind.

Die jemenitische Landwirtschaft beschäftigt sehr viele Jemeniten im erwerbsfähigen Alter, trägt allerdings nur bescheidene 5 Prozent zum Export des Landes bei. Ein jemenitisches Spezifikum ist der hohe Anteil der Droge Qat, die auf den Anbauflächen kultiviert wird. Da Qat kein marktfähiges Exportprodukt ist, beeinflusst der Anbau die Handelsbilanz negativ. Außerdem hat der Anbau zur Folge, dass etwa drei Viertel des Nahrungsmittelbedarfs importiert werden muss. Besonders schwerwiegend ist der hohe Wasserverbrauch durch den Qat-Anbau in einem Land, das massiv an Wassermangel leidet. Hinzu kommen negative Auswirkungen auf Gesundheit und Motivation der arbeitsfähigen Bevölkerung. Trotzdem bleiben Anbau und Konsum der Droge und eine gewisse Toleranz dem gegenüber ein Politikum im Jemen. Ein schlichtes Verbot ließe sich nicht umsetzen. Verschiedene Kampagnen dagegen haben nur begrenzt Wirkung. Wichtig ist es dabei, den Bauern Alternativen zum Qat-Anbau zu verdeutlichen, wie z. B. durch die „Haraaz Coffee"-Initiative.

Im südlichen Jemen ist die Fischereiindustrie ein wichtiger Industriezweig. Der Fischreichtum in dieser Gegend ist eine gute Voraussetzung, um diesen Bereich auszubauen. Über eine größere Industrieproduktion oder gar High-Tech-Produkte verfügt der Jemen nicht. In den Städten Sanaa, Aden, Taiz und Hudaida existiert eine bescheidene Produktion von Nahrungsmitteln (u. a. Milchprodukte und Süßwaren), Plastikwaren, Farben und Hygieneartikeln (z. B. Seife und Waschmittel).

Durch die schlechte Sicherheitslage und die gegenwärtige Bürgerkriegssituation ist das Investitionsklima für ausländische Firmen äußerst ungünstig. Selbst in Friedenszeiten ist das Investitionsklima nicht wesentlich besser, da u. a. Entführungen durch lokale Stämme durchaus möglich sind.

Entwicklungspotential gibt es – momentan nur theoretisch – im Tourismussektor. Gerade die antiken Stätten, die Architektur und die Wetterbedingungen des Landes bieten hier günstige Voraussetzungen. Die angesprochenen Entführungen und Attentate in Friedenszeiten hemmen die Entwicklungen deutlich.

Für Archäologen bietet der Jemen aufgrund seiner Geschichte ein großes Forschungsfeld. Das Deutsche Archäologische Institut (DAI) ist bereits seit mehr als 30 Jahren engagiert. Archäologische Ausgrabungen ermöglichen im bescheidenen Umfang durchaus positive wirtschaftliche Impulse. Die Befindlichkeiten der Stämme in den hierfür geeigneten Regionen erschweren die stärkere Nutzung dieses Potentials und machen langwierige Verhandlungen mit den Stämmen notwendig. Dringlichste Aufgabe im wirtschaftlichen Bereich ist die Versorgung der Zivilbevölkerung mit Lebensmitteln. Dies kann momentan nur mit Hilfe der UN-Organisationen gelingen.

Aktuelle politische Entwicklung

Im Jahr 1990 kam es zur Vereinigung des Nord- und des Südjemen. In der Folge dieses Prozesses wurde der seit 1978 amtierende Präsident des Nordjemen, Ali Abdullah Saleh, Präsident des gesamten Landes. Es gelang ihm, diese Machtposition über zwei Jahrzehnte zu halten, trotz der vielfältigen und massiven Probleme des Landes. Der ehemalige Südjemen erfuhr durch die Wiedervereinigung eine politische Marginalisierung. Es kam 1994 zu einem Bürgerkrieg, den der Norden für sich entschied. Es folgten Bemühungen, das Land zu demokratisieren, was durch ein gewähltes Parlament und Oppositionsparteien teilweise gelang, da die Stammesstrukturen parallel dazu bestehen. Im Jahr 2001 konnten über Jahrzehnte ungeklärte Grenzstreitigkeiten mit Saudi-Arabien beigelegt werden und die Fläche des Jemen vergrößert sich um die Größe Belgiens. Nach dem 11. September 2001 in den USA geriet der Jemen unter Terrorverdacht, und die Regierung Saleh engagierte sich im Kampf gegen den Terror und Al-Qaida.

Zum Wendepunkt wurde dann das Jahr 2011. Der Jemen ist einer der Staaten, der durch die revolutionären Ereignisse des sogenannten „Arabischen Frühlings" deutliche Veränderungen erfuhr. Das Regime des Langzeitpräsidenten Saleh erfuhr massive Proteste der Bevölkerung. Die Menschen forderten einen Regimewechsel und eine Demokratisierung. Die gewaltsamen Reaktionen der Sicherheitskräfte und die Angriffe verschiedener Oppositionsgruppen auf das Regime endeten mit dem Machtverzicht Salehs, einem Vertrag mit der Opposition und vorgezogenen Neuwahlen.

Der 2012 neugewählte Präsident Mansur al-Hadi schaffte es nicht, die innenpolitischen Konflikte beizulegen. Trotz der Bemühungen der externen Staaten des Golfkooperationsrats und al-Hadis Bemühungen, durch eine Konferenz des Nationalen Dialogs einen friedlichen Übergang zu ermöglichen, kam es zur Eskalation. Die Huthi-Rebellen lehnten den neuen Verfassungsentwurf ab und besetzten den Präsidentenpalast. Es kam zum militärischen Konflikt.

Gegenwärtig (2015) sind die beiden Regionalmächte Saudi-Arabien und Iran massiv in den militärischen Konflikt verstrickt. Die Glaubensrichtungen der Sunniten und Zaiditen (schiitische Strömung) treffen hier im militärischen Konflikt aufeinander. Die Zaiditen werden dabei vom Huthi-Clan angeführt. Das direkte Eingreifen Saudi-Arabiens durch die Luftwaffe ist eine unübersehbare Zuspitzung des Konflikts. Unterstützt wird Saudi-Arabien dabei von einer Allianz aus neun weiteren Staaten, darunter Katar und Ägypten. Die Unterstützung des Iran auf Seiten der Huthi-Rebellen verdeutlicht sich durch Waffenlieferungen. Die krisenhaften Entwicklungen der insbesondere letzten 5 Jahre zeigten klare Zeichen, dass das Land sich zu einem „failed state" entwickelt. Gegenwärtig ist das Land in drei Einflusszonen aufgeteilt. So gibt es Gebiete, die die Huthi-Rebellen beherrschen (u.a. die Hauptstadt), Gebiete, die Al-Qaida dominiert und Gebiete, in denen die Unterstützer Hadis herrschen. „Al-Quaida auf der arabischen Halbinsel“ (AQAP), nennt sich der Ableger von Al-Qaida im Jemen. AQAP, Huthi-Rebellen und die Regierungstruppen Hadis bekämpfen sich gegenseitig. Ein Übergang in eine friedliche und geordnete Staatlichkeit ist gegenwärtig nicht zu erwarten. Offen bleibt zudem, wie stark die zukünftige Einmischung der Regionalmächte Saudi-Arabien und Iran sein wird.

Der Einfluss Al-Quaidas im Jemen ist ein Problem mit außenpolitischer Auswirkung. Wenn gegenwärtig auch die bürgerkriegsähnlichen Zustände im Land dominieren, bleibt der Umgang mit Al-Quaida ungelöst. Im Süden des Jemen hat sich ein Rückzugsgebiet etabliert, von dem immer wieder auch Anschläge auf „den Westen“, insbesondere die USA, ausgingen. Die USA griffen mehrfach mit Drohnen im Jemen ein, um gegen Terrorverdächtige vorzugehen. Das alte Regime unter Saleh sah sich als Verbündeter der USA im Kampf gegen den Terrorismus. Da unklar ist, welche Kräfte sich im Jemen durchsetzen werden, bleibt auch unklar, wie die Position gegenüber Al-Qaida sein wird.

Die vordringlichste Aufgabe der Verantwortlichen im Jemen als auch derer aus dem Ausland ist es, die ausgeuferte Gewaltspirale zu befrieden und die Bürgerkriegssituation zu beenden. UNICEF warnt vor dem Hungertod, der 500.000 Kinder im Jemen ereilen könnte, wenn der Zugang zu humanitärer Hilfe nicht durch Beendigung des Krieges möglich gemacht wird.

Literatur

o.A.: „Operation Entscheidungssturm“; Jemen: Die jüngste Eskalation im Land der Clans, in: Der Spiegel (Nr. 14, 28.03.2015), S. 102.

Amnesty Report (2015): Jemen; unter: https://www.amnesty.de/jahresbericht/2015/jemen?destination=node%2F2944#rechtevonflchtlingenundarbeitsmigranten [15.11.2015].

Baron, Kiki (2009): Arabische Halbinsel; Länder und Städte. Köln.

Cieslik, Thomas (2001): Wiedervereinigungen während der Ost-West-Blockkonfrontation, Ursachen der Teilung; Grundlagen der (fehlenden) Einheit, untersucht in den Fallbeispielen Vietnam, Jemen, Deutschland, China und Korea. Marburg.

Darwich, May (2015): Machtprestige als Motiv des saudischen Krieges im Jemen, in: GIGA Focus, Nahost, Nummer 06, August 2015.

Dauda, Abubakar; Mess, Markus (2015): Jemen, in: Gieler, Wolfgang (Hg.): Handbuch Außenpolitik Nahost; Eine grundlegende Einführung in die Außenpolitik der Staaten des Nahen und Mittleren Ostens. Berlin, S. 133–141.

Gasser, Hans (2006): Jemen. Mannheim.

Gatter, Peer (2012): Politics of Qat; The role of a drug in ruling Yemen. Wiesbaden.

Glosemeyer, Iris (2007): Jemen, in: Weiss, Walter M. (Hg.): Die arabischen Staaten; Geschichte, Politik, Religion, Gesellschaft, Wirtschaft. Heidelberg, S. 88–102.

Heibach, Jens (2011): Jemen: Ein zaudernder Despot, in: Nordhausen, Frank; Schmid, Thomas; Die arabische Revolution. Berlin; unter: http://www.auswaertiges-amt.de/DE/Aussenpolitik/Laender/Laenderinfos/Jemen/Innenpolitik_node.html [Stand: August 2015].

Krech, Hans (2011): Al-Qaida auf der Arabischen Halbinsel AQAP 2010. Bremen.

Mattes, Hanspeter (2012): Die arabische Protestbewegung 2011, in: Informationen zur politische Bildung: Naher Osten; Nachbarregion im Wandel. Bonn, S. 65–81.

Mess, Markus (2013): Jemen, in: Porsche-Ludwig, Markus; Gieler, Wolfgang; Bellers, Jürgen (Hg.): Sozialpolitik in Entwicklungsländern; Asien, Afrika, Lateinamerika; Ein Handbuch. Berlin, S. 50–52.

Pressemitteilung: Aktueller Unicef-Bericht zur Situation der Kinder im Jemen; unter: http://www.unicef.de/presse/2015/jemen-humanitaere-hilfe/83038 [Stand: 19. August 2015].

Simper, Gerd; Brixel, Petra (2008): Jemen; Handbuch für individuelles Entdecken, 7. Auflage. Bielefeld.

Sporrer, Susanne; Heymach, Klaus (2006): Der Schatz im Wüstensand; unter: http://www.zeit.de/2006/26/A-Jemen/seite-2 [22.06.2015].

UNHCR country operations profile – Yemen (2015): unter: http://www.unhcr.org/pages/49e486ba6.html [15.11.2015].

Wald, Peter (1986): Der Jemen; Nord- und Südjemen, 2. Auflage. Köln.

Wolfgang Gieler

Jordanien

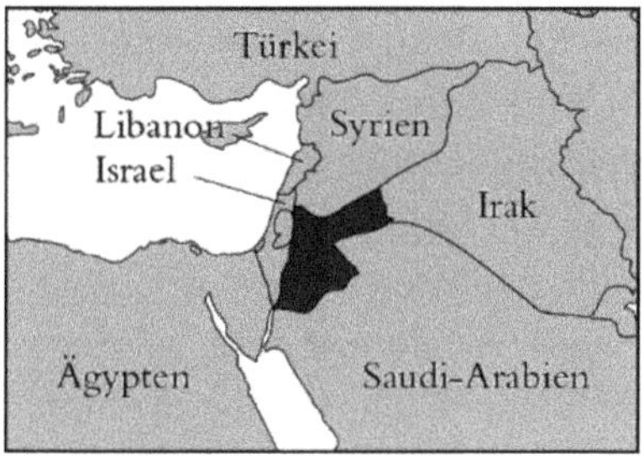

Offizieller Name:	Haschemitisches Königreich Jordanien
Staatsform:	Konstitutionelle Monarchie
Unabhängigkeit:	25. Mai 1946 (von Großbritannien)
Nationalfeiertag:	25. Mai (Unabhängigkeitstag)
Hauptstadt:	Amman
Lage:	Mittlerer Osten
Fläche:	89.342 qkm (Weltrang: 110)
Bevölkerung:	7,6 Millionen (Weltrang: 100)
Landesstruktur:	12 Gouvernorate
Sprachen:	Arabisch, Englisch
Religionen:	Islam (97,2 Prozent, vorwiegend Sunniten), Christentum (2,2 Prozent), Buddhisten (0,4 Prozent)
Währung:	Jordanischer Dinar
Wirtschaftszweige:	Phosphatbergbau, Chemische Industrie
Mitgliedschaften:	UN, AL, OIC, IRC
Wichtigste Medien:	**Fernsehen:** JRTV **Rundfunk:** JRTV **Zeitungen:** Al-Ra'i, Ad-Dustur, Al-Arab al-Yawm, As-Sabbil

Naturraum und geographische Rahmenbedingungen

Jordanien erstreckt sich über eine Fläche von 89.342 qkm, was in etwa der Größe Bayerns und Hessens entspricht. Das Staatsgebiet grenzt im Norden an Syrien, im Osten an den Irak, im Westen an Israel und das Westjordanland sowie im Osten und Süden an Saudi-Arabien.

Der Naturraum ist geprägt durch den von Norden nach Süden verlaufenden Jordangraben, der Teil des Großen Afrikanischen Grabenbruchs ist. Er erreicht mit 423 m unter dem Meeresspiegel (2010) seinen tiefsten Punkt im Toten Meer und erstreckt sich weiter südlich über den Golf von Aqaba zum Roten Meer. Darüber erhebt sich eine zerklüftete Steilwand zum ostjordanischen Bergland, das im Südwesten eine Höhe von über 1.700 m erreicht. Das durch seine tiefen Schluchten bekannte Wadi Araba bildet im Süden die Grenze zu Israel. Das wellige Tafelland im Osten nimmt mit etwa zwei Dritteln der Landesfläche das größte Gebiet ein, das allmählich in die Arabische Wüste übergeht. So besteht Jordanien großteils aus Steppe und Wüste mit sehr trockenem Klima. Im Süden und Osten beträgt die Niederschlagsmenge weniger als 100 mm im Jahr. Die Sommertemperaturen liegen bei 31–38 °C, während der Winter mit 13–19 °C deutlich kälter ist. Nur im Westen und Nordwesten ist das Klima vom Mittelmeer geprägt. Hier befindet sich der Großteil der landwirtschaftlichen Nutzfläche.

Allerdings fallen nur auf etwa vier Prozent der Landesfläche mehr als 300 mm Niederschlag im Jahr, was gerade zum Regenfeldbau ausreicht. In der Tat stellt Wasserknappheit eines der gravierendsten Probleme in Jordanien dar. Der Jordan führt heute nur noch ein Zehntel der Wassermenge von vor 50 Jahren und auch der Wasserspiegel des Toten Meeres sinkt jährlich um mehr als einen Meter. Um das einzigartige Ökosystem des Toten Meeres zu retten und Jordaniens Wasser- und Energieprobleme zu lösen, ist der Bau eines Red Sea-Dead Sea Conduit geplant, durch den Wasser aus dem Roten Meer ins Tote Meer geleitet werden soll.

Geschichtliche Entwicklung bis zur Unabhängigkeit

1517 geriet das Gebiet des heutigen Jordanien unter osmanische Herrschaft und gehörte bis zum Zerfall des Osmanischen Reiches größtenteils zum Verwaltungsbezirk, vilayet, Syrien. Den osmanischen Gouverneuren gelang es allerdings nur zeitweilig, die lokalen Stämme zu kontrollieren, die sich weigerten, Steuern zu bezahlen und Wehrdienst zu leisten.

Zu Beginn des 20. Jahrhunderts kam es im Zusammenhang mit dem Ersten Weltkrieg zu erheblichen Umbrüchen. In einem Schriftwechsel zwischen dem Scherifen Hussein von Mekka und dem britischen Hochkommissar in Ägypten (1915–1916) sagten die Briten ihre Unterstützung für den arabischen Unabhängigkeitskampf zu, um sich gleichzeitig die arabische Unterstützung im Kriegsverlauf zu sichern. In der Hoffnung auf die Gründung eines arabischen Staates unter seiner Herrschaft rief Scherif Hussein daraufhin 1916 zur „arabischen Revolte“ gegen den osmanischen Sultan auf. Zeitgleich wurde Scherif Hussein von den Rechtsgelehrten (ulama) und den Notabeln von Mekka zum König der arabischen Länder (malik al-bilad al-arabiya) ausgerufen. Jedoch wurden die vage gehaltenen Zusagen der Briten bereits 1916 durch das Sykes-Picot-Abkommen mit Frankreich konterkariert. In diesem Geheimabkommen teilten die beiden Großmächte den Großteil der Region unter sich auf, ohne Rücksicht auf Ansprüche seitens der dortigen Bevölkerung zu nehmen.

Noch komplizierter wurde die Situation durch die Balfour-Deklaration vom November 1917, in der die Briten Lord Rothschild ihre Unterstützung für die Errichtung einer jüdischen Heimstätte in Palästina zusicherten. Nach Kriegsende wurde das heutige Jordanien zunächst als Teil Syriens von Damaskus aus verwaltet, das im Krieg von Husseins Sohn Faisal erobert worden war. Doch bereits 1920 versuchten die Briten, unabhängige Verwaltungsstrukturen in den Städten östlich des Jordans aufzubauen. Gleichzeitig waren die Jahre 1920 und 1921 durch Autonomiebestrebungen der untereinander rivalisierenden Stämme gekennzeichnet.

In dieser Zeit traf Abdullah, Faisals Bruder, in Transjordanien ein, mit dem Ziel der Gründung eines geeinten Großsyrien unter seiner Herrschaft. Nach einem Deal mit den Briten, die seinen Einfluss begrenzen wollten, wurde Abdullah am 11. April 1921 schließlich zum Emir von Transjordanien ernannt, womit ein entscheidender Schritt zur Entstehung des jordanischen Nationalstaates getan war. Auf dem Gebiet Transjordaniens lebten 1921 etwa 225.000 Menschen, davon 122.000 in Dörfern und 103.000 als Nomaden. Das größte Dorf war Salt mit ungefähr 20.000 Einwohnern. Im Vergleich zu den anderen Mandatsgebieten der Region war die transjordanische Gesellschaft relativ homogen. Gesellschaftliche Brüche bestanden vor allem in Bezug auf Lebens- und Wirtschaftsformen, also zwischen Nomaden und Bauern, weniger aufgrund von ethnischer oder religiöser Vielfalt. Dennoch war auch diese Trennung nicht absolut, viele Nomaden betrieben auch Landwirtschaft und viele Bauern Viehzucht. Außerdem gab es verschiedene Formen der Kooperation.

Mit dem anglo-jordanischen Abkommen vom 15. Mai 1923 wurde das Emirat Transjordanien von den Europäern formell als nationaler Staat betitelt, der „auf die Unabhängigkeit vorbereitet" werden sollte. Weiterhin blieb Großbritannien für die Finanz-, Außen- und Sicherheitspolitik des Emirats verantwortlich. Abdullah, der ohne finanzielle Ressourcen nach Amman gekommen war, war vollständig von britischen Zuwendungen abhängig. Als Herausforderungen hinsichtlich der Konsolidierung und Legitimierung seiner Herrschaft stellten sich unter anderem die von europäischen Interessen geleitete Grenzziehung heraus sowie die dezentral organisierte Bevölkerung, deren wichtigste Bezugsgruppe der Stamm und eben nicht der Staat bildete – zum Teil bis heute.

Allerdings gelang es Abdullah nach und nach, Mitglieder opponierender Stämme durch die Verteilung von Regierungsämtern und Ressourcen sowie den Aufbau der Arabischen Legion an sich zu binden. Da durch die Etablierung des transjordanischen Emirats gleichzeitig die Möglichkeiten grenzüberschreitender Wanderungen eingeschränkt wurden, nahm die Anzahl derer, die ein traditionelles Beduinenleben führten, bereits in den 1920er Jahren ab. Mit dem Vertrag von London wurde das Emirat im März 1946 als „Haschemitisches Königreich von Jordanien" in die offizielle Unabhängigkeit entlassen. Zwei Monate später wurde Emir Abdullah zum König ernannt.

Bevölkerungsstruktur – speziell ethnische Zusammensetzung

2015 lebten geschätzte 7,6 Mio. Menschen in Jordanien, gegenüber einer geschätzten Bevölkerung von 6,3 Mio. im Jahr 2012, was insbesondere mit den Fluchtbewegungen aus Syrien zusammenhängt. Etwa 80 Prozent der Jordanier leben in Städten und rund ein Drittel der Bevölkerung ist jünger als 14 Jahre. Die jordanische Gesellschaft wird auch heute in weiten Teilen von tribalen Strukturen geprägt, also dem Zusammenhalt großer Familienverbände, die leicht einige tausend Personen umfassen können. Während sich im Laufe der Zeit mit der Entstehung zentralstaatlicher Herrschaft das Verhältnis zwischen Stämmen und Staat verändert hat, haben sich auch innerhalb der Stammesverbände soziale Transformationsprozesse abgespielt. Ihre gesellschaftliche Bedeutung wurde insbesondere durch die Verhängung des Kriegsrechts und des damit einhergehenden 35jährigen Parteienverbots gestärkt, da der Staat nun direkt mit der Bevölkerung in Kontakt trat, primär durch die Stämme.

Durch die neo-patrimoniale Art der Herrschaft ist im Laufe der Jahre eine bürokratische Elite entstanden, die über staatliche Institutionen Vorteile erlangt und an ihre Klientel weitergeben kann. Damit ersetzt bzw. ergänzt der Klientelismus institutionalisierte rechtsstaatliche Zugänge zu Ressourcen. Gerade im Süden des Landes sind außerdem Konfliktlösungen auf lokaler Ebene durch nichtstaatliche Autoritäten – in der Regel Stammesführer oder Vertreter wichtiger Familien – verbreitet, die vor allem durch die Prinzipien Vermittlung und Konsens bestimmt sind. Zudem spielt dort das Gewohnheitsrecht eine Rolle, das in vielen Fällen staatlichem Recht und/oder der shari'a widerspricht. Die Orientierung auf die erweiterte Familie hat auch Einfluss auf Eheschließungen, Wahlentscheidungen oder Arbeitssuche. Die beschriebenen politökonomischen und gesellschaftlichen Entwicklungen führten zur speziellen und privilegierten Stellung der Transjordanier (die „traditionellen" Eastbank-Jordanier in Abgrenzung zur palästinensisch-jordanischen Bevölkerung) im Königreich.

Auf religiöser Ebene ist die Bevölkerung weitgehend homogen. Etwa 90 Prozent der Bevölkerung sind sunnitische Muslime. Es gibt nur wenige Schiiten und Drusen, einen kleinen Sufi-Orden sowie einige nicht praktizierende säkulare Muslime. Als religiöse Minderheit bilden verschiedene christliche Gruppen eine recht gut integrierte Minderheit. Ihr Anteil an der Bevölkerung ist aufgrund politisch und wirtschaftlich bedingter Auswanderung in den letzten Jahrzehnten stetig gesunken und macht inzwischen etwa 2,7 Prozent aus. Eine kleine ethnische Minderheit, etwa 0,5 Prozent der Bevölkerung, setzt sich aus Tscherkessen und Tschetschenen zusammen, deren Ansiedlung in Jordanien in das 19. Jahrhundert zurückreicht. Ebenso wie die Christen wurden sie bereits in den 1920er Jahren in den Kreis der jordanischen Elite einbezogen und gelten bis heute als feste Stütze der haschemitischen Monarchie. Ebenso wie die Christen verfügen sie bereits seit 1928 über quotierte Minderheitensitze im Parlament, wo beide Gruppen seither im Verhältnis zu ihrem Bevölkerungsanteil überrepräsentiert sind.

Mit der Annexion der Westbank 1950 veränderte sich die gesellschaftliche Struktur des jungen jordanischen Staates erheblich. Zu den etwa 375.000 Einwohnern kamen nun ca. 110.000 palästinensische Flüchtlinge in der Eastbank (Transjordanien) hinzu sowie durch die Annexion der Westbank weitere 785.000 Palästinenser, die bislang dort gelebt hatten bzw. dorthin geflüchtet waren, so dass sich die jordanische Bevölkerung auf über eine Million verdreifachte. Heute wird der Anteil der Palästinenser an der Bevölkerung auf zwischen 43 Prozent (offizielle Zahlen der jordanischen Regierung) und 70 Prozent geschätzt. Wurde das transjordanisch-palästinensische Verhältnis bis 1967 noch als nationale Angelegenheit betrachtet, begannen das jordanische Regime und die PLO nun zunehmend um die Repräsentation der Palästinenser und die Konstruktion von Identität zu konkurrieren. Infolge des Schwarzen Septembers setzte in den 1970er Jahren eine verstärkte Polarisierung zwischen den beiden Bevölkerungsteilen ein; Nation und Staatsangehörigkeit wurden zunehmend als getrennte Einheiten wahrgenommen.

Während das jordanische Regime die als loyaler eingestuften Transjordanier bei der Versorgung mit Arbeitsplätzen bevorzugte, agierten die Palästinenser primär im Privatsektor. Im Laufe der Zeit verstärkte sich auf beiden Seiten das Gefühl, benachteiligt zu sein. Die Trennung der beiden Jordanufer im Jahr 1988 erfolgte schließlich in Bezugnahme auf voneinander durch ihre regionale Basis unterschiedene Nationalismen, einen jordanischen und einen palästinensischen. Infolge der offiziellen Trennung Jordaniens von der Westbank galten alle Bewohner der Westbank, die ihren ständigen Wohnsitz vor dem 31. Juli 1988 dort hatten, als Personen palästinensischer Nationalität. Der Staat übernahm infolge der Trennung offiziell einen neuen, auf der Eastbank basierenden jordanischen Nationalismus, der sich durch die Exklusion weiter Teile der Bevölkerung auszeichnet.

Die Definition des palästinensischen als des „Anderen" wurde in der Folge zum organisierenden Prinzip für die Konstituierung des neuen jordanischen „Wir". Viele Palästinenser wehren sich jedoch dagegen, ihre palästinensische Identität aufzugeben, die sie durchaus als mit ihrer jordanischen Identität vereinbar sehen. Die geplante Stärkung des palästinensisch dominierten Privatsektors zulasten des von Transjordaniern dominierten öffentlichen Sektors durch die von IWF und Weltbank initiierten Strukturreformen führte wiederum zu Befürchtungen einer nicht nur demographischen, sondern nun auch wirtschaftlichen Marginalisierung der Transjordanier. Jedoch profitiert die transjordanische Bourgeoisie nicht zuletzt aufgrund nach wie vor präferenzieller Behandlung auch weiterhin, während die jordanische Unterschicht (Transjordanier wie Palästinenser) am meisten unter den Strukturreformen leidet.

Seit den 1970er Jahren ist Jordanien auch zunehmend eine Destination für meist ungelernte Arbeitsmigranten aus Ägypten, Syrien, Sri Lanka, den Philippinen und Bangladesch, die vor allem im Landwirtschaftssektor, als Hausangestellte oder seit Ende der 1990er Jahre auch in den Qualified Industrial Zones des Landes arbeiten. Immer wieder gibt es Berichte über schlechte Arbeitsbedingungen, nicht gezahlte Löhne oder Passentzug durch Arbeitgeber. Die Regierung hat aufgrund der Vorwürfe inzwischen einige Fabriken geschlossen, Arbeitgeber wurden jedoch nur in wenigen Fällen strafrechtlich verfolgt.

Seit Beginn der 1990er Jahre steigt auch die Zahl der irakischen Flüchtlinge im Land. Die ersten irakischen Emigranten, die sich eine Ausreise erlauben konnten, bekamen eine Aufenthalts- und Arbeitsgenehmigung. Ab Mitte der 1990er Jahre wurde es jedoch fast unmöglich, als irakischer Flüchtling eine legale Beschäftigung in Amman zu finden und eine Aufenthaltsgenehmigung zu bekommen. Durch den Regimewechsel 2003 im Irak setzte eine weitere Migrationsbewegung ein und im Jahr 2007 wurde die Zahl der Iraker in Jordanien auf 500.000–750.000 geschätzt (vgl. 1996: 100.000). Spätestens seitdem sind die Landgrenzen und Flughäfen für irakische Flüchtlinge praktisch geschlossen, während weiterhin Iraker abgeschoben werden, deren Visa abgelaufen sind. Die jordanischen Behörden begründen diese Maßnahmen mit mangelnder internationaler Unterstützung und damit, sich vor einer Infiltrierung durch Terroristen schützen zu wollen.

Im Gegensatz zu den vorangegangenen Jahren wurde irakischen Kindern jedoch im Schuljahr 2007–2008 endlich Zugang zu öffentlichen Schulen gewährt. Zwischen September 2012 und Juni 2015 stieg zudem die Zahl der beim UNHCR registrierten syrischen Flüchtlinge in Jordanien von etwa 85.000 auf etwa 630.000 Personen an. Die Regierung schätzt die Gesamtzahl der Syrer in Jordanien sogar noch deutlich höher. Gemessen an UNHCR-Daten nahm Jordanien 2014 mit 87 Flüchtlingen pro 1.000 Einwohnern den 2. Platz in der Welt ein. Das Zaatari-Camp ist mit etwa 80.000 registrierten Flüchtlingen zu einer Art neuer Stadt herangewachsen. Allerdings lebt die Mehrheit der Flüchtlinge in verschiedenen Gemeinden des Königsreichs, wo es ihnen nicht erlaubt ist, eine Arbeit aufzunehmen.

Inoffiziellen Berichten zufolge sind die Grenzen für syrische Flüchtlinge seit Ende 2014 zunehmend geschlossen. Während die Mietpreise in den Städten weiter ansteigen, werden auch die Kapazitäten bezüglich Schulbesuch, Gesundheitsversorgung, Wasser und Strom knapp.

Wirtschaftsstruktur

Jordanien verfügt über wenig natürliche Rohstoffe, die landwirtschaftlich nutzbare Fläche sowie die verfügbaren Wasservorkommen sind begrenzt. Nennenswerte Ressourcen sind Phosphat und Pottasche. Der Anteil der Landwirtschaft am BIP ist zwischen 1986 und 2001 von rund 6 auf etwa 2,3 Prozent gesunken und lag 2014 bei rund 3 Prozent. Der Anteil des Industriesektors lag 2014 bei rund 30 Prozent, der des Dienstleistungssektors bei etwa 67 Prozent.

In den 1950er und 1960er Jahren wurden zunächst die Grundlagen für eine staatliche Administration gelegt, welche planend und investiv in die Wirtschaftsentwicklung eingriff. Es bildete sich eine rudimentäre Staatsklasse, die eng mit der nationalistischen Oppositionsbewegung verbunden war und den Staat zum zentralen Entwicklungsakteur machte. Zusätzlich wurden Vertreter des Privatsektors als Kooperationspartner für den Aufbau der jordanischen Schwerindustrie gewonnen. Durch ihre Monopolstellung abgesichert, erzielten diese Unternehmen hohe Umsätze, die zu einem guten Teil dem Staat zukamen und zur weiteren Modernisierung des Landes eingesetzt werden konnten, während die vom Staat vermittelten Vorteile die oligarchische Stellung der kleinen Gruppe beteiligter Unternehmer verfestigten. Die Integration Jordaniens in die regionale Rentenzirkulation nach 1967 führte jedoch zu weitreichenden politischen und ökonomischen Veränderungen.

Der zuvor verfolgte Modernisierungskurs, der auf die Mobilisierung nationaler Ressourcen und eine auf Importsubstitution beruhende Industrialisierung abzielte, wurde zugunsten der Allokation externer Renten aufgegeben. Die arabischen Finanzhilfen wurden überwiegend konsumtiv ausgegeben und der Staat expandierte hinsichtlich der Beschäftigten und der Tätigkeitsgebiete, wurde jedoch gegenüber der Palastelite geschwächt. Anstelle einer auf kollektiven Verhandlungsprozessen beruhenden Kooperation wuchs die Bedeutung von individuellen und informellen Netzwerken.

Die Beziehung des Einzelnen zum Staat wurde somit noch entscheidender für seine sozio-ökonomische Situation, während formale Institutionen und Gesetze geschwächt wurden.

Angesichts des Einbruchs der Ölpreise und eines drastischen Rückgangs internationaler Kapitaltransfers Mitte der 1980er Jahre wurde nun auf (verzinste) Kredite zurückgegriffen, um das Haushaltsdefizit zu finanzieren, doch bereits 1988/89 konnte Jordanien seinem Schuldendienst nicht mehr nachkommen. In Zusammenarbeit mit den internationalen Finanzinstitutionen folgten Umschuldungsmaßnahmen und die Einleitung eines sogenannten Stabilisierungsprogramms. Das Jahr 1989 markiert daher den Beginn einer erneuten fundamentalen Umorientierung der jordanischen Wirtschaftspolitik, wenngleich die etablierten Unternehmer-Bürokraten-Netzwerke den Beteiligten auch im weiteren Verlauf zur Aufrechterhaltung ihrer ökonomischen Interessen und Privilegien dienten. Im Jahr 1992 wurde ein zweites Abkommen mit dem IWF unterzeichnet, mit dem eine stärker auf strukturelle Reformmaßnahmen abzielende Reformphase eingeleitet wurde.

Anders als die Durchführung der Maßnahmen zur makroökonomischen Stabilisierung erfolgte die Umsetzung der Strukturanpassungsprogramme nur zögerlich. Deren erklärtes Ziel war die Verbesserung der Wettbewerbsfähigkeit der jordanischen Wirtschaft, die sich den internationalen Märkten öffnen sollte. Exporte sollten die Eckpfeiler nachhaltigen Wachstums werden. Der Staat war aufgefordert, sich zugunsten des als effizienter geltenden Privatsektors aus der Wirtschaft zurückzuziehen. Dies sollte vorrangig durch Privatisierungen und Ausgabenkürzungen erreicht werden. Darüber hinaus sahen die Programme eine Deregulierung und Liberalisierung der Wirtschaft vor, wodurch private Investitionen und Exporte gesteigert werden sollten. Die jordanische Regierung ging die Strukturreformen trotz Protesten aus der Bevölkerung auf verschiedenen Ebenen an, vermied dabei jedoch politisch allzu riskante Maßnahmen. Beispielsweise wurden das Steuersystem reformiert und Qualified Industrial Zones (QIZ) eingerichtet, um Exporte zu fördern und ausländische Direktinvestitionen anzulocken.

Der Golfkrieg 1990/91, der mit dem Einmarsch Iraks in Kuwait begann, brachte Jordanien in eine schwierige Situation. König Husseins Weigerung, der anti-irakischen Allianz beizutreten, brachte ihm unter Jordaniern und Palästinensern nie gekannte Anerkennung ein. Allerdings blieben nun kurzfristig wichtige Hilfszahlungen der großen Geldgeber (arabische Golfstaaten, USA, EU) aus und Arbeitsverträge jordanischer und palästinensischer Gastarbeiter in den Golfstaaten wurden gekündigt, wodurch zum einen die Rücküberweisungen wegfielen und zum anderen die Arbeitslosenquote in Jordanien auf geschätzte 30–35 Prozent anstieg.

Doch bereits 1991 gelang es dem Königreich aufgrund seiner strategischen Lage und der Beteiligung am Madrider Friedensprozess, eine Wiederaufnahme der Zuwendungen durch westliche Geldgeber zu erreichen. Der Abschluss des Friedensvertrages mit Israel im Jahr 1994 ging mit Schuldenerlassen, Umschuldung und vermehrten Hilfszahlungen einher. Letztlich hat sich die Friedensdividende in ökonomischer Hinsicht jedoch nicht in erhofftem Maße eingestellt, die Verschuldung Jordaniens nahm auch nach dem Friedensvertrag weiter zu. Die Armutsrate stieg nach Berechnungen der Weltbank von 3 Prozent im Jahr 1988 auf 30 Prozent im Jahr 1999, während sich gleichzeitig der Lebensstandard der Mittelschicht verschlechterte. Hinzu kamen eine ungleiche Verteilung der wirtschaftlichen Entwicklung und eine wachsende regionale Kluft vor allem zwischen dem Großraum Amman und den südlichen Landesteilen.

Ungeachtet der Proteste aus der Bevölkerung forcierte König Abdullah II. seit seiner Inthronisierung 1999 die marktwirtschaftliche Entwicklung des Königreichs. Die zunehmende Öffnung zur Weltwirtschaft erfolgte mit Unterstützung einer neuen Wirtschaftselite, die enge Kontakte zu den USA pflegt. Auf der Reformagenda standen, im Einklang mit den Vorstellungen der internationalen Finanzinstitutionen, zunächst die Beschleunigung der Privatisierungsvorhaben, die Reform der Wirtschaftsgesetzgebung sowie die Einführung von Englisch- und Computerunterricht bereits ab der ersten Klasse. Gleichzeitig ist das Regime weiter darum bemüht, sich politische Renten zu sichern und dafür seine außenpolitischen Beziehungen auszubauen, während die Opposition jede begonnene politische Liberalisierung nutzt, um ihre Ablehnung gegenüber den wirtschafts- und außenpolitischen Weichenstellungen auszudrücken. Protestiert wird nicht nur gegen Versuche einer Normalisierung der Beziehungen zu Israel, sondern auch gegen die neoliberalen Wirtschaftsreformen und deren soziale Auswirkungen insbesondere durch den Abbau von Subventionen.

Bei Debatten über die Privatisierung öffentlicher Einrichtungen sowie der Unterzeichnung des Jordanisch-Europäischen Partnerschaftsabkommens und den Beitrittsverhandlungen zur Welthandelsorganisation wurde regelmäßig auch von einem Ausverkauf nationaler Errungenschaften und Interessen gesprochen. Auch dem Abbau von Korruption sowie des öffentlichen Sektors, der etwa 40 Prozent aller Arbeitnehmer beschäftigt, wurde mit Widerstand begegnet, was zu verschiedenen Regierungswechseln führte. Die Bevölkerung bekam lange Zeit kaum Informationen über geplante Reformen und hatte so gut wie keine Einflussmöglichkeiten. Während insbesondere die Ärmsten unter dem Abbau von Subventionen leiden und ihrem Widerstand bei Protesten in Ma'an, Kerak, Tafileh und Amman Ausdruck verliehen, protestiert die Mittelschicht in den Städten über die Berufsverbände und die Muslimbruderschaft gegen die Senkung ihres Lebensstandards. Gleichzeitig fürchten die politischen und wirtschaftlichen Eliten den Verlust ihrer Privilegien und damit auch der speziellen Beziehung zu ihren Klienten.

Über die gesamte jordanische Gesellschaft hinweg finden sich Menschen, die die eingeschlagene Wirtschaftspolitik als Kolonialisierung durch den Westen betrachten. Regierungsangaben zufolge ist die Armutsrate zwar inzwischen auf etwa 14 Prozent und die Arbeitslosenquote auf 12–13 Prozent gesunken, jedoch halten jordanische Analysten die Zahlen für zu niedrig. Weiterhin wird die Politik des Königreichs durch die erhebliche Abhängigkeit von Krediten und Hilfsleistungen sowie von Energielieferungen und Arbeitsnachfrage aus dem Ausland beeinflusst.

Aktuelle politische Entwicklung

Infolge des ersten israelisch-arabischen Kriegs 1948/49 annektierte Jordanien 1950 die Westbank und setzte dort eine jordanische Zivilverwaltung ein. Die „schwarze Legende", wonach Abdullah durch eine Kooperation mit Israel und den Briten die arabische Sache verraten habe, führte zu seiner Isolierung in der arabischen Welt, die bis heute nachwirkt. Im Juli 1951 fiel er einem Attentat zum Opfer. Als neuer König trat Abdullahs Sohn, Talal, die Thronfolge an, wurde jedoch bereits 1953 durch seinen ältesten Sohn Hussein abgelöst. Die vier Jahrzehnte, in denen König Hussein regierte, waren weiterhin durch regionale Entwicklungen geprägt. 1951, 1954 und 1956 wurden unter Teilnahme eines breiten Parteienspektrums Parlamentswahlen abgehalten.

Aus den Wahlen 1956 ging die Nationale Sozialistische Partei als Sieger hervor. Sulaiman Nabulsi wurde Ministerpräsident und sorgte für intensivierte Debatten in der jordanischen Politik. Er suchte die Bindungen zum Westen zu lösen – zugunsten einer verstärkten arabischen Kooperation und einer Hinwendung zur Sowjetunion. Jordanien kündigte den Anglo-Jordanischen Vertrag von 1948. Im März 1957 zogen die letzten britischen Truppen aus Jordanien ab. Ein Jahr später stellte Großbritannien seine Wirtschafts- und Militärhilfe fast vollständig ein. An seine Stelle traten zunächst die USA, später Saudi-Arabien und die Golfstaaten. Schließlich sorgte König Hussein für den Rücktritt Nabulsis. Es folgte ein Putschversuch, woraufhin Parteien und Gewerkschaften verboten wurden, was in den folgenden Jahrzehnten mit einer bevorzugten Stellung von Familienverbänden sowie auch der Muslimbruderschaft und der Berufsverbände einherging. Letztere formen die Opposition in Jordanien, sind jedoch gleichzeitig in das herrschende System eingebunden. Im Zuge des Kriegs gegen Israel 1967 verlor Jordanien Ostjerusalem und das Westjordanland und sah sich mit der Aufnahme von weiteren 300.000 palästinensischen Flüchtlingen konfrontiert. Die 1964 gegründete PLO bzw. ihre Mitgliedsorganisationen übernahmen nun die Kontrolle über die Flüchtlingslager in Jordanien und koordinierten ihre Aktivitäten gegen Israel von dort aus.

Auch die haschemitische Monarchie in Jordanien geriet zunehmend unter Druck, woraufhin die Regierung im September 1970 begann, die von Syrien unterstützten PLO-Kämpfer aus dem Land zu vertreiben. Aus Protest gegen diesen sogenannten „Schwarzen September" setzten die arabischen Staaten ihre Finanzhilfen aus. Nachdem der PLO 1974 in Rabat das alleinige Vertretungsrecht der Palästinenser zuerkannt wurde, änderte König Hussein die Zusammensetzung des Kabinetts und reduzierte den Anteil der Palästinenser. Zudem löste er das 1967 gewählte Parlament auf. 1988, ein Jahr nach Ausbruch der Intifada, gab er schließlich seinen Anspruch auf die Westbank offiziell auf.

Seit den 1970er Jahren gestalteten sich die Beziehungen zwischen Jordanien und den arabischen Staaten freundlicher als zuvor und Jordanien versuchte, eine Vermittlerrolle in der Region einzunehmen. Das Königreich erhielt erhebliche Unterstützung der arabischen Ölstaaten und investierte in die Ausweitung staatlicher Versorgungsleistungen und der Infrastruktur, was einen beschleunigten sozialen Wandel zur Folge hatte. Angesichts der anschließenden Wirtschaftskrise Ende der 1980er Jahre sah sich Jordanien nun mit den Konditionen der Bretton-Woods-Institutionen konfrontiert, die ihre Unterstützung an wirtschaftliche und politische Maßnahmen wie den Abbau von Subventionen knüpften. Bei daraufhin stattfindenden landesweiten Protesten im April 1989 wurden unter anderem Forderungen nach Bildung einer nationalen Regierung, Abhaltung freier Wahlen, Aufhebung des Ausnahmezustands, Rücknahme ökonomischer Reformmaßnahmen, Presse- und Versammlungsfreiheit und Solidarität mit der Intifada gestellt.

Infolge der Proteste trat die Regierung zurück. Noch im November 1989 fanden die ersten Parlamentswahlen seit 1967 statt. 1991 wurde eine Nationalcharta verabschiedet, woraufhin 1992 Parteien legalisiert und 1993 ein neues Presse- und Publikationsgesetz erlassen wurde. Im gleichen Jahr schloss Jordanien einen Friedensvertrag mit Israel, dem dank einer Wahlrechtsänderung auch eine loyale Mehrheit im neuen Parlament zustimmte. Der Friedensschluss verlieh sowohl sicherheitsstrategischen wie auch ökonomischen Überlegungen Ausdruck, stieß jedoch in der jordanischen Gesellschaft auf erheblichen Widerstand. Die Islamic Action Front (IAF), der parteipolitische Arm der Muslimbruderschaft in Jordanien, rief zusammen mit acht weiteren Parteien aus Protest einen „Volkskongress gegen die Kapitulation“ ein. Auch die Berufsverbände, die sich personell zum Teil mit der Muslimbruderschaft überschnitten, engagierten sich nun verstärkt gegen jegliche Normalisierung der Beziehungen zu Israel und betonten ihre äußerst kritische Haltung gegenüber den USA. In dieser Phase kam es zu einer schrittweisen Rücknahme der ohnehin verhaltenen politischen Öffnung und einer Ausweitung der Kompetenzen des Geheimdienstes. Dennoch engagieren sich bis heute viele jordanische Nationalisten vehement für die Gründung eines palästinensischen Staats und gegen das Friedensabkommen mit Israel.

1999 übernahm Abdullah II. nach dem Tod seines Vaters Hussein dessen Thron. Zuvor hatte er nach seiner Ausbildung in Großbritannien und Amerika als Generalmajor in der jordanischen Armee gedient. Der neue König zeigte sich stärker als sein Vater interessiert, die Reformvorstellungen der westlichen Geldgeber hinsichtlich Liberalisierung, Privatisierung und Weltmarktorientierung zu erfüllen, und treibt entsprechende Maßnahmen energisch voran, wenngleich viele Reformen aufgrund von Widerstand nicht vollständig umgesetzt werden. Anders als sein Vater bemüht sich Abdullah II. zumindest rhetorisch darum, die klientelistischen Strukturen aufzubrechen, die staatlichen Institutionen zu reformieren und die Palästinenser stärker einzubinden. Wie zuvor werden jedoch politische Freiheiten wieder massiv beschnitten, sobald sich die Opposition gegen die Politik der Regierung äußert, und Forderungen aus der Bevölkerung werden immer wieder mit Repressionen begegnet. Dafür kann das Regime weiterhin auf den mächtigen Geheimdienst zurückgreifen. Auch der neue König bedient sich weiter des bewährten Systems der Kooptierung und Elitenrotation, um politische Kräfte um ihn herum auszubalancieren. Angesichts mangelnder Teilhabemöglichkeiten und wachsender Unzufriedenheit in der Bevölkerung gewinnen die Ideen des politischen Islam in seinen unterschiedlichen Formen weiterhin Zuspruch.

Während des Irakkriegs 2003 erlaubte Jordanien die Stationierung von US-amerikanischen Raketenabwehrstellungen, bestand aber darauf, dass keine Kampfeinsätze aus dem Königreich ausgingen und die Stationierung amerikanischer Militärs begrenzt sein müsse. Daraufhin erhielt das Regime zwar keine Sonderkonditionen mehr für Öl aus dem Irak, aber dafür umso höhere externe Finanzzusagen, insbesondere aus den USA. Die Bevölkerung hingegen äußerte erneut ihre Ablehnung gegenüber amerikanischer Hegemonie in der Region.

Im Januar 2011 begannen schließlich auch in Jordanien Demonstrationen gegen hohe Arbeitslosenzahlen, steigende Lebensmittelpreise und Korruption. Die Protestbewegung war von Anfang an heterogen und zunächst vor allem von linken und Jugendaktivisten geprägt. Später gab es verschiedene Plattformen bzw. Kooperationen zwischen den Protestierenden. Unter anderem wurde nun gefordert, die seit 1952 stetig ausgeweiteten Rechte des Königs wieder einzuschränken und die Regierung direkt wählen zu können. Auch die Auflösung des Parlaments, demokratische Freiheiten und ein Ende der Privatisierungsprogramme standen zur Debatte. Während einige Forderungen breite Zustimmung finden, rufen andere in Teilen der Bevölkerung Befürchtungen bezüglich eines Verlusts von Privilegien hervor. Als erste Reaktion lancierte das Regime zwei Wirtschaftsprogramme, um Subventionen und Beamtengehälter zu erhöhen sowie Preise auf Gebrauchsgüter stabil zu halten. Um die Regierung zu stützen, billigten in der Folgezeit sowohl die USA als auch Saudi-Arabien eine Erhöhung ihrer Zuwendungen. Ein Protestcamp wurde quasi umgehend von Spezialtruppen aufgelöst. Eine Anti-Reform-Bewegung sowie Teile der Sicherheitskräfte begannen die Protestierenden als Palästinenser und Islamisten zu bezeichnen. Das Regime spielte so weiterhin mit den ethnischen Spannungen, die nun auch zunehmend in den Medien thematisiert wurden.

Angesichts prekärer Arbeitsbedingungen organisierten sich Arbeiter inzwischen auch zunehmend in unabhängigen Gewerkschaften und die Zahl der Arbeitsproteste stieg von 139 im Jahr 2010 auf 829 im Jahr 2011 und 901 in 2012. Auch nach dem Abebben der verschiedenen Proteste bestehen insbesondere Sorgen über die Lebenshaltungskosten sowie Protest gegen die israelische Politik fort. Inwieweit die Alteration von Repression und Reformversprechen ihre Fortsetzung findet, oder wirklich wie erneut angekündigt, die Teilhabemöglichkeiten für die Bevölkerung ausgeweitet werden, bleibt zu beobachten. Interner Richtungsstreit zeigt sich nicht nur immer wieder in der Regierung, sondern auch in der Muslimbruderschaft, deren Spaltung sich inzwischen andeutet.

In Bezug auf die politische Situation in Syrien versucht Jordanien sich neutral zu verhalten und agiert hauptsächlich gemeinsam mit der Arabischen Liga. Jedoch stellen die stetige Einreise von syrischen Flüchtlingen sowie Vorfälle im jordanisch-syrischen Grenzgebiet Herausforderungen dar. Nach einem Aufstand im Zaatari-Flüchtlingslager war in den jordanischen Medien zunehmend vom Import des Konflikts nach Jordanien die Rede. Weiterhin spricht sich Jordanien für eine politische Transition aus, um so die territoriale Integrität Syriens zu sichern.

Literatur

Abdallah (II., Jordanien, König) (2011): Die letzte Chance. Mein Kampf für Frieden im Nahen Osten. München.

Aruri, Naseer H. (1972): Jordan: A Study in Political Development (1921–1965). The Hague.

Atzori, Daniel (2015): Islamism and Globalization in Jordan: The Muslim Brotherhoods Quest for Hegemony. London.

Blank, André (2014): Jordaniens Innenpolitik im Schatten des Islamischen Staates, in: GIGA Focus Nahost, 09/2014.

Borsdorf, Thorsten (2012): Beduinenstämme in Jordanien. / Deutsche Gesellschaft für internationale Zusammenarbeit (GIZ). Akademie für internationale Zusammenarbeit (AIZ). Bad Honnef.

Center for Strategic Studies (CSS) (2012): Public Opinion Survey: The State of Democracy in Jordan. Amman.

Clark, Janine A. (2004): Islam, Charity, and Activism: Middle Class Networks and Social Welfare in Egypt, Jordan, and Yemen. Bloomington.

Dieterich, Renate (1999): Transformation oder Stagnation. Die jordanische Demokratisierungspolitik seit 1989. Hamburg.

Friedrich-Ebert-Stiftung (2015): The Rise of Religious Radicalism in the Arab World: Significance, Implications and Counter-Strategies. Amman.

Gieler, Wolfgang (2016): Der Nahe und Mittlere Osten – Staaten und Organisationen. Frankfurt.

Gieler, Wolfgang (2015): Handbuch Außenpolitik Nahost. Eine grundlegende Einführung in die Außenpolitik der Staaten des Nahen und Mittleren Ostens. Berlin.

Gieler, Wolfgang und Sabrina Keller (2014): Jordanien. Eine Einführung in Politik und Gesellschaft unter besonderer Berücksichtigung der Ära Abdullah II. Berlin.

Gieler, Wolfgang (1986): Ethnizität, Pluralismus und Konflikt im Nahen Osten – dargestellt am Beispiel Jordanien. Münster.

Köndgen, Olaf (1999): Jordanien, München.

Kopp, Horst (Hg.) (2011): Jordanien und Deutschland. Über die Vielfalt kultureller Brücken. Festschrift zum 50jährigen Bestehen der Deutsch-Jordanischen Gesellschaft e. V. Wiesbaden.

Larzillière, Pénélope (2013): La Jordanie contestataire: militants islamistes, nationalistes et communistes. Arles.

Massad, Joseph (2001): Colonial Effects: The Making of National Identity in Jordan. New York.

Nordhausen, Frank (Hg.) (2011): Die arabische Revolution. Demokratischer Aufbruch von Tunesien bis zum Golf, 2.akt.u.erw.Aufl. Berlin.

Schwarz, Rolf (2013): War and state building in the Middle East. Gainesville.

Schwedler, Jilian (2006): Faith in Moderation: Islamist Parties in Jordan and Yemen. Cambridge.

Steinberg, Guido (2009): Deutsche Nah-, Mittelost- und Nordafrikapolitik. Interessen, Strategien und Handlungsoptionen. Stiftung Wissenschaft und Politik (SWP). Berlin.

Susser, Asher (2013): Jordan and the Faltering Fortunes of the Arab Spring, in: Tel Aviv Notes, 7 (9).

Tarawneh, Mohamed F. (2013): Rural capitalist development in the Jordan Valley: The case of Deir Alla – the rise and demise of social groups. Leiden.

Tobin, Sarah A. (2012): Jordan's Arab Spring: The Middle Class and Anti-Revolution, in: Middle East Policy Council XIX (1).

Wils, Oliver (2003): Wirtschaftseliten und Reform in Jordanien. Zur Relevanz von Unternehmer-Bürokraten-Netzwerken in Entwicklungsprozessen. Hamburg.

Wilson, Mary C. (1990): King Abdullah, Britain and the making of Jordan. Cambridge.

Holger Gödderz & Mohammed Zarouni

Katar

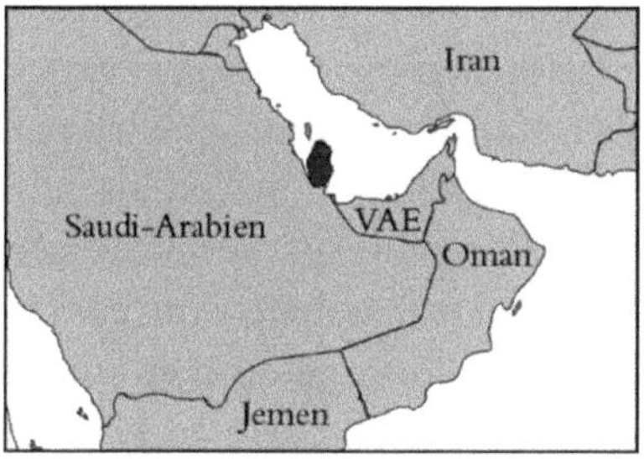

Offizieller Name:	Staat Katar
Staatsform:	Monarchie
Unabhängigkeit:	3. September 1971 (von Großbritannien)
Nationalfeiertag:	18. Dezember (Tag der Staatsgründung)
Hauptstadt:	Doha
Lage:	Persischer Golf
Fläche:	11.586 qkm (Weltrang: 159)
Bevölkerung:	2,2 Millionen (Weltrang: 141)
Landesstruktur:	7 Gemeinden
Sprachen:	Arabisch
Religionen:	Islam (77,5 Prozent), Christentum (8,5 Prozent)
Währung:	Katar-Riyal
Wirtschaftszweige:	Erdöl- und Erdgasförderung, Agrochemie
Mitgliedschaften:	UN, UNESCO, WTO, WHO, AL, GCC, OIC
Wichtigste Medien:	*Fernsehen:* Qatar-TV, Ryan-TV, Al-Jazeera
	Rundfunk: Staatsrundfunk
	Zeitungen: Al-Watan, Al-Sharq, Al-Rayah, Al-Arab

Naturraum und geographische Rahmenbedingungen

Das Staatsgebiet Katars ist eine Halbinsel im Persischen Golf. Katar teilt sich seine einzige Landgrenze mit Saudi-Arabien, seine verschiedenen Seegrenzen mit Saudi-Arabien, Bahrain, den Vereinigten Arabischen Emiraten und dem Iran. Das Staatsgebiet Katars erstreckt sich insgesamt auf 11.500 qkm. Katars Klima ist die meiste Zeit des Jahres sehr trocken, nur in den milden Wintern kommt es gelegentlich zu meist heftigen Niederschlägen. Die Sommer hingegen sind sehr feucht und heiß, die Temperaturen steigen teilweise auf über 50 °C. Zudem kann es im Sommer zu Sandstürmen kommen.

Geschichtliche Entwicklung bis zur Unabhängigkeit

Das heutige Katar lag bis 628 n. Chr. im Einflussgebiet des Persischen Reiches. Im Zuge der Islamisierung der Region geriet das Gebiet unter die Kontrolle des arabischen Kalifats, allerdings blieb es für letzteres aufgrund seiner peripheren Lage wirtschaftlich und politisch weitgehend irrelevant. Erst im Laufe des 17. Jahrhunderts gewann die Halbinsel langsam an Bedeutung für Weltpolitik und -wirtschaft, was zum einen durch ihre geopolitische Lage mit direktem Zugang zu den Handelswegen nach Asien zu erklären ist. Zum anderen war es dem Al-Khalifa-Stamm gelungen, in Zubara, im Nordwesten der Halbinsel, einen global relevanten Umschlagplatz des Perlenhandels zu etablieren, der bis zum wirtschaftlichen Zusammenbruch Katars in den 1930er Jahren die mit Abstand wichtigste Einnahmequelle des Landes bleiben sollte.

Mitte des 18. Jahrhunderts begannen Machtkämpfe um das Gebiet des heutigen Katars zwischen dem zugewanderten Beduinenstamm der Al-Thani und den bis dahin dort vorherrschenden Al-Khalifas. Letztere mussten sich schließlich 1783 geschlagen geben und nach Bahrain fliehen, wo der Stamm bis heute herrscht. 1837 übernahmen die aus diesem Machtkampf als Sieger hervorgegangenen Al-Thanis schließlich auch das Stadtgebiet Zubaras. Die Machtposition des Scheichs Muhammad Al-Thani konsolidierte sich zunehmend, im Jahr 1850 schließlich beanspruchte er den Titel des Emirs für sich. Muhammad erkor, in einem seiner ersten Beschlüsse als Machthaber, Doha zur Hauptstadt. Durch Vereinbarungen mit Saudi-Arabien versuchte er, seine Macht in den ersten Jahren seiner Herrschaft auch außenpolitisch zu festigen.

Fast hundert Jahre nachdem sie aus ihrem Einflussgebiet vertrieben worden waren, starteten die nun in Bahrain ansässigen Al-Khalifas im Jahr 1867 eine Großoffensive gegen Muhammads Emirat in der Hoffnung, ihre Macht in Katar wiederherstellen zu können. Tatsächlich gelang es den Al-Khalifas, mehrere Städte unter ihre Herrschaft zu bringen, der Stamm der Al-Thani konnte sich letztendlich nur mit Hilfe einer Intervention Großbritanniens an der Macht halten. Die Briten erzwangen eine Einigung zwischen den beiden Kriegsparteien, ihr Eingreifen in den Konflikt begründeten sie mit der „Perpetual Maritime Truce". Die Al-Khalifas sahen sich gezwungen, sich wieder zurückzuziehen und die besetzten Gebiete abzutreten. Die lediglich durch die Intervention Großbritanniens als Sieger aus dem Konflikt hervorgegangene Partei des Al-Thani-Stammes orientierte sich von nun an verstärkt an den Inseleuropäern. Das Maritim-Abkommen zementierte im Jahr 1853 auch de jure diese Kooperation. De facto bedeutete das Abkommen gleichzeitig die Anerkennung der Al-Thani-Herrschaft über Katar, das nun auch offiziell einen autonomen Status erhielt.

1872 verschob sich allerdings das Machtgefüge der Region, als sich das Osmanische Reich im arabischen Raum militärisch ausbreitete. Da der mittlerweile als Muhammads Nachfolger eingesetzte Emir Qassim dieses Vordringen der Osmanen akzeptierte und gegen deren Präsenz auf seinem Gebiet nicht vorging, wurde er schließlich zum persönlichen Repräsentanten des Sultans im Osten Arabiens ernannt. Durch politisch-militärisches Geschick gelang es den Al-Thanis, eine weitere Schutzmacht im weiterhin schwelenden Konflikt mit Bahrain zu gewinnen. Das erfolgreiche Balancieren zwischen den Interessen dieser beiden Schutzmächte und die Erlangung der internationalen Anerkennung der Al-Thani-Herrschaft unter seiner Führung haben Emir Qassim den Ruf des Begründers des modernen Katars eingebracht.

Durch den Rückzug der Osmanen aus der Region im Jahr 1915 und den gleichzeitigen Aufstieg Saudi-Arabiens sah sich Katar allerdings 1916 dazu gezwungen, seinen autonomen Status aufzugeben und zum Protektorat Großbritanniens zu werden. Eine Vereinbarung, die im Jahr 1935 noch einmal bekräftigt wurde, nachdem der saudische König Abdul Aziz Al-Saud die Forderung ausgesprochen hatte, Katar in das Staatsgebiet Saudi-Arabiens zu integrieren.

In den 1930er Jahren hatte das Emirat schließlich auch mit erheblichen wirtschaftlichen Schwierigkeiten zu kämpfen, als die Nachfrage nach Perlen einbrach und parallel in Japan die Technik zum Züchten von Perlen kultiviert wurde – die größte Einnahmequelle Katars brach somit schlagartig weg. Es sollte bis 1949 dauern, dass sich das Königreich von diesen ökonomischen Problemen erholte. Zwar gründeten die Briten bereits im Jahr 1935 die Organisation der Petroleum Development Qatar (PDQ). Der Beginn der Ölförderung des 1939 gefundenen Petroleums aber sollte sich aufgrund des Zweiten Weltkrieges noch bis Ende der 1940er Jahre verzögern. Durch diesen neuen Wirtschaftszweig setzte auf der Halbinsel Katar ein rasanter Transformationsprozess ein: Katar entwickelte sich von einer der ärmsten Regionen der arabischen Halbinsel hin zu einem der reichsten Staaten der Welt.

1968 schließlich zog Großbritannien sein Militär aus der Region zurück. Die Inseleuropäer handelten damit gegen den ausdrücklichen Willen Katars, das im Zuge der Abzugsverhandlungen sogar angeboten hatte, zusammen mit Abu Dhabi fortan die Kosten für den britischen Einsatz in der Region zu übernehmen. Beide Staaten befürchteten, dass der Rückzug der Schutzmacht Großbritannien neue militärische Konflikte mit den Nachbarstaaten nach sich ziehen könnte. Die Briten aber ließen sich von ihrem Plan nicht abbringen. Das Land gab durch seinen militärischen Abzug schließlich auch seine Kontrolle über Katar und andere Staaten der Region ab.

Die geographisch kleinen Staaten verhandelten in der Folge über eine gemeinsame Föderation, die schließlich die Arabischen Emirate genannt wurde. Allerdings wurden diese im Jahr 1971 ohne Katar und Bahrain gegründet, da sich die beiden historisch verfeindeten Staaten nicht einigen konnten. So lehnte Katar die sich innerhalb der Föderation vermeintlich abzeichnende Übermacht Bahrains strikt ab. Katar wurde am 3. September 1971 für unabhängig erklärt, die neue Verfassung setzte die absolute Monarchie des Al-Thani-Stammes fort.

Bevölkerungsstruktur – speziell ethnische Zusammensetzung

Katars Bevölkerungsstruktur zeichnet sich durch einen großen Anteil an Migranten aus. Derzeit leben rund 2,2 Mio. Menschen in Katar, von denen ca. 10 Prozent Katarer sind. Das Bevölkerungswachstum ist mit 5–6 Prozent sehr hoch. Die größten Gruppen der Migranten sind Inder, Nepalesen und Pakistani. Wie viele Menschen mit welcher Staatsbürgerschaft genau in Katar leben, wird vom katarischen Innenministerium nicht bekanntgegeben, die Angaben sind daher als Näherungswerte zu begreifen.

Die vorherrschende Religion in Katar ist der Islam, der gleichzeitig auch Staatsreligion ist. Katar ist besonders durch den Wahhabismus geprägt, im Land gibt es nur eine kleine schiitische Minderheit. Zudem werden durch die Migration verschiedene indische Religionen in Katar praktiziert, insbesondere der Hinduismus.

Wirtschaftsstruktur

Katar erlebte im Zuge des Ölpreisbooms zwischen 2002 und 2008 einen rasanten Kapitalanstieg. Diese Einnahmen nutzte die katarische Staatsführung zum einen für massive Investitionen (120 Mrd. USD) in die Infrastruktur zur Förderung und Verarbeitung von Erdgas zu Flüssigerdgas. Diese Investitionen führten dazu, dass im Jahr 2010 25–30 Prozent des global exportierten Flüssiggases aus Katar kam. Zum anderen nutzte das Land die Devisen zu Investitionen zur Diversifizierung der Wirtschaft. Dabei wurde auf produzierende Industrie wie Petrochemie und Aluminium gesetzt, aber auch eine Entwicklung Katars hin zu einer modernen Wissensgesellschaft, insbesondere durch die „Qatar Nation Vision 2030“, wird seitdem gefördert.

Diese sieht vor, Katar durch Investitionen in Bildung, durch Zweigstellen von internationalen Elite-Universitäten, durch Entwicklung einer treibhausgasarmen Gesellschaft und durch den Aufbau eines qualitativ hochwertigen Gesundheitssystems zu einer Wissensgesellschaft zu transformieren. Dazu sollen internationale Events wie die Fußballweltmeisterschaft 2022 den Tourismus fördern. Hierfür werden große Investitionen in den Aufbau von Hotels und eines öffentlichen Transportwesens getätigt. Die Besucherzahlen sind bis jetzt jedoch zu gering, um Investitionen in dieser Größenordnung auch nur annähernd rentabel zu machen. Neben der Ausrichtung der Fußballweltmeisterschaft wird hierfür die Ausrichtung weiterer ähnlicher Veranstaltungen nötig sein.

Des Weiteren nutzt Katar die Devisen, um in westliche Wirtschaften zu investieren. Dabei werden Entscheidungen für Investitionen in Katar durch einen kleinen Personenkreis getroffenen, der schnell und effektiv große Summen aus privatem und staatlichem Kapital bewegen kann – ein System, das Kristian Coates Ulrichsen als „Staatskapitalismus“ bezeichnet. Diese Kombination aus verschiedenen Maßnahmen, primär jedoch die Einnahmen aus dem Flüssiggasexport, hat dafür gesorgt, dass Katar als einziger Golfstaat nahezu ohne Probleme durch die Weltwirtschaftskrise gekommen ist und

Wirtschaftswachstumsraten von bis zu 17 Prozent aufweisen konnte. 2014 wuchs das BIP Katars um 6,1 Prozent.

Die geringe Bevölkerungszahl in Katar und die großen Wachstumsraten haben zu einem beispiellosen Wohlstand für die katarischen Staatsbürger geführt. Das BIP pro Kopf ist mit 102.000 USD das höchste weltweit. Leidtragende dieses Systems sind Arbeiter, die aus dem Ausland nach Katar kommen, um die Bauvorhaben des Staates umzusetzen. Deren Arbeitsbedingungen sind miserabel. Die Arbeiter müssen lange Zeit bei Temperaturen über 50 °C arbeiten – Bedingungen, unter denen es schon zu Toten kam. Schätzungen gehen von über 100 Todesfällen auf Katars Baustellen aus. Die steigende weltweite Förderung von Schiefergas führt derzeit dazu, dass Katar auf dem Gasmarkt Anteile verliert: Eine Dynamik, die die wirtschaftliche Entwicklung des Landes abschwächen könnte.

Aktuelle politische Entwicklung

Die Regentschaft von Emir Hamad bin Khalifa Al-Thani (1995–2013) war vor allem durch die Außenpolitik geprägt. Ziel dabei war es, Katar zu einem Global Player zu machen. Ein enger Personenkreis um den Emir etablierte im Zuge dessen eine stark eigenständige Außenpolitik, die sich deutlich von der der anderen Staaten in der Region unterscheidet. So wurden Mediation und Peacebuilding die neuen und zentralen Handlungsmaximen des Emirats, was in der internationalen Politik durchaus auf positive Resonanzen stieß. Katars Bemühungen um Eigenständigkeit in der Region wurden bald von der Weltpolitik wahrgenommen und honoriert. Das Emirat wurde im Rahmen verschiedener Mediationsversuche bei Konflikten wie z. B. im Jemen eingesetzt und stieg so zu einer bedeutenden Regionalmacht auf. Trotz dieses außenpolitischen Machtzuwachses wusste das Emirat seine kulturelle Identität zu bewahren, was unter anderem ein Grund dafür war, dass sich Beziehungen zu (seinen) (Nachbar-)Staaten der Region nicht verschlechterten.

Katar brachte trotz seines im Vergleich kleinen Territoriums durchaus gute Voraussetzungen mit, um in der internationalen Politik eine größere Rolle einzunehmen: Das Emirat ist durch den Gashandel in ein weites internationales Netzwerk eingebunden, die hohen Ressourcendevisen sichern einen großen finanziellen Spielraum, der aufgrund des „Staatskapitalismus“

schnell genutzt werden kann. Das Zusammenspiel dieser Faktoren und das gleichzeitige Machtvakuum, das in der Region durch die geringer werdende Bedeutung Ägyptens und Saudi-Arabiens vorherrschte, erlaubte Katar den schnellen Aufstieg zur Regionalmacht unter Emir Hamad.

Dass dieser schnelle Aufstieg allerdings auf einem unausgereiften System aufbaute, zeigte sich bereits nach den ersten Handlungsversuchen Katars auf internationaler Ebene. Vor allem nach den angesprochenen Mediationsversuchen traten die unausgereiften Institutionen des Emirats zu Tage, als es sich nicht dazu in der Lage sah, die im Rahmen der Vermittlung getroffenen Vereinbarungen durchzusetzen und zu überwachen. Die Mediationsversuche Katars trugen zwar durchaus zu einer Beruhigung regionaler Konflikte bei, deren umfassende Lösung aber konnte das Emirat aufgrund fehlender Mittel nicht garantieren.

Zudem bewegte sich Katar von Beginn an innerhalb komplexer außenpolitischer Felder und sah sich dabei dazu gezwungen, die Balance zwischen verschiedensten, teilweise sich in politischer Hinsicht gegenüberstehenden Akteuren zu wahren, was bald zu sich konterkarierenden außenpolitischen Handlungen Katars führte. Deutlich wird dieses Dilemma am Beispiel Israels: Katar war der erste Staat des Golfkooperationsrates, der Israel als Staat anerkannte. Gleichzeitig unterhält das Emirat bis heute intensive wirtschaftliche Beziehungen in Gaza – das Land ist dort der größte Investor. So besuchte Emir Hamad als erstes Staatsoberhaupt im Jahr 2012 Gaza nach der Machtübernahme der Hamas, was von Israel scharf kritisiert wurde.

Konnte Katar diese Probleme einige Zeit noch verbergen, stürzte der Arabische Frühling das Land in eine außenpolitische Krise. 2011 hatte man während der Unruhe in Libyen noch einen neuen Höhepunkt der internationalen Bedeutung erreicht, indem man die westliche Allianz gegen Gaddafi mit anführte. Nach dem erfolgreichen Sturz Gaddafis setzte der Führungszirkel um den Emir jedoch auf einen flächendeckenden Aufstieg der Muslimbrüder und unterstützte diese offen und intensiv. Da sich die Muslimbrüder aber nach einer ersten Hochphase in den Staaten der Aufstände nicht durchsetzen konnten, büßte Katar seine Rolle als Mediator ein. Darüber hinaus hatte Katar sich durch den offenen Einsatz für die Muslimbrüder mit seinen regionalen Partnern, Vereinigte Arabische Emirate und Saudi-Arabien, überworfen, die einen Aufstieg der Gruppierung strikt ablehnten.

Die Außenpolitik des Emirats also hatte letztendlich dazu geführt, dass es seine eigenen Interessen auf internationaler Ebene nicht mehr durchsetzen konnte. Nachdem sich das Land über lange Jahre hinweg in der Rolle des Mediators und der Kraft des Ausgleichs etabliert hatte, wurde es im Laufe des Arabischen Frühlings zu einem Interventionisten und isolierte sich so regional und international. Dies wurde im März 2014 deutlich, als die Vereinten Arabischen Emirate, Bahrain sowie Saudi-Arabien ihre Botschafter aus Doha abzogen, um damit ihren Unmut über die anhaltende Unterstützung der Muslimbrüder durch Katar zu unterstreichen.

Infolgedessen schwand der Einfluss Katars zunehmend. Um dem entgegenzuwirken, scheint das Land bis heute keinen adäquaten Plan gefunden zu haben. Zusätzlich zu diesen Machteinbußen des Emirats auf der Ebene der internationalen Politik machen dem Land die vermehrte Kritik an der in Katar vorherrschenden Unfreiheit und Verletzungen der Menschenrechte zusehends zu schaffen. Es ist davon auszugehen, dass die Berichterstattung über Menschenrechtsverletzungen und politische Willkür in Katar im Rahmen der Fußballweltmeisterschaft 2022 weiterhin zunehmen wird.

Am 25. Juni 2013 übergab der Emir Hamad seine Macht aus unbekannten Gründen an seinen Sohn Scheich Tamin bin Hamad Al-Thani. Vom neuen Machthaber wird seitens von Beobachtern erwartet, dass er größeren Wert auf die Innenpolitik legen wird. Katar hat zwar, anders als die anderen Staaten in der Region, keine Aufstände zu fürchten – die Zustimmungswerte zur Herrschaft des Emirs sind immer noch hoch –, doch ist auch hier das Vertrauen in die Politik gesunken und der Wunsch nach Reformen größer geworden. Hinzu kommt der internationale Druck im Zuge der Weltmeisterschaft und anderen internationalen Sportereignissen, die in Katar stattfinden werden.

Dass der neue Emir durchaus andere Schwerpunkte als sein Vorgänger setzen wird, lässt sich an seiner ersten Amtshandlung erkennen, im Zuge deren er das Kabinett neu besetzte. Des Weiteren sind Änderungen der Personalpolitik zu beobachten: War unter Emir Hamad der Premierminister in Doppelfunktion auch Außenminister, ist in der neuen Regierung der Premierminister auch Innenminister. Auch außenpolitisch sind erste Versuche zu erkennen, wieder in die Rolle des Mediators zurückzukehren. So nahm Katar an Gesprächen zwischen US-Politikern, ägyptischen Militärs und den ägyptischen Muslimbrüdern teil. Um jedoch den alten Ruf wieder herstellen zu können, muss die Außenpolitik „neu kalibriert“ werden.

Innenpolitisch ist davon auszugehen, dass Emir Tamin gewillt ist, gegen die sinkende Zufriedenheit der Bevölkerung anzugehen und den Druck von außen aufzufangen, ohne dabei die Macht seiner Familie zu sehr zu schwächen. Emir Hamad hatte eine Verfassungsreform beschlossen, die 2003 von 96,6 Prozent der Bevölkerung angenommen wurde und 2005 in Kraft trat. Dazu hatte er 2011 Parlamentswahlen angekündigt. Die Verfassung ist zwar in Kraft, doch verfolgt die Geheimpolizei ein Einfordern der darin beschlossenen Rechte, die Wahlen wurden durch den Herrschaftswechsel bis auf Ende Juni 2016 verschoben. Parteien und Gewerkschaften sind in Katar verboten.

Jedoch steht nicht nur die Unfreiheit der katarischen Staatsbürger in der internationalen Kritik. Insbesondere Migranten, die als Arbeiter für die großen Bauprojekte nach Katar gekommen sind, leiden unter dem katarischen Kafala-System. Dieses System sieht vor, dass die Arbeitgeber als „Sponsoren“ für Arbeiter, die meist aus Indien, Nepal oder Pakistan kommen, auftreten und ihnen dadurch eine Einreiserlaubnis beschaffen. Der Arbeitgeber erhält im Zuge dieses „Sponsorings“ das Recht, den Arbeitern zu verweigern, den Arbeitgeber zu wechseln oder das Land zu verlassen. Der Arbeitgeber kann folglich über die Freiheit der Arbeiter entscheiden – ein Umstand, der von einigen als Sklaverei bezeichnet wird. Zusätzlich zu diesen Freiheitseinschränkungen bekommen die Arbeiter schlechte Löhne und werden miserabel untergebracht. Diese Umstände wurden international heftig kritisiert. Im Jahr 2014 versprach Katar daraufhin umfassende Reformen. Seitdem wurden zwar einige wenige neue Unterkünfte gebaut, die meisten anderen Versprechungen wurden allerdings bis jetzt nicht umgesetzt.

Neben den nötigen Reformen gilt es auch, einen zunehmenden Konflikt zwischen der traditionellen arabischen Lebensweise und den, aufgrund des großen finanziellen Potentials Katars, Zugezogenen zu befrieden. Am Ausschank von Alkohol und am Verkauf von Schweinefleisch entluden sich die größten innenpolitischen Debatten in Katar innerhalb der letzten Jahre. Auch die Rückkehr zur arabischen Sprache an den Universitäten Katars zeigt, dass die Herrschaftsfamilie hier einen Konflikt sieht, den es zu befrieden gilt. Die bevorstehenden internationalen Ereignisse in Katar, insbesondere die Fußballweltmeisterschaft, werden diesen Konflikt noch einmal deutlich hervorheben.

Literatur

Al-Hamarneh, A. (2007): Katar, in: Weiss, W. M. (Hg.), Die arabischen Staaten. Heidelberg, S. 120–133.

Auswärtiges Amt (2014): Katar, unter: http://www.auswaertiges-amt.de/DE/Aussenpolitik/Laender/Laenderinfos/01-Nodes_Uebersichtsseiten/Katar_node.html [15.12.2015].

BQ-Magazine (2014): Population of Qatar by nationality, unter: http://www.bq-magazine.com/economy/2013/12/population-qatar [15.11.2015].

CIA World Fact Book (2015): Katar, unter: https://www.cia.gov/library/publications/the-world-factbook/geos/qa.html [15.11.2015].

Coates Ulrichsen, K. (2011): Sch(l)eichende Entwicklung, unter: http://www.theeuropean.de/kristian-coates-ulrichsen/5800-transformation-der-golfstaaten [15.11.2015].

Coates Ulrichsen, K. (2014): Qatar and the Arab Spring. Oxford.

Devi, S. (2014): Concerns over mistreatment of migrant workers in Qatar, in: The Lancet, Vol. 383 (No. 9930), S. 1709.

Die Zeit Online (2012): Hamas feiert Staatsbesuch als historischen Sieg, unter: http://www.zeit.de/politik/ausland/2012-10/gaza-hamas-katar-emir-besuch [15.11.2015].

Gibson, O. u. Pattisson, P. (2014): Death toll among Qatar's 2022 World Cup workers revealed, unter: http://www.theguardian.com/world/2014/dec/23/qatar-nepal-workers-world-cup-2022-death-toll-doha [15.11.2015].

Gieler, W. (2016): Der Nahe und Mittlere Osten. Staaten und Organisationen. Frankfurt.

Gieler, W. (2015): Handbuch Außenpolitik Nahost. Eine grundlegende Einführung in die Außenpolitik der Staaten des Nahen und Mittleren Ostens. Berlin.

Hillhouse, E., Al-Kuwari, H. u. Sheikh, J. (2011): Establishment of a model academic health system in Qatar, in: The Lancet, Vol. 379 (No. 9817), S. 694–695.

Khatib, L. (2013): Qatar's foreign policy: the limits of pragmatism, in: International Affairs, Vol. 89 (No. 2), S. 417–431.

Lambert, J. (2011): Political Reform in Qatar: Participation, Legitimacy and Security, in: Middle East Policy, Vol. 18 (No. 1), S. 89–101.

Pattisson, P. (2013): Revealed: Qatar's World Cup 'slaves', unter: http://www.theguardian.com/world/2013/sep/25/revealed-qatars-world-cup-slaves [15.11.2015].

Scharfenort, N. (2013): Herrschaftswechsel in Katar – gleicher Kurs oder neue Wege?, in: GIGA Focus, Nr. 7. Hamburg.

Steinberg, G. (2009): Deutsche Nah-, Mittelost- und Nordafrikapolitik. Interessen, Strategien und Handlungsoptionen. Stiftung Wissenschaft und Politik (SWP). Berlin.

The Economist (2015): Still slaving away, unter: http://www.economist.com/news/middle-east-and-africa/21653625-year-after-vow-improve-lot-foreign-labourers-little-has?zid=308&ah=e21d923f9b263c5548d5615d [15.11.2015].

Nadege Muñoz-Konaté & Zeynep Yilmaz

Kuwait

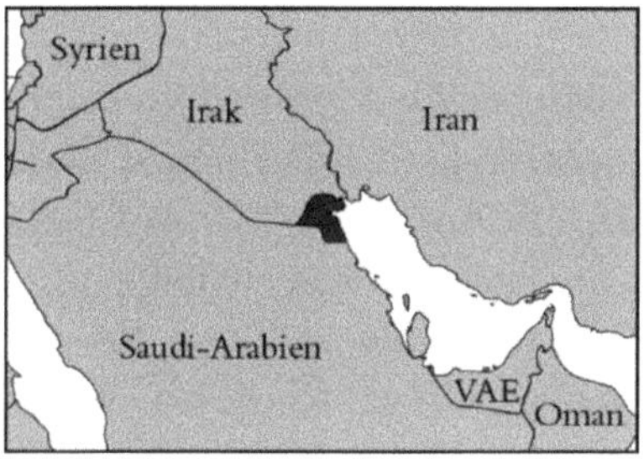

Offizieller Name:	Staat Kuwait
Staatsform:	Konstitutionelle Monarchie
Unabhängigkeit:	16. Juni 1961 (von Großbritannien)
Nationalfeiertag:	25. Februar (Rückeroberung im Zweiten Golfkrieg)
Hauptstadt:	Kuwait-Stadt
Lage:	Persischer Golf
Fläche:	17.818 qkm (Weltrang: 153)
Bevölkerung:	3,8 Millionen (Weltrang: 129)
Landesstruktur:	6 Gouvernorate
Sprachen:	Arabisch
Religionen:	Islam (76,7 Prozent), Christentum (17,3 Prozent)
Währung:	Kuwait-Dinar
Wirtschaftszweige:	Erdölförderung
Mitgliedschaften:	UN, AL, OPEC, OAPEC, GCC, OIC
Wichtigste Medien:	*Fernsehen:* Kuwait TV, Al-Watan TV, Al Rai TV *Rundfunk:* Radio Kuwait (staatlich), Radio Sawa Gulf *Zeitungen:* Al-Qabas, Al-Rai, Al-Jarida, Al-Seyassah

Naturraum und geographische Rahmenbedingungen

Das in Vorderasien, genauer: nordöstlich der Arabischen Halbinsel liegende Emirat Kuwait ist mit einer Fläche von 17.820 qkm der kleinste Staat der Golfregion. Dabei teilt sich Kuwait im Norden und Westen eine Grenze von 240 km mit dem Irak und im Süden eine Grenze von 250 km mit Saudi-Arabien. Im Osten grenzt das Land mit einer Küste von 195 km an den Persischen Golf.

An der Küste liegt die Hauptstadt Kuwait City (al-Kuwait), im südlichen Teil innerhalb einer 40 km langen Bucht (Kuwait Bay). Diese Bucht bildet dabei einen natürlichen Schutzwall für die Stadt und den Hafen von Kuwait. Umgeben wird die Bucht von Salzsümpfen, Dünen und Marschland. Im südlichen Teil der Küste befinden sich ressourcenreiche Ölvorkommen (ca. 70 Mrd. Barrel).

Vor der Küste im Persischen Golf gehören Kuwait neun Inseln: Auha, Bubiyan, Failaka, Kubbar, Miskan, Qaruh, Umm al-Maradim, Umm an-Namil und Warba. Alle Inseln, mit Ausnahme der Insel Failaka, sind unbewohnt. Von Bedeutung sind vor allem die Inseln Failaka und Bubiyan. Die 20 qkm große Insel Failaka dient mit ihren Stränden, Korallenriffen und ihren archäologischen Ausgrabungsstätten als touristischer Anziehungspunkt. Die Insel soll mit weiteren Ferienanlagen und Sportplätzen ausgestattet werden. Aufgrund einer 2,4 km langen Brücke ist die Insel Bubiyan vom Festland aus erreichbar. Mit einer Militärbasis ist sie derzeit militärisches Sperrgebiet. Durch das Ziel der Konstruktion eines Containerhafens auf der Insel soll aber in Zukunft die wirtschaftliche Nutzung vorangetrieben werden.

Kuwait gehört zu den wärmsten und trockensten Gebieten der Welt, was sich auch in der Vegetation des Landes zeigt. Der Großteil Kuwaits ist von Sandwüste und Steppe (ad-Dibdiba-Wüste) geprägt und bedeckt ca. 90 Prozent des Territoriums. Das Klima erlaubt dementsprechend nur eine an die extremen Witterungsverhältnisse angepasste Flora und Fauna. So leben im Landesinneren die üblichen Wüstentiere, wie Falken, Adler, Karakale, Warane, Antilopen, Gazellen, Wüstenwölfe, Wüstenfüchse und Wüstenspringmäuse, die hauptsächlich nachts bei den kühleren Temperaturen hervorkommen.

Dagegen finden sich an der Küste von Kuwait, durch die besonderen Verhältnisse des Zusammenspiels der Bucht von Kuwait mit dem Wasser des Euphrat und Tigris und den umliegenden Sümpfen, eine Vielzahl an besonderen Meereslebewesen, wie Meerbarben, Dreibeinfisch, Krabben, Schlammspringer, und besondere Vogelarten, wie Stelzenläufer, Krickenten, Rüppel-Seeschwalben und Flamingos.

Lediglich in der Regenzeit des Winters grünt es in manchen Steppengebieten mit Gras und Sträuchern ein wenig auf. Diese werden dann von den Nomaden als Weideland für ihre Tiere genutzt (ca. 7,5 Prozent des Landes). Innerhalb der Wüste befinden sich vereinzelte Oasen, die die einzige Wasserressource im Landesinneren darstellen und Datteln und Feigen als Flora hervorbringen. Des Weiteren ist Kuwait von ca. 0,1 Prozent Wald bedeckt. Landwirtschaftliche Flächen gibt es damit kaum (ca. 0,2 Prozent), was Kuwait von Gemüse- und Obstimporten abhängig macht.

Die höchste Erhebung Kuwaits ist der Berg Asch Schakaja (290 m) im Grenzgebiet zum Irak im Südwesten des Landes, was – neben einigen Hügeln – Kuwait generell als Land flacher Ebenen kategorisiert. Neben der Hauptstadt Kuwait City gibt es noch weitere Städte, wie Dschalib as-Schuyuch, as-Salimiyya, Hawalli und Dschanub Chitan, welche ebenfalls an der Küste liegen und in denen ca. 90 Prozent der Bevölkerung leben.

Bis 2030 möchte Kuwait die Stadt der Seide (Madinat al-Hareer) nördlich von Kuwait City aus dem Nichts errichten. Dabei sollen 250 qkm mit modernsten Gebäuden als Hochhäuser bebaut werden, die für ca. 700.000 Einwohner Lebens- und Arbeitsraum auf höchstem Niveau bieten. Durch Kuwaits heißes und trockenes Wüstenklima liegen im Sommer (Mai bis September) die Temperaturen zwischen 25 °C und 30 °C. Im Hochsommer (Juli) liegen die Temperaturen zwischen 42 °C und 46 °C. Der gemessene Höchstwert liegt bei 54,4 °C und ist damit gleichzeitig Rekordwert in Asien.

Im November beginnt die kalte Jahreszeit (Winter), in der die Temperaturen durchschnittlich auf milde 13 °C bis 15 °C absinken, die Tagestemperaturen liegen bei 20 °C bis 25 °C. In der Nacht fallen die Temperaturen gar auf 0 °C ab. Leichter Regen tritt häufiger ein; die jährliche Niederschlagsmenge variiert zwischen 75 und 300 mm. Während der Sommermonate im Juni und Juli wehen nordwestliche Winde (Shamal), die sich teilweise zu Sandstürmen entwickeln.

Geschichtliche Entwicklung bis zur Unabhängigkeit

Das Süßwasser der großen Flüsse Euphrat und Tigris an der Bucht von Kuwait und der strategische Ort an den Handelswegen in der Nähe zu Mesopotamien und den Indischen Meeren waren wichtige Gründe für eine Ansiedlung in dieser Region. So weisen Ausgrabungen von Tongeschirr, Werkzeugen, Waffen, Steinmauern und Schiffsüberreste auf eine Besiedlung durch mesopotamische Auswanderer in den Gebieten des heutigen Kuwaits, ca. 4500 v. Chr., hin.

Auch Ruinen der Dilmun (ein Volk Ostarabiens) aus der Zeit 800 v. Chr. auf der Insel Failaka und in den Küstengebieten dienen als Belege für eine frühzeitliche Besiedlung in der Region. Mit Alexander dem Großen und seinen Entdeckungs- und Eroberungsfeldzügen siedelten sich auch griechische Völker zwischen dem 3. und dem 1. Jahrhundert v. Chr. in dieser Region an und hinterließen u. a. Häuser, Tempel und Münzen. Mit der Zeit – um ca. 450 n. Chr. – verlagerte sich die Bevölkerung der umliegenden Gebiete Kuwaits sowie der Inseln auf den Küstenstreifen (al-Jahra).

Die zunehmende Ansiedlung arabischer Nomaden und Beduinen und der Bau einer Festung am Südgipfel der Bucht von Kuwait ab dem 17. Jahrhundert gelten als Vorläufer des heutigen Zentrums Kuwaits, Kuwait City (1613). Vom Fischerort entwickelte sich das Zentrum zu einem Handelspunkt für Handwerks- und andere Waren (wie Kaffee, Gewürze, Zucker, Tabak) zwischen weiteren Handelszentren, wie Bagdad, Aleppo, Konstantinopel und Damaskus. Die wohlhabende Händlerfamilie Al-Sabah (Einwanderer des Volkes der Bani Utba um 1719) entwickelte sich dabei zu einer Institution durch die Organisation der öffentlichen Administration und der Aufrechterhaltung des Friedens (gegen Piraten auf den Gewässern und Angriffe unterschiedlicher Dynastien von Persern und Arabern) in der anwachsenden Gemeinde. Im weiteren Verlauf wurden die vereinzelten Niederlassungen entlang der Küste und im Landesinneren zu einem Staatswesen zusammengefügt und das Scheichtum Kuwait unter der Dynastie von Al-Sabah gegründet (1756). Die Nachkommen dieser Familie stellen bis heute die Könige von Kuwait und befinden sich, mit Scheich Jâbir al-Ahmad al-Jâbir Âl Abâh, in der 13. Nachfolgegeneration.

Kuwait entwickelte sich zu einem Zentrum des Bootsbaus und förderte damit seine Lage als Handelsknotenpunkt am Persischen Golf. Um die Sicherheit der Seewege zwischen Kuwait, Indien und der Ostküste von Afrika zu sichern, etablierte sich die East Indian Company in Kuwait (1792). Die Stadt Kuwait entwickelte sich enorm mit den steigenden Einnahmen aus den florierenden Geschäften des Handelshafens. Die Gebiete Kuwaits und Ostarabiens (Al-Hasa) unterstanden zu der Zeit formal der Kontrolle des Osmanischen Reiches (1829–1899), und die Emire von Al-Sabah versuchten mit der Annahme der Berufung als Gouverneur der Provinz Al-Hasa, nicht vollständig in das Osmanische Reich eingegliedert zu werden.

Die steigende Besiedlung und der wirtschaftlich wichtig werdende Handelsknotenpunkt verstärkten die Aufmerksamkeit Konstantinopels am Persischen Golf, das in der Folge eine stärkere Einbindung und Kontrolle über die Gebiete Kuwaits in das Osmanische Reich vorantrieb.

Die wachsende Bedrohung seiner Unabhängigkeit veranlasste Scheich Mubarak as-Sabah (oder auch Mubarak der Große, der durch einen Brudermord an die Macht gekommen war) 1899, Kuwait unter britisches Protektorat zu stellen. Im Gegenzug durfte Kuwait keine Beziehungen zu anderen Ländern ohne Erlaubnis der Briten aufnehmen. Großbritannien verfolgte hierbei das Ziel, die Deutschen aus den Territorien der Golfregion zurückzudrängen und verhinderte damit auch den Bau der deutsch-türkischen Bagdad-Bahn in dieser Region.

Mit dem Ausbruch des Ersten Weltkrieges (1914–1918) legte Großbritannien Kuwait eine Handelsblockade auf (1920–1938), da es das Osmanische Reich finanziell unterstützte. Nachdem das Osmanische Reich im Ersten Weltkrieg Verluste gemacht hatte und als deren Folge (nach 623 Jahren Herrschaft) zerbrach, erklärten die Briten Kuwait zu einem eigenständigen Emirat, das unter britischem Protektorat stand.

Das entstandene Machtvakuum in den vormals osmanischen Gebieten nutzte Saudi-Arabien durch den Emir Abdul Aziz bin Abdul Rahman al-Asud (Ibn Saud) und drohte mit Annexion der Territorien Kuwaits durch Angriffe saudischer Wahhabiten. Die Tore der Stadtmauern der Festung Al-Jahra in der Al-Soor Street in Kuwait City erinnern heute immer noch an die bedeutende Najd-Schlacht. Aufgrund der Vermittlung Großbritanniens (auf der Uqair-Konferenz) konnte Kuwait seine Eigenständigkeit beibehalten und die Ansprüche Saudi-Arabiens durch die Festlegung der endgültigen Grenzen Kuwaits beilegen, wodurch es jedoch weite Teile seiner Territorien an Saudi-Arabien verlor.

Mit Beginn der Weltwirtschaftskrise (1929) und der großen Depression kam es weltweit zum Rückzug der Industrieproduktion und des internationalen Handels. Dieses Ereignis führte dazu, dass die Wirtschaft Kuwaits – welche von den Einnahmen aus dem weltweiten Handel abhing – völlig zusammenbrach. Der Großteil der Bevölkerung Kuwaits verarmte über die Jahre.

Mit der Entdeckung der großen Erdölvorkommen durch die amerikanisch-britische Firma Kuwait Oil Company (KOC) im Jahr 1938, das aber erst mit dem Ende des Zweiten Weltkrieges gefördert wurde, stiegen die Einnahmen der kuwaitischen Wirtschaft wieder sprunghaft an. Kuwait wurde zu einem der größten Ölproduzenten der Welt. Mit dem Reichtum des Landes erfolgten unter Mubarak as-Sabah breite Investitionen in die Sozialsysteme wie Gesundheitsvorsorge und Bildung, die den Lebensstandard der Bevölkerung enorm steigerten.

Die großen Öl-Vorkommen führten Kuwait 1960 zusammen mit dem Iran, Irak, Saudi-Arabien und Venezuela zur Gründung der OPEC (Organisation der erdölexportierenden Länder) wie auch der OAPEC (Organisation der arabischen erdölexportierenden Länder), um eigene Interessen – vor allem Friedensicherung, die Anerkennung seiner Grenzen und seiner Souveränität sowie gute bilaterale Beziehungen zu seinen Nachbarstaaten und regional zu den arabischen Staaten – durchzusetzen. Am 19. Juni 1961 vereinbarte und unterzeichnete Scheich Abdullah as-Salim as-Sabbah schließlich das Ende des Protektorats und die Unabhängigkeit Kuwaits von Großbritannien.

Mit der neuen Unabhängigkeit erhob 1961 der Präsident des Irak, Abdkulkarim Qasim, Anspruch auf die Gebiete Kuwaits, die Großbritannien 1915 vom Osmanischen Reich an Kuwait abgetreten hatte. Britische Truppen, die später durch eine interarabische Sicherheitstruppe der Arabischen Liga (der Kuwait 1963 beitrat) ersetzt wurden, traten diesem Anspruch energisch entgegen und pochten auf die Eigenständigkeit Kuwaits. Der Irak erkannte die Unabhängigkeit 1963 vorerst an, sorgte durch Gebietsansprüche jedoch immer wieder für Spannungen und Konflikte, bis hin zur Besatzung Kuwaits und dem folgenschweren Zweiten Golfkrieg (August 1990 bis Februar 1991), bei dem Kuwait weitgehend zerstört wurde und ca. 80.000 Kuwaiter ums Leben kamen. Nach der Befreiung durch UN-Truppen konnte Kuwait durch die großen Erdöleinnahmen wieder zügig eine moderne Infrastruktur aufbauen. Mit den Umweltschäden durch Brandsätze auf den Ölfeldern und der Ölverschmutzung im Golf hat Kuwait bis heute zu kämpfen.

Bevölkerungsstruktur – speziell ethnische Zusammensetzung

Kuwait hat eine Bevölkerung von ca. 3,8 Mio. Einwohnern. Die Bevölkerungsstruktur zeigt, dass davon ca. 1,2 Mio., also ca. 44 Prozent, die kuwaitische Staatsangehörigkeit besitzen. Die übrigen Einwohner sind eingewanderte Araber aus den umliegenden Staaten sowie Iraner, Asiaten und Afrikaner. Die Bevölkerung Kuwaits ist von einem sehr hohen Anteil ausländischer Arbeiter und deren Familien geprägt. Das Bevölkerungswachstum liegt im Durchschnitt bei ca. 4,0 Prozent. Ungefähr 57 Prozent der Gesamtbevölkerung sind Männer, der Frauenanteil liegt dementsprechend bei ca. 43 Prozent. Die Bevölkerung ist mit einem Anteil von 24,5 Prozent der unter 15-Jährigen sehr jung. Der Hauptteil der Bevölkerung Kuwaits (ca. 96 Prozent) lebt in Städten, die sich hauptsächlich an der Küste befinden. Mit durchschnittlich 77 Jahren ist die Lebenserwartung im weltweiten Vergleich sehr hoch.

Kuwaits offizielle Amtssprache ist das moderne Arabisch, wobei unter den Kuwaitern oft ein irakisches Arabisch gesprochen wird. Persisch wird als zweite Sprache genutzt. Englisch ist weit verbreitet und wird oft in der Arbeits- und Wirtschaftswelt angewandt. Beduinen und Ausländer sind gegenüber Kuwaitern gesellschaftlich benachteiligt. Die kuwaitischen Staatsbürger sind durch ein umfassendes Sozialversicherungssystem abgesichert, mit einem kostenlosen Zugang zum Gesundheits- und Bildungssystem. Ausländer müssen demgegenüber diese Sozialleistungen bezahlen. Der Islam ist Staatsreligion. Die Mehrheit der Bevölkerung Kuwaits ist muslimisch (ca. 85 Prozent), ca. 70 Prozent Sunniten und 30 Prozent Schiiten. Es gibt zudem ca. 6 Prozent Christen und 9 Prozent Hindus und Parsen.

Die heutige kuwaitische Gesellschaft gründet ihre Kultur auf nomadische Einwanderer aus den arabischen Gebieten und dem im 7. Jahrhundert eingeführten Islam. Die unzähligen Bräuche und Traditionen bilden dabei die Grundlage einer umfangreichen Kultur, welche vor allem in der Lebensweise der Beduinen zum Ausdruck kommen, die traditionell in der Wüste lebten. Die Zugehörigkeit zu Familien und den weiteren Clans ist in dieser Kultur dabei sehr wichtig. Kuwait ist als eine sehr religiöse und sozial-konservative Gesellschaft zu definieren. Mit der Entdeckung von Erdöl und dem angestiegenen Wohlstand veränderte sich der Lebensstil des kuwaitischen Volkes und damit einher geht auch eine verstärkte Liberalisierung, vor allem im Vergleich zu seinen arabischen Nachbarstaaten. Durch das eingeführte Wahlrecht für Frauen und die Beteiligung am öffentlichen und beruflichen Leben hat sich die Position der Frau erheblich verbessert.

Die breite politische Landschaft im kuwaitischen Parlament wie auch die freie Berichterstattung der nationalen Medien in TV, Radio und Printmedien weisen auf einen fortschreitenden Demokratisierungsprozess hin. Jedoch erschweren Diskussionen um eine „Kuwaitisierung" der Gesellschaft aufgrund des hohen Ausländeranteils immer wieder den Kampf um weitreichendere Rechte für Ausländer.

Wirtschaftsstruktur

Im 18. und 19. Jahrhundert basierte Kuwaits Wirtschaft weitgehend auf dem internationalen Handel und war ein wichtiger Handelspunkt zwischen den Golfstaaten, Asien, Afrika und Europa. Mit der Entdeckung des Erdöls in Kuwait (1938), das seit 1946 gefördert wird, stieg das Land nach dem Zweiten Weltkrieg zum größten Erdölproduzenten am Persischen Golf auf und zählt seitdem zu einem der wichtigsten Erdölproduzenten der Welt. Kuwaits Erdölreserven werden auf 101,5 Mrd. Barrel geschätzt, die bei der derzeitigen Fördermenge nach ca. 100 Jahren erschöpft sein werden. Mit über 50 Prozent Anteil am BIP ist der Ölsektor der bedeutendste Wirtschaftszweig in Kuwait. Weitere Einnahmen werden durch den Dienstleistungssektor, den Finanzsektor und Immobilien generiert.

Wegen der schlechten Bedingungen für die Landwirtschaft (heißes Klima, schlechter Boden und Wassermangel) können nur Produkte wie Kartoffeln, Tomaten, Gurken, Auberginen, Datteln sowie solche aus Geflügelzucht und Fischerei für den Binnenmarkt erzeugt werden. Daher arbeitet nur lediglich 1 Prozent der Beschäftigten in der Landwirtschaft.

Die Wirtschaftsdaten Kuwaits weisen im internationalen Vergleich aber trotzdem eine sehr gute Bilanz auf. Der kuwaitische Außenhandel belief sich 2013 auf 121 Mrd. USD, davon betrafen Exporte 95,7 Mrd. USD und Importe 24,2 Mrd. USD, was einem Exportüberschuss von über 71,5 Mrd. USD entspricht. Öl und Ölprodukte stellen 92 Prozent der Exporte Kuwaits dar. Wichtigste Importgüter sind Maschinen und Transportmittel (40,2 Prozent), industrielle Vorprodukte (16,6 Prozent), Nahrungsmittel sowie Vieh (14,5 Prozent) und Fertigwaren (14,1 Prozent). Die bedeutendsten Handelspartner waren in Bezug auf den Export Japan, Indien, Südkorea, China und die USA, in Bezug auf den Import die USA, Brasilien, China, Japan und Deutschland.

Um den Außenhandel weiter voranzutreiben, ist Kuwait Mitglied des Golf-Kooperationsrates (GKR), des Internationalen Währungsfonds (IWF), der Welthandelsorganisation (WTO), der Weltbank, der OPEC und der OAPEC (Organization of Arab Petroleum Exporting Countries).

Durch die Einbußen aufgrund des gesunkenen Ölpreises der letzten Jahre und den parallel dazu ansteigenden Ansprüchen und hohen Kosten des kuwaitischen Sozialsystems gerät die kuwaitische Finanzierungsbilanz unter Druck. Daher investiert Kuwait seine Überschüsse immer mehr in ausländische Unternehmen. Mit dem Ziel der Diversifizierung ihrer Wirtschaft bemüht sich die Regierung aber auch um höhere Investitionen aus dem Ausland. Mit dem neuen Investitionsgesetz werden dabei keine Vorgaben mehr für eine Mehrheitsbeteiligung durch kuwaitische Teilhaber verlangt. Zudem wurde der Steuersatz für ausländische Firmen von bis zu 55 Prozent auf 15 Prozent gesenkt.

Das Parlament verabschiedete zudem 2009 einen 5-Jahres-Entwicklungsplan für 2010–2015. Dabei möchte die Regierung mit einem Budget von 131 Mrd. USD die Wirtschaftsstruktur modernisieren und diversifizieren und z.B. den Standort als Handels- und Finanzzentrum ausbauen sowie den Bau eines Mega-Container-Hafens auf der Insel Bubiyan, den Bau von Eisenbahn- und Metronetzen und den Bau von Wohnungen vorantreiben. Dem wirken aber vor allem ein lähmender Konflikt zwischen Regierung und Parlament, der große Verwaltungsapparat und langsame Entscheidungsprozesse entgegen.

Aktuelle politische Entwicklung

Die innenpolitischen Diskussionen in Parlament und Öffentlichkeit kreisten in den letzten Jahren oft um die Thematik der großen Ausgaben bei den Löhnen, Sozialleistungen und Subventionen für die kuwaitische Bevölkerung. Die Einnahmen aus den Erdölvorkommen reichen nicht aus, um dem hohen Niveau und weiter steigenden Ansprüchen in Kombination mit der steigenden Bevölkerungszahl zu genügen. In diesem Zusammenhang werden Maßnahmen zu einer breiter aufgestellten Wirtschaft, die Privatisierung von staatlichen Unternehmen, ein Auslandsinvestitionsgesetz, Steuerreformen und der Abbau von staatlichen Bürokratien diskutiert, um höhere Staatseinnahmen zu erzielen und Ausgaben zu reduzieren.

Kuwait hat ein gewähltes Parlament, das sich aber nur aus Männern zusammensetzt. Trotz dieses Entscheidungsgremiums liegt die politische Entscheidungsgewalt nahezu ausschließlich in den Händen der Familie des Scheichs. Und trotz vieler Reformen im Staatsaufbau hält die Herrscherfamilie weiterhin weitreichende Machtbefugnisse auf allen Ebenen und verhindert damit die Etablierung einer funktionierenden Demokratie. So wird ein Drittel des Parlaments von der Herrschaftsfamilie ernannt und damit nur zwei Drittel tatsächlich von der Bevölkerung gewählt.

Inspiriert von den Protesten des „Arabischen Frühlings" im März 2011 demonstrierten auch in Kuwait einige Hunderte junge Menschen für politische Reformen und eine größere Macht für das Parlament. Mit harter Hand gegenüber Protesten, gegen die Auflösung des Parlaments, die Blockierung von Gesetzesentwürfen, die Einsperrung des muslimischen Oppositionsführers Mussallam al-Barrak und die Schließung oppositioneller Fernsehsender, provozierte der Emir eine Spirale gewalttätiger Demonstrationen auf den Straßen von Kuwait City und eine Radikalisierung der Jugend.

Dem Ziel der Absetzung des Premierministers und der Regierung, denen vor allem Korruption vorgeworfen wurde, ist nur mit großem Zögern entsprochen worden. Trotz des Rücktritts des Premierministers verstärkten sich die Proteste weiter. Nach dem Wahlboykott der islamischen Kräfte gewannen im Juli 2013 liberale und kleinere lokale Parteien die dritten Parlamentswahlen, die innerhalb von nur 18 Monaten abgehalten wurden. Bei der Regierungsbildung behielt Scheich Jaber Al-Mubarak Al-Hamad Al-Sabah sein Amt als neuer und alter Ministerpräsident. Forderungen nach einer Erleichterung der Erteilung der kuwaitischen Staatsbürgerschaft und besseren Arbeitsbedingungen von vor allem ausländischen arabischen Aktivisten wurden verwehrt.

Obwohl Meinungs- und Pressefreiheit in der Verfassung verankert sind, werden laut Amnesty International die freie Meinungsäußerung und Versammlungsfreiheit massiv eingeschränkt. Vor allem die Rechte für Beduinen und Ausländer sind stark beeinträchtigt, wie beispielsweise der Zugang zum Bildungssystem, zu gesundheitlicher Versorgung sowie das Wahl- und Arbeitsrecht. Durch die oftmals ausartende Polizeigewalt wird offene Kritik seitens der kuwaitischen Regierung schon früh im Keim erstickt.

Neben einer regierungsamtlichen Informationspolitik existieren 15 private Fernsehsender und eine große Spannbreite an privaten Printmedien, die das ganze meinungsbildende politische Spektrum im Land – von liberal über islamisch-fundamentalistisch bis konservativ-nationalistisch – widerspiegeln. Auch wenn die Berichterstattung zu innen- wie außenpolitischen Themen sehr kritisch ist, unterliegt sie Einschränkungen, wie z. B. betreffend die Kritik des Emirs und der Herrscherfamilie. Zudem werden ausländische und elektronische Medien überwacht und gegebenenfalls auch zensiert.

Kuwait richtet sich in der Justiz nach der Scharia und verhängt damit auch Leibes- und Todesstrafen. Nach offiziellen Angaben nehmen die Hinrichtungen stetig ab, da Todesstrafen oftmals in Haftstrafen umgewandelt werden. Jedoch häufen sich die Anschuldigungen, dass Häftlinge durch Misshandlungen und Folter ums Leben gekommen sind.

Äußerst pikant ist die Situation der arbeitsrechtlichen Bedingungen in Kuwait. Obgleich Kuwait Mitglied der Internationalen Arbeitsorganisation (ILO) ist, kommen die Unternehmen deren Erfordernissen nur unzureichend nach. Vor allem beim Schutz von Rechten ausländischer Arbeiter besteht ein großes Defizit. 2012 forderte der Ausschuss für die Beseitigung der Rassendiskriminierung der Vereinten Nationen Kuwait auf, die Rechte der ausländischen Arbeiter einzuhalten. Neben der Unfallgefahr für Bauarbeiter wegen geringer Sicherheitsstandards sind es vor allem die weiblichen Hausangestellten, die misshandelt werden.

Die Bestimmungsfaktoren der Außenpolitik Kuwaits werden vor allem durch das Ziel der Friedenssicherung geleitet. Hierzu dienen vor allem die Versuche eines Aufbaus guter Beziehungen zu den Nachbarstaaten Saudi-Arabien, Irak und Iran, der Ausbau und eine tiefere Zusammenarbeit des Golf-Kooperationsrates (GCC) und der Arabischen Liga als regionale Organisationen wie die enge Zusammenarbeit mit den USA als Partner und Garant für die eigene staatliche Souveränität. Darüber hinaus ist Kuwait auch an einer Zusammenarbeit mit der NATO interessiert. Das Land ist der Istanbul Cooperation Initiative (ICI) der NATO beigetreten. Zudem wurde die Kooperation – politisch wie auch wirtschaftlich – mit der Europäischen Union ausgeweitet.

Kuwait nimmt eine Schlüsselposition im Mittleren Osten ein. Das Land unterstützte die anderen arabischen Staaten im Krieg gegen Israel 1967 und 1973 mit finanziellen Mitteln von rund 500 Mio. USD. Kuwait sieht sich heute als das zukünftige „Tor zum neuen Irak“ und hat ein vitales

Interesse an dessen Stabilisierung und an der Entwicklung guter bilateraler Beziehungen.

Die Frage der Anerkennung der 1993 vom Sicherheitsrat der Vereinten Nationen festgelegten Grenze zwischen Kuwait und dem Irak hat sich mit dem Beginn der gemeinsamen Arbeiten zur Erneuerung der Grenzmarkierungen weitgehend entspannt. Hochrangige Treffen zwischen beiden Regierungen haben 2011 und 2012 zu einer wesentlichen Verbesserung der Beziehungen beider Nachbarstaaten geführt. Auch die Einigung über die Kompensation für Kuwait Airways durch den Irak hat zu einer weiteren Entspannung im bilateralen Verhältnis beigetragen. Am 27. Februar 2013 ist erstmals nach der Invasion wieder ein Flugzeug von Irak Airways in Kuwait gelandet. Kuwait befürwortet die Entlassung Iraks aus den vom Sicherheitsrat der Vereinten Nationen beschlossenen Maßnahmen nach der Besetzung Kuwaits, sobald der Irak die ihm auferlegten Leistungen erbracht hat.

Die Beziehungen zu den arabischen Staaten, die während der irakischen Aggression 1990/91 auf der Seite Saddam Husseins standen (Jemen, Jordanien, Sudan, außerdem die PLO), sind inzwischen ebenfalls weitgehend wiederhergestellt. Nach 22 Jahren wurde im Januar 2013 die palästinensische Vertretung in Kuwait wiedereröffnet und ein neuer palästinensischer Botschafter akkreditiert.

Kuwait ist Mitglied der Vereinten Nationen und ihrer Sonderorganisationen, der Arabischen Liga, des Golf-Kooperationsrates (GCC), der Organisation der Islamischen Zusammenarbeit (OIC), der Organisation der erdölexportierenden Länder (OPEC), der Organisation der arabischen erdölexportierenden Länder (OAPEC), des General Agreements on Tariffs and Trade (GATT) und der World Trade Organization (WTO).

Nach 1991 konzentrierte sich die kuwaitische Außenpolitik darauf, freundschaftliche Beziehungen zu den Staaten herzustellen, die in der Kriegskoalition gegen den Irak vertreten waren. Aus diesem Grund unterhält das Land besonders enge Kontakte zu Saudi-Arabien, mit dem es die Bedrohung durch Saddam Hussein in der Vergangenheit gemein hatte. Der Süden Kuwaits liegt zudem in einer geteilten neutralen Zone mit Saudi-Arabien. Alle Kosten und Einnahmen aus Bodenschätzen in der gesamten neutralen Zone, also sowohl auf kuwaitischer als auch auf saudischer Seite, werden zu gleichen Teilen mit Saudi-Arabien geteilt.

Auch im Rahmen des Golf-Kooperationsrates lehnt sich Kuwait eng an Saudi-Arabien an.

Die Beziehungen mit dem Iran, die durch die kuwaitische Unterstützung Iraks im irakisch-iranischen Krieg belastet waren, nahmen im Laufe der Jahre wieder Fahrt auf. Bereits während des Krieges von 1991 verbesserten sich die Beziehungen zwischen beiden Staaten signifikant. Im Jahre 2003 schlossen beide Staaten einen Vertrag über die gegenseitige Versorgung mit Wasser und Gas. Ein Faktor, der die Beziehungen zwischen Kuwait und dem Iran aber weiterhin beeinträchtigen wird, ist die enge Beziehung zwischen Kuwait und den USA. Mit Sorge betrachtet Kuwait weiterhin auch das iranische Nuklearprogramm und die Inbetriebnahme des Kernkraftwerks Bushehr. Kuwait befolgt die von den Vereinten Nationen gegen Iran beschlossenen Sanktionen. Die Beziehungen zwischen Kuwait und dem Iran sind inzwischen aber als durchaus positiv zu bezeichnen. Ein Hinweis in diese Richtung zeigt die Äußerung des kuwaitischen Verteidigungsministers, der den Abschluss eines Militärabkommens mit dem Iran im Dezember 2002 für die gesamte Region des Persischen Golfes begrüßte. Die zwischen den beiden Ländern umstrittene Ausbeutung von Öl- und Gasvorkommen im Offshore-Bereich hängt von der künftigen Festlegung der Seegrenzen zwischen Kuwait, Saudi Arabien und dem Iran ab.

Aufgrund der gewalttätigen Auseinandersetzungen in Syrien berief Kuwait in Übereinstimmung mit der Mehrheit der Mitgliedstaaten des Golf-Kooperationsrates seinen Botschafter aus Damaskus ab und schloss die Botschaft. Der Botschafter Syriens in Kuwait wurde, unter Beibehaltung der Botschaft, des Landes verwiesen.

Von Beginn der 1960er Jahre an erstarkten in Kuwait panarabische Gruppierungen wie auch radikale Gruppen. Auch in den Wahlen spiegeln sich diese Einstellungen wider; so gewannen radikal-islamische Kräfte bei den Parlamentswahlen über die Jahre an Stimmen und Sitzen. Obwohl das Parlament nur über einen sehr begrenzten Einfluss verfügt, gab es 2003 im Vorfeld des US-Feldzuges gegen den Irak starke Spannungen zwischen der Königsfamilie und dem Parlament, da die islamischen Kräfte im Abgeordnetenhaus gegen einen US-Einmarsch im Irak votierten.

Nach dem 11. September 2001 hatte die kuwaitische Politik insgesamt mit der anti-amerikanischen Stimmung zu kämpfen. Diese Haltung wurde durch die kuwaitische Unterstützung des Krieges von 2003 noch einmal verstärkt. Auch 2008 gewannen die radikal-islamischen Kräfte in den Parlamentswahlen weiter an Stimmen, besetzten mehr als 50 Prozent der Sitze und votierten gegen einen US-Einmarsch. Die starke Macht des Emirs unterstützte – gegen den Willen des Abgeordnetenhauses – die Anti-Terror-Allianz gegen Saddam Hussein wie auch die Terror-Gruppen in Afghanistan.

Diese enge Verbindung der letzten Jahrzehnte zwischen Kuwait und den USA nutzt gegenwärtig die Terrorgruppe „Islamischer Staat" (IS). Die Terrorgruppe IS, die seit Mai 2014 in Syrien und Irak gewaltsam große Teile der Territorien einnahm und den Sturz der Regierungen erstrebt, um die Errichtung eines „Kalifats" aufzubauen, droht nun mit einer Invasion Kuwaits. Ziel ist es, die USA wieder auf das Kriegsfeld im Nahen Osten zu bringen. IS-Anführer Abu Bakr al-Baghdadi droht dabei: „Eine Invasion auf Kuwait wäre eine Abrechnung mit den USA", und weiter: „Wir können sie (USA) nicht erreichen, aber sie werden selber zu uns kommen – nach unserer Attacke auf Kuwait."

Dies zeigen die jüngsten Terroranschläge, wie der Anschlag auf eine schiitische Moschee in Kuwait-Stadt während der Freitagsgebete, bei dem 27 Menschen getötet wurden und zu dem sich der IS bekannt hat. Für die nahe Zukunft ist daher zu erwarten, dass Kuwait den weiteren Ausbau einer stabilisierenden und friedenssichernden Außenpolitik mit seinen Nachbarn und der arabischen Region anstrebt, sich aber weiterhin auf die US-amerikanischen Sicherheitsgarantien verlassen wird.

Literatur

Beck, M. (2009): Der Nahe Osten im Umbruch: zwischen Transformation und Autoritarismus. Wiesbaden.

Crystal, J. (1990): Oil and Politics in the Gulf: Rulers and Merchants in Kuwait and Qatar. Cambridge.

Crystal, J. (1993): 'Kuwait: Post-War Society'. In: Metz, H. Ch. (Hg.) The Persian Gulf States: A County Study. Washington.

Elger, R. u. Stolleis, F. (Hg.) (2012): Kleines Islam-Lexikon. Geschichte – Alltag – Kultur, 5. Auflage. München.

Fisher, S. N. u. Ochsenwald, W. (1990): The Middle East: A History. New York.

Foley, S. (2003): 'The Gulf Arabs and the New Iraq: The Most to Gain and The Most to Lose?' In: Middle East Review of International Affairs, vol. 7, no. 2, pp. 24–43.

Freedman, R. O. (ed.) (1993): The Middle East after Iraq's invasion of Kuwait. Gainsville.

Gieler, W. u. Inat, K. (2005): Foreign Policy of States: A Handbook on World Affairs. Istanbul.

Hermes, R. (2014): Das politische System in Kuwait und die Rolle der Diwaniyyat. München.

Hinnebusch, R. u. Ehteshami, A. (2002): The Foreign Policies of Middle East States, 2nd ed. Boulder.

Katzman, K. (2014): Kuwait: Security, Reform, and U.S. Policy. Washington.

Koch, Chr. (2000): Politische Entwicklung in einem arabischen Golfstaat: Die Rolle von Interessengruppen im Emirat Kuwait. Berlin.

Kochwasser, F. H. (1975): Kuwait: Geschichte, Wesen und Funktion eines modernen arabischen Staates, 2. Auflage. Tübingen.

Lawson, F. H. (2001): 'Rethinking the Iraqi Invasion of Kuwait'. In: The Review of International Affairs, vol. 1, no. 1, pp. 1–20.

Loewenstein, B. A. (2010): 'The Veiled Protectorate of Kuwait: Liberalized Imperalized Imperialism and British Efforts to Influence Kuwaiti Domestic Policy during the Reign of Sheikh Ahmad al-Jaber, 1938–50'. In: Middle Eastern Studies, vol. 36, no. 2, pp. 103–123.

Luchs, R. (2007): ‚Der große Knall wird kommen – Die Terrorgruppe Al-Qaida im islamischen Maghreb nutzt die soziale Unzufriedenheit', in: Das Parlament Nr. 22–23, 29.5.2007.

Mansfield, P. (1990): Kuwait: Vanguard of the Gulf. Washington.

Schofield, R. (ed.) (1992): Arabian Boundary Disputes. Slough.

Schwedler, H.-U. (1985): Arbeitsmigration und urbaner Wandel: Eine Studie über Arbeitskräftewanderung und räumliche Segregation in orientalischen Städten am Beispiel Kuwaits. Berlin.

Schwedler, H.-U. (1999): ‚Stadtstaat in der Krise?' In: Scholz, F. (Hg.): Die kleinen Golfstaaten, 2. Aufl., S. 117–147. Gotha.

Schwedler, H.-U. (2004): ‚Kuwait: Stadtentwicklung im Wandel der Zeiten‘. In: Meyer, G. (Hg.): Die Arabische Welt im Spiegel der Kulturgeographie. Zentrum für Forschung zur Arabischen Welt, S. 92–101. Mainz.

Stöger, C. J. (2003): Kuwait: Öl, Macht und Ohnmacht. Berlin.

Tetreault, M. A. (2000): 'Kuwait's Unhappy Anniversary'. In: Middle East Policy, vol. 7, no. 3, pp. 67–77.

U.S. Department of State (2005): Background Note: Kuwait. http://www.state.gov/r/pa/ei/bgn/35876.htm; 24. April 2006 [22.12.2015].

USA IBP (2003): Kuwait Foreign Policy and Government Guide. Washington D.C.

Whitbeck, J. V. (2003): 'Middles East Surprises for Americans and Not Only in Iraq'. In: Washington Report on Middle East Affairs, vol. 22, no. 7, p. 11.

Wolf-Dieter Lassotta

Libanon

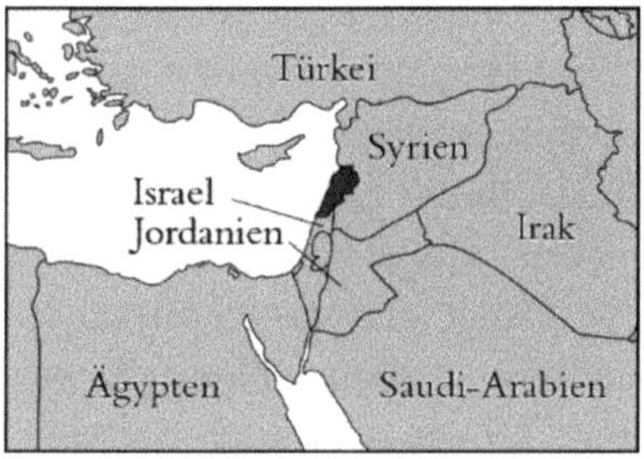

Offizieller Name:	Libanesische Republik
Staatsform:	Parlamentarische Republik
Unabhängigkeit:	22. November 1943 (von Frankreich)
Nationalfeiertag:	22. November (Unabhängigkeitstag)
Hauptstadt:	Beirut
Lage:	Östliches Mittelmeer
Fläche:	10.452 qkm (Weltrang: 163)
Bevölkerung:	5,9 Millionen (Weltrang: 112)
Landesstruktur:	6 Gouvernorate, die sich aus 25 Distrikten zusammensetzen
Sprachen:	Arabisch (Amtssprache); Minderheitensprachen: Armenisch, Aramäisch und Kurdisch; Verkehrssprache: Französisch
Religionen:	Islam (54 Prozent), Christentum (40,5 Prozent), Drusen (5,6 Prozent)
Währung:	Libanesisches Pfund (LBP)
Wirtschaftszweige:	Landwirtschaft, Industrie und Dienstleistungen; Exportgüter: Nahrungsmittel, Schmuck, chemische Erzeugnisse, Maschinen und Elektrogeräte, Metallprodukte und Papier
Mitgliedschaften:	AFESD, AMF, CAEU, FAO, G-24, G-77, IAEA, IBRD, IDA, IDB, IFRCS, ILO, IMF, Interpol, IOC, LAS, NAM, OIC, OPCW, UN, UNCTAD, UNESCO, UNHCR, UNIDO, WHO, WMO, WTO (Beobachter)
Wichtigste Medien:	Fernsehsender nach konfessioneller Zugehörigkeit oder politischen Strömungen; Tageszeitungen: al-Akhbar (antiimperialistisch, progressiv, Partner von Wikileaks), The Daily Star (englischsprachig, vor allem für Libanesen im Ausland), an-Nahar (größte Tageszeitung im Libanon, liberal), L'Orient-Le Jour (französischsprachig, überwiegend christliche Leser), as-Safir (links, USA-kritisch, intellektuell)

Naturraum und geographische Rahmenbedingungen

Der Libanon lässt sich grob in vier Landschaftszonen gliedern. Im Westen des Landes liegt ein schmaler, 225 km langer Küstenstreifen am Mittelmeer, der im Norden und Süden breiter wird. Östlich davon schließt sich das Libanon-Gebirge an. Diese Gebirgskette ist der Namensgeber des Landes. Sie erstreckt sich ca. 170 km nach Südwesten parallel zur Küstenlinie. Die höchste Erhebung des stark verkarsteten Kalk- und Sandsteinrückens ist mit einer Höhe von 3.088 m der Qurnat as-Sauda im nördlichen Teil der Bergkette. Antiken Quellen zufolge waren die Berge früher mit Eichen- und Pinienwäldern bedeckt. Einige geringe Restbestände der Libanon-Zeder finden sich heute noch dort. Je nach Höhenlage werden auf den Hängen Südfrüchte, Wein, Tabak, Oliven oder auch Getreide angebaut. Im Winter sind die Gipfel des Libanon-Gebirges schneebedeckt und werden als Skigebiete genutzt.

Im Osten begrenzt das knapp 3.000 m Hermonmassiv und der Anti-Libanon-Gebirgszug den Libanon nach Syrien. Der größte Teil des Anti-Libanon liegt bereits in Syrien. Wegen der starken Verkarstung und der Trockenheit ist der Anti-Libanon nur dünn besiedelt. Überweidung durch Ziegen und Schafe haben zu starken Bodenerosionen geführt. Auch hier sind kaum noch Wälder vorhanden.

Zwischen den beiden Gebirgsketten liegt die Bekaa-Ebene als vierte Landschaftszone des Libanons. Sie erstreckt sich auf einer Länge von ca. 120 km und ist zwischen acht und zwölf km breit. Die Bekaa-Ebene liegt im Regenschatten des Libanon-Gebirgszuges, das Klima ist damit kontinental geprägt. Durch künstliche Bewässerung lässt sich das Gebiet allerdings landwirtschaftlich so nutzen, dass Teile der Ebene als Obst- und Gemüsekammer des Landes bezeichnet werden. In der Ebene entspringen zwei Flüsse: der Orontes fließt Richtung Norden und überquert die syrische Grenze, der Litani durchfließt die Ebene nach Süden. Er liegt vollständig auf libanesischem Staatsgebiet und ist mit 140 Kilometern der längste Fluss des Landes.

Das Klima des Landes ist den einzelnen Landschaftszonen entsprechend sehr unterschiedlich. Die Küstenregion ist mediterran geprägt: schwül und heiß im Sommer (28 °C Durchschnittstemperatur im Juli), im Winter feucht und kühler (13 °C im Januar). In der kontinentalen Bekaa-Ebene dominieren heiße und trockene Sommer und kalte sowie schneearme Winter. In den

Gebirgsketten gibt es viel Niederschlag, auch die Sommer sind hier relativ kühl. Obwohl der Libanon ausreichend Wasservorräte hat, sind manche Teile des Landes von zunehmender Wüstenbildung betroffen.

Der Libanon hat mit erheblichen Umweltproblemen zu kämpfen. Zunehmende Urbanisierungstendenzen, aber auch die Nachwirkungen der kriegerischen Auseinandersetzungen schädigen die Ökologie des Landes empfindlich. In den landwirtschaftlich genutzten Gebieten führen Überdüngung und der massive Einsatz von Pestiziden und Insektiziden zu Umweltschäden. Das Land hat kaum Bodenschätze. Zwar sind Eisenerz, Kupfer und andere Rohstoffe vorhanden, eine Förderung findet aber nicht statt. Im Jahr 2010 wurde vor der Levante ein großes Gasfeld entdeckt. Auch Ölvorkommen werden vermutet. Der Libanon hat Anspruch auf die Förderung der dortigen Vorkommen angemeldet und dieses Anliegen auch vor der UN vorgebracht.

Geschichtliche Entwicklung bis zur Unabhängigkeit

Das Gebiet des Libanons spielt als Teil von Königreichen und anderen Herrschaftsgebieten eine große historische Rolle. Zur Ausbildung eines libanesischen Nationalverständnisses kam es aber erst im 19. Jahrhundert. Im Mittelalter war das Gebiet des heutigen Libanons Teil von Kreuzfahrerstaaten, die im ausgehenden 13. Jahrhundert von den Mamelucken nach der Vertreibung der Kreuzfahrer aufgelöst wurden. Mit dem Untergang des Mameluckenreichs gelangte der Libanon ebenso wie Syrien unter osmanische Herrschaft. Bereits im 16. Jahrhundert konnten Emire der Drusen eine gewisse Unabhängigkeit erreichen.

Der zunehmende Nationalismus im Vielvölkerstaat des Osmanischen Reiches führte im 19. Jahrhundert zu einer Schwächung der Zentralgewalt. Dadurch konnten nicht nur regionale, sondern auch europäische Mächte ihren Einfluss auf lokale Gruppen und Eliten ausbauen. Diese Gruppen differenzierten sich häufig nach unterschiedlichen Religionszugehörigkeiten. Besonders zwischen Drusen und Christen kam es zunehmend zu Spannungen. Um die Mitte des 19. Jahrhunderts eskalierte dieser Konflikt und mündete in bewaffnete Auseinandersetzungen und antichristliche Pogrome. Die europäischen Mächte setzten daraufhin eine eingeschränkte Unabhängigkeit des Libanons durch. Die Religionsgemeinschaften wurden politisch proportional repräsentiert. Ein christlicher, mit der katholischen Kirche unierter Gouverneur, der nicht aus dem Libanon selber stammen durfte, führte die Provinz. Die europäischen Mächte hatten ein Mitspracherecht bei der Einsetzung des Gouverneurs. Eine internationale Kommission überwachte die Eigenständigkeit des Libanons. In dieser Zeit erlebte der Libanon eine wirtschaftliche und kulturelle Blütezeit.

Im Ersten Weltkrieg stand der Libanon unter der Militärverwaltung des Osmanischen Reiches. In Beirut, ähnlich wie in anderen Städten des Osmanischen Reiches, organisierte sich eine Nationalbewegung, die aber blutig unterdrückt wurde. Infolge des Krieges kam es zu Hungersnöten und Seuchen, mit bis zu 100.000 Toten (bei 450.000 libanesischen Einwohnern). Vor allem maronitische Christen waren unter den Opfern. Um der Notsituation zu entgehen, wanderten in dieser Zeit viele Libanesen aus. Auch heute noch gibt es eine große Gemeinschaft von Auslandslibanesen in den USA, in Kanada, Lateinamerika, Australien oder Südafrika, die in der Auswanderung zu Beginn des 20. Jahrhunderts ihre Wurzeln hat. Der Libanon nahm dagegen mehrere hunderttausend Armenier aus Anatolien auf. Diese leben auch heute noch ihre eigenen sprachlichen und kulturellen Traditionen.

Vor allem die Maroniten wollten am Ende des Ersten Weltkrieges einen eigenen Staat durchsetzen. Die christliche Bevölkerung des Libanons war unter dem Schutz der Großmächte und wegen ihres Zugangs zu den europäischen Märkten sozial aufgestiegen. Frankreich als Mandatsmacht unterstützte die Bemühungen, auch um arabischen Nationalisten entgegenzutreten, die Widerstand gegen die Mandatsherrschaft leisteten.

Dem neu entstehenden Staat wurden allerdings auch überwiegend muslimisch besiedelte Gebiete angegliedert. Bei der Staatsgründung betrug ihr Anteil an der Bevölkerung beinahe 50 Prozent. Nicht selten lehnten die Muslime die Neugründung des Staates ab und forderten den Verbleib bei Syrien oder die Bildung eines panarabischen Einheitsstaates. Auch behielt Frankreich weiterhin das Mandat über den Libanon. Im Zweiten Weltkrieg stand der Libanon unter der Kontrolle des Vichy-Regimes, wurde aber von britischen und freifranzösischen Truppen bereits 1941 besetzt. Ende 1941 wurde die Unabhängigkeit des Landes von freifranzösischer Seite bestätigt. Allerdings sollte der Libanon weiterhin unter französischer Kontrolle stehen. Nach den Wahlen im Jahr 1943 kündigte die neue libanesische Regierung die französische Mandatsherrschaft einseitig auf.

Nachdem französische Truppen die Regierungsmitglieder verhaftet hatten, mussten sie auf internationalen Druck hin wieder freigegeben werden. Die Unabhängigkeit des Libanon wurde bestätigt, das Land blieb aber bis 1945 unter alliierter Aufsicht. Die letzten französischen Truppen verließen das Land 1946. Der Kampf um die Unabhängigkeit hatte auch zu einem Kompromiss zwischen muslimischen und christlichen Politikern geführt, die auf eine Teilung der Macht hinarbeiteten und das vorrangige Ziel in der Eigenständigkeit des Libanons sahen.

Bevölkerungsstruktur – speziell ethnische Zusammensetzung

Der Libanon ist eines der am dichtesten besiedelten Gebiete im Levante-Raum. Die Mehrheit der knapp 6 Mio. Einwohner des Landes lebt in den Städten an der Mittelmeerküste. Der Großraum Beirut ist mit 2,2 Mio. Einwohnern das größte Ballungsgebiet. Derzeit halten sich mehr als eine Million syrische Flüchtlinge im Land auf, die UN schätzt, dass die Zahlen noch weiter stark steigen werden. Auch sollen sich im Libanon bis zu 400.000 palästinensische Flüchtlinge über das Land verteilt aufhalten. 95 Prozent der Bevölkerung des Libanon sind Araber. Vier Prozent gehören der armenischen Minderheit an, der Rest verteilt sich auf andere, kleinere Bevölkerungsgruppen.

Mit 54 Prozent machen die Muslime den größten Anteil an den Religionsgemeinschaften des Libanon aus. Jeweils die Hälfte von ihnen sind Sunniten und Schiiten. Zu den christlichen Glaubensgemeinschaften zählen ungefähr 40 Prozent der Einwohner. Den größten Anteil hat die Maronitische Kirche, der ungefähr ein Fünftel der Libanesen angehören. Die verschiedenen christlichen Kirchen im Land gehen häufig auf sehr alte Traditionen zurück. Sie sind im Rahmen des politischen Konfessionalismus im Parlament repräsentiert. Ungefähr fünf Prozent der libanesischen Bevölkerung sind Drusen. Insgesamt sind im Libanon achtzehn Religionsgemeinschaften anerkannt.

Gut zwei Fünftel der Bevölkerung sind unter 25 Jahre alt. Das Durchschnittsalter im Land liegt bei knapp 30 Jahren, die durchschnittliche Lebenserwartung bei gut 77 Jahren. Auf 1.000 Einwohner werden ca. 15 Kinder geboren, die Kindersterblichkeit beträgt knapp acht pro tausend Geburten. Die Alphabetisierungsrate der über 15-Jährigen liegt bei ca. 94 Prozent, wobei die Analphabetenquote bei den Frauen etwas höher ist als bei den Männern. Aufgrund hoher Landflucht in der Vergangenheit leben heute bis zu 90 Prozent der Libanesen in den Städten des Landes.

Amtssprache ist Arabisch. Daneben werden als Minderheitensprachen unter anderem Armenisch, Kurdisch und Aramäisch gesprochen. Als Relikt aus der Zeit als französisches Mandatsgebiet hat sich Französisch als Verkehrssprache erhalten. In jüngerer Zeit gewinnt Englisch vor allem durch den Schulunterricht zunehmend an Bedeutung.

Wirtschaftsstruktur

Die Wirtschaft ist liberal strukturiert. Das Land hat eine lange Freihandelstradition. Es profitiert von zahlreichen Verbindungen ins Ausland, besonders die hohe Zahl von Auslandslibanesen wirkt sich dabei positiv auf das Land aus. Ausländische Investitionen werden nicht verhindert. Trotzdem leidet die Wirtschaft unter überbordender Bürokratie, Korruption, hohen Zöllen, Abgaben und Gebühren und willkürlichen Genehmigungsverfahren sowie einer veralteten Rechtsordnung. Im Korruptionswahrnehmungsindex von Transparency International rangierte der Libanon 2014 auf dem 136. Platz. Vor dem Bürgerkrieg 1975 war der Libanon eines der bedeutendsten Finanzzentren im Nahen Osten. Beirut als Bankenmetropole galt als Bindeglied zwischen Europa und den Staaten der Golfregion. Libanons Stärke beruhte vor allem auf einer breiten Handels- und Dienstleistungswirtschaft. Auch heute noch sind diese Felder die Hauptstützen der libanesischen Wirtschaft.

Nicht nur der 15 Jahre dauernde Bürgerkrieg, sondern auch die Auseinandersetzung mit Israel 2006 haben erhebliche ökonomische Schäden hinterlassen. Dank internationaler Geldgeber war es möglich, schnell an die Beseitigung der Schäden zu gehen, dennoch machen sich die zahlreichen Konflikte der Vergangenheit auch heute noch in der Infrastruktur bemerkbar. Ein Konjunkturprogramm sorgte 2007 für erhöhte öffentliche Investitionen in die Wasser- und Energieversorgung. In den Jahren 2009 und 2010 konnte das Land trotz der Auswirkungen der weltweiten Wirtschaftskrise BIP-Wachstumsraten von sieben bis acht Prozent verzeichnen, nicht zuletzt, weil der Tourismussektor in beiden Jahren boomte.

Der Bürgerkrieg in Syrien hat den Tourismussektor des Libanons erheblich geschädigt. Nach dem Bürgerkrieg im Libanon hatte sich der Tourismus erneut zu einer der wichtigsten Einnahmequellen des Landes entwickelt, auch wenn an das Vorkriegsniveau nie wieder angeknüpft werden konnte. Vor allem Touristen aus der Golfregion sorgten für gute Einnahmen. Syrien fällt seit Beginn des Bürgerkriegs als Handelspartner weitgehend weg, auch der Handel mit den Golfstaaten, die die Hauptabnehmer libanesischer landwirtschaftlicher Produkte waren, geriet ins Stocken. Die enge Verbindung zu den im Ausland lebenden Libanesen garantiert eine relative wirtschaftliche Stabilität, da die Rücküberweisungen pro Jahr ca. acht Mrd. USD ausmachen und somit die schwächelnde Binnenwirtschaft abfangen können.

Das libanesische Bruttoinlandsprodukt lag 2014 bei knapp 50 Mrd. USD. Die geschätzten Wachstumsraten liegen bei zwei bis drei Prozent für 2014 und 2015. 75 Prozent des BIP wird im Dienstleistungssektor erarbeitet. Die Industrie macht ungefähr ein Fünftel aus und die Landwirtschaft hat einen Anteil von ungefähr fünf Prozent.

Ein großes Problem des Libanons ist die hohe Staatsverschuldung. Sie macht für 2015 rund 152 Prozent aus und ist damit eine der höchsten der Welt. Dementsprechend macht der Schuldendienst einen hohen Anteil der Staatsausgaben aus, 40 Prozent der öffentlichen Ausgaben fließen in den Abbau von Schulden. Privatisierungen wurden trotz zahlreicher Ankündigungen immer wieder verschoben. Seit dem Ausbruch des syrischen Bürgerkriegs wird der libanesische Haushalt zunehmend durch Zusatzausgaben für die inzwischen bis zu 1,5 Mio. Flüchtlinge aus Syrien belastet. Gleichzeitig treten die Syrer mit den Libanesen in Konkurrenz um Arbeitsplätze. Bereits heute liegt die Arbeitslosigkeit im Libanon bei fast einem Drittel der Erwerbstätigen. Die Jugendarbeitslosigkeit liegt Schätzungen zufolge sogar bei 50 Prozent. Da die syrischen Flüchtlinge häufig für weniger Lohn und illegal arbeiten, dabei auch auf Arbeitnehmerrechte verzichten und gleichzeitig keine Steuern zahlen, ist die Lage zunehmend angespannt.

Vor der libanesischen Küste werden große Erdgas- und Erdölvorkommen vermutet, mit denen sich im Libanon große Hoffnungen auf eine Verbesserung der angespannten wirtschaftlichen Situation verbinden. Die Reserven werden auf 30 Billionen Kubikfuß Gas und 660 Mio. Barrel Öl geschätzt. Wegen der schwierigen politischen Situation stehen aber noch genaue Gesetzesvorgaben zur Förderung und auch zur Beteiligung ausländischer Lizenzunternehmer aus. Wann die Förderung beginnen kann, ist daher noch nicht klar. Außerdem zeichnen sich bereits jetzt Konflikte über den Verlauf der Meeresgrenzen ab, sodass eine Zugehörigkeit der Vorkommen zu einem Land noch nicht zweifelsfrei geklärt ist.

Die Handelsbilanz des Libanons ist negativ. Während 2014 Waren im Wert von ca. 19 Mrd. USD importiert wurden, konnten nur 3,7 Mrd. USD mit dem Verkauf eigener Produkte erzielt werden. Eingeführt werden vor allem Erdölerzeugnisse, Kraftfahrzeuge, elektrische Maschinen, chemische Erzeugnisse, Kleidung, Fleisch und lebende Tiere, Konsumgüter, Papier, Textil-Gewebe und Tabak. Verkauft werden Nahrungsmittel, Schmuck, chemische Erzeugnisse, Maschinen und Elektrogeräte, Metalle und Metallprodukte sowie Papier und Papierprodukte. Die wichtigsten Abnehmer des Libanons sind die USA, Italien, China, Frankreich und Deutschland. Da der libanesische Export in der Vergangenheit vor allem über Syrien abgewickelt wurde, hat sich die Exportsituation erheblich verschlechtert. Alternativ eingerichtete, staatlich geförderte Seerouten konnten sich viele kleine Exporteure nicht leisten, allerdings hatten die Maßnahmen positive Auswirkungen auf die Wirtschaftsleistung des Hafens von Beirut.

Ohne den Banken- und Finanzsektor stünde die libanesische Wirtschaft noch schlechter da. Zwar befinden sich die Banken in großer Abhängigkeit von den Einlagen der Auslandslibanesen, diese jedoch zeichnen sich durch eine hohe Stabilität aus. Auch in den vergangenen Jahren stiegen die Einlagen weiter an. Die Vereinten Nationen haben seit 2006 Finanzsanktionen verhängt, die die Finanzierung von militärischen Aktivitäten verhindern sollen.

Vorrangige Aufgabe in den nächsten Jahren wird die Bekämpfung der Arbeitslosigkeit, vor allem unter Jugendlichen, und die Lösung der Schwierigkeiten sein, die im Zusammenhang mit den syrischen Flüchtlingen auftreten. Angesichts der konfliktreichen Lage in der Region ist eine Wiederbelebung z. B. des Tourismussektors in den nächsten Jahren aber wenig wahrscheinlich.

Aktuelle politische Entwicklung

Nach der Unabhängigkeitserklärung gehörte der Libanon 1945 zu den Gründungsmitgliedern der Vereinten Nationen. Eine stark wachsende Wirtschaft ließ den Libanon zu einem wichtigen Handelszentrum im Nahen Osten aufsteigen. Unterdessen blieben die innenpolitischen Spannungen zwischen Muslimen und Christen bestehen. Die Gründung des Staates Israel trug zur Verschärfung der Spannungen bei, da palästinensische Flüchtlinge den Anteil der Muslime im Vergleich zu anderen konfessionellen Gruppen ansteigen ließen. Im Palästinakrieg beteiligte sich der Libanon nur mit wenigen Truppen am Krieg gegen Israel. Obwohl 1949 ein Waffenstillstandsabkommen geschlossen wurde, befinden sich beide Länder aus Sicht des Libanons formal weiterhin im Kriegszustand. Innenpolitisch verschärften gegensätzliche politische Ausrichtungen den Konflikt zwischen den einzelnen konfessionellen Gruppen.

Ziel der libanesischen Christen war es, die Unabhängigkeit des Landes und die eigene privilegierte Position zu sichern. Das erhoffte man sich durch Bündnisse vor allem mit westlichen Staaten. Die libanesischen Muslime dagegen bemühten sich um eine engere Einbindung des Landes in die arabisch-muslimische Welt. Bei der Gründung des Staates war allerdings festgelegt worden, dass der Libanon in alle Richtungen unabhängig bleiben sollte. Alle Religionsgruppen sollten, proportional ihres Bevölkerungsanteils, an der Macht beteiligt werden. Durch diese demonstrative Unabhängigkeit nach außen hin und die Machtteilung im Inneren wurde der Libanon lange Zeit als „Schweiz des Orients“ bezeichnet.

Das Proporzsystem der Religionen barg allerdings gewaltige Probleme in sich. Die Vertretung der einzelnen Bevölkerungsgruppen über den politischen Konfessionalismus führte zu einer höheren Loyalität gegenüber der eigenen Religionsgruppe als gegenüber dem Gemeinwesen. Die Parteien sind in der Regel alleinige Vertretungen der als Religionsgemeinschaften anerkannten Bevölkerungsgruppen. Nur über die Zugehörigkeit zu einer religiösen Gemeinschaft ist die Teilhabe am Staat und an der Gesellschaft möglich. Durch diese Organisation des Staates wurde ein weiterführender Demokratisierungsprozess verhindert, zivile Regelungsmechanismen für Konflikte existieren nicht.

Bereits 1958 kam es zu einer ersten Krise zwischen den Gruppierungen, die eine unterschiedliche außenpolitische Ausrichtung des Landes forderten. Auch soziale Ungleichheiten zwischen den einzelnen Gruppen schürten den Konflikt, der erst nach einer Intervention der USA gelöst werden konnte. In den Folgejahren waren vor allem der Zuzug palästinensischer Flüchtlinge und die Operation palästinensischer Guerillatruppen problematisch für die Stabilität des Landes. Dennoch verzeichnete der Libanon in den frühen 1960er Jahren hohe wirtschaftliche Wachstumsraten. Das Bildungssystem wurde systematisch ausgebaut. Am Ende des Jahrzehnts ließ der Zusammenbruch mehrerer libanesischer Banken die wirtschaftliche Stabilität des Landes einbrechen.

Im Nahostkonflikt hatte sich der Libanon bis Ende der 1960er Jahre weitgehend neutral verhalten. Auf Druck der arabischen Liga und nach gewaltsamen Auseinandersetzungen zwischen der libanesischen Armee und der PLO im Libanon musste das Land 1969 ein Abkommen mit der PLO unter Jassir Arafat unterzeichnen, das es den palästinensischen Befreiungsorganisationen ermöglichte, die Flüchtlingslager im Libanon zur Rekrutierung bewaffneter Einheiten zur Verfügung zu stellen. Damit hatte der Libanon nun nicht nur unmittelbar Anteil am Nahostkonflikt, sondern gab auch als Staat sein Gewaltmonopol auf. Die Flüchtlingslager entwickelten sich zu nicht durch den Staat kontrollierten Zonen innerhalb des eigenen Territoriums. Bis heute haben die libanesische Polizei und die Armee dort keinen Zutritt.

Das veränderte Gleichgewicht und Verhältnis der einzelnen Konfessionen zueinander, die verschärften sozialen Konflikte und die Etablierung der palästinensischen Kommandostrukturen im Südlibanon führten zum Ausbruch des Bürgerkriegs Mitte der 1970er Jahre. Durch die Einmischung anderer Staaten gewann der Konflikt zusätzlich an Schärfe; Syrien, Israel und auch der Iran griffen mehrmals, auch mit eigenen Interessen, in den Konflikt ein.

Der Bürgerkrieg führte auch zu der Entstehung eines weiteren militärischen, inzwischen aber auch sozialen und politischen Machtfaktors im Libanon, der schiitischen Hisbollah. Gegründet wurde sie als Reaktion auf die militärischen Aktionen Israels im Süden des Libanons, unter denen besonders die schiitische Bevölkerung zu leiden hatte. Mit der Hilfe des Irans nach der Islamischen Revolution sollte sie außerdem die Position der Schiiten innerhalb des komplizierten konfessionellen Geflechts des Landes stärken. Bis heute wird die Hisbollah von Israel, Kanada und den USA als Terrororganisation eingestuft. Die EU sieht nur in der Hisbollah-Miliz eine terroristische Vereinigung. Finanziert wird die Hisbollah vom Iran, der sie auch mit Waffen versorgt. Seit 1992 trat die Hisbollah auch als politische

Partei auf, stellt Parlamentsabgeordnete und war in mehreren Kabinetten der Regierung des Libanons vertreten. Sie unterstützt und trägt Schulen, Krankenhäuser und Hilfsorganisationen für Muslime, vertreibt darüber aber auch antisemitische Propaganda und rekrutiert ihren Nachwuchs.

Der libanesische Bürgerkrieg konnte erst 1990 beendet werden. Lange Zeit war weder militärisch noch diplomatisch eine Lösung des Konflikts möglich. Eine Initiative der Arabischen Liga führte 1989 zum Abkommen von Taif, mit dem die Grundlage für Frieden im Land geschaffen wurde. Innenpolitisch wurden Modifikationen des Verhältnisses der einzelnen Konfessionen ausgehandelt. Der Wiederaufbau des Landes und die Durchsetzung der staatlichen Autorität wurden als Ziele aller Gruppen vereinbart. Um das Friedensabkommen zu sichern, stationierte Syrien auf Anfrage der Konfliktparteien 30.000 Soldaten im Libanon. Sie sollten die Bürgerkriegsparteien entwaffnen. Allein die Hisbollah, die weiterhin gegen die israelische Besatzung kämpfte, sollte ihre Waffen behalten dürfen. Der Bürgerkrieg hat bis zu 150.000 Menschenleben gekostet, 800.000 Menschen flohen ins Ausland.

Die syrische Besatzungsmacht sorgte bis 2005 dafür, dass alle libanesischen Regierungen ihre harte Haltung gegenüber Israel und den USA beibehielten. Nach dem Abzug der syrischen Truppen 2005, als Folge der Zedernrevolution, forderten die libanesischen Sunniten und Teile der Christen eine Öffnung gegenüber anderen, überwiegend sunnitischen Staaten mit einer moderaten und prowestlichen Ausrichtung. Die Schiiten und Teile der Christen beharrten aber auf der Anlehnung an Syrien und den Iran, lehnten aber eine Annäherung an die USA und Israel ab. Israel zog seinerseits im Jahr 2000 seine Truppen aus der von ihm errichteten Sicherheitszone im Südlibanon ab.

Im Juli 2006 entführten Einheiten der Hisbollah zwei israelische Soldaten und lösten damit den Zweiten Libanonkrieg aus. Israel reagierte mit der Entsendung von Panzern in den Südlibanon, um die Hisbollah-Kämpfer zu verfolgen. Während die Hisbollah Raketenangriffe auf den Norden Israels durchführte, flog Israel Luftangriffe auf Ziele im gesamten Land. Die libanesische Regierung verurteilte sowohl die israelischen Angriffe auf den Libanon als auch die Aktionen der Hisbollah gegen Israel. Sie forderte eine internationale Friedenstruppe, um den Konflikt zu beenden. Die libanesische Armee beteiligte sich nur wenig an dem Konflikt. Unter Vermittlung der UNO wurde ein Waffenstillstandsabkommen vereinbart, in dessen Folge sich die israelischen Einheiten aus dem Südlibanon zurückzogen und die libanesische Armee dort erstmals seit 1978 wieder Truppen stationierte. Die seit 1978 bestehende Beobachtermission der UNO wurde aufgestockt.

Nach dem Ende des Libanonkrieges führte der Konflikt zwischen der politischen Vertretung der Sunniten und der Hisbollah, die eine stärkere Vertretung der Schiiten in der libanesischen Regierung forderten, zu einer anhaltenden Verfassungskrise, die immer wieder auch bewaffnete Auseinandersetzungen zwischen den Anhängern der Regierung und der Opposition zur Folge hatten. Die im Jahr 2008 gebildete „Regierung der Nationalen Einheit" scheiterte im Jahr 2011. Seitdem gab es mehrere Regierungen, die das politische System allerdings nicht stabilisieren konnten.

Der Bürgerkrieg in Syrien wirkt sich zusätzlich destabilisierend auf das politische System des Libanons aus. Die Hisbollah kämpft auf Seiten des Assad-Regimes in Syrien, während Rebellengruppen, die die syrische Opposition unterstützten, den Libanon als Rückzugsgebiet nutzen. Die im Februar 2014 nach elfmonatigen Verhandlungen gebildete Regierung unter Ministerpräsident Tammam Salam versucht die Sicherheitslage im Land aufrechtzuerhalten. Sie wird von fast allen politischen Parteien unterstützt. Salam selber steht als Sunnit der prowestlichen, syrischen Opposition nahe, hat aber gleichzeitig gute Kontakte zur antiwestlichen und prosyrischen Allianz des 8. März, die schiitische, säkulare und christliche Gruppen vereint. Immer wieder kam es seit Ausbruch des Bürgerkriegs zu bewaffneten Auseinandersetzungen und Bombenanschlägen, vor allem in Wohnvierteln mit schiitischer Mehrheit, die von der Hisbollah kontrolliert werden. In der nördlichen Hafenstadt Tripoli kam es zu Kämpfen zwischen Anhängern und Gegnern des syrischen Regimes.

Neben den direkten politischen und militärischen Auswirkungen stellen auch die syrischen Flüchtlinge eine Belastung für die politische und wirtschaftliche Stabilität dar. Gleichzeitig führt die marode Infrastruktur – im Sommer 2015 weiteten sich Massendemonstrationen gegen nicht entsorgte Abfallberge in Beirut auch zu Protesten gegen Korruption und Misswirtschaft aus – und die Spaltung des Parlaments in den prowestlichen und den prosyrischen Block zu dauerhaften politischen und gesellschaftlichen Spannungen. Mittlerweile versucht auch der Islamische Staat, im Libanon Fuß zu fassen. Mitte November 2015 bekannte sich der IS zu einem Attentat mit mehr als 40 Toten und knapp 250 Verletzten in einem überwiegend von Schiiten bewohnten Viertel im Süden von Beirut. Eine Lösung des Konflikts in Syrien könnte sich daher in mehrfacher Hinsicht positiv auf die Lage im Libanon auswirken.

Literatur

Bickel, Markus (2011): Der vergessene Nahostkonflikt. Syrien, Israel, Libanon, Hizbollah. London.

Cheikh, Iskandar El (2010): Zwischen Politik und militärischem Kampf. Die Hizbollah im Libanon. Marburg.

Deutsche Gesellschaft für internationale Zusammenarbeit (GIZ) (2012): Grunddaten der libanesischen Geschichte im 20. Jahrhundert. Bad Honnef.

Dingel, Eva (2013): Hezbollah's Rise and Decline? How the Political Structure Seems to Harness the Power ode Lebanon's Non-State Armed group. In: S+F. Sicherheit und Frieden 2/2013, S. 70–76.

Harris, William (2012): Lebanon. A History, 600–2011. Oxford.

Hodali, Diana u. Wimmen, Heiko (2014): Libanon. Online abrufbar unter: http://www.bpb.de/internationales/weltweit/innerstaatliche-konflikte/54644/libanon [23.10.2015].

Kaufmann, Regula; Laham, Antoine; Loetscher, Jonas; Luethold, Arnold (Eds.) (2009): Towards Lebanese National Reconciliation. DCAF. Beirut, Genf. Online abrufbar unter: http://www.dcaf.ch/Publications/Towards-Lebanese-National-Reconciliation [04.11.2015].

Kfoury, Assaf (Ed.) (2007): Inside Lebanon. Journey to a Shattered Land with Noam and Carol Chomsky. New York.

Koß, Maren (2014): Der Libanon im Sog des syrischen Bürgerkrieges, in: GIGA Focus Nahost, 2/2014.

Lang, Tobias (2013): Die Drusen in Libanon und Israel. Geschichte, Konflikte und Loyalitäten einer religiösen Gemeinschaft in zwei Staaten. Berlin.

Lintl, Peter (Hg.) (2016): Religiöse Bewegungen als politische Akteure im Nahen Osten. Baden-Baden.

Mackey, Sandra (2009): Mirror of the Arab World. Lebanon in Conflict. New York.

Munoz-Perez, Bruno; Dolores-Phil, Maria (2015): Libanon, in: Gieler, Wolfgang (Hg.): Handbuch Außenpolitik Nahost. Eine grundlegende Einführung in die Außenpolitik der Staaten des Nahen und Mittleren Ostens. Berlin, S. 181–189.

Salloukh, Bassel F.; Barakat, Rabie; Al-Habbal, Jinan S. (2015): The Politics of Sectarianism in Postwar Lebanon. London.

Steinberg, Guido (2009): Deutsche Nah-, Mittelost- und Nordafrikapolitik. Interessen, Strategien und Handlungsoptionen. Stiftung Wissenschaft und Politik (SWP). Berlin.

Traboulsi, Fawwaz (2012): A History of Modern Lebanon. London.

Wimmen, Heiko (2015): Libanesischer Balanceakt am Abgrund. Tief in den Syrienkrieg verstrickt hält der Libanon mühsam Stabilität. SWP-Aktuell, April 2015. Online abrufbar unter: http://www.swp-berlin.org/fileadmin/contents/products/aktuell/2015A37_wmm.pdf [03.11.2015].

Wimmen, Heiko (2014): Teilen und Herrschen. Konfessionalismus und Machterhalt im Arabischen Frühling: Bahrain, Irak, Libanon und Syrien. / Stiftung Wissenschaft und Politik (SWP). Berlin.

Andreas Dittmann

Libyen

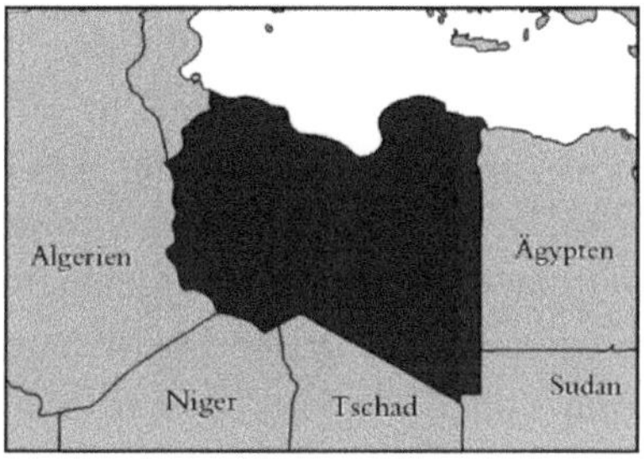

Offizieller Name:	Staat Libyen (Dawlat Libia)
Staatsform:	Republik
Unabhängigkeit:	24.12.1951 (von UN-Verwaltung/Italien)
Nationalfeiertag:	1. September (Jahrestag der Revolution, 17.02.2011)
Hauptstadt:	Tripolis
Lage:	Nordafrika
Fläche:	1.759.540 qkm (Weltrang: 16)
Bevölkerung:	6,4 Millionen. (Weltrang: 108)
Landesstruktur:	Zentralregierung, 20 „Volksbezirke“
Sprachen:	Arabisch, Englisch, Italienisch
Religionen:	Sunnitische Moslems (97 Prozent)
Währung:	Libyscher Dinar
Wirtschaftszweig:	Erdöl
Mitgliedschaften:	UN, ILO, FAO, IAEA, UNESCO, WHO, IWF, ICAO, UPU, WMO, AU, Bewegung der Blockfreien, IOC, WTO, OIC, OPEC, COMESA, AMU, Arabische Liga, „Cen-Sad“, OAPEC
Wichtigste Medien:	Staatlicher Rundfunk und Fernsehen; staatlich gelenkte Zeitungen

Naturraum und geographische Rahmenbedingungen

Libyen ist ein Wüstenland. Mehr als 90 Prozent der Landesfläche gehören zu ariden bzw. semiariden Gebieten mit Niederschlägen von weniger als 100 mm im Jahresmittel. Landwirtschaft ist ohne Bewässerung nur im küstennahen Tripolitanien und in den Höhen des Djebel Al-Akhtar der Cyrenaika möglich. Der überwiegende Teil des Landes gehört zur Sahara, die im Bereich der Großen Syrte bis ans Mittelmeer heranreicht. Traditionell wird Libyen in die drei Großräume Tripolitanien im Nordwesten, die Cyrenaika im Nordosten und den Fezzan im Westen aufgeteilt. Eine solche Aufteilung, die man auch heute noch in weniger ausgereiften Lexika und Nachschlagewerken findet, basiert auf kolonialen Einteilungen und vergisst die weiten extrem-ariden Räume der Sahara im Süden und Südosten des Landes.

Die libysche Sahara ist durch eine Wechsellage von Becken- und Gebirgslandschaften gegliedert. Die Küstenebene Tripolitaniens wird nach Süden vom Shararaum durch die Schichtstufe des Gebel Nefusa abgegrenzt, an den sich nach Süden zunächst die große Steinwüste Hamada-el-Homra und dann das Sandmeer von Ubarai als Zentrum des Fezzan anschließt. Sedimentgesteine bilden den gebirgigen Übergang nach Westen zum hauptsächlich auf algerischer Seite liegenden Tassili-Gebirge sowie nach Süden als Umrahmung der Großen Sandseen von Murzuk. Sand- und Kieswüstenabschnitte prägen den Südosten des Landes in der Umgebung der Kufra-Oasen, während das zentralsaharische Tibesti-Gebirge die Grenzregion zum Nachbarstaat Tschad markiert. Die größeren Oasen konzentrieren sich am Rande der Sandwüstengebiete (Ergs) und im Wadi Al-Adjal. Seit Tiefbohrungen nach fossilem Wasser dazu geführt haben, dass sich der Grundwasserspiegel der Jahrtausende alten Oasen so abgesenkt hat, dass die Wurzeln der Palmen ihn nicht mehr erreichen können, ist es insbesondere im Raum zwischen Germa und Sebha zu verbreitetem Oasensterben gekommen.

Geschichte

Ein besonderer Reichtum Libyens an frühen Kulturschätzen, von denen heute ein Großteil unter UNESCO-Weltkulturerbe steht, kennzeichnet Libyens Geschichte. In der Zentralsahara hinterließen prähistorische Jägergruppen im Bereich des Wadi Matendous bereits vor 10.000 bis 12.000 Jahren eindrucksvolle Felsgravierungen, die die damalige üppige Fauna zeigen. Neolithische Felsbildmaler haben zur Zeit der neolithischen Feuchtphase (6000–3500 v. Chr.) im Akkakus-Gebirge ihre Lebensweise als Rinderhirten dokumentiert, und an der Mittelmeerküste hinterließen zunächst griechische und phönizische Siedler Zeugnisse ihres Zusammenlebens mit den einheimischen Berbern, bevor Tripolitanien ab dem 2. vorchristlichen Jahrhundert ins Römische Reich integriert wurde.

Die damalige Hauptstadt Leptis Magna erlebte eine beispiellose Ausbauphase im 2. nachchristlichen Jahrhundert, als ein Sohn der Stadt, Septimus Severus, römischer Kaiser wurde. Heute ist Leptis Magna die größte und beeindruckendste und dabei bei weitem noch nicht vollständig wieder ausgegrabene römische Ruinenstadt des Mittelmeerraumes. Sowohl Tripolitanien als auch die Cyrenaika sind durch einen Reichtum an historischen Stätten gekennzeichnet. Während römische Siedlungsspuren den nordwestlichen Landesteil prägen, sind es v. a. die beeindruckenden Zeugen griechischer Gegenküstenkolonisation, die den Nordosten des Landes zu einem attraktiven Ziel für Touristen machen. Mit Leptis Magna verfügt Libyen über die größte und mit Abstand am besten erhaltene Stadt des gesamten Mittelmeerraumes.

Die Islamisierung löste im frühen siebten Jahrhundert die byzantinische Epoche ab, wobei die eigentliche Arabisierung Libyens durch die Einwanderungswellen der Beduinenstämme der Beni Sulaim und Beni Hilal erst im 11. und 12. Jahrhundert erfolgte. Die eher lose Anbindung an das Osmanische Reich wurde 1912 durch die Eroberung von Tripolis und den Beginn der italienischen Kolonialherrschaft über Libyen abgelöst. Die italienische Kolonialherrschaft endete mit dem Zweiten Weltkrieg. Bis heute sind jedoch die italienisch-libyschen Beziehungen von besonderer Intensität.

Die Vorstellung vom zentralen Mittelmeer als einem „Mare Nostrum", einem Binnenmeer innerhalb eines politisch einheitlichen Einflussbereichs, hat eine lange Tradition. Diese Ideologie wurde bereits von den Römern kurz nach der Zerstörung Karthagos (146 v. Chr.) entwickelt, um damit den Charakter des nordafrikanischen Gegenufers als integralem Bestandteil des Römischen Reiches zu unterstreichen. Die späte Kolonialmacht Italien griff diesen Gedanken wieder auf und baute ihn zur Zeit des italienischen Faschismus im Sinne einer Rechtfertigungsideologie weiter aus. An der Gestaltung des Landes, insbesondere der Hauptstadt Tripolis und dem klimatisch begünstigten Gebiet Tripolitaniens, haben Italiener maßgeblich mitgewirkt.

Bereits 1951 erlangte Libyen als eines der ersten Länder Afrikas die Unabhängigkeit. Seit Ende des Zweiten Weltkriegs waren Tripolitanien und die Cyrenaika von Großbritannien und der Fezzan von Frankreich verwaltet worden. Kurzzeitig hatte man erwogen, das Gebiet wieder unter Aufsicht der alten Kolonialmacht Italien zu stellen. Dann entschlossen sich die Mandatsmächte jedoch zum Modell einer konstitutionellen Monarchie nach britischem Vorbild mit König Idris I. als eingesetztem Staatsoberhaupt. Bereits 1952 verbot der König alle Gewerkschaften und die panarabischen Parteien.

Libyen war zum Zeitpunkt der Unabhängigkeit eines der ärmsten Länder Afrikas. Diese Situation änderte sich grundlegend, nachdem 1959 umfangreiche Vorkommen qualitativ hochwertigen Erdöls im Bereich südlich der Großen Syrte entdeckt worden waren. Das Land wandelte sich innerhalb weniger Jahre von einer autarken Gesellschaft zur Importnation. In der Folgezeit wurde der Agrarbereich völlig vernachlässigt und eine Verlagerung vom primären auf den tertiären Sektor kennzeichnete neben einer umfassenden Landflucht weite Teile Libyens. Wirtschaftlich und außenpolitisch war das Land völlig von Großbritannien und den USA abhängig, die sowohl Erdölförderung und -vermarktung kontrollierten als auch militärische Stützpunkte im Land unterhielten. Innenpolitisch war Libyen von gravierenden sozialen Disparitäten und einem weitgehenden Ausschluss der Bevölkerung von politischen Entscheidungsprozessen gekennzeichnet.

Bevölkerungsstruktur – speziell ethnische Zusammensetzung

Die Bevölkerung Libyens besteht zum weitaus überwiegenden Teil aus Arabern und arabisierten Berbern. Bei einer durchschnittlichen Bevölkerungswachstumsrate von 3,5 Prozent ist die Altersstruktur der insgesamt 6,4 Mio. Libyer ausgesprochen jung. Etwa 16 Prozent der Libyer sind jünger als 15 Jahre, was angesichts einer ebenfalls relativ hohen Arbeitslosenquote von 25 bis 30 Prozent potentielle soziale und gesellschaftliche Problemkonstellationen künftiger Entwicklungen bedeutet. Die meisten Libyer leben in den relativ schmalen Küstenstreifen von Tripolitanien und der Cyrenaika, wobei die städtischen Zentren Tripolis, Bengasi, Homs und Misurata besondere Sogwirkung für den Zuzug haben. Etwa ein Viertel der libyschen Bevölkerung ist berberischen Ursprungs.

Die meisten von ihnen leben in der Gebirgsregion des Djebel Nefusa, in die sich ihre Vorfahren vor Jahrhunderten vor den einwandernden Arabern zurückzogen. Das Bekenntnis zu berberischen Wurzeln der Abstammung gewinnt in letzter Zeit immer größere Popularität, so dass Bevölkerungsstatistiken auch vor diesem Hintergrund neu gedacht werden müssen. Ein kleiner Teil der berberischen Bevölkerung Libyens lebt als Nomaden im Fezzan (Tuareg). In den städtischen Zentren des südlichen Sahararaumes leben zudem Libyer, die ethnisch zu den Tubu, den ursprünglichen Bewohnern des Tibesti (Grenzgebirge zu Tschad), gehören sowie Nachfahren früherer Sklaven aus Ländern südlich der Sahara. Von diesen dunkelhäutigen Libyern unterscheidet man in Libyen streng die eingewanderten Menschen aus subsaharischen Ländern, die entweder auf der Suche nach Arbeit nach Libyen kamen oder als Arbeitsmigranten über Libyen einen Weg nach Europa suchen. Libyen weist daher eine ausgesprochen heterogene Bevölkerungsstruktur auf. Für Mitte 2015 wird geschätzt, dass sich bis zu 1,8 Mio. Flüchtlinge in Libyen befinden (überwiegend aus Syrien, Eritrea und Somalia), die versuchen, von hier aus den Schengenraum Europas zu erreichen. Bei nur etwa 6,4 Mio. Libyern stellt der hohe Flüchtlingsanteil eine gewaltige Herausforderung dar.

Wirtschaftsstruktur

Trotz jahrzehntelanger Bemühungen um eine Diversifizierung der libyschen Wirtschaft bestimmt nach wie vor das Auf und Ab des Welterdölpreises die Entwicklungsmöglichkeiten des Landes. 95 Prozent aller Wirtschaftsaktivitäten hängen mittelbar oder unmittelbar mit dem Export oder der Weiterverarbeitung von Erdöl zusammen. Die Probleme, welche sich aus einer solch einseitigen Abhängigkeit ergeben, waren den Wirtschaftsplanern durchaus bewusst, Gegenmaßnahmen haben allerdings nicht gegriffen. Dies ist nur teilweise auf die in den letzten Jahren gegen Libyen verhängten Wirtschaftssanktionen zurückzuführen, obwohl die Regierung des Ghaddafi-Regimes bemüht war, die Hauptgründe für wirtschaftliche Fehlentwicklungen auf externe Faktoren zurückzuführen.

Zwischen 1981 und 1996 steckte Libyen in einer Rezession, die vor allem durch den plötzlichen Nachfragerückgang bei Erdöl ausgelöst wurde. Um die Preise zu stabilisieren, musste die tägliche Fördermenge von 2 Mio. Barrel pro Tag auf 700.000 Barrel gedrosselt werden (1 Petro-Barrel = 42 Gallons = 158,87 dm^3). Schon zu Beginn der Rezession wurde klar, dass der Landesentwicklungsplan von 18,5 Mrd. Libyschen Dinar (LD) bis 1986 nicht mehr würde verwirklicht werden können (1 Euro = 0,46 LD). Die Deviseneinnahmen aus dem Erdölgeschäft Libyens sanken von 22,5 Mrd. USD 1980 auf unter 10 Mrd. USD 1983 und schließlich weniger als 6 Mrd. USD 1986. Demgegenüber stieg die Auslandsverschuldung immer weiter an und erreichte 1991 3,5 Mrd. USD, bei einer 25 Prozent umfassenden Inflation der Verbraucherpreise. Verschärft wurde diese Situation durch die 1992 gegen Libyen verhängten und vier Jahre später wieder aufgehobenen UN-Sanktionen.

Kaum eine Institution symbolisierte die zwischenzeitliche Spagat-Situation Libyens zwischen Planwirtschaft einerseits und Marktwirtschaft andererseits so deutlich wie die sog. Libyschen Märkte. Dabei handelte es sich um periodische Märkte mobiler Händler, die auf tunesischem Gebiet abgehalten wurden (Bantle 1994). Auf diesen Märkten verkauften teilweise libysche, vor allem aber tunesische Händler Zigaretten, Tee und hochwertige Importwaren an Kunden aus Tunesien. Fernseher, Radio- und Videoanlagen, CD-Player und Satelliten-Empfangsanlagen machten einen Großteil des Warenangebotes aus. Ursprünglich stammten diese Güter aus Libyen, wo sie zu staatlich subventionierten Tiefstpreisen angeboten wurden.

Der libysche Staat verstand die Bereitstellung von relativ hochwertigen Importgütern zu Niedrigpreisen als einen Teil der Fürsorgepflicht gegenüber seinen Bürgern. Die ohnehin bereits zu Mengenrabatt-Niedrigpreisen meist im Tausch gegen Öl importierten Waren wurden zusätzlich mit staatlichen Mitteln subventioniert und ihr inner-libyscher Verkaufspreis so künstlich gesenkt. Die Waren gelangten über libysche Zwischenhändler und den Grenzübergang von Ras Ajdir auf die Märkte in Tunesien. Dabei war die Gewinnspanne zwischen staatlich subventioniertem Verkaufspreis in Libyen und dem offiziellen Verkaufspreis in Tunesien so groß, dass trotz der Zwischenhändlerprovisionen und bestimmten „Grenzformalitäten" noch Gewinne von 100–300 Prozent erzielt werden konnten.

Im Hinterland von Sfax und Ben Guerdane in Tunesien gehörten die Libyschen Märkte bereits zu den etablierten Handelseinrichtungen mit fester Umfriedung, stationären Ladenboxen und Flutlichtanlagen. Vor allem zur Zeit des Embargos florierten die Libyschen Märkte und fügten Libyen erheblichen gesamtwirtschaftlichen Schaden zu. Dennoch wird diese Form der Schattenwirtschaft stillschweigend toleriert, da man sich einerseits auf diese Weise eine inoffizielle Deviseneinnahmequelle erhoffte und andererseits die Schmugglersituation unkontrollierbare Ausmaße angenommen hatte. Heute sind die „Libyschen Märkte“ in Tunesien verwaist und werden nicht mehr beschickt.

Seit Ende der 1990er Jahre deutete sich eine Überwindung der wirtschaftlichen Rezession an. Auch für diesen Trend sind wiederum externe Faktoren, v.a. die Entwicklung der Erdölpreise und die gestiegene Nachfrage nach libyschem Öl, ausschlaggebend. Libyen plante, einen Großteil der zu erwartenden Mehreinnahmen im Zeitraum 2001–2005 in den weiteren Ausbau der Infrastruktur und die Modernisierung der Schwerindustrie zu investieren. Zunächst sind dafür 12–13 Mrd. USD vorgesehen. Die gestiegenen Mehreinnahmen sollten sich auf eine Belebung der gesamtwirtschaftlichen Entwicklung Libyens auswirken. Der Allgemeine Volkskongress ging für 2001 von einer realen Wachstumsrate des BIP von 4,7 Prozent aus. Diese Erwartungen schienen damals nicht zu hoch gegriffen, denn bereits 1999 hatte man mit ca. 4,2 Prozent gerechnet, tatsächlich aber 5,4 Prozent BIP-Wachstum erreicht.

Dennoch hatte Ghaddafi zu Beginn des Jahres 2000 unerwartet deutlich Kritik am bisherigen Verlauf der Wirtschaftsentwicklung vor dem Allgemeinen Volkskongress geäußert. Vor allem die immer noch große Abhängigkeit Libyens vom Erdölexport (95 Prozent der Deviseneinnahmen stammten aus dem Erdölgeschäft) und die ausbleibenden Fortschritte beim Versuch der Diversifizierung der Wirtschaft wurden kritisiert. Unmittelbare Folgen der Intervention des Revolutionsführers waren die Kürzung der jährlichen Ausgabenansätze von 3,5 Mrd. LD (1999) auf 3,1 Mrd. LD (2000) und eine Änderung des Staatshaushaltsplans, die vorsah, dass nur noch 20 Prozent der Staatsausgaben von Öleinnahmen bezahlt werden dürfen. Hinweise darauf, wovon der Rest der Staatsausgaben in Zukunft zu bezahlen sei und was mit den verbleibenden Erdölgewinnen zu geschehen habe, enthielt die Direktive jedoch noch nicht.

Wichtiger als konkrete Lösungsvorschläge zu unterbreiten, war an Ghaddafis Regierungskritik die Betonung der These, dass er selbst für Fehlentwicklungen nicht verantwortlich zu machen sei. Als Revolutionsführer sei er nach dem Selbstverständnis der libyschen Verfassung nicht Teil der Regierung, sondern stehe außerhalb bzw. oberhalb derselben. Politikversagen konnte daher anderen Verantwortlichen zugewiesen werden, ohne dabei Schaden zu leiden. Dementsprechend folgte Mitte 2000 eine Regierungsumbildung, die alle Züge eines revolutionären Umbruchs aufwies: Zunächst wurde die zentrale Regierungsgewalt weitgehend auf regionale Zuständigkeiten übertragen. Entscheidend aber war, dass zwei Drittel der bisherigen Ministerien ersatzlos gestrichen wurden. Aus dem Ensemble der bestätigten und neu geschaffenen Bereiche lassen sich die Schwerpunkte künftiger libyscher Politik ablesen. Bestätigt wurde lediglich das Ministerium für Produktion, das für Dienstleistungen zuständig ist, sowie das Innen- und das Außenministerium, zu dessen Leiter der frühere Botschafter in Deutschland ernannt wurde. Auch das Ministerium für Information, Kultur und Tourismus bestand weiterhin. Neu geschaffen wurde ein Ministerium für die Koordination der Beziehungen zu schwarzafrikanischen Ländern. Die die Erdölwirtschaft steuernde Energiepolitik wurde ganz der staatlichen Erdölgesellschaft übertragen, während das Verteidigungsressort ohnehin nicht zur Disposition stand und traditionell einer Gruppe von Ghaddafi-Vertrauten unterstand.

Genau zum 30. Jahrestag der libyschen September-Revolution wurde 1999 das Prestige-Projekt des „Großen Künstlichen Flusses" (Schliephake 1993), bei dem fossiles Wasser aus der Zentralsahara über ein landesweites Röhrensystem bis in die Küstenstädte geleitet wird, abgeschlossen. Es wurden dann andere, nicht weniger ehrgeizige, Projekte geplant. Dabei ging es zwar auch wieder um den traditionellen Schwerpunkt des Infrastrukturausbaus, der in den vergangenen Jahren Libyen zu dem Land mit einem der besten Verkehrswegenetze Afrikas werden ließ. Vor allem aber sollte auch in den Bereich der Petro-Industrie und die Weiterverarbeitung von Erdöl investiert werden. Einen weiteren Schwerpunkt bildete die Modernisierung des Eisen- und Stahlwerks in Misurata. Sie scheiterte aber noch vor der libyschen Arabellion.

Geplante Investitionen in Milliardenhöhe und ein tatsächliches Wirtschaftswachstum um 5 Prozent setzten zunächst im Ausland deutliche Signale. Als Auftraggeber und Handelspartner war Libyen bei ausländischen Firmen ebenso beliebt wie gegen Ende der 1970er Jahre. Wichtigste Außenhandelspartner waren Italien und Deutschland. Mehr als 40 Prozent der libyschen Exporte flossen nach Italien, gefolgt von Deutschland mit 17 Prozent, Spanien mit 12 Prozent sowie Sudan und Frankreich mit je 4 Prozent Anteil an libyschen Exporten. Auch im Bereich des Imports nahm Italien eine herausragende Position ein; 23 Prozent der nach Libyen eingeführten

Waren stammten aus Italien, 12 Prozent aus Deutschland, 9 Prozent aus Großbritannien und jeweils 7 Prozent aus Frankreich und Tunesien. Politisch umstritten war das libysch-französische Abkommen aus dem Jahr 2008, demzufolge Libyen zur Deckung zukünftiger Energieversorgung insgesamt sieben Atomkraftwerke erhalten sollte. Dieser „Atom-Deal" erklärt das große Engagement in der libyschen Arabellion, weil Frankreich davon ausging, dass man das Atom-Geschäft mit den erwarteten neuen Machthabern fortsetzen könnte.

Seit Jahren erschien Libyen durch seine Politik der bewussten Selbstisolation aus westlicher Perspektive als eines der unzugänglichsten Länder der arabischen Welt. Ab 1996 aber hatte sich diese Situation grundlegend verändert. Seinen deutlichsten Niederschlag fand dies in der Öffnung des Landes für internationalen Tourismus und die stetigen Versuche, eine touristische Infrastruktur aufzubauen. Dabei wäre es völlig falsch, diese Entwicklung mit ökonomischen Überlegungen in Verbindung zu bringen. Im Gegensatz zu seinen Nachbarländern Ägypten und Tunesien war Libyen nie auf Deviseneinnahmen aus der Tourismusbranche angewiesen. Dementsprechend antwortete das Ministerium für „Information, Kultur und Tourismus" 2000 auf die Frage, warum man sich dann dennoch dem Tourismus öffne, mit einem selbstbewussten „Weil wir das Potenzial dazu haben!" (Dittmann 2011)

Die Beziehungen zwischen Libyen und Italien waren immer von besonderer Art. Dies gilt v.a. auf wirtschaftlichem Gebiet. Wichtigster Außenhandelspartner Libyens war immer Italien. Zurückzuführen ist die enge Kooperation beider Staaten weniger auf post-koloniales Erbe oder räumliche Nähe als vielmehr auf die nicht näher quantifizierbare Tatsache, dass Italien auch bereits zur Zeit des noch bestehenden UN-Embargos gegen Libyen konsequent Berührungsängste abgebaut und früher als andere Wirtschaftskontakte aufgebaut hat.

Die Intensivierung der Wirtschaftsbeziehungen zwischen Italien und Libyen lag durchaus im beiderseitigen Interesse und drückte sich in einer Reihe von Privilegien für italienische Handelspartner aus. Bei rund der Hälfte der bis 2005 geplanten Investitionen im Bereich des Infrastrukturausbaus, für den insgesamt 12 Mrd. USD vorgesehen waren, sollen v.a. italienische Firmen berücksichtigt werden. Die Kooperation umfasste dabei sowohl die traditionellen Bereiche (Straßenbau, Wasserleitungen in Süd-

Libyen, Nahrungsmittelindustrie, Erdölraffinerien und Pipelines) als auch neue spektakuläre Großprojekte. Dazu gehörten der Bau einer Eisenbahnverbindung Tunesien-Libyen-Ägypten sowie die Verlegung einer 600 km langen Unterwasserleitung, durch die libysches Erdgas über Sizilien und Italien dem Weltmarkt zugeführt werden sollte. Die Koordination der Wirtschaftsbeziehungen oblag der italienisch-libyschen Beratungsgesellschaft ALI (Azienda Libica Italiana), die ihren Sitz in Rom hatte. Etwa 130 italienische Unternehmen waren in der gemischt bilateralen Organisation zusammengefasst, während nach Aussage ihres Präsidenten, Abdul Rahaman Shalgam, weitere 30 Firmen auch Aufnahmeverträge anstrebten. Die Regierung in Tripolis hatte 2010 sowohl staatlichen italienischen Firmen als auch kleinen und mittelständischen Firmen, die in der ALI organisiert sind, eine besondere Vorzugsbehandlung bei Auftragsvergabeverfahren eingeräumt.

Das Ende der Ghaddafi-Ära

Über mehr als vier Jahrzehnte war die jüngere Geschichte Libyens untrennbar mit dem Wirken von Muammar Al-Ghaddafi verbunden (Dittmann 2001, 2011). Als Revolutionsführer lenkte er de facto seit 1969 unter wechselnden Amtsbezeichnungen die Geschicke des Landes und war damit lange dienstältester Staatschef Afrikas. Ghaddafi wurde 1942 als Sohn einer Beduinen-Familie in der Nähe von Sirte geboren. Er besuchte zunächst eine arabische Elementarschule, danach das Gymnasium und schloss sein Geschichtsstudium an der University of Libya mit einem Diplom ab. 1963 trat Ghaddafi in die Militärakademie ein und gründete bereits 1966 die Bewegung der „Freien Offiziere". Als Hauptmann der libyschen Armee machte er sich 1969 zum Anführer eines unblutigen Militärputsches, setzte Idris I. ab und erklärte Libyen zur Arabischen Republik.

Die von Ghaddafi propagierte sog. „Grüne Revolution" ab Anfang der 1970er Jahre hatte sich die „nationale Befreiung" von wirtschaftlicher Abhängigkeit von den USA und Großbritannien sowie die gesamtwirtschaftliche Nutzung der Erdölreserven zur Aufgabe gemacht. Alle ausländischen Banken sowie Erdölunternehmen wurden unter Ghaddafi verstaatlicht und die Militärstützpunkte fremder Mächte geschlossen. Die Einnahmen aus dem Erdölgeschäft wurden in den Infrastrukturausbau des Landes investiert und nicht mehr im Ausland angelegt. Durch eine rasche Verbesserung der medizinischen Versorgung, die Implementierung einer umfassenden Primarschulausbildung sowie eine großzügige Darlehens- und Kreditpolitik gelang Ghaddafi eine breite Akzeptanz seiner Politik in der Bevölkerung. Bis 1980 war Libyen das Land mit dem höchsten Pro-Kopf-Einkommen unter allen sozialistischen Ländern.

Ideologisch setzte sich Muammar Al-Ghaddafi sowohl vom Kapitalismus als auch vom Sozialismus östlicher Prägung bewusst ab. Er entwickelte einen dritten Weg, die sog. „Dritte Universal-Theorie" (DUT), in deren Konzept basisdemokratische Elemente, Sozialismus, Islam, Pan-Arabische Ideen und v. a. die beduinische Tradition des „Sich-Beratens" miteinander verwoben wurden. Die Grundzüge seiner Theorie legte der Revolutionsführer im sog. „Grünen Buch" (Al-Qaddafi 1990) nieder. Entscheidender Unterschied zu den als „Volksdemokratien" verschleierten Diktaturen des ehemaligen Ostblocks war dabei die Installation von sog. „basisdemokratischen Volkskongressen", die laut Anspruch eine „Direktherrschaft des Volkes über das Volk" gewährleisten sollten. De facto wurden dadurch jedoch alle Stationen zwischen Regierung und Basis ausgeschlossen. Politisch unantastbar wurde die Position des offiziell außerhalb der Regierung stehenden Revolutionsführers. Bei aller Kritik, die der „real existierende libysche Sozialismus" von unterschiedlichen Seiten immer wieder erfahren hat, darf nicht außer Acht gelassen werden, dass sich dieses System offenbar als für Libyen besonders nachhaltig erwiesen hat.

Seitens des US-Außenministeriums wurde Libyen lange zusammen mit Afghanistan, Irak, Iran, Kuba, Nord-Korea, Pakistan, Sudan und Syrien auf der Liste der sog. „Schurkenstaaten" geführt. Vor allem mit Deviseneinnahmen aus dem Erdölgeschäft unterstützte Libyen in der Vergangenheit weltweit eine Vielzahl unterschiedlichster Organisationen. Zu den Günstlingen des libyschen Regimes gehörten u. a. PLO, IRA, muslimische Gruppen auf den Philippinen, schiitische und sunnitische Kampforganisationen im Libanon und wahrscheinlich auch kurdische Kommandos. Als Vergeltung für die libysche Unterstützung von Terrororganisationen ließ der damalige amerikanische Präsident Ronald Reagan 1986 die Städte Tripolis und Bengasi bombardieren. Ziel dieser fragwürdigen Aktion, bei der bewusst zivile Opfer in Kauf genommen wurden, war es, Ghaddafi zu töten.

Die in der Altstadt von Tripolis entstandenen Bombenschäden waren noch bis Anfang der 1990er Jahre zu sehen. Die Diskussion um libysche

Verwicklungen in internationale Terroraktionen konzentrierte sich in den letzten Jahren v. a. auf das Lockerbie-Attentat und den Anschlag auf die Berliner Diskothek La-Belle. Der libyschen Regierung wurde dabei vorgeworfen, hinter dem Bombenanschlag auf ein amerikanisches Verkehrsflugzeug zu stecken, welches im Dezember 1988 über dem schottischen Ort Lockerbie zum Absturz gebracht worden war. Bei dem Anschlag waren alle 259 Insassen und elf Bewohner des Ortes ums Leben gekommen. Nach langem Zögern lieferte Libyen schließlich zwei mutmaßliche Attentäter aus, gegen die im Mai 2000 im ehemaligen amerikanischen Stützpunkt Camp Zeist in den Niederlanden ein Prozess nach schottischem Recht durchgeführt wurde. Während Kritiker in dem Prozess v. a. ein Bauernopfer sahen, half die Auslieferung der beiden mutmaßlichen Attentäter Libyen weiter auf dem Weg aus der Isolation.

Das Lockerbie-Gerichtsverfahren wurde Anfang 2001 abgeschlossen. Bei dem Anschlag auf die Berliner Diskothek La-Belle waren 1986 drei Menschen getötet und mehr als 200 verletzt worden. Seither wurde der libysche Geheimdienst verdächtigt, den Anschlag organisiert zu haben, da das Lokal v. a. von amerikanischen Soldaten besucht wurde und sich Libyen seinerzeit in einem eskalierenden Konflikt mit den USA befand. Vergleichbare Kooperationsvereinbarungen zur Aufklärung terroristischer Hintergründe wurden mit Frankreich und anderen europäischen Ländern getroffen. Den Höhepunkt seiner öffentlichen Abkehr vom internationalen Terrorismus inszenierte Ghaddafi durch seine Vermittlung zur Befreiung der von muslimischen Separatisten auf der süd-philippinischen Insel Jolo gefangen gehaltenen Geiseln im Sommer 2000.

Während sich noch unter der Clinton-Administration die Anzeichen dafür häuften, dass man mehr und mehr bereit sei, Libyen ggf. von der Schurkenstaaten-Liste zu streichen, erlebten diese Überlegungen unter Präsident Bush eine Neubewertung. Libyen fügte sich schließlich der Resolution des UN-Sicherheitsrats und zahlte Entschädigungen an die Hinterbliebenen der Lockerbie-Opfer. Insgesamt hat die Aufhebung des UN-Embargos gegen Libyen nach Auslieferung der mutmaßlichen Täter 1999 und die Zahlung von Wiedergutmachungsgeldern wesentlich zur Öffnung des Landes beigetragen.

Während des EU-Afrika-Gipfeltreffens im Jahr 2000 fand der libysche Revolutionsführer in Kairo Gelegenheit, seine Wiederaufnahme in die Völkerfamilie vor allem durch Gespräche mit europäischen Regierungschefs medienwirksam zu demonstrieren. Dabei wurde die Neuorientierung der geplanten libyschen Außenpolitik deutlich: Sie bestehe einerseits in einem verstärkten politischen Engagement im afrikanischen Bereich und andererseits in einer wirtschaftlichen Hinwendung zu Europa.

Nachdem Libyen in den Folgejahren durch seinen Truppenrückzug aus dem zeitweise besetzten Nord-Tschad und den anschließenden Verzicht auf den umstrittenen Aouzou-Streifen im Grenzgebiet zu Niger und Tschad seinen Frieden mit der OAU (Organisation für Afrikanische Einheit) gemacht hatte, setzte sich diese im Gegenzug verstärkt für eine Lockerung der gegen Libyen verhängten UN-Sanktionen ein. Prominentester Fürsprecher war Nelson Mandela. An den Feierlichkeiten zum 30. Jahrestag der libyschen Revolution im September 1999 nahmen auffallend viele Gäste aus schwarzafrikanischen Ländern teil. Im Jahr 2000 beteiligten sich sogar libysche Offiziere mit Billigung der USA an Friedenssondierungsgesprächen mit der Demokratischen Republik Kongo. Beifall fanden dort v.a. auch die von Ghaddafi mit Vehemenz vorgetragenen Appelle an die Europäer, in denen er nach dem Credo „Lasst Afrika in Ruhe“ betonte, dass man eine völlig andere Tradition und Kultur habe, Lebensmittel und Medikamente zwar benötige, aber keine Lektionen in Demokratie. Aus der pan-afrikanischen Ausrichtung der libyschen Außenpolitik wird erklärbar, warum subsaharische Länder zur Zeit der Arabellion zu den Ländern gehörten, die Ghaddafi am längsten die Treue hielten.

Geradezu revolutionär hingegen waren die libyschen Signale in Bezug auf eine künftige wirtschaftspolitische Zusammenarbeit mit Europa (Dittmann 2013). Mehrfach wurde die Bereitschaft bekräftigt, die Bedingungen der „Barcelona-Vereinbarungen“ zu akzeptieren, welche die Beziehungen zwischen der EU und den Mittelmeeranrainern regeln, aber auch das Bekenntnis zu Marktwirtschaft und parlamentarischer Demokratie beinhalten. Sogar Libyens frühere Forderung nach einem Ausschluss Israels wurde nicht mehr aufrechterhalten. Nachdem Ghaddafi im libyschen Radio bereits verkündet hatte, dass „sozialer Kapitalismus“ möglicherweise doch der bessere Weg sei, erklärte er gegenüber der ägyptischen Zeitschrift Al-Ahram enge Beziehungen zu Europa und die Eingliederung in die euro-mediterrane Partnerschaft zu seinen vorrangigen politischen Zielen.

Zu Beginn des neuen Jahrtausends hatte sich Libyen aus seiner früheren Abseitsposition, die z. T. auf eine Politik der bewussten Selbstisolation, aber auch auf Sanktionen der Völkergemeinschaft zurückging, gelöst. Trotz vielfältiger Bemühungen zu einer Diversifizierung der Wirtschaft war die libysche Entwicklung jedoch nach wie vor v. a. vom Weltmarktpreis für Erdöl abhängig. Die neue Öffnung des Landes fand ihren Niederschlag in einer geplanten Liberalisierung der Wirtschaft und dem Ausbau des Tourismussektors, während die außenpolitischen Schwerpunkte einerseits nach Subsahara-Afrika und andererseits in Richtung einer euro-mediterranen Integration gerichtet waren, bevor im Nachbarland Tunesien die Welle der Arabellionen einsetzte.

Aktuelle politische Entwicklungen

Nach Beginn der Arabellion in Libyen, die zunächst im Westen noch euphorisch als ein Teil des sog. „Arabischen Frühlings" gefeiert wurde, präsentiert sich das Land heute (Mitte 2015) als ein weitgehend zerfallener Staat („Failed State"). Libyen ist nicht mehr in der Lage wichtige staatliche Grundaufgaben zu erfüllen. Dazu gehören die Fähigkeit zur Aufrechterhaltung der inneren Ordnung und die zur Verteidigung als die wichtigsten staatsprägenden Determinanten. Außerdem sind im Land die Einrichtungen des Bildungswesens und der Gesundheitsversorgung weitgehend zusammengebrochen. Libyen ist schon seit langem nicht mehr in der Lage, seine Außengrenzen, insbesondere die zu den südlichen Nachbarländern Niger, Tschad und Sudan, zu kontrollieren und hat sich vor allem wegen der Schwäche seiner staatlichen Organe zu einem wahren Magneten für Migranten entwickelt, die versuchen, über das Territorium von Libyen die Mittelmeerküste zu erreichen, um von hier den Sprung in den Schengenraum Europas zu wagen.

Innenpolitisch wird das Land gegenwärtig gekennzeichnet von beständigen Kämpfen rivalisierender Milizen unterschiedlicher Provenienz. Nur oberflächlich verbirgt sich dahinter ein Konflikt zwischen islamisch und/oder islamistisch ausgerichteten Kräften auf der einen Seite und eher weltlich orientierten Akteuren auf der anderen Seite. In erster Linie geht es vielmehr um die Durchsetzung von Machtinteressen verschiedener Milizen, die nur während der libyschen Arabellion ein gemeinsames Ziel, der Sturz

Ghadaffis, verband und die unmittelbar nach dem Ende des Regimes dazu übergingen, sich gegenseitig zu bekämpfen. Seinen Niederschlag findet der derzeitige Staatszerfall in der nach wie vor bestehenden vehementen Weigerung der Kombattanten, die Waffen abzugeben oder auch nur vorübergehend ruhen zu lassen, weil alle Akteursgruppen fürchten, mit dem freiwilligen Verzicht auf Gewalt auch politische Einflussmöglichkeiten zu verlieren. Nachdem es in den Jahren 2012–2013 immer wieder zu Übergriffen und Attacken von Seiten verschiedenster Milizen auf das Parlament und die demokratisch gewählten Volksvertreter gekommen war und zunehmend führende Politiker bedroht worden waren, verloren Regierung und Parlament immer mehr an Macht.

Ausschlaggebend für eine Verschärfung dieser Entwicklung war vor allem, dass die politisch gewählten Vertreter kaum noch über nennenswerte Organe der Exekutive verfügten. Um sich in Sicherheit außerhalb der immer stärker umkämpften Hauptstadtbereiche zu bringen, floh die libysche Regierung Mitte 2014 schließlich in den vergleichsweise ruhigeren Osten des Landes (Dittmann 2014d). Seither versucht diese letzte demokratisch gewählte und allgemein vom Westen anerkannte „Exilregierung innerhalb des eigenen Landes“ von Tobruk aus, Einfluss auf die Geschicke Libyens zu nehmen, was bislang jedoch nur unzureichend gelang. In Tripolis selbst hat sich eine Regierung etabliert, die sich im Wesentlichen aus stark religiös geprägten Akteuren zusammensetzt und sich nach den letzten Parlamentswahlen als die eigentlich rechtmäßig gewählte Regierung betrachtet. Bislang haben aber weder die sich jeweils als Regierung betrachtenden Kräfte in Tripolis noch die in Tobruk eine Verbesserung der chaotischen Zustände im Land erringen können.

Die Existenz von zwei rivalisierenden Regierungen hat im Gegenteil immer mehr dazu beigetragen, dass sich das Land weiterhin selbst zerfleischt. Für ausländische Akteure ist es zunehmend schwieriger geworden, überhaupt Ansprechpartner im Land zu identifizieren. Zuletzt wurde dies deutlich bei den Versuchen der Europäischen Union, im Rahmen seiner neuen Flüchtlingspolitik Kontakt zu Verantwortung tragenden Stellen auf libyschem Territorium zu erlangen. Hier präsentiert sich insbesondere der Bereich zwischen der tunesisch-libyschen Grenze im Westen und Suwara bzw. Tripolis im Osten als eine „No go-Area“, in der Kriminelle, Menschenhändler und international agierende Schlepperorganisationen jegliche staatliche Kontrolle außer Kraft gesetzt haben.

Libyen ist trotz anfänglich ausgesprochen positiver Entwicklungsvoraussetzungen (Dittmann 2013, 2014a, b, c) längst vom Stadium eines „Failing State" zu einem „Failed State" geworden. Die Übergänge zu einem „Terror State", der Terror nicht nur innerhalb des eigenen Landes verbreitet, sondern auch nach außen richtet, sind fließend. So sind seit Jahren selbst ernannte Dschihadisten libyscher Provenienz vor allem im Bürgerkrieg in Syrien, aber auch auf dem Sinai aktiv. Auf libyschem Territorium wurden Anfang 2015 sogar zwei Kalifate des sog. Islamischen Staates, in der Nähe von Derna sowie im östlichen Tripolitanien, ausgerufen. Als unmittelbare Folge davon und aufgrund von wachsender Unsicherheit in der Hauptstadt haben mittlerweile fast alle westlichen Länder ihre diplomatischen Vertretungen geschlossen und auch halbstaatliche und nichtstaatliche Organisationen haben ihre Arbeit weitgehend eingestellt. Mit einer grundlegenden Änderung dieser Situation kann in der unmittelbaren nächsten Zeit nicht gerechnet werden.

Als Gründe für den fortgeschrittenen Staatszerfall Libyens können im Wesentlichen zwei Hauptgründe angeführt werden: Zum einen ist dies das unmittelbar nach dem Sturz Ghadaffis einsetzende Nachlassen des Interesses westlicher Akteure an Libyen und zum anderen das Nichtumsetzen eines UN-Beschlusses: Bislang hatte man neben den offiziell vorgeschobenen Motiven, Demokratie exportieren und den libyschen Revolutionären helfen zu wollen, vor allem das libysche Erdöl im Auge gehabt. Zu den politischen Unglücksfällen der jüngeren libyschen Geschichte gehört, dass das Ende der libyschen Revolution etwa zeitgleich mit zwei anderen Entwicklungen fiel, die das Erdölangebot auf dem Weltmarkt entscheidend beeinflusst haben: Zum einen fördern die Offshore-Erdölförderanlagen vor der Küste Angolas mittlerweile sehr viel mehr Erdöl als noch vor etwa fünf Jahren und zum anderen wurde es im Zuge der Lockerung von Embargo-Maßnahmen gegen Iran erlaubt, dass dieses Land nun doch einen Teil seiner gebunkerten Erdölvorräte auf dem Weltmarkt, genauer gesagt den ostasiatischen Erdölmarkt, exportieren darf. Die Entwicklungen in Iran und Angola führten Ende 2014 bis Anfang 2015 kurzfristig zu einem starken Absinken der Welterdölpreise.

Ein Zugriff auf die libyschen Erdölreserven hätte hier nur noch verstärkend gewirkt und war daher keineswegs im Interesse westlicher Erdölfirmen. Folgerichtig erlosch daraufhin jegliches weitere Engagement in Libyen. Hatte es bis dahin noch eines Beweises für die These bedurft, dass westliches Engagement in der libyschen Arabellion weniger von Gedanken des Demokratie-Exportes als vielmehr von Erdölbegehrlichkeiten gelenkt gewesen waren, so ist das abrupte Nachlassen an jeglichem Engagement in Libyen, nachdem eine Weltmarktnachfrage nach dessen Erdöl nicht mehr bestand, schließlich der endgültige Beweis für diese These.

Noch stärker destabilisierend wirkte auf das junge nachrevolutionäre Libyen die Tatsache, dass auch die Vereinten Nationen sehr bald das Interesse an Libyen verloren und von denen explizit zur Absegnung der militärischen Intervention in Libyen entwickelten drei Responsibilities die dritte Verantwortlichkeit gar nicht mehr verfolgt wurde. Als sich die Arabellion in Libyen hinzuziehen begann und absehbar war, dass die Revolutionäre ohne fremde Hilfe Ghaddafi nicht würden stürzen können, „erfand" die UN speziell für den libyschen Sonderfall drei Verantwortlichkeiten für externe Interventionsrechtfertigungen: erstens die Verantwortlichkeit zu schützen, zweitens die Verantwortlichkeit zu intervenieren und drittens die dann später völlig in Vergessenheit geratene Verantwortlichkeit zum Wiederaufbau. Während man noch die beiden ersten Verantwortlichkeiten militärisch rasch umgesetzt hatte, scheint sich bis heute niemand mehr an die dritte Verantwortlichkeit, nämlich die zu einem Aufbau des nachrevolutionären Libyen, erinnern zu wollen. Vielmehr hat man wegen der derzeitigen Überflüssigkeit des libyschen Erdöls für den Weltmarkt sich ganz aus Libyen zurückgezogen und die selbst erfundene Verantwortung zum Wiederaufbau nicht in Angriff genommen. Eine solche hätte nach einer entsprechenden Begleitung der ersten libyschen Parlamentswahlen, immerhin den ersten wirklich freien Wahlen seit über 40 Jahren, bedeutet, sich auch bei der Entwaffnung der zahlreichen Milizen zu engagieren. Dass man hier sehenden Auges die Libyer sich selbst überlassen hat, kann aus heutiger Sicht nur als einer der größten Fehler der jüngsten Mittelmeer- und Nahostpolitik westlicher Akteure eingestuft werden. Der Missbrauch Libyens als Sprungbrett für die illegalisierte Migration nach Europa ist eine unmittelbare Folge dieses europäischen Politikversagens.

Literatur

Ahmad, N. A. (1969): Die ländlichen Lebensformen und Agrarentwicklung in Tripolitanien. Heidelberger Geographische Arbeiten 25. Heidelberg.

Al-Qaddafi, M. (1990): Das Grüne Buch. Kairo, Berlin.

Bantle, S. (1994): Schattenhandel als sozialpolitischer Kompromiß. Die „Libyschen Märkte" in Tunesien. Münster, Hamburg.

Bergs, R. (1987): Das Libysche Entwicklungsmodell und die wirtschaftliche Krise seit 1981. In: Operschall, C. und C. Teuber (Hg.) Libyen. Wien, S. 87–113.

Clam, J.-J. u. Hebel, H. (1987): Die Krise um Libyen. – Arbeitspapiere zur Internationalen Politik 44. Bonn.

Cockburn, A. (2000): Libyen – Ende der Isolation. In: National Geographic, Deutschland 11, S. 112–141.

Dittmann, A. (2001): Libyen – Land im Abseits? In: Geographische Rundschau 53 (6), S. 12–17.

Dittmann, A. (2010): Libyen. In: Afrika-Lexikon. Geographie, Geschichte, Kultur, Politik und Wirtschaft. Frankfurt a. M., Berlin, New York, Oxford, Wien, S. 254–256.

Dittmann, A. (2011): Libyen im Fadenkreuz. Wirtschaftliche und geopolitische Perspektiven. In: Berichte – Forschungsinstitut der Internationalen Wissenschaftlichen Vereinigung Weltwirtschaft und Weltpolitik (IWVWW), Berlin. Juli/August 2011, S. 113–124.

Dittmann, A. (2013): Zur Geographie der historischen und politischen Entwicklungsvoraussetzungen des post-revolutionären Libyen. In: Schneider, Thorsten Gerald (Hg.) Der Arabische Frühling. Hintergründe und Analysen. Wiesbaden, S. 205–229.

Dittmann, A. (2014a): Das post-revolutionäre Libyen. Entwicklungsperspektiven für einen ressourcenreichen, schwachen Staat. In: Geographische Rundschau, H. 2, S. 34–39.

Dittmann, A. (2014b): Der Nahe Osten zerfällt. Zur historisch-politischen Geographie des Raumes zwischen Levante und Mesopotamien. In: Geographische Rundschau, H. 10, S. 50–57.

Dittmann, A. (2014c): Fragile Staatlichkeiten in Libyen und Mali auf dem Weg nach Afrikanistan. In: Mitteilungen der Fränkischen Geographischen Gesellschaft (FGG), Band 59, S. 13–33.

Dittmann, A. (2014d): Libyen zerstört sich selbst. – Deutsche Welle – Afrika (25.11.2014), S. 1–3. http://www.dw.de/andreas-dittmann-libyen-zerstört-sich-selbst/a-18078929.

Di Vita, A. (1996): Leptis Magna. In: Antike Welt 3, S. 173–190.

Mattes, H. (1995): Außen-, innenpolitisches und soziales Konfliktpotential eines nordafrikanischen Staates: das Beispiel Libyen. In: Deutsches Orientinstitut (Hg.) Libyen im 20. Jahrhundert: zwischen Fremdherrschaft und Selbstbestimmung. Hamburg, S. 181–212.

Schliephake, K. (1993): Libyens Bewässerung und der „Große künstliche Fluß". In: Popp, H. u. K. Rother (Hg.) Die Bewässerungsgebiete im Mittelmeerraum. – Passauer Schriften zur Geographie, S. 185–192.

Bruno Munoz-Perez & Fabrice Gireaud

Marokko

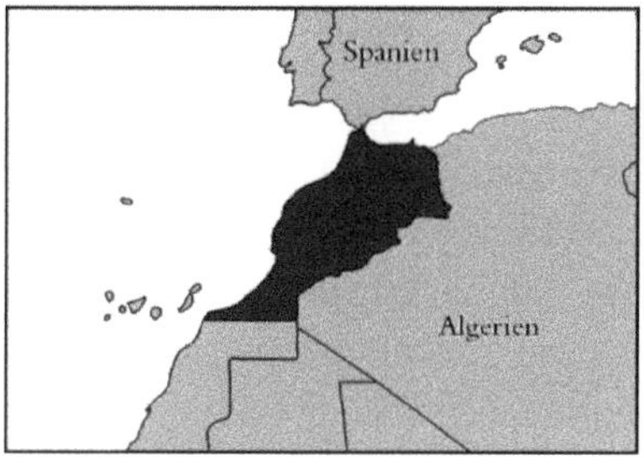

Offizieller Name:	Königreich Marokko (al-Mamlakah al-Maghribiyyah)
Staatsform:	Parlamentarische Monarchie
Unabhängigkeit:	2. März 1956 (von Frankreich)
Nationalfeiertag:	30. Juli (Thronbesteigung Mohammeds VI. 1999)
Hauptstadt:	Rabat
Lage:	Nordafrika
Fläche:	458.730 qkm (Weltrang: 55)
Bevölkerung:	34,4 Millionen (Weltrang: 39)
Landesstruktur:	16 Regionen und 65 Provinzen
Sprachen:	Arabisch, Französisch, nubische und Berbersprachen
Religionen:	Sunnitische Muslime (99 Prozent)
Währung:	Dirham
Wirtschaftszweig:	Landwirtschaft, Textil
Mitgliedschaften:	UN, IAEA, ILO, FAO, UNESCO, WHO, IWF, ICAO, UPU, WMO, OSZE, WTO, GAFTA, Arabische Liga, AMU, Bewegung der Blockfreien, EU (assoziiert)
Wichtigste Medien:	Fernsehen und Rundfunk: 2 staatliche (RTM, 2M), ein privater (Medi 1) Sender; 26 Tageszeitungen, die größten: Al Ahdat al Maghribya, Le Matin du Sahara; Nachrichtenagentur: MAP (Maghreb Arab Press)

Naturraum und geographische Rahmenbedingungen

Das Königreich von Marokko befindet sich mit einer Fläche von 458.730 qkm (exklusive der Gebiete der Westsahara, die 266.779 qkm darstellen) im äußeren Nordwesten Afrikas. Diese geographische Lage verschafft Marokko einen großen Vorteil, da sie das Land mit einer maritimen Fassade ausstattet, mit einer Küste von über 3.446 km. Am Mittelmeer im Norden erstreckt sich die Küste mit einer Länge von 512 km von Saïdia nach Cap Spartel und am atlantischen Ozean im Westen auf einer Küstenlänge von 2.934 km von Cap Spartel bis Lagouira. Im Osten wird Marokko von Algerien, im Süden von Mauretanien begrenzt. Die Hauptstadt ist Rabat und wird von ca. 1,72 Mio. Menschen (mit Vororten), bei einer Gesamtbevölkerung von insgesamt knapp 33,2 Mio. Marokkanern, bewohnt. Weitere große Städte sind Casablanca, Agadir, Fès, Marrakech, Meknès Tétouan, Oujda und Tanger.

Das Relief Marokkos ist neben der breiten Küstenzone zu einem großen Teil von hohen Bergen gekennzeichnet (mehrere Berge sind höher als 4.000 m). Generell ist das Relief Marokkos aus vier Hauptgebirgsketten zusammengesetzt: dem Rif-Gebirge, dem Mittel-Atlas, dem Hohen Atlas und dem Anti-Atlas. Zuallererst liegen die Berge des Rifs im Norden des Landes entlang des Mittelmeers und steigen im Durchschnitt auf eine Höhe von 1.000 m. Die höchste Spitze des Rifs, der Berg Djebel Tidighine, liegt auf einer Höhe von 2.456 m. Der Mittel-Atlas, der im Osten der Stadt Fès gelegen ist, steigt mit dem Berg Bou Naceur bis zu einer Höhe von 3.354 m an. Die Berge des Mittel-Atlas enthalten auch mehrere Wasserläufe oder Wadi, hervorzuheben ist der Alguelmane Sidi Ali, der größte Bergsee Marokkos. Der Hohe Atlas (750 km Länge), der sich bis nach Algerien erstreckt, steigt mit dem Berg Djebel Toubkal bis zu einer Höhe von 4.165 m an.

Es finden sich verschiedene Klimatypen, je nach Region. Mittelmeerklima existiert in den nördlichen und westlichen Küstengegenden, mit trockenheißen Sommern (26 °C im Mittel) und milden, regenreichen Wintern, die zum Südwesten hin weiter abnehmen (Tanger: 900 mm jährliche Niederschlagsmenge, Agadir: 200 mm jährliche Niederschlagsmenge). Landeinwärts herrscht in den Regionen der Gebirgsketten ein Kontinentalklima, dessen Temperaturen im Sommer bei bis zu 45 °C und in den Wintermonaten unter dem Gefrierpunkt liegen. Die Winter in den bergigen Regionen sind mit Schnee auf dem Atlas oft kalt und feucht. In den Sahara-Gebieten im Süden herrscht ein extremes trockenheißes Wüstenklima. Durch die geringen und unregelmäßigen Niederschläge (ca. 200 mm jährlich) ist Landwirtschaft in diesen Gebieten nur in den Oasen möglich. Im Sommer bläst gelegentlich ein heißer, staubiger Wind (Schirokko) in der Sahara.

Marokko besitzt eine vielfältige Flora und eine reiche Fauna. Die Vegetation des Landes ist auf der Küstenseite bis zum Atlasgebirge mittelmeerischen Typs. In der flachen Ebene entwickeln sich Korkeiche, Olivenbaum, Lentisque, Jujuben und Arganien. In den regenreichen Gebirgszonen bedecken Thujen, Steineiche, Zeder, Wacholder und verschiedenste Alpenpflanzen den Boden. Auf der inneren Seite des Atlasgebirges prägen Steppen mit Dornbüschen, Beifuß und Gräsern das vegetative Bild. Außerdem entstand am Fuß der Berge des Hohen Atlasses eine Palmenregion mit Dattelpalmen, das Tafilalet, in dem unterschiedliche Typen von Datteln wachsen. In der Wüste im Süden gibt es einige Oasen mit Palmen. Auch die Fauna ist aus verschiedenartigen Tieren zusammengesetzt, u. a. weißen Raben, rosa Flamingos, Reihern, Steinadlern, Störchen. Der weite Zugang Marokkos zum Mittelmeer und Atlantik bietet Delfinen, Seehunden und Seeschildkröten einen Lebensraum.

Geschichtliche Entwicklung bis zur Unabhängigkeit

Unterschiedliche archäologische Funde (wie Werkzeuge, Knochen und Felszeichnungen) belegen, dass die Region des heutigen Marokko schon seit der Altsteinzeit von Menschen bevölkert war. Ab ca. 4000 v. Chr. wanderten hellhäutige nomadische Völker aus dem westlichen Asien in nordafrikanische Gebiete ein, aus denen sich die Kultur der Berber entfaltete. Entlang der nördlichen und westlichen Küsten Marokkos wie auch in den fruchtbaren Teilen der Gebirge entstanden Siedlungen. Ab 1100 v. Chr. eroberte das Volk der Phönizier (ein semitisches Volk des Altertums der heutigen Gebiete des Libanons und Syriens) die nördlichen Küstengebiete Afrikas und errichtete Handelsniederlassungen.

Mit der Errichtung der Regierungsmetropole Karthago (im heutigen Tunesien) weiteten die Phönizier ihren Machtbereich bis zum Atlantik, in die Gebiete des heutigen Marokkos aus und übernahmen dort die Herrschaft. Mit Hilfe Massinissas (238 v. Chr. bis 149 v. Chr.), dem König der Numidien (einem Zusammenschluss von unterschiedlichen Berber-Gruppen aus den Gebieten des heutigen Mauretanien, Marokko und Algerien), eroberten die Römer Karthago und gewannen damit die Vorherrschaft in Nordafrika. Dabei wurden die nördlichen und nordwestlichen Gebiete Afrikas zur römischen Provinz Mauretania Tingitana (42 n. Chr.). Nach dem

Einfall und der kurzen Herrschaft (429 n. Chr. – 534 n. Chr.) der Vandalen (ein ostgermanisches Volk) übernahmen die Berber – nach unterschiedlichen Auseinandersetzungen mit dem Byzantinischen (Oströmischen) Reich – die Herrschaft über die Gebiete des heutigen Marokkos wieder.

Ab Ende des 7. Jahrhunderts wurden große Teile des nördlichen Afrikas, und damit auch die Berber in den Gebieten Marokkos, von den Arabern unterworfen. Die Araber nannten das Gebiet Al-Maghrib (der Westen). Die Berbervölker bewahrten sich anfänglich noch ihre eigene Kultur, übernahmen aber verbreitet den Islam als Religion. Aufstände, aber auch unterschiedliche Zusammenschlüsse, führten zu der Bildung von eigenständigen Dynastien. Die bedeutendsten Dynastien im Mittelalter in den Gebieten des heutigen Marokkos waren die Almoraviden, die Almohaden und Meriniden. Der arabische Einfluss aus dieser Zeit ist bis heute in vielen Städten Andalusiens sichtbar. Nach der Wiedereroberung (Reconquista) der andalusischen Gebiete durch Spanien um 1400 beschränkten sich die weiteren Dynastien auf die nordafrikanischen Gebiete. Im 17. Jahrhundert kam die Alawiden-Dynastie an die Macht, welche bis heute noch das regierende Königshaus stellt.

Anfang des 20. Jahrhunderts waren die mineralreichen Gebiete des heutigen Marokkos mit ihrer strategischen Lage (durch die Mittelmeer-Kontrolle) von großem Interesse und Grund für Rivalitäten zwischen verschiedenen Ländern Europas. Auf der Algeciras-Konferenz (1906) einigten sich die konkurrierenden europäischen Mächte. Spanien erhielt das Rifgebirge und die Provinz Ifni im Süden Marokkos als Protektorat (Spanisch-Sahara). Frankreich erhielt die nördlichen Gebiete und schloss 1912 mit dem Sultan Moulay Abd al-Hafid einen Protektoratsvertrag. Deutschland erhielt als Kompensation im Gegenzug Gebiete (240.000 qkm) der französischen Kolonie in Kamerun, die der deutschen Kolonie Kamerun angeschlossen wurden. Während dieser Besetzung, vor allem wegen der starken Repressionen durch die Kolonialherren, kam es immer wieder zu starkem Unmut und Aufständen in der Bevölkerung (die mit aller Härte unterdrückt wurden).

Diese stärkten zudem einen marokkanischen Nationalismus und eine antikoloniale Haltung. 1943 gründete sich die Unabhängigkeitspartei Istiqlal, die breite Zustimmung und starken Zulauf aus der Bevölkerung erhielt. Auch der herrschende Sultan Mohammed V. forderte zunehmend Verhandlungen mit Frankreich über eine Unabhängigkeit Marokkos und wurde im August 1953 schließlich seines Amtes enthoben und ins Exil nach Madagaskar verbracht. Steigende Unruhen im Lande, aber auch die konfliktreiche Situation in Algerien und andere Brennpunkte in Frankreichs Außenpolitik, veranlassten die Franzosen, die Rückkehr des Sultans Mohammed V. (1955) zu erlauben und zu Verhandlungen über die Unabhängigkeit Marokkos.

Mit der Unabhängigkeit im Jahr 1956 endete das Protektorat Frankreichs, und die Monarchie unter König Mohammed V. wurde ausgerufen. 1956 folgten Verhandlungen mit Spanien, die ebenfalls zu der Aufhebung des Protektorats sowie zur Unabhängigkeit der besetzten Gebiete Spanisch-Saharas führten. Spanien behielt allerdings drei Enklaven: Ifni (das 1969 zurückgegeben wurde) sowie die Städte Ceuta und Melilla. Unter Mohammeds Sohn und Nachfolger Hassan II. (1961) mündete die Monarchie für eine kurze Zeit in eine parlamentarische Monarchie, in der aber der König und eine kleine Elite die gesamte Macht behielten. Der autoritäre König duldete dabei keine Opposition und auch keine Aufstände der Bevölkerung. Oppositionelle Bewegungen und Parteien wurden verboten. Menschenrechtsorganisationen kritisierten in dieser Zeit willkürliche Verhaftungen, Entführungen und Ermordungen. Aufgrund der wachsenden Verarmung und Arbeitslosigkeit infolge der stagnierenden Wirtschaft stieg die Unzufriedenheit innerhalb der Bevölkerung an. Rebellionen und „Brotrevolten" wurden vom Militär mit aller Härte niedergeschlagen.

Richard Pennell betont: „Der König übernahm nicht nur die Hülle des kolonialen Staates, sondern auch seine Methoden der Herrschaft." (Pennell 2000: 319). Die anhaltenden wirtschaftlichen Schwierigkeiten, Vorwürfe grober Menschenrechtsverletzungen, der fehlende Rückhalt in der Bevölkerung sowie die internationale Isolierung führten in den 1980er Jahren zu ersten Demokratisierungsprozessen. 1992 wurde eine neue Verfassung ausgerufen und 1996 ein Zwei-Kammer-Parlament eingeführt – ohne jedoch wirklich die Macht der Monarchie und der sie umgebenden Elite (Makhsen) zu beschränken. Nach dem Tod König Hassans II., seit 38 Jahren an der Regierung, übernahm im August 1999 sein Sohn, Prinz Sidi Mohammed, als Mohammed VI. den Thron. Er versprach bei seinem Antritt weitreichende wirtschaftliche Reformen, die Öffnung des politischen Systems, freie Meinungsäußerungen sowie die Verbesserung der Menschenrechtssituation, die er seit seiner Amtszeit auch tatsächlich verfolgt, was zu seiner großen Popularität beitrug.

Bevölkerungsstruktur – speziell ethnische Zusammensetzung

Die Bevölkerung Marokkos besteht aus 34,4 Mio. Menschen, die hauptsächlich am Küstenstreifen im Norden und nordwestlich der Atlas-Berge leben. Mit einem Anteil von ca. 30 Prozent an unter 15-Jährigen (15–64 Jahre: ca. 64 Prozent; über 65 Jahre: 5,2 Prozent) ist die Bevölkerung sehr jung. Die ursprüngliche Bevölkerung der heutigen Gebiete Marokkos (wie auch Algeriens und Tunesiens) bildeten die Berber, die das Gebiet vor ca. 6.000 Jahren besiedelten. Zu der Zusammensetzung der ethnischen Gruppen gibt es völlig unterschiedliche Angaben, womit nur Richtwerte vorliegen. So sind ca. 20 Prozent der Bevölkerung Berber, die hauptsächlich als Bauern in den Gebirgen leben, ein kleiner Teil auch als Halbnomaden oder Nomaden. Ca. 80 Prozent sind arabisierte Berber, die sich im Laufe der Zeit mit den Arabern und ihrer Kultur vermischt hatten. Sie leben überwiegend in den Städten. Ungefähr 100.000 Ausländer leben in Marokko, wovon die meisten Franzosen und Spanier sind. Es gibt ebenfalls eine schwarze Minderheit, die sogenannten Haratin und Gnawa, die aus der Zeit der Sklaverei des 11. Jahrhunderts stammt. Im Ausland lebende Marokkaner gibt es hauptsächlich in Frankreich (ca. 1.000.000) und in Spanien (ca. 700.000).

Arabisch ist die offizielle Amtssprache in Marokko; sie wird jedoch im Alltag vom Französischen überlagert und beim Handel, im Bildungswesen wie auch in der Regierungsarbeit benutzt. Die Berbersprache ist ebenfalls eine weit verbreitete Sprache in Marokko (ca. 43 Prozent der Bevölkerung), vor allem in den ländlichen Gebieten. Die Berbersprachen unterteilen sich abermals in verschiedene Sprachgruppen, wie Tachelhit, Tamazight, Ghomara, Tarifit, Senhaja de Srair, Judäo-Berbisch etc., und gehen einher mit ihrer unterschiedlichen traditionellen Kultur. Trotz der Beibehaltung ihrer kulturellen Gewohnheiten und Traditionen übernahmen die Berber weitgehend den von den Arabern eingeführten Islam. Heute sind rund 99 Prozent der marokkanischen Bevölkerung Muslime.

Wirtschaftsstruktur

Die Wirtschaftsgeschichte des unabhängigen Marokko kann in zwei große Perioden unterteilt werden. Die erste Periode ist geprägt durch eine „geschützte Entwicklung und Wirtschaft“ während der 1960er und 1970er Jahre. Diese Wirtschaftsperiode der „geschützten Entwicklung“ in einer in weiten Teilen kontrollierten Wirtschaft durch den Staat war im Wesentlichen durch eine Finanzierungsabhängigkeit durch natürliche Ressourcen, besonders dem Abbau von Phosphaten, charakterisiert. Diese Abhängigkeit und fallende Preise für Phosphat stürzten die marokkanische Wirtschaft ab Ende der 1980er in die roten Zahlen. Diese Zeit war durch ein wachsendes Haushaltsdefizit, wachsende Auslandsdefizite und eine hohe Inflationsrate geprägt.

Auf diese Phase folgte ein Umschlagen in der marokkanischen Wirtschaftspolitik hin zu einer Öffnung der Wirtschaft, welche die zweite Periode der Wirtschaftsgeschichte von Marokko markiert. Marokko hat, wie viele andere afrikanische Länder, ein umfassendes Wirtschaftsprogramm initiiert, bei dem die Weltbank und der Internationale Währungsfonds den Rahmen für die strukturellen Änderungen (Strukturanpassungsmaßnahmen) bildeten. Dieses Programm wurde nach der Thronbesteigung des Königs Mohammed VI. realisiert und ermöglichte zum Beispiel die Liberalisierung des Außenhandels sowie die Liberalisierung der inneren Märkte, die Deregulierung des Finanzsektors, die Modernisierung rechtlicher Rahmen und die Ausrichtung auf internationale Standards.

In diesem Zusammenhang hat Marokko unterschiedliche Vereinbarungen getroffen, die die Schaffung unterschiedlicher Freihandelszonen bewirken sollen. Das mit der EU im Jahr 2000 abgeschlossene Assoziierungsabkommen soll durch die seit 2013 initiierten Verhandlungen über ein Abkommen zur Handels- und Dienstleistungsfreiheit ersetzt werden, mit dem praktisch eine Freihandelszone zwischen Marokko und der EU implementiert wird.

Mit den USA wurde bereits 2004 ein Freihandelsabkommen abgeschlossen, welches einen Handel ohne Zölle im Bereich der Industrie- und Konsumgüter ermöglicht und auf weitere Sektoren ausgedehnt werden soll. Mit dieser neuen Ausrichtung und ihren Vereinbarungen hofft Marokko auf eine zweckmäßige Modernisierung auf dem Gebiet der Industriestrukturen (durch Innovationen der Investoren), die Steigerung von ausländischen Investitionen, Technologie- und Wissenstransfers und damit auf ein Wachstum seiner Wirtschaft.

Die marokkanische Wirtschaft befindet sich seit 2004 im stetigen Wachstum. 2006 verzeichnete sie ein Wachstum von 8,1 Prozent, eine Investitionsrate von 29,4 Prozent des BIP, eine Verringerung des Haushaltsdefizits von 1,7 Prozent des BIP sowie eine Inflationsrate von 3,3 Prozent. Auch 2014 befindet sich die marokkanische Wirtschaft in einem stabilen Wachstum. Das Bruttoinlandsprodukt wies ein Wachstum von rund 3 Prozent auf. Der weitere Ausbau der Liberalisierung der Wirtschaft und die Investitionen in eine moderne Verkehrs- und Telekommunikationsinfrastruktur, niedrige Produktionskosten wie die Nähe zum Absatzmarkt Europa sind vor allem die Gründe dafür. Zudem versucht Marokko gegenwärtig, seine geographische Lage für den Handel zwischen Europa und Afrika logistisch särker zu nutzen. Dieses bemerkenswerte Wachstum spiegelt sich auch in den unterschiedlichen Sektoren der Wirtschaft des Landes wider.

Die marokkanische Industrie ist dank der Investitionen erheblich gewachsen und wurde diversifiziert. Vor der wirtschaftlichen Öffnung wurde die Industrie Marokkos stark von der Textil- und Nahrungsmittelindustrie (Zucker, Öl, Früchte und Fisch) dominiert und nun durch die Bereiche der Fahrzeugmontage, Kraftfahrzeugindustrie, chemischen und pharmachemischen Industrie, Informatik, Elektrotechnik und Luftfahrtindustrie ergänzt. Heute stellt der Industriesektor einen Anteil von 30 Prozent des BIP. Obwohl die Landwirtschaft stark den klimatischen Bedingungen unterworfen ist (vor allem in den Trockengebieten), bildet sie einen wichtigen Sektor der Wirtschaft Marokkos. So arbeiten 45 Prozent der Bevölkerung im landwirtschaftlichen Bereich. Etwa 18 Prozent der Gebiete Marokkos werden als Ackerland genutzt, diese finden sich vorwiegend im Westen und Nordwesten des Landes. Weitere Gebiete sollen durch zusätzliche Bewässerungsmaßnahmen und Staudämme erschlossen werden.

Die landwirtschaftliche Produktion des Landes setzt sich vor allem aus Getreide, Sonnenblumenkernen, Zitrusfrüchten, Oliven, Gemüse, Zuckerrüben, Datteln, Baumwolle, Trauben, Erdbeeren, Tabak sowie zu einem erheblichen Teil aus Cannabis (der als Haschisch vor allem in Europa seinen Absatzmarkt findet) zusammen. Nomaden betreiben in den Gebirgen und Steppen teilweise Viehzucht. Durch diese große Bedeutung der Landwirtschaft für Marokko initiierte die Regierung 2008 den „Plan Maroc Vert“ (Grünes Marokko), mit dem die Landwirtschaft in großen Teilen bis 2020 bezüglich Anbau- und Weiterverarbeitungsindustrie modernisiert werden soll. Hierzu sollen ca. 10 Mrd. USD in modernste Landwirtschaftstechnik, Agrarchemie, Tiergentechnik und Saatgut investiert werden. Heute trägt der landwirtschaftliche Bereich mit ca. 15 Prozent zum BIP bei.

Ein weiterer wichtiger Sektor der marokkanischen Wirtschaft ist der Bergbau. Er stellt etwa 3 Prozent des BIP. Der Bergbau erzielt ca. 21 Prozent der Einnahmen aller Exporte und beschäftigt etwa 39.000 Personen in Marokko. Neben dem hauptsächlichen Phosphat-Abbau, der ca. 75 Prozent des Weltmarktangebotes ausmacht, fördert Marokko in kleinen Mengen auch Erdöl, Erdgas, Kohle, Salz, Eisenerz, Blei, Kupfer, Zink, Silber, Gold, Mangan und Nickel. Der Dienstleistungssektor hat in den letzten Jahren einen beträchtlichen Aufschwung erfahren. Dieser Aufschwung ist besonders auf die Bereiche des Tourismus sowie Bank- und Finanzdienstleistungen zurückzuführen. Marokko ist eines der bedeutendsten Reiseziele Afrikas. Europäer machen dabei ca. 80 Prozent des marokkanischen Tourismus aus, welcher vor allem durch die geographische Nähe zu Europa profitiert. Nach den offiziellen Zahlen des Ministeriums für marokkanischen Tourismus hat das Land 2014 ca. 10 Mio. Touristen beherbergt und verzeichnet seit Jahren einen stetigen Anstieg. Dabei werden etwa 10 Mrd. Euro erwirtschaftet, ca. 8 Prozent des BIP, was vor allem auf Marokkos neue Tourismuspolitik zurückzuführen ist, in deren Rahmen die Infrastruktur (Flughäfen) und Touristendienste (Hotelgewerbe, Freizeitdienste etc.) ausgebaut wurden. Marokko erhofft so, in den nächsten Jahren rund 10 Mio. Besucher jährlich anzuziehen.

Die Banken- und Finanzbranche hat in den letzten Jahren ebenfalls einen Aufschwung erfahren und erheblich zum Wachstum im Dienstleistungssektor beigetragen. So haben sich durch die Privatisierungsmaßnahmen zahlreiche multinationale Finanzinstitutionen vor allem in Casablanca etabliert, das sich damit bis heute zu einem der größten Finanzplätze Afrikas entwickelte. Ein bedeutsamer Wirtschaftssektor in Marokko ist auch der Fischfang, der als der größte der Welt erheblich zum Gleichgewicht der Handelsbilanz beitragen konnte. Durch unterschiedliche Modernisierungsmaßnahmen seiner Häfen, die Einrichtung von Fischereizentren und Forschungseinrichtungen erhöhte Marokko, das über 17 Häfen verfügt, seine Fischproduktion enorm. Der Sektor beschäftigt mehr als 600.000 Arbeiter. Trotz der eindrucksvollen Leistungen der letzten Jahre begleiten Marokkos neue Wirtschaftspolitik auch soziale und wirtschaftliche Anomalien. Marokko hat z. B. durch die Liberalisierung seiner Wirtschaft eine negative Handelsbilanz erfahren.

Dabei sind die Importe Marokkos mehr als doppelt so hoch wie die Exporte. So wies die Handelsbilanz 2013 ein Minus von 20 Mrd. USD auf, was ein Minus von 19 Prozent des Bruttoinlandsprodukts darstellt. Die wichtigsten Güter, die importiert werden, sind Maschinen und Ausrüstung (25 Prozent), Energie (20 Prozent), Konsumgüter (20 Prozent) und Nahrungsmittel (10 Prozent). Exportiert werden dagegen hauptsächlich Nahrungsmittel (21 Prozent), Kleidung und Textilien (15 Prozent), Dünger und Mineralien (10 Prozent). Die EU ist mit 60 Prozent der Exporte und 50 Prozent der Importe Haupthandelspartner. Es folgen Indien, die USA, Saudi-Arabien, China und Russland.

Große Potenziale bietet zwar der Handel zwischen den Ländern des Maghreb (Algerien, Tunesien, Libyen, Marokko), der gegenwärtig lediglich einen Anteil von ca. 2 Prozent am Außenhandel Marokkos ausmacht. Jedoch verhindert das weiterhin angespannte Verhältnis zu Algerien hier den Ausbau eines Regionalmarktes. Es gibt seit 2014 Versuche einer politischen und wirtschaftlichen Annährung zwischen den vier Maghreb-Staaten.

Die guten wirtschaftlichen Zahlen spiegeln sich aber nicht in der breiten Bevölkerung wider. Immer mehr Menschen in Marokko sind daher auf Überweisungen aus dem Ausland angewiesen. Laut Weltbank steht Marokko an dritter Stelle bei der Höhe der Auslandsüberweisungen von Migranten in der MENA-Region. So zeigt sich eine weitere Schwäche der marokkanischen Wirtschaft: die anhaltend hohe Arbeitslosigkeit, die gegenwärtig bei ca. 10 Prozent liegt und sich in den sozialen Folgen ausdrückt. Die Arbeitslosigkeit trifft dabei vor allem die Jugendlichen der einfachen Viertel und fördert eine hohe Unzufriedenheit wie auch den Drang zur Auswanderung nach Europa. Die staatliche Institution Caisse de Compensation subventioniert daher die wichtigsten Grundnahrungsmittel und Grundgüter jährlich mit ca. 5 Mrd. Euro.

Aktuelle politische Entwicklung

Das Königreich Marokko verfügt seit der Verfassung von 1972 (und den Verfassungsänderungen von 1992 und 1996) über eine konstitutionelle Monarchie mit einem Parlament und einem König als Staatsoberhaupt. Das parlamentarische Zweikammersystem besteht aus einer Nationalversammlung, die alle fünf Jahre direkt gewählt wird, und einem Senat, dessen Mitglieder alle neun Jahre indirekt (durch Gemeindevertreter und Berufsvertretungen) gewählt werden. Wichtigster Entscheidungsträger im innenpolitischen wie außenpolitischen Bereich ist seit der Unabhängigkeit im Jahr 1956 der König, der zugleich die Rolle des geistlichen Führers innehat.

In der Auseinandersetzung mit der Istiqlal-Partei (der führenden Unabhängigkeitsbewegung) konnte Mohammed V. (Staatsoberhaupt von 1956–1961) in der ersten Zeit der Unabhängigkeit Marokkos und der Bildung ihrer Organisationsstrukturen enorme Macht für das Königshaus (aus der Alawiden-Dynastie) beanspruchen. Das Königshaus sowie eine breit ausgewählte politische, wirtschaftliche und militärische Elite (im arabischen „Makhsen“, was für „Schatzkammer“ steht) treffen dabei im Hintergrund die Entscheidungen der marokkanischen Politik. Eine repressive Innenpolitik der 1960er–1980er Jahre (bekannt als „bleierne Jahre“) unter König Hassan II. (Staatsoberhaupt von 1961–1999) führte zunehmend zu innenpolitischen Legitimationsdefiziten und Widerstand in der Bevölkerung wie auch zu internationaler Kritik. Der steigende Druck (vor allem nach zwei vereitelten Militärputschen) führte ab den 1990er Jahren zu einer Reihe von Reformen (u. a. Verfassungsänderungen, Wiedereinführung des Parlaments) sowie einer offeneren Politik (u. a. Einbindung von Oppositionsparteien). Nach 38 Jahren Herrschaft unter König Hassan II. ist seit 1999 dessen Sohn Mohmmed VI., der als großer Modernisierer und Reformer gilt und umfassende Demokratisierungsprozesse sowie eine marktwirtschaftliche Wirtschaftspolitik verfolgt, Staatsoberhaupt und König.

Ab 1997 wurde die Dezentralisierung vorangetrieben, bei der Provinzen zu Regionen zusammengefasst wurden, denen mehr Autonomie in politischen Entscheidungen zugestanden wird. Marokko besitzt gegenwärtig 16 administrative Regionen, die von Gouverneuren verwaltet werden. Dem fehlenden Vertrauen und der Politikverdrossenheit versucht König Mohammed VI. mit verschiedenen politischen Reformen und einem Modernisierungskurs entgegenzuwirken. Als politische Schwerpunkte seiner Herrschaft benennt er die Armutsbekämpfung, die Durchsetzung eines Rechtsstaates sowie die Gleichberechtigung der Frau. In nur wenigen Jahren hat er dazu bereits wichtige politische Initiativen und Reformen eingeleitet, wie beispielsweise eine Initiative zur „Aufarbeitung der Vergangenheit“, die die

Menschenrechtsverletzungen des Staates während der Regierungszeit seines Vaters, Hassan II., beleuchtet. Hierzu gründete Mohammed eine Kommission für Gerechtigkeit und Versöhnung und erließ zugleich eine umfangreiche Amnestie sowie Initiativen zu Reformen bei Polizei und Justiz. Zur Gleichberechtigung der Frau erarbeiteten die Regierung und Mohammed VI. ein über Jahre kontrovers diskutiertes neues Familiengesetzbuch, das schließlich 2004 in Kraft trat. Dabei werden in unterschiedlichen Reformen die Rechte der Frauen, vor allem in der Familie, erheblich gestärkt und die rechtliche Gleichstellung von Mann und Frau formuliert. Auch wurden im Jahr 2001 die berberische Kultur und Sprache als zentrale Elemente der nationalen Identität des Landes anerkannt. Der König und die Regierung beschlossen hierzu die Gründung eines Instituts für Berberkultur. Die Berbersprache soll nun auch in Schulen gelehrt werden.

Mit einem ökonomischen Modernisierungsprozess – einer Deregulierung, Privatisierung und Liberalisierung der Wirtschaft – versucht die Regierung, der breiten Armut und Arbeitslosigkeit entgegenzuwirken. Mit aufwendigen Investitionen wurden in kurzer Zeit neue Straßen und Autobahnen sowie Zugstrecken gebaut, Städte renoviert und internationale Fluggesellschaften zugelassen, um den Tourismussektor auszubauen. Im Norden Marokkos wurden weiträumige Industriezonen geschaffen und ein neuer Containerhafen im nördlichen Tanger eröffnet. Drei Jahre Steuerfreiheit sollen zusätzlich ausländische Investoren anziehen und den Wettbewerb fördern.

Im Zusammenhang mit dem sogenannten Arabischen Frühling, den Protestbewegungen in den arabischen Ländern im Frühjahr 2011, der marokkanischen „Bewegung 20. Februar" und Protesten in mehreren Städten, bei denen eine demokratische Verfassung gefordert wurde, leitete der König 2011 eine Verfassungsreform und vorgezogene Neuwahlen ein.

Mit Initiativen zur Bekämpfung der Armut und zum Ausbau des Bildungssektors, des Vorantreibens der Gleichberechtigung der Frau und der Stärkung und Modernisierung des industriellen Sektors beschwichtigte der König die Protestbewegungen mit ökonomisch-sozialen Fortschritten anstelle eines umfangreichen Machtwechsels. Trotz Verlagerung einiger Zuständigkeiten des Königs auf den Premierminister und das Parlament kontrolliert er weiterhin die Exekutive, die Judikative und zu Teilen die Legislative. Der König ist Vorsitzender des Ministerrates und ernennt den Regierungschef aus der Partei, die bei den Wahlen als Sieger hervorgeht.

Neben den Ministern und dem Regierungschef bildet der König mit seinen Beratern die Exekutive, um Gesetze zu erlassen. Zudem ernennt er fünf von 20 Richtern des höchsten Gerichts selbst. Er hat das Recht, beide Kammern des Parlamentes aufzulösen, kann jederzeit den Ausnahmezustand verhängen und ist oberster Befehlshaber der Armee.

Bei der letzten Parlamentswahl am 25. November 2011 wurde die islamistische Partei Gerechtigkeit und Entwicklung (PJD) (Parti de la Justice et du Développement) mit 107 von 395 Sitzen die stärkste Partei. Der islamistische Regierungschef Abdelilah Benkirane ist der erste Regierungschef Marokkos, der einer Partei des politischen Islams angehört. Die Wahlbeteiligung nahm leicht zu und lag bei 45,4 Prozent (2007: 37 Prozent). Nach einer Krise im Frühjahr 2013 brach die Koalition im Juli 2013 auseinander und die Istiqlal-Partei beendete die Regierungsbeteiligung. Im Oktober 2013 ist die Partei Rassemblement National des Indépendants (RNI) in die Regierung eingetreten und bestimmt seither, neben der PJD unter dem Regierungspräsidenten Abdelilah Benkirane, die Regierungsangelegenheiten.

Trotz stabiler Wirtschaft und vielfältiger Programme ist eine Verbesserung vor allem in den unteren Schichten kaum spürbar. Zugleich dient die schlechte wirtschaftliche Situation und Unzufriedenheit, vor allem unter Jugendlichen, auch als Nährboden für die Anwerbung und Rekrutierung terroristischer Gruppen in Marokko. Die Regierung kämpft seit mehreren Jahren mit islamistischen Terroristen, die eine Destabilisierung des Landes zum Ziel haben. Im Mai 2003 töteten Terroristen (mit Verbindungen zu al-Qaida) 33 Menschen in Casablanca. Weitere Selbstmordanschläge trafen Casablanca auch im März und April 2007. Erst mit den Attentaten des 11. September 2001 in New York gerieten diese Probleme in den Blickwinkel der weltweiten Öffentlichkeit.

Die Außenpolitik Marokkos der ersten Jahre nach der Unabhängigkeit war (und ist teilweise bis heute) gekennzeichnet durch eine expansionistische Strategie, die offen die Errichtung eines „Groß-Marokko" („grand maghreb") verfolgte. Diplomatisch, aber auch in verschiedenen Auseinandersetzungen, verfolgte Marokko dabei die Einverleibung verschiedener Gebiete, wie der spanischen Enklaven Ceuta und Melilla im Norden sowie Tarfaya, Tan-Tan und Ifni im Süden. Weiterhin zielte Marokko auf die Gebiete der umliegenden französischen und spanischen Kolonien in Algerien, Mauretanien und Westsahara. Neben dem Anspruch der Erschaffung eines Großreiches waren vor allem die Ressourcen (beispielsweise die Phosphatlagerstätten sowie das Erdöl von Bou Craa in der Westsahara und die Eisenerzstätten im algerischen Tindouf) für Marokko von großer Bedeutung.

Nach gescheiterten diplomatischen Bemühungen und militärischen Misserfolgen (z. B. 1963 im sogenannten „Sandkrieg" gegen Algerien; die Kämpfe gegen die Untergrundbewegung POLISARIO – Frente Popular para la Liberación de Saguia el Hamra y Río d'Oro – um Westsahara) sowie steigender internationaler Isolation konnte Marokko bisher nur Tarfaya, Tan-Tan (1958) und Sidi Ifni (1969) für sich beanspruchen und in das Königreich eingliedern. Erheblichen Einfluss auf die Außenpolitik hatte auch die verschlechterte wirtschaftliche Lage Marokkos (wie des gesamten Maghreb) in den 1980er Jahren. Umschuldungen wurden mit Hilfe des IWF und den gleichzeitig implementierten Strukturanpassungsprogrammen überbrückt und drängten das Land zugleich zu einer neuen, offeneren Ausrichtung mit seinen Nachbarn. Marokkos Gebietsanspruch beschränkt sich heute auf Ceuta und Melilla sowie die Westsahara und bildet weiterhin einen Schwerpunkt marokkanischer Außenpolitik. Parallel dazu verfolgt Marokko auch im wirtschaftlichen Bereich eine Öffnungspolitik, die außenwirtschaftlich mit unterschiedlichen Freihandelsabkommen sowie binnenwirtschaftlich mit verschiedenen (neo-)liberalen Reformen (Privatisierung, Freihandel) einhergeht.

Mit Beginn der Unabhängigkeit konzentrierte sich die Außenwirtschaft Marokkos größtenteils auf Europa, da das Land durch die ehemalige Kolonialmacht Frankreich wie auch durch geographische Nähe zu Europa große Verbindungen hat. Von dem seit 2008 vereinbarten „statut avancé" und dem neuen Aktionsplan 2013–2017, der Mobilitätspartnerschaft sowie Verhandlungen über ein Abkommen über Handels- und Dienstleistungsfreiheit profitiert Marokko in unterschiedlicher Form. Zudem soll dabei die politische Zusammenarbeit ausgebaut werden. Ähnliche Verträge unterzeichnete das Land mit den USA (Eizenstat-Initiative 2004), mit denen es traditionell eine enge Partnerschaft unterhält. So besteht bereits seit 1786 ein Freundschaftsvertrag zwischen beiden Staaten. In den letzten Jahren verfolgen sie Interessen der Sicherheitspolitik im gemeinsamen Kampf gegen islamistische Terroristen. Ein weiteres Abkommen, mit der Idee einer Freihandelszone zwischen arabischen Staaten, verbindet Marokko mit der Türkei, Jordanien und Ägypten (Agadir-Abkommen 2006). Aus der Afrikanischen Union (AU) trat das Gründungsmitglied Marokko wegen der Aufnahme und Anerkennung Westsaharas (Arabische Demokratische Republik Sahara) aus. Marokko ist damit das einzige Land Afrikas, das nicht der Afrikanischen Union angehört. Das Land ist unter anderem Mitglied der Vereinten Nationen (UN), der Arabischen Liga, der Arabischen Maghreb Union, der Francophonie wie auch der Welthandelsorganisation (WTO).

Gegenwärtig lassen sich zwei Pole von Gedanken und Lebensformen kontrastieren. Auf der einen Seite eine „konservative islamische Haltung" und auf der anderen Seite eine „moderne Verwestlichung". Die offene und „moderne" Ausrichtung in Politik und Wirtschaft stellt die Gesellschaft Marokkos vor viele neue Belastungsproben. Ein Scheitern, z. B. durch die einseitige Bereicherung einzelner Eliten ohne Umverteilung von Einnahmen (aus dem Prozess der Deregulierung, Privatisierung und Liberalisierung) auf die breite Bevölkerung, würde das Vertrauen in die Politik und das Gesellschaftssystem Marokkos gänzlich erschüttern und den Zulauf zum Terrorismus (vor allem unter jungen Menschen) verstärken.

Literatur

Ayoubi, H. (2003): 'Rapport National – le Maroc', Union Marocaine du Travail-Centre International de Formation, unter: http://actrav.itcilo.org/english/calendar/2003/A1-2908/travail/Rapports_nationaux/Rapport_maroc.doc [20.12.2015].

Beck, M. (2009): Der Nahe Osten im Umbruch. Zwischen Transformation und Autoritarismus. Wiesbaden.

Chimelli, R. (2007): ‚Marokko', in: Weiss, W. M. (Hg.) Die arabischen Staaten. Heidelberg.

CIA World Factbook (2009): 'Marokko', unter: https://www.cia.gov/library/publications/the-world-factbook/geos/mo.html [21.12.2015].

Cordesman, A. (2002): The Military Balance in North Africa. Washington.

Dalle, I. (2001): Le règne de Hassan II. Une espérance brisée. Paris.

Echcharif, A. (2017): Die Demokratie und die Menschenrechte in Marokko. Im Kontext der Euro-Mediterranen Beziehungen. Hamburg.

El Fouladi, A. (2004): 'L'Economie marocaine enregistre des résultats satisfaisant ces dernières années', Maghreb Canada Express, Vol. 2 (8), S. 14–15.

Gieler, W. (2007): Die Außenpolitik der Staaten Afrikas. Ein Handbuch: Ägypten bis Zentralafrikanische Republik. Paderborn.

Gieler, W. u. Inat, K. (2005): Foreign Policy of States – A Handbook on World Affairs. Istanbul.

Hackensberger, A. (2007): ‚Absage an den politischen Islam – Marokko', Das Parlament Nr. 38, 17.9.2007.

Hegasy, S. (1997): Staat, Öffentlichkeit und Zivilgesellschaft in Marokko. Hamburg.

Hoffmann, A. (2015): ‚Dezentralisierung in Marokko – hohe Erwartungen', in: GIGA Focus Nahost 8, S. 1–8.

Hubel, H. (1988): ‚Marokko', in: Hubel, H. (Hg.) Nordafrika in der internationalen Politik, München.

Khallouk, M. (2016): Islamischer Fundamentalismus vor den Toren Europas. Marokko zwischen Rückfall ins Mittelalter und westlicher Modernität. Wiesbaden.

Luchs, R. (2007): ‚Der große Knall wird kommen – Die Terrorgruppe Al-Qaida im islamischen Maghreb nutzt die soziale Unzufriedenheit', Das Parlament Nr. 22–23, 29.5.2007.

Metz, J. (2008): ‚Ein Land im Umbruch – Marokko – Der Maghreb-Staat macht große Fortschritte in Menschenrechtsfragen', Das Parlament Nr. 47, 17.11.2008.

Mission Permanente du Royaume du Maroc auprès de l'Office des Nations Unies et des autres Organisations Internationales à Genève (2009), unter: http://www.mission-maroc.ch/fr/pages/79.html [21.12.2015].

Pennell, C. R. (2000): Morocco since 1830 – a history. London.

Reichwein, P. (2007): ‚Marokko', in: Gieler, W. (Hg.) Die Außenpolitik der Staaten Afrikas. Ein Handbuch: Ägypten bis Zentralafrikanische Republik. Paderborn, S. 251–271.

Sabra, M. (2015): ‚Marokko' – Lilportal, unter: http://www.lilportal.giz.de/marokko.de [21.12.2015].

Schicho, W. (2004): ‚Marokko – al-Mamlaka al Maghribiyya', in: Schicho, W. (Hg.) Handbuch Afrika, Band 3: Nord- und Ostafrika. Frankfurt.

Schmid, B. (2011): Die arabische Revolution? Soziale Elemente und Jugendprotest in den nordafrikanischen Revolten. Münster.

Schumacher, T. (2005): Die Europäische Union als internationaler Akteur im südlichen Mittelmeerraum. ‚Actor Capability' und EU-Mittelmeerpolitik. Baden-Baden.

Zaoual, H. (2008): 'Ombres et lumières sur l'économie du Maroc, trajectoire et perspectives.' Laboratoire de Recherche sur l'Industrie et l'Innovation. ULCO/Research Unit on Industry and Innovation. Working Papers Nr. 175, S. 1–16.

Wolfgang Gieler

Mauretanien

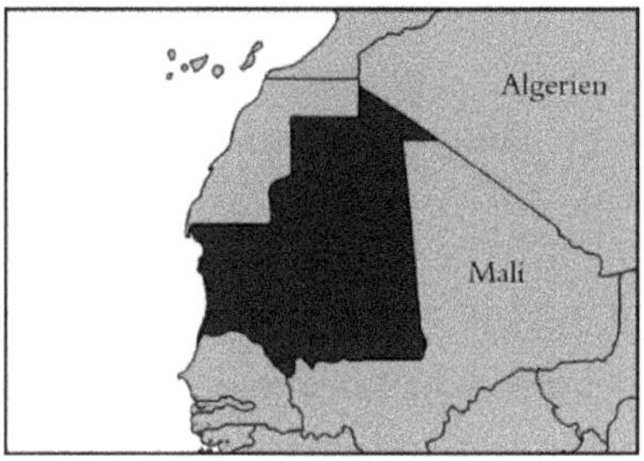

Offizieller Name:	Islamische Republik Mauretanien (République Islamique de Mauritanie)
Staatsform:	nach Verfassung: Präsidialrepublik
Unabhängigkeit:	28. November 1960 (von Frankreich)
Nationalfeiertag:	28. November (Unabhängigkeitstag)
Hauptstadt:	Nouakchott
Lage:	Nordafrika
Fläche:	1.030.700 qkm (Weltrang: 28)
Bevölkerung:	4,0 Millionen (Weltrang: 127)
Landesstruktur:	13 Regionen (Wilaya) mit von der Regierung ernanntem Gouverneur (Wali) an der Spitze, 53 Bezirke (Moughataa) unter einem Präfekten (Hakem), 216 Kommunen mit gewähltem Bürgermeister (Maire)
Sprachen:	Arabisch (offizielle Landessprache), Pular, Soninké, Wollof, Französisch
Religionen:	Islam (Staatsreligion)
Währung:	Ouguiya (MRO)
Wirtschaftszweig:	Viehhaltung, Fischerei, Eisenerz
Mitgliedschaften:	UN und Sonderorganisationen, AU, Arabische Liga, UMA, CILSS, OMVS, ANAD, AKP-EU, BAD, FADES, OIC, BID
Wichtigste Medien:	Rundfunk (Radio Mauritanie); Fernsehen (TV Mauritanie); Nachrichtenagentur (Agence Mauritanienne d'Information – AMI); Tageszeitungen (Horizons [frz.] und Chaab [arab.], ca. 20 weitere private Zeitungen mit teils täglicher, teils wöchentlicher Erscheinungsweise)

Naturraum und geographische Rahmenbedingungen

Mauretanien ist aufgrund seines großen Saharaanteils als Wüstenland zu bezeichnen. Der afro-asiatische Trockengürtel verläuft über das gesamte Land. Die Atlantikküste des Landes besteht aus Steilküste im Norden und flacher Ausgleichsküste im Süden. Die Küste erstreckt sich auf insgesamt 754 km Länge, und die sich anschließenden Meeresgewässer gehören zu den reichsten Fischgründen weltweit. In mittleren Höhen bis zu 500 m gibt es vereinzelt zerklüftete Inselberge bzw. Bergplateaus, die aus Sand- und Geröllwüste bestehen. Die Sahara bedeckt etwa 90 Prozent des Territoriums, wobei ein Teil als Weideland (Savanne) für nomadische Viehhaltung nutzbar ist. Mauretanien gehört zur Sahelzone und ist somit eines der trockensten Länder der Erde.

Die ausgedehnten Wüstengebiete des nördlichen und zentralen Landesteils breiten sich zunehmend nach Süden hin aus (Desertifikation). Im Süden befindet sich am Senegalfluss (der die natürliche Grenze zum Senegal bildet) eine der Regionen, die sich am besten zur Landwirtschaft eignen, da dort Wasser dauerhaft zur Verfügung steht. Im Mündungsgebiet, dem Senegaldelta, das sich zum Teil in Mauretanien befindet, ist die Voraussetzung für Landwirtschaft ebenfalls günstig. Der Senegalfluss ist der einzige in Mauretanien, der ganzjährig Wasser führt. Im Norden des Senegalflusses schließt sich ein Band von Sandebenen und spärlich bewachsenen Dünen an. In Mauretanien herrscht typisches Wüstenklima (hohe Unterschiede der Tag- und Nachttemperaturen) vor, im Süden jedoch ist das Klima der Sahelzone dominierend. In den Wüstenterritorien gedeihen lediglich einige kakteenähnliche Arten sowie wenige Oasen mit vorwiegend Dattelpalmen. Zyklisch wiederkehrende Dürreperioden sind ein Problem für die nomadisch lebende Bevölkerung.

Geschichtliche Entwicklung bis zur Unabhängigkeit

Die ersten Spuren menschlicher Besiedlung des heutigen Mauretanien gehen 30.000 bis 40.000 Jahre zurück. In jener Zeit herrschten noch tropische Verhältnisse vor, das Land war fruchtbar und mit genügend Wasser versorgt. Bevor die Austrocknungsphase der Sahara allmählich etwa 3000 v. Chr. begann, existierte eine neolithische Kultur (negride Jäger und Sammlerzivilisation). Etwa 100 v. Chr. etablierten sich die Sanhadja-Berber im

Westen der Sahara, welche als Vorfahren der Mauren zu betrachten sind. Der Transsaharahandel, beginnend zur karthagisch-römischen Zeit und über deren Ägide hinaus, ist als damals wichtigster Wirtschaftsfaktor der Nomaden anzusehen.

Mauretanien in seinen heutigen Grenzen war Teil verschiedener afrikanischer Reiche, wie dem Reich Ghana (4.–11. Jahrhundert), dem Reich der islamisch geprägten Almoraviden (ab dem 11. Jahrhundert), dem der Almohaden (ab Mitte 12. Jahrhundert), dem Reich Mali (14. Jahrhundert) und dem Songhay-Reich (15.–16. Jahrhundert). Die Araber aus Südmarokko (Banu Hassan ab 1585) besiegten das Songhay-Reich und die einheimischen Berbernomaden (Zawaya). Es entwickelte sich eine Gesellschaft, die heute den Mythos eines Konsenses trägt, der in der gegenwärtigen Gesellschaft verankert ist. Zawaya und Araber teilten Autoritäten so auf, dass die Zawaya religiös die oberste gesellschaftliche Instanz bildeten, während die Araber das alleinige Recht zum Tragen von Waffen hatten und somit auch die Pflicht zum militärischen Schutz. Trotz dieser Aufteilung gab es Überlagerungen. Es ergab sich gesamtgesellschaftlich das idealisierte Bild einer Pyramide, an deren Spitze der Militäradel stand, gefolgt vom Religions- und Geldadel der Zawaya. Weiterhin bestanden gesellschaftliche Gruppen, die Tribut zahlten, der von schwarzen Sklaven erwirtschaftet wurde.

Im 17. Jahrhundert wurden französische Handelsniederlassungen gegründet und eine allmähliche Kolonisation setzte ein. Das Gebiet des heutigen Mauretaniens wurde 1903 von Frankreich, gegen den Widerstand der einheimischen Bevölkerung, als Sicherheitszone erobert. Die koloniale Durchdringung durch Frankreich als Kolonialmacht begann bereits im 19. Jahrhundert und dauerte faktisch von 1902/03 bis 1960 an, seit 1920 im Status einer Kolonie. Aufgrund karger Ressourcen blieb eine demographische Kolonisation (wie v.a. in Algerien) jedoch aus. Somit war die französische Prägung wesentlich schwächer als in anderen französischen Kolonien. Mauretanien war in das große, zusammenhängende französische Kolonialreich in Afrika eingegliedert. Die sozial und ökonomisch heterogene Bevölkerung einte lediglich der Islam als gemeinsame Religion der überwiegenden Mehrheit. Die willkürliche Festlegung der Staatsgrenzen legte schon zur Unabhängigkeit den Grundstein für ethnische Konflikte zwischen der maurischen Bevölkerungsmehrheit und den Minderheiten der anderen ethnischen Gruppen.

Bevölkerungsstruktur – speziell ethnische Zusammensetzung

Die Bevölkerungszusammensetzung ist sehr heterogen und hierarchisch. Nach einer ersten Grobeinteilung gliedert sich die Bevölkerung in Mauren und Berber (vorwiegend arabischsprachig) im nördlichen und zentralen Teil des Landes sowie verschiedene afrikanische Ethnien (vorwiegend frankophon und eigene Sprachen sprechend, wie z. B. Wolof) im Grenzgebiet zum Senegal. Die Mauren bilden die Bevölkerungsmehrheit, die sich auf etwa 70 bis 80 Prozent der Gesamtbevölkerung beläuft. Zu unterteilen sind die Mauren in hellhäutige/„weiße" Mauren (Bidan) und sogenannte Haratin, die kulturell assimiliert, jedoch sozial getrennt sind. Die Teilung der Mauren in Bidan und Haratin besteht in etwa im gleichen Verhältnis. Die weißen Mauren bilden die politische, militärische Elite des Landes. Die Haratin sind die Nachkommen afrikanischer Sklaven der Mauren, wobei es hier zu Vermischungen mit den Mauren kam. Die Bidan finden sich sozial am oberen Ende der Skala, die Haratin am unteren Ende.

Die afrikanischen Minderheiten (ca. 20 bis 30 Prozent) im Süden bestehen aus Wolof, Solinké, Tukuleur/Tuocouleur, Fulbe (franz. Peul), Fulani und Bambara. Diese Bevölkerungsgruppen gehen vorwiegend dem sesshaften Ackerbau am Senegalfluss nach. Die schwarze Minderheit wird von der Mehrheit der Mauren hinsichtlich der Teilhabe und Einflussnahme an politischen und wirtschaftlichen Entscheidungsprozessen sowie dem gesamtgesellschaftlichen Leben nur teilweise berücksichtigt. Öffentliche Ämter werden den Schwarzafrikanern von politisch dominierenden Bidan nach ihrer offiziellen Zahlenstärke von 20 Prozent zugestanden. Die Einteilung in jeweils ein Drittel Bidan, Haratin und Schwarzafrikaner ist deshalb als sinnvolle Richtgröße zu betrachten. Der Islam malakitischer Prägung ist für alle Bevölkerungsanteile die vorherrschende Religion mit einem Anteil von 99,5 Prozent. Unter den Schwarzafrikanern gibt es ferner christliche und traditionelle Religionsausprägungen.

Wirtschaftsstruktur

Bezüglich der Verschuldung gehört der Staat zu den 18 am meisten verschuldeten, wirtschaftlich ärmsten Ländern der Welt. Als erstes Land wurde Mauretanien 2000 in das erweiterte HIPC-Programm aufgenommen, welches für hochverschuldete Länder von Weltbank und IWF geschaffen wurde.

Die G8-Staaten beschlossen 2005 eine Entschuldungsinitiative, die sich auch auf Mauretanien bezieht. Der IWF, die Weltbank und die Afrikanische Entwicklungsbank erließen dem Land im Jahr 2006 Altschulden. Das verhältnismäßig geringe Bruttosozialprodukt (859 USD pro Kopf in 2013) verdeutlicht die bestehende negative wirtschaftliche Ausgangssituation. Ein Vorteil gegenüber Binnenstaaten (wie z. B. Mali) ist die Meereslage, die für den Handel einen Standortvorteil darstellt.

Der Großteil der Bevölkerung arbeitet in der Landwirtschaft. Bewässerungsfeldbau kann im Süden des Landes betrieben werden. Die Viehzucht wird mit Kamelen, Rindern, Schafen und Ziegen betrieben. Hierbei nutzen die Nomaden ihre tradierte Wirtschaftsweise wandernder Herden. Allerdings zeigten die Trockenperioden 1974–1976 sowie 1980–1981, wie unbesetzt dieser Wirtschaftszweig sein kann. Diese zum Teil prekäre Situation veranlasste einen erheblichen Teil der Nomaden, sesshaft zu werden und sich in der Nähe der Städte anzusiedeln. Hierdurch bildeten sich, wie in der Hauptstadt Nouakchott, sehr schnell Slums. Es zeigte sich, dass die tradierten Nutzungssysteme des kargen Landes durch nomadische Ressourcennutzungskonzepte (nomadische Viehhaltung) flexibel und noch am besten an natürliche Schwankungen angepasst sind. Die Nomaden konnten den Wüsten- und Steppengebieten noch am meisten abringen.

Trotz einer ineffektiven Fischindustrie macht die Ausfuhr von Fisch und Meeresweichtieren in etwa ein Viertel (22 Prozent) des Exports aus. Im Bereich Bergbau sind Eisenerz mit 45 Prozent und Kupfererz mit 12 Prozent des Exports sehr bedeutsam. Das Land ist einer der größten Eisenerzexporteure der Welt. In sehr viel geringerem Umfang werden Öl, Gold, Salz und Gips exportiert. Generell machen Mineralienprodukte knapp 65 Prozent der Exporte aus. Die Exportgüter können allerdings nur knapp den Einfuhrbedarf an Nahrungsmitteln und Konsumgütern decken. Potenzial hat Mauretanien hinsichtlich umfangreicher Phosphatvorkommen, die nicht erschlossen sind. Ebenfalls gibt es noch einige Zink- und Bleivorkommen. Die unerschlossenen Rohstofflager stoßen bei französischen und australischen Firmen auf Interesse.

Im Jahre 2001 wurden Erdölvorkommen entdeckt. Im Februar 2006 begann die Förderung im Offshore-Ölfeld „Chinguetti“, die durch die australische Firma Woodside Petroleum realisiert wurde. Auch hier liegen einige Entwicklungspotenziale, da es noch weitere Öl- und Gasfelder in

Küstennähe gibt. Die Ölförderung bestärkte das mauretanische Wirtschaftswachstum, dieses ist jedoch von 2006 mit 11,7 Prozent zu 2014 mit 6,8 Prozent knapp um die Hälfte eingebrochen. Die Steigerung der Fördermengen hängt allerdings von der erfolgreichen Prospektion der Offshore-Areale im Nordosten des Landes ab, die erst in einigen Jahren abgeschlossen sein wird. Wichtigster Abnehmer mauretanischer Waren war 2014 China mit 45 Prozent der Waren, gefolgt von mehreren europäischen Staaten wie der Schweiz (8,1 Prozent) und Italien (7,71 Prozent). Importwaren werden zu knapp zwei Dritteln aus Europa und Asien bezogen.

Trotz wirtschaftlicher Liberalisierungstendenzen in den letzten Jahren (z. B. teilweise Privatisierung staatlicher Unternehmen) und einem verstärkt anziehenden Exportgeschäft werden potenzielle ausländische Investoren bspw. durch die unsichere Lage im angrenzenden Mali gegenwärtig abgeschreckt. Begründet liegt das im Fehlen einer effizienten Verwaltung, einer unabhängigen Justiz und dem jüngsten Militärputsch, was insgesamt eine hohe Risikobewertung durch internationale Banken und Kreditversicherer bewirkt. Der Militärputsch 2008 führte dazu, dass der IWF Mittel zur Armutsbekämpfung suspendierte und dass die Entwicklungszusammenarbeit eingefroren wurde. Inzwischen gibt es neue Unterstützungsabkommen mit dem IWF, die jedoch in hohem Maße von dem Erfolg der Programme zur Armutsbekämpfung der mauretanischen Regierung abhängig sind. Darüber hinaus machen sich der Preisverfall im Bereich der Bodenschätze – besonders bei den Eisenerzen – und fehlende Investitionen bei Modernisierung und Ausbau der Infrastruktur bemerkbar. Exogene Schocks sind laut einem IWF-Bericht von 2015 die Hauptgefährdung des wirtschaftlichen Aufstiegs Mauretaniens.

Aktuelle politische Entwicklung

Am Ende der Kolonialzeit bestand in Mauretanien ein Mehrparteiensystem, welches unter Mokhtar Ould Daddah in ein Einheitsparteiensystem (PPM-Mauretanische Volkspartei) überging. Es entstand ein autoritäres Präsidialsystem. Mali und vor allem Marokko hatten nach der Entlassung in die Unabhängigkeit Anspruch auf Territorien Mauretaniens artikuliert, ohne diese durchsetzen zu können. Marokko erkannte die mauretanische Staatlichkeit erst 1970 an. Im Nordwesten grenzt Mauretanien an das Territorium der Westsahara. Es entwickelte sich ein Konflikt zwischen Marokko, der Polisario (Organisation für die Unabhängigkeit Westsaharas) und Mauretanien, welches ein Drittel der Westsahara (südlich gelegen) beanspruchte.

Der Konflikt entstand, nachdem Spanien der Aufteilung dieses ehemaligen Kolonialgebietes 1976 zustimmte. Die Polisario kämpfte gegen Marokko und Mauretanien und hat ihren Wirkungs- und Einflussbereich bis heute im Grenzgebiet zu Mauretanien. Unter dem langjährigen Machthaber Daddah (1960–1978) stand der Krieg gegen die Polisario und die Behauptung der unabhängigen Staatlichkeit im Vordergrund. Mauretanien hielt einen Teil Westsaharas bis 1979 besetzt. Wirtschaftlich und politisch war das Land durch diesen Krieg stark belastet. Das Militär putschte daraufhin 1978 erfolgreich, um den negativen Entwicklungen zu begegnen. Mauretanien zog sich umgehend aus dem Konflikt zurück und verzichtete auf jegliche Gebietsansprüche. Bis heute verhält sich Mauretanien neutral und folgt der UN-Linie zur Beilegung des Konfliktes.

Anschließend wurde Mauretanien von einem Militärregime, dem mehrere Präsidenten vorstanden (Moustapha Ould Salek 1978–79, Mohammed Ould Louly 1979–80, Khouna Ould Haidallah 1980–84), beherrscht. Der bedeutsamste Präsident ist der langjährige Herrscher Mouawiya Ould Sid Ahmed Taya, der von 1984 bis 1992 als Militärmachthaber fungierte und von 1992 bis 2005 als demokratisch gewählter Präsident an der Staatsspitze stand. Der Übergang von einer Diktatur zu einer formalen Demokratie mit islamischem Recht dauerte von 1978 bis 1991. Demokratische Reformen Mitte der 1980er Jahre ließen erneut (wie vor 1960) ein Mehrparteiensystem entstehen, und 1992 wurde eine zivile Regierung gewählt. Faktisch änderte sich 1992 nicht viel, da der alte Machthaber Taya im Amt blieb, welcher nun durch Wahl legitimiert war. Weiterhin bestand ein autoritär gehandhabtes Präsidialsystem. Jedoch existierten Wahlbeeinflussungen und Wahlfälschungen seitens der Regierung sowie Einschüchterung der Opposition in der Phase von 1992 bis 2005. Trotz der Neugründung einer Vielzahl von Parteien erwies sich von 1992 bis 2005 die PRDS (Parti Républican Démocratique et Social) des Präsidenten Taya als die klar dominierende Partei, die über fast alle Sitze in der Nationalversammlung verfügte.

Diese Umstände boten den Anlass für mehrere Militärputsche, bis jener von 2005, geführt von Offizieren des Sicherheitsapparates, glückte. Der unblutige Staatsstreich gelang, als Staatsoberhaupt Taya in Saudi-Arabien weilte. Der Putsch wurde international verurteilt. Das selbsternannte Militärkomitee für Gerechtigkeit und Demokratie (MCJD) übte übergangsweise die Regierungsgewalt aus. Dies galt bis zur Wahl von Sidi Mohamed Ould Sheikh Abdallahi im Jahre 2007, der als demokratisch gewählter Präsident die Militärjunta ablöste. Er beförderte Abdel Aziz zum General. Letztgenannter führte gegen seinen Förderer Abdallahi den jüngsten Militärputsch im Jahre 2008 und ist, nach einer kurzen Zwischenphase eines vorübergehend regierenden Militärkomitees, im Jahr 2009 zum Staatsoberhaupt gewählt worden (Amtsantritt: 05. August 2009).

Die Gründe für den Putsch 2008 lagen in den rasant steigenden Lebenshaltungskosten und der Gefahr von Hungerunruhen. Vorwürfe von Wahlbetrug auf Seiten der Opposition konnten von internationalen Wahlbeobachtern nicht bestätigt werden. Dass ein demokratisch gewählter Präsident (Abdallahi), sobald er auf Widerwillen des Militärs stößt, gestürzt werden kann, verdeutlicht, dass sich die eigentliche Macht im Militär konzentriert. Das Militär besteht in zentralen Bereichen hauptsächlich aus Personen der privilegierten Gruppe der Bidan. Der positive Demokratisierungsprozess von 2005 bis 2007 wurde somit jäh unterbrochen. Das Militär bleibt, ob nun direkt oder indirekt, der bestimmende innenpolitische Machtfaktor. Die Präsidentschaftswahlen vom 21. Juni 2014 gewann wiederholt Abdel Aziz mit 81,9 Prozent, bei einer Wahlbeteiligung von 56,5 Prozent. Ein Großteil der Oppositionsparteien boykottierte die Wahlen.

Die islamische Republik Mauretanien ist gegenwärtig eine Präsidialrepublik mit einem Zweikammerparlament (Nationalversammlung und Senat). Beide Gremien wurden Ende 2006 bzw. Anfang 2007 auf jeweils fünf Jahre gewählt und bestehen trotz Putsches 2008 weiter. Die Medienlandschaft wird im Bereich Fernsehen und Radio komplett staatlich bestimmt. Lediglich im Zeitungsbereich gibt es einige private Zeitungen, die teils täglich, teils wöchentlich erscheinen. Außenpolitisch war Mauretanien im ersten Jahrzehnt nach der Unabhängigkeit noch stark an Frankreich, der vormaligen Kolonialmacht, und den frankophonen westafrikanischen Nachbarstaaten orientiert. Diese Bindungen wurden in den 1970er Jahren durch eine Annäherung an die islamisch-arabische Staatengemeinschaft abgeschwächt. Konkrete Maßnahmen, die diese Bemühungen verdeutlichen, waren der Austritt aus der französisch-westafrikanischen Währungsgemeinschaft (CFA) 1972, der Beitritt zur Arabischen Liga (1973) sowie der Beitritt zur UMA (Union Maghreb Arabe).

Im Jahre 1989 kam es zu einem Grenzkonflikt mit dem Senegal, der durch ethnische Spannungen zwischen den maurischen und afrikanischen Bevölkerungsanteilen (v.a. den Peul) ausgelöst wurde und sich pogromartig steigerte. Eine militärische Eskalation blieb aus und das Verhältnis normalisierte sich ab 1992 wieder. Konfliktpotential und Streitigkeiten über den exakten Grenzverlauf beider Staaten flammten 2000 bis 2004 erneut auf und existieren weiter. Auch mit dem südöstlichen Nachbarland Mali kam es zu einem Konflikt, ausgelöst durch malische Tuareg, die von mauretanischem Territorium aus operierten. Hinzu kamen malische Flüchtlingsströme, die nach Mauretanien kamen. Diese Konfliktpunkte wurden bilateral gelöst. Da der Senegalfluss sowohl durch Mali als auch durch den Senegal fließt, ist Mauretanien auf ein gutes Verhältnis zu beiden Staaten angewiesen. Die OMVS-Initiative („Organisation für die Nutzung des Senegalflusses", seit 1972) zwischen den drei Staaten konnte nach diesen Konflikten wiederbelebt und erweitert werden (gemeinsames Vorgehen gegen Extremismus, Drogen- und Waffenhandel).

Mauretanien galt im Zweiten Golfkrieg 1990/91 als einer der wenigen Parteigänger des Iraks. Begründet war dieses Verhältnis durch irakische Waffenlieferungen an Mauretanien und die Ausbildung militärischen Personals durch irakische Hilfe. Mauretaniens pro-irakische Haltung führte zu einer deutlichen Reduzierung US-amerikanischer Finanzhilfe sowie Hilfen aus Geberländern der Golfregion. Durch das Fehlen der notwendigen Finanzhilfen kam es zu einer klaren Neuausrichtung der Außenpolitik, die 1994 einsetzte und bis in die Gegenwart Bestand hat. Zu den Maßnahmen gehörte die Normalisierung der Beziehungen zu Kuwait, zu den konservativen arabischen Staaten und zu den westlichen Staaten.

Die Beziehungen zum Irak brachen schrittweise bis 1999 völlig ab. Besonderes Augenmerk verdienen die Beziehungen zu Israel. Mauretanien erkannte 1995 Israels Staatlichkeit an und nahm bis 1999 volle diplomatische Beziehungen auf. Die USA honorierten dieses Verhalten mit intensiverer Zusammenarbeit und Finanzhilfen. In der arabischen Welt hatte dies einen merklichen Reputationsverlust zur Folge, so verschlechterten sich die Beziehungen zu Algerien und Libyen als Reaktion daraufhin. Die Unterstützung der USA zeigt sich auf bilateraler Ebene, durch den Erlass von

Schulden und Hilfe bei der Minenräumung, aber auch durch den Einfluss in internationalen Finanzorganisationen wie dem IWF oder der Weltbank. Die Israelbeziehungen, mit den einhergehenden guten Beziehungen zu den USA und deren Unterstützung, bestanden als grundlegendes Element der Außenpolitik lange fort – Mauretanien war eines von drei Mitgliedern der Arabischen Liga (AL), die Israel 1999 als souveränen Staat anerkannten –, wurden jedoch aufgrund des Konfliktes im Gazastreifen im Januar 2009 eingefroren. Der mauretanische Botschafter wurde kurz darauf aus Israel abgezogen, und seit dem 21. März 2010 sind alle diplomatischen Beziehungen zwischen beiden Ländern eingestellt.

Frankreich als ehemalige Kolonialmacht wirkt trotz der Versuche Mauretaniens, sich von ihm zu lösen und trotz gelegentlicher Verstimmungen (z.B. 1999 bis 2002) als ein bedeutsamer außenpolitischer Partner. Die Franzosen zeigten sich als mauretanischer Fürsprecher gegenüber der EU, dem IWF oder der Weltbank. Somit ist ein gutes Verhältnis zu Frankreich ein weiterer wichtiger Baustein mauretanischer Außenpolitik. Hierdurch kann die EU als Handelspartner (Cotonou-Abkommen) und Geldgeber beansprucht werden. Die EU ist der größte Geber in der entwicklungspolitischen Zusammenarbeit und einer der wichtigsten Handelspartner Mauretaniens. Mauretanien und die EU agieren intensiv hinsichtlich der Flüchtlingsproblematik (Einwanderer, die über Mauretanien in die EU gelangen) miteinander. Das gute Verhältnis zur EU und den USA symbolisiert die zunehmende Westorientierung des Landes.

Bezüglich sicherheitspolitischer Belange steht seit dem 11. September 2001 die Terrorbekämpfung („war on terror“) in Zusammenarbeit mit den USA im Vordergrund. Hierbei wurde seit 2004 eine Kooperation („Pan-Sahel-Initiative zur Terrorismusbekämpfung“) zwischen dem Niger, Tschad und Mali forciert. Diese Länder werden ebenfalls von den USA unterstützt. Des Weiteren nahm Mauretanien 2004 am Nato-Mittelmeerdialog teil sowie am Forum (EU- und Maghrebstaaten) für Sicherheit im Mittelmeerraum, bei dem es auch um die Problematik illegaler Einwanderung ging. Das Land ist Mitglied in diversen internationalen Organisationen wie UNO, Afrikanische Union (AU), AL, der UMA (Union des arabischen Maghreb), des CLISS, OMVS, ANAD, Weltbank, IWF, der Islamischen Konferenz (OIC) und der Afrikanischen Entwicklungsbank (ADB).

Mit der EU ist Mauretanien assoziiert (AKP-EU, Cotonou-Abkommen). Weitere Unterstützung erhält es außerdem über den Arabischen Entwicklungsfonds (FADES) und die Islamische Entwicklungsbank. Aufgrund des Putsches 2008 wurde Mauretanien beim IWF und bei der AU suspendiert, ist jedoch inzwischen wieder rehabilitiert. Die Mitgliedschaften verdeutlichen den schwierigen Spagat zwischen Westorientierung (EU-Beziehungen), arabisch-islamischen Verbindungen (AL etc.) und westafrikanischen Beziehungen (OMVS), der sich aus der geographischen Brückenfunktion des Landes ergibt. Im November 2014 wurde Mauretanien als Nicht-Mitglied zum G20-Gipfeltreffen in Brisbane eingeladen.

Im Zuge des Arabischen Frühlings von 2011 kam es zwischen 2012 und 2013 zu mehreren, weitestgehend friedlichen Protesten. Gefordert wurden von Präsident Aziz politische, wirtschaftliche und rechtliche Reformen. Ein weiteres Thema der Proteste war das Verbot von Sklaverei, die zwar offiziell illegal, dennoch aber weit verbreitet ist. Die Opposition warf der Regierung darüber hinaus die wiederholte und vorsätzliche Verletzung von Menschenrechten vor.

Literatur

Akogo, D. u. T. Bauer (2007): ‚Mauretanien'. In: Gieler, W. (Hg.) Die Außenpolitik der Staaten Afrikas, Ein Handbuch: Ägypten bis Zentralafrikanische Republik. Paderborn, S. 271–277.

Auswärtiges Amt (2009): ‚Länderinformation Mauretanien', unter http://www.auswaertiges-amt.de/diplo/de/Laenderinformationen/01-Laender/Mauretanien.html [20.10.2016].

Bales, K. (2012): Disposable People: New Slavery in the Global Economy. Berkley, Los Angeles, London.

CIA World Factbook (2015): 'Mauritania', unter https://www.cia.gov/library/publications/the-world-factbook/geos/mr.html [20.10.2016].

Clausen, U. (2004): ‚Mauretanien'. In: Hofmeier, R. u. A. Mehler (Hg.) Kleines Afrika Lexikon, Politik, Wirtschaft, Kultur. München, S. 185–187.

Deutsches Orient Institut (Hg.) (1987–2005): Nahost-Jahrbuch. Politik, Wirtschaft und Gesellschaft in Nordafrika und dem Nahen und Mittleren Osten. Wiesbaden.

Frede, B. (2001): ‚Mauretanien – Brücke nach Schwarzafrika', Informationen zur politischen Bildung (272) Afrika II. Bonn, S. 29–30.

Gieler, W. (2016): ‚Mauretanien'. In: Gieler, W. (Hg.) Afrika-Lexikon. Geographie, Geschichte, Kultur, Politik und Wirtschaft. Bundeszentrale für Politische Bildung. 2. aktualisierte und erweiterte Auflage, S. 385–398.

Hammer, T. (2005): ‚Welche Demokratie für die Sahelstaaten? – Mauretanien'. In: Blümel, W. D. et al. (Hg.) Sahel, Perthes Regionalprofile, Geographische Strukturen, Entwicklungen, Probleme. Gotha, Stuttgart, S. 100.

Institut für Afrika-Kunde (Hg.) (1988–2003): Afrika-Jahrbuch. Politik, Wirtschaft und Gesellschaft in Afrika südlich der Sahara. Opladen.

Internationaler Währungsfonds (2015): 'Islamic Republic of Mauritania: 2014 Article IV Consultation-Staff Report; Press Release and Statement by the Executive Director for the Islamic Republic of Mauritania', unter http://www.imf.org/external/pubs/ft/scr/2015/cr1535.pdf [17.11.2016].

Klotchkoff, J.-C. (2003): Mauritanie aujourd'hui. Paris.

Krings, T. (2006): Sahelländer. Geographie, Geschichte, Wirtschaft, Politik. Darmstadt.

Marfraing, L. u. D. Nadi (2009): ‚Funktion der Transitstaaten; Mauretanien'. In: Bundeszentrale für Politische Bildung (Hg.) Informationen zur politischen Bildung (Heft 303), Afrika Schwerpunktthemen. Bonn, S. 28–30.

Messaoudi, N. (2009): ‚Der General; Mohammed Ould Abdel Aziz / Der 53-Jährige gewann die Präsidentschaftswahl in Mauretanien', Neues Deutschland 22. Juli 2009.

Observatory of Economic Complexity (2015): 'Mauretania', unter https://atlas.media.mit.edu/en/profile/country/mrt/ [17.11.2016].

Ould-Mey, M. (2008): 'Mauritania; Between the Hammer of Economic Globalization and the Anvil of Multiparty Factionalism'. In: Zoubir, H., Y. u. H. Amirah-Fernández (Hg.) North Africa, politics, region, and the limits and the limits of transformation. London, S. 78–89.

Rao, S. (2014): 'Conflict Analysis of Mauritania'. In: GSDRC Applied Knowledge Service (University of Birmingham), unter http://www.gsdrc.org/docs/open/gsdrc_conflanal_mauritania.pdf [17.11.2016].

Rebstock, U. (2004): ‚Mauretanien'. In: Mabe, J. E. (Hg.) Das Afrika Lexikon. Ein Kontinent in 1000 Stichwörtern. Stuttgart, S. 383–384.

Van den Boom, D. (2001): ‚Mauretanien'. In: Bellers, J., T. Benner u. I. M. Gerke (Hg.) Handbuch der Außenpolitik; von Afghanistan bis Zypern. München, S. 550–553.

Wegemund, R. (1996): ‚Wahlbeobachtung in Mauretanien anlässlich der Parlamentswahlen am 11. und 18.10.1996', Afrika Spectrum 31/3. Hamburg, S. 313–318.

Wehling, H.-W. u. Ostermann, B.-M. (2002): ‚Mauretanien'. In: Harenberg Länderlexikon, Alle Staaten dieser Welt auf einen Blick. Dortmund, S. 663–666.

Weide, H. (1997): Sarica-rechtliche Tendenzen in der Verfassungsgeschichte Mauretaniens. Freiburg.

Wilsterer, R. (2008): ‚Krisenbewältigung durch Präsidentensturz; Reaktion auf soziale Unruhen. Mauretaniens neue Machthaber versprechen „baldige" Neuwahlen', Junge Welt 8. August 2008.

Zenker, O. (2015): Transition and Justice. Negotiating the terms of new beginnings in Africa. Oxford.

Mahmut Aziz & Markus Mess

Oman

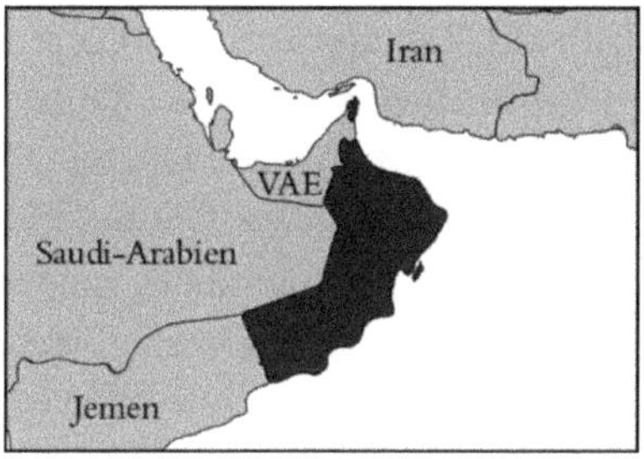

Offizieller Name:	Sultanat Oman
Staatsform:	Monarchie
Unabhängigkeit:	Formell nie abhängig, aber Vertragsverhältnis mit Großbritannien; UN-Beitritt 7. Oktober 1971
Nationalfeiertag:	18. November (Geburtstag des Sultans)
Hauptstadt:	Maskat
Lage:	Südöstliche Arabische Halbinsel
Fläche:	309.500 qkm (Weltrang: 70)
Bevölkerung:	4,5 Millionen (Weltrang: 125)
Landesstruktur:	61 Regierungsbezirke (Wilayat)
Sprachen:	Arabisch, Englisch, Urdu
Religionen:	Islam (85,9 Prozent), Christentum (6,5 Prozent), Hinduismus (5,5 Prozent), Buddhismus (0,8 Prozent)
Währung:	Omani Rial
Wirtschaftszweige:	Erdölförderung
Mitgliedschaften:	UN, AL, GCC, OIC, WTO, IAEA
Wichtigste Medien:	*Fernsehen:* staatlich *Rundfunk:* staatlich *Zeitungen:* Al Watan, Oman, Al Shahiba, Times of Oman

Naturraum und geographische Rahmenbedingungen

Die omanische Halbinsel Musandam (Exklave) im äußersten Norden ist von geopolitisch großer Bedeutung, da sie an der für Tankerschiffe wichtigen Straße von Hormus liegt. Zudem dominiert im Norden des Omans das Oman-Gebirge/Hajar-Gebirge. Dieses Gebirge verläuft ca. 600 km parallel zur Küste. Dort existieren viele Wadis, an deren Lauf oftmals Oasen zu finden sind. Nördlich des Gebirges befindet sich die Küstenebene und südlich davon Wüste. Die Landfläche des Omans besteht zu etwa 82 Prozent aus Sand-, Fels- und Geröllwüsten. Es werden zur Einordnung drei Wüstenkomplexe unterschieden. Die sog. „Innere Wüste“ (Jiddat al Harrasis) ist im Zentraloman zu verorten. Im Südwesten des Landes befinden sich die Ausläufer der Wüste Rub al-Chali, die sich zum Großteil auf Saudi-Arabien erstreckt. Im Osten des Landes liegt die Wahiba-Wüste, die die Besonderheit sandfreier Flächen mit Flora und Fauna, die sog. Woodlands, aufweist. Ganz im Süden befindet sich die Provinz Dhofar. Die klimatische Besonderheit sind die Monsunregen in Dhofar, die es gar ermöglichen, tropische Früchte zu kultivieren. Etwa 3 Prozent des omanischen Territoriums sind landwirtschaftlich nutzbar. Aus geologischer Sicht ist der Oman ebenfalls sehr interessant, da beispielsweise alle Phasen der Gebirgsbildung anschaulich nachvollzogen werden können.

Klimatisch weist das Land eine relativ hohe Variationsbreite auf. Im Norden und Osten ist es heiß und feucht, wobei die Sommer sehr heiß ausfallen und eine Luftfeuchtigkeit bis zu 90 Prozent möglich ist. Im Winter sind dort Temperaturen von 28–35 °C gewöhnlich. Die im Zentraloman gelegenen Gegenden erreichen Temperaturen von über 50 °C bei sehr geringer Luftfeuchtigkeit. Die südliche Dhofar-Region hat über das ganze Jahr hinweg Temperaturen um die 30 °C, in Kombination mit dem Südwestmonsun (Khareef) eine hohe Luftfeuchtigkeit und es ist eine üppige Vegetation vorhanden.

Die Unterwasserwelt, inklusive der Korallen, Fische usw., ist ebenfalls eine Besonderheit, die insbesondere auch auf touristisches Interesse stößt. Die exakten Grenzverläufe zu Saudi-Arabien und den Vereinigten Arabischen Emiraten sind bis heute unklar, was Konfliktpotential birgt, sollten dort Rohstoffe gefunden werden.

Geschichtliche Entwicklung bis zur Unabhängigkeit

Bezüglich der vorislamischen Zeit gibt es im Oman steinzeitliche Funde, die ca. 10000 v. Chr. zu verorten sind. Es folgten verschiedene historische Perioden wie z. B. die Bronze- und Eisenzeit oder eine Zeit der persischen Herrschaft im Oman. Ebenso war der Oman in vorislamischer Zeit über Jahrhunderte hinweg eine Seehandelsmacht, wobei der Anbau und Handel mit Weihrauch aus der Dhofar-Region den Menschen lange Wohlstand sicherte.

Als sich im 7. Jahrhundert n. Chr. der Islam ausbreitete, erreichte er auch bald den Oman. Der Prediger Abdullah bin Ibad aus Basra vertrat die Auffassung, dass jeder gläubige Muslim zum Imam gewählt werden kann, womit er sich wesentlich von anderen islamischen Glaubensrichtungen unterschied. Viele seiner Schüler kehrten in den Oman zurück und 751 n. Chr. wurde Yulanda bin Masud zum ersten Imam gewählt. Es entstand ein ibaditisches Imamat im Zentraloman. Die Ibaditen sind seitdem die kontinuierlich dominierende Glaubensrichtung im Oman. Hinsichtlich dieser Entwicklung bildet das Sultanat einen Sonderfall auf der Arabischen Halbinsel. Der ibaditische Islam kann weder der sunnitischen noch der schiitischen Glaubenslehre zugeordnet werden.

Vom 9. Jahrhundert n. Chr. bis Ende des 15. Jahrhunderts waren omanische Hafenstädte wie Sohar oder Muscat wichtige Zentren für den Seehandel mit China, Indien und Afrika. Diese Regionen gediehen entsprechend wirtschaftlich. Als die Portugiesen zur Seemacht aufstiegen und u. a. auch die arabische Seefahrt und ihren Ostasienhandel bekämpften, um sich selbst zu behaupten, hatte dies Folgen für den Oman. Um ihre Interessen durchzusetzen, zerstörten die Portugiesen omanische Hafenstädte und errichteten im 16. Jahrhundert Forts an der Küste (z. B. Jalali in Muscat). Die Herrschaft der Portugiesen, die jedoch nie über die Küstenregion hinausreichte, dauerte bis Mitte des 17. Jahrhunderts. Mit der Vertreibung der Portugiesen durch Sultan bin Seif aus der Yaariba-Dynastie (Herrschaftszeit der Dynastie: 1624–1744) gelang dieser der Aufstieg zur Herrscherfamilie im Oman. Es gelang darüber hinaus, Seestreitkräfte aufzubauen und eigene Stützpunkte auf Sansibar, in Bombay und Mombasa zu errichten und wieder zu einer Seestreitmacht aufzusteigen.

Während dieser Zeit kam der Oman erneut zu Reichtum. Bis Mitte des 18. Jahrhunderts stellte die Yaariba-Dynastie die Imame. Unter ihrer Führung öffnete sich – auch dank der Konflikte zwischen Portugiesen und Briten um die Vorherrschaft im Indischen Ozean und dessen Randmeeren – eine Lücke für den Oman. Binnen weniger Jahrzehnte stieg er zur bedeutendsten seewärtigen Handelsmacht und zum wichtigsten Akteur im Sklavenhandel im Indischen Ozean auf. In dieser Phase kam es jedoch wieder zur Spaltung verschiedener Ethnien. Von diesem Konflikt, bei dem es um Nachfolgestreitigkeiten bei der Besetzung des Imamats ging, profitierte Al Bu-Said, welcher 1746 das Imamat übernahm und die bis heute herrschende Al-Said-Dynastie gründete. Auch die zeitweise Herrschaft der Perser, die von den Nachfolgestreitigkeiten im Oman profitierten, konnte durch das „Festmahl von Barka“ (1747), welches die Ermordung persischer Anführer mit sich brachte, für immer beendet werden.

Mit dem Machtzuwachs Großbritanniens im Indischen Ozean, der Öffnung des Suezkanals, dem Anstieg des Warenstroms aus Europa und dem Verbot des Sklavenhandels setzte die Isolation Omans ein. Unter britischem Einfluss wurde das Herrschaftsgebiet in ein Sultanat Maskat/Oman und ein Sultanat Sansibar aufgeteilt (1860). Durch einseitig diktierte Verträge verlor der Sultan in Maskat seine Souveränität und wurde ökonomisch von Großbritannien abhängig. Es folgte eine bürgerkriegsähnliche Auseinandersetzung zwischen dem Sultan und dem Imam (1856). Dank britischer Hilfe konnte das Sultanat Maskat in diesem Konflikt die Kontrolle über den gesamten Oman gewinnen. Die Sicherung der Herrschaft des Sultans wurde von Großbritannien aus Machtkalkül und vor allem aus ökonomischen Interessen betrieben.

Der Oman war nie Kolonie Großbritanniens, sondern ein Protektorat mit einer teilweisen Souveränität. Dieses Verhältnis endete 1947, als Großbritannien den Oman in die politische Unabhängigkeit entließ, jedoch weiterhin die Außenpolitik im Oman bestimmte. Das Land war und ist ein konservativer Staat, der von lokalen Scheichs regiert wird. Dies ist eine Herrschaftsstruktur, auf die sich schon Großbritannien bei seiner Kontrolle über das Land stützte. Die britische Kolonialmacht übte über die Scheichs nur eine indirekte Kontrolle auf die Innenpolitik aus, bestimmte aber die Außenpolitik. Jedoch war der herrschende Sultan Said Ibn Taimur Al Said, der von 1932 bis 1970 regierte, kein ausgesprochener Freund der Briten, so dass er in seinem Bemühen um eine gewisse Unabhängigkeit extreme Sparmaßnahmen verordnete, Auslandsreisen und Auswanderung verbot und das Land gegen Neuerungen abschirmte.

Es folgte unter britischer Duldung und Mithilfe am 23. Juli 1970 eine unblutige Palastrevolte, die dazu führte, dass Sultan Said Ibn Taumur gestürzt wurde und sein Sohn Qabus Ibn Said (Nebenbemerkung: Schreibweise „Kabus“ ebenfalls geläufig) die Herrschaft übernahm. Dieser vervollständigte die Einheit des Omans und änderte schließlich den Namen des Sultanats von

„Sultanat von Muskat und Oman“ zu „Sultanat Oman“, das die endgültige Einheit des Staates verdeutlichen sollte. Für die Nichteinmischung in die inneren Angelegenheiten (und nach außen Sicherheitsmaßnahme vor potentiellen Angriffen) schloss der Sultan von Oman ein enges Bündnis mit Großbritannien. Dieses Bündnis wird von beiden Staaten bis heute gepflegt.

Im Kalten Krieg verhielt sich das Land neutral gegenüber den Großmächten, auch wenn – aufgrund der besonderen Beziehungen zu Großbritannien – der Oman eher westlich orientiert war. Großbritannien zog seine letzten Truppen 1977 zusammen mit allem militärischen Gerät ab. Die USA unterzeichneten zu Beginn der 1980er Jahre einen Vertrag mit dem Oman, der den USA eine Nutzung der Häfen und der Flughäfen garantiert. Zugleich begannen die USA, das Land als Ausgangspunkt für militärische Operationen in der Region des Persischen Golfes zu nutzen.

Bevölkerungsstruktur – speziell ethnische Zusammensetzung

Die omanische Bevölkerung von 4,5 Mio. Menschen ist hauptsächlich muslimisch, allerdings mit der Besonderheit, überwiegend der ibaditischen Ausrichtung anzugehören. Dies schließt eine besondere Koranauslegung ein. Der Oman ist das einzige Land weltweit mit einer Mehrheit an Ibaditen (ca. drei Viertel der Bevölkerung). Hinzu kommen sunnitische und schiitische Omaner (etwa ein Viertel). Ethnisch ist die Bevölkerung vergleichsweise homogen und arabisch geprägt.

Die seit Jahrhunderten währenden Handelsbeziehungen führten dazu, dass Inder, Perser, Belutschen und Afrikaner sich im Oman niederließen und deren Nachfahren noch heute dort leben. Da Sansibar gut anderthalb Jahrhunderte zum Sultanat Oman gehörte, kommen heute noch dunkelhäutige Sansibaris in den Oman, wobei deren Vorfahren Omaner waren, die nach Sansibar auswanderten. Im Sozialgefüge des Landes nehmen sie aufgrund guter Ausbildung eine hohe Stellung ein.

Gastarbeiter spielen im Oman der Gegenwart eine Rolle, allerdings weniger stark als z. B. in den Vereinigten Arabischen Emiraten. In größerer Zahl kamen Gastarbeiter seit den 1970er Jahren, als der omanische Erdölboom begann. Momentan sind etwa 44 Prozent der Wohnbevölkerung Ausländer, vorwiegend Inder und Pakistaner, die teilweise auch Hindus sind. Zu diesen 44 Prozent zählen auch Menschen aus westlichen Staaten, die entsprechend andere religiöse Gepflogenheiten haben. Auch nomadisch lebende Beduinen gibt es im Land, die im Landesinneren die Wüste und Berge durchwandern. Sie machen etwa 2 Prozent der Bevölkerung aus.

Wirtschaftsstruktur

Einen tiefgreifenden Wandel machte das Sultanat Oman nach der Entdeckung der Erdölvorkommen 1967. Das Land ist heute vollkommen auf Ölexporte angewiesen. Zum anderen ist das Sultanat im Vergleich zu anderen Golfstaaten, wie den Vereinigten Arabischen Emiraten oder Katar, ein relativ großes Land, was nur über geringe Öl- und Gasvorkommen verfügt und im Vergleich zu den anderen Ländern des Golfkooperationsrats (GCC) wirtschaftlich arm ist.

Im Bewusstsein, dass die einseitige Abhängigkeit vom Erdöl langfristig problematisch sein wird, gibt es diverse Bemühungen, die Wirtschaft des Landes zu diversifizieren. Eine Rolle spielt hierbei der Tourismus, wobei kein Massentourismus, sondern sanfter, luxuriöser Tourismus als staatliche Zielvorgabe gilt. Erst 1987 öffnete sich das Land für den Tourismus und verzeichnet seitdem stetig steigende Touristenzahlen. Trotz dieser Bestrebungen ist der Anteil der Staatseinnahmen aus der Förderung von Erdöl und Gas mit 86 Prozent (Stand: 2014) sehr hoch.

Die Wirtschaft des Landes wird erheblich durch die Arbeit ausländischer Arbeitskräfte zum Teil im Sektor niedrigqualifizierter, zum Teil im Sektor hochqualifizierter Tätigkeiten gestützt. So werden beispielsweise die Textil- und Nahrungsmittelfabriken hauptsächlich durch die Arbeit ausländischer Arbeitskräfte bedient. Fachkräftemangel und Arbeitslosigkeit unter einem Teil der Omaner sind gegenwärtige Widersprüche des Landes. Staatliche Programme zur Omanisierung der Arbeitswelt zeigten nur sehr begrenzte Effekte, was zum Teil am sozialen Image der Berufe lag. Beliebt sind unter den Omanern gut beahlte Jobs im staatlichen Sektor. Diese Jobs blähen die Staatsverwaltung auf und belasten den Staatshaushalt. Da im Staatsdienst nur begrenzt Menschen eingestellt werden können, ist die Förderung privatwirtschaftlichen Engagements eine staatliche Bestrebung.

Die Wirtschaftszweige, die vor der Erdölperiode bedeutsam waren, die Landwirtschaft, die Fischerei und die Schifffahrt, sind heute von nachrangiger Bedeutung, bieten jedoch im bescheidenen Umfang Entwicklungspotentiale, um die wirtschaftliche Diversifizierung zu forcieren. Weitere Perspektiven für wirtschaftliche Entwicklung bietet insbesondere der Energiesektor. Momentan besteht hier eine enorme Abhängigkeit des Omans vom Erdgas. Durch die günstigen natürlichen Rahmenbedingungen (im Schnitt 342 Sonnentage/Jahr) gibt es ein deutliches Entwicklungspotential für Solaranlagen. Momentan sind mehrere Pilotanlagen in der Erprobungsphase. In geringem Umfang hat auch die Windenergie Entwicklungspotential, und es sind konkret Windparks auf der Insel Masirah Island und in der südlichen Provinz Dhofar geplant.

Vor dem Hintergrund einer steigenden Bevölkerungszahl und knapper Wasserressourcen werden Meerwasserentsalzungsanlagen weiter ausgebaut. Für eine wirtschaftliche Entwicklung des Landes bedarf es technischer Lösungen zur Wassergewinnung.

Aktuelle politische Entwicklung

In Bezug auf Oman ist angebracht, die aktuelle politische Entwicklung mit der Palastrevolte 1970 beginnen zu lassen. Der aktuelle Sultan Qabus stürzte seinen Vater unblutig vom Thron und es begann eine Phase der Modernisierung, die bis in die Gegenwart anhält. Zu diesen Neuerungen gehörte der Erlass eines Grundgesetzes 1996 (keine Verfassung). Es enthält einige bürgerliche Freiheiten und Rechte. Heute besitzt das Land ein Zwei-Kammer-System. Das „Oberhaus“ (Staatsrat) hat 48 Sitze, dessen Mitglieder vom Sultan ernannt werden und nur beratende Funktion besitzen. Das „Unterhaus“ (Madschlis Al-Schura) hat 83 Sitze und wird für jeweils drei Jahre gewählt. Der Sultan hat allerdings das Recht, die Wahlentscheidungen zu verwerfen.

Das „Unterhaus“ wiederum hat das Recht, legislative Prozesse zu bestimmen und daneben eine beratende Funktion. Was die Wahlen zu diesem Gremium angeht, hat Sultan Qabus einige Reformschritte unternommen: 2003 wurde das Wahlrecht auf alle Staatsbürger, Männer wie Frauen, ausgedehnt. Politische Parteien sind verboten: Die Kandidaten und Kandidatinnen führen daher einen „Personality“-Wahlkampf. Andere zivilgesellschaftliche Vereinigungen werden im Oman sehr selten zugelassen und unterliegen einer engmaschigen staatlichen Kontrolle. Diese politischen Institutionen ändern jedoch nichts daran, dass der Oman eine absolute Monarchie ist und die Entscheidungsgewalt beim Sultan liegt. Im Unterschied zu anderen Staaten der Arabischen Halbinsel wird der Oman nicht von einer Ethnie oder einer Familie regiert, sondern von einem Sultan, der sich mit der kaufmännischen Elite des Landes verbündet hat. Der Sultan bündelt alle Macht in seiner Person. Gesetze werden in Form von „royal decrees“ erlassen.

Bis Juli 2006 waren auch sämtliche Berufsvereinigungen und Gewerkschaften verboten. Da aber Gewerkschaftsfreiheit zu den Bedingungen des Freihandelsabkommens mit den USA gehörte, erlaubte der Sultan seither per Erlass deren Gründung von diesen. In Bezug auf die Pressefreiheit wurden hingegen keine Reformen unternommen, so dass die Medien weiterhin stark zensiert werden. Staatsradio und -fernsehen sind kritiklose Verlautbarungsorgane, Privatsender verboten, das Internet unterliegt ebenfalls der Zensur.

Im Gegensatz zum Nachbarland Jemen war der Oman von den revolutionären Ereignissen der „Arabellion“/des „Arabischen Frühlings“, die sich von Nordafrika auch auf die Arabische Halbinsel ausbreiteten, nur marginal betroffen. Die überschaubaren Proteste hatten nicht den Sturz des Sultans zum Ziel, sondern kritisierten die nicht ausreichenden Arbeitsmöglichkeiten der Jugend, die weit verbreitete Korruption und forderten bessere Lebensbedingungen. Die Demonstrationen verliefen zu Beginn friedlich, wurden dann etwas aggressiver. Es kam zu Zusammenstößen von Demonstranten und Sicherheitskräften. Die Proteste dauerten gut drei Monate an. Hier konnte Sultan Qabus mit zügigen Reformmaßnahmen kurzfristig erfolgreich gegensteuern. Zu diesen Maßnahmen zählten im Wesentlichen, 50.000 Arbeitsplätze im Staatsdienst zu schaffen, Arbeitssuchenden 300 Euro monatlich zu zahlen und mehr Stipendien für Studenten zu gewähren. Eine Änderung der politischen Verhältnisse bzw. eine Änderung an der Regierungsform der absoluten Monarchie gab es nicht. Das Unterhaus erhielt infolge der Proteste 2011 lediglich minimale Kompetenzerweiterungen und darf nun Gesetze vorschlagen und prüfen. Durch die zügige Reaktion des Sultans mit Reformen beruhigte sich die Situation im Land schnell wieder.

Perspektivisch ist die Fragestellung, welche beruflichen Entfaltungsmöglichkeiten den jungen Omanern im eigenen Land eingeräumt werden, auch in den nächsten Jahren entscheidend. Ebenso ergibt sich die Notwendigkeit, die Wirtschaft weiter zu diversifizieren, da mit den sich stückweise erschöpften Erdölressourcen dieser Grundpfeiler des Wohlstands wegfällt und Alternativen notwendig werden. Wichtig ist ebenfalls die Klärung der Nachfolge des Sultans, der mit 75 Jahren nicht mehr ewig im Amt sein wird und zudem unverheiratet und kinderlos ist.

Sicherheitspolitisch ist eine klare pro-westliche Orientierung auszumachen. Der 11. September 2001 führte im Nachgang dazu, dass sich die Beziehungen zu den USA weiter intensivierten. Der Oman unterstützt den Kampf gegen den internationalen Terrorismus in Kooperation mit westlichen Staaten. Die Stationierung ausländischer Soldaten ist im Oman gestattet. Die sicherheitspolitische Bedeutung des Landes ist aufgrund der geopolitischen Lage (Straße von Hormus) evident. Die Terrorbekämpfung und die klare Positionierung dagegen geschehen, ohne dass der Oman eine Führungsrolle diesbezüglich einnimmt.

Die Außenpolitik des Landes ist im Wesentlichen durch eine pragmatische, mäßigende und defensive Haltung geprägt. Diese Haltung ist ein klares Unterscheidungskriterium zu den umliegenden Staaten, insbesondere derer, die, wie der Oman, Mitglieder im Golf-Kooperationsrat (GCC) sind. Umgeben von Konfliktherden im Nahen und Mittleren Osten und der Konfrontation der Regionalmächte Saudi-Arabien und Iran, ist der Oman sehr an einer Machtbalance interessiert. Der Oman verfügt selber nur über bescheidene militärische Mittel.

Weiterhin wird der Oman ein wichtiger Partner für die internationale Gemeinschaft sein (u. a. wegen der geopolitischen Lage). Neben den wirtschaftlichen Interessen, die zu einer offenen Außenpolitik führen, sind auch im Oman die eigenen Sicherheitsinteressen offensichtlich. Auch deshalb ist der Oman versucht, sich nicht zu isolieren, sondern eine aktive Außenpolitik zu betreiben und diese auf bi- und multilateraler Ebene immer wieder anzubringen.

Einen Teil seiner außenpolitischen Beziehungen, außerhalb seiner näheren Umgebung, sucht der Oman vor allem auf den asiatischen Raum zu konzentrieren. Dort engagiert sich das Land in multilateralen Organisationen wie der Ocean Rim States Association for Regional Cooperation für einen stärkeren wirtschaftlichen Austausch. Es ist zukünftig nicht zu erwarten, dass sich die Außenpolitik drastisch ändert. Die ausgegebenen Ziele werden wohl auch weiterhin verfolgt werden und man wird versucht sein, weiterhin ein gutes Verhältnis zum Westen als auch zu den Nachbarn zu unterhalten.

Besonderheit Golf-Kooperationsrat (GCC)

Im Jahre 1981 gründeten Saudi-Arabien, Kuwait, Bahrain, Katar, die Vereinigten Arabischen Emirate und der Oman den Golfkooperationsrat, um sich gegen den aggressiv auftretenden Iran zu verteidigen. Das Ziel dieser Organisation besteht darin, die politische, militärische und wirtschaftliche Stabilität der gesamten Region des Persischen Golfes zu sichern und zu stärken. Dabei spiegelt die Rolle, die der Oman innerhalb des GCC einnimmt, seine Außenpolitik wider: In der Regel trägt er die Beschlüsse des GCC mit beziehungsweise lehnt er sie nicht ab.

Der Oman drängt sich – generell – in multilateralen Organisationen nicht in den Vordergrund. Die Rolle des Wortführers wird anderen Staaten, wie Saudi-Arabien und Katar, überlassen. Dabei ist vor allem die Beziehung zwischen dem Oman und dem Iran herauszustellen. Denn entgegen dem GCC unterhält der Oman fast freundschaftliche Kontakte zu der islamischen Republik. Dieser Kontakt beruht einerseits auf historisch verwurzelten wirtschaftlichen Beziehungen, anderseits aber auch auf gegenseitiger politischer Unterstützung: So half der iranische Schah beispielsweise dem Oman bei der Niederschlagung der Dhofar-Rebellion 1975.

Das Außenministerium des Omans definiert die außenpolitischen Ziele als 1. gute nachbarschaftliche Beziehungen; 2. nach außen gerichtete, internationalistische Anschauung; 3. Pragmatismus; 4. Kooperation und Frieden zur Gewährleistung von Sicherheit und Stabilität. Der Sultan, der die britische Militärakademie besucht hat, intensivierte die Beziehungen zu westlichen Staaten immer weiter. Zunehmend wurde auch eine aktivere Rolle in verschiedenen Internationalen Organisationen, wie z. B. der Arabischen Liga und der OPEC, eingenommen. Die nun mehr eigenständige Außenpolitik zeigt sich auch in der Anerkennung des Friedensvertrages zwischen Israel und Ägypten und der Ablehnung der Eindämmungspolitik der USA gegenüber dem Iran seit den 1980er Jahren. Das Sultanat Oman bemüht sich seitdem um einen Ausgleich zwischen westlicher Moderne und den Traditionen des Islam. Dabei resultiert diese zurückhaltende Außenpolitik daraus, dass der Oman in einer unruhigen Region ein schwaches Militär besitzt, so dass es zielführender ist, innerhalb multilateraler Kooperationen zu Mäßigung und Entspannung zwischen Konfliktparteien beizutragen.

Literatur

Allmeling, A. (2015): Das Sultanat Oman und sein gutmütiger Diktator, unter: http://www.deutschlandfunk.de/naher-osten-das-sultanat-oman-und-sein-gutmuetiger-diktator.724.de.html?dram:article_id=337125 [17.11.2015].

Auswärtiges Amt (2015): Oman, unter: http://www.auswaertigesamt.de/DE/Aussenpolitik/Laender/Laenderinfos/Oman/Wirtschaft_node.html [21.12.2015].

Aziz, M. u. Dudek, K. (2015): Oman, in: Gieler, W. (Hg.), Handbuch Außenpolitik Nahost. Eine grundlegende Einführung in die Außenpolitik der Staaten des Nahen und Mittleren Ostens. Berlin, S. 191–203.

Bahgat, G. (2003): The New Middle East: The Gulf Monarchies and Israel, in: The Journal of Social, Political and Economic Studies, vol. 28, no. 2, S. 123–152.

Baron, K. (2009): Arabische Halbinsel. Länder und Städte. Köln.

CIA World Factbook: https://www.cia.gov/library/publications/the-world-factbook/geos/mu.html [24.11.2015].

Cottey, A. (2002): September 11th 2001 One Year On: A New Era in World Politics, in: Alternatives: Turkish Journal of International Relations, vol. 1, no. 3.

Elger, R. u. Stolleis, F. (Hg.) (2008): Kleines Islam-Lexikon. Geschichte – Alltag – Kultur, 5. Auflage. München.

Fulghum, D. A. (2002): Qatar's Role To Be Key In Iraq Conflict, in: Aviation Week and Space Technology, 19. August 2002, S. 28–29.

Hartung, W. D. u. Berrigan, F., Ciarocca, M. (2002): Operation Endless Deployment. Nation, 10. Oktober 2002, S. 21–23.

Heck, G. u. Wöbke, M. (2005): Arabische Halbinsel: Saudi-Arabien, Kuwait, Bahrain, Qatar, Vereinigte Arabische Emirate, Oman, Jemen. Ostfildern.

Homann, E. u. Homann, K. (2016): Oman, 3. Auflage. Dormagen.

Indyk, M. (2002): Back to the Bazaar, in: Foreign Affairs, vol. 81, no. 1, S. 75–88.

Lefebvre, J. A. (2010): Oman's Foreign Policy in the Twenty-First Century, in: Middle East Policy, Bd. 17, Nr. 1, S. 106.

Manea, E. (2001): Regional Politics in the developing world: The case of the Arabian Peninsula; Yemen, Saudi Arabia, Oman. Zürich.

Nah- und Mittelost-Verein e. V. (Hg.) (2015): Wirtschaftsratgeber Oman. Berlin.

Niethammer, K. (2008): Familienbetriebe mit Anpassungsschwierigkeiten. Perspektiven und Grenzen politischer Reform in den Golfmonarchien, SWP-Studien, Juli 2008. Berlin.

Peck, M. C. (1995): Eastern Arabian States: Kuwait, Bahrain, Qatar, United Arab Emirates and Oman, in: Long, D., Reich, B. (Eds.), The Government and Politics of the Middle East and North Africa. Boulder, S. 113–149.

Plekhanov, S. (2012): Ein Reformer auf dem Thron. Sultan Qabus bin Said Al Said. Aichwald.

Rabi, U. (2002): Majlis al-Shura and Majlis al-Dawla: Weaving Old Pratices and New Realities in the Process of State Formation in Oman, in: Middle Eastern Studies, vol. 38, no. 4, S. 41–50.

Richter, T. (2014): Oman: Quo vadis Märchensultanat?, in: GIGA Focus Nahost 10. Hamburg.

Scharfenort, N. (2007): Städterivalität in den arabischen Golfstaaten, in: GIGA Focus Nahost 5. Hamburg.

Scholz, F. (2007): Oman, in: Weiss, W. M. (Hg.), Die arabischen Staaten. Geschichte, Politik, Religion, Gesellschaft, Wirtschaft. Heidelberg, S. 222–235.

Steinberg, G. (2009): Deutsche Nah-, Mittelost- und Nordafrikapolitik. Interessen, Strategien und Handlungsoptionen. / Stiftung Wissenschaft und Politik (SWP). Berlin.

Troth, J. (2002): Demining Oman: Third US Army Soldiers Help Make the Nation Safer, in: Engineer, Februar 2002, S. 30–31.

Wippel, St. (Hg.) (2013): Regionalizing Oman, political, economic and social dynamics. Dordrecht.

Andreas Dittmann

Pakistan

Offizieller Name:	Islamische Republik Pakistan
Staatsform:	Parlamentarische Republik
Unabhängigkeit:	14. August 1947 (von Britisch-Indien)
Nationalfeiertag:	23. März (Pakistantag)
Hauptstadt:	Islamabad
Lage:	Südasien
Fläche:	796.095 qkm (Weltrang: 36)
Bevölkerung:	188,9 Millionen (Weltrang: 6)
Landesstruktur:	4 Provinzen, 1 Territorium (Stammesgebiet) und das Hauptstadtterritorium
Sprachen:	Urdu (Amtssprache), Englisch, Punjabi, Sindhi, Pashtu, Seraiki, Baluchi
Religionen:	Islam (96,4 Prozent)
Währung:	Pakistanische Rupie
Wirtschaftszweige:	Landwirtschaft, Textilindustrie
Mitgliedschaften:	UN, OIC, SAARC, ECO, D-8, ASEM, SCO
Wichtigste Medien:	**Fernsehen:** Pakistan Television (staatlich), GEO TV, ARY Digital, AAJ TV, AAG TV **Rundfunk:** Radio Pakistan (staatlich), HumAwaz FM, FM 100, FM 101, Sama FM, Josh FM **Zeitungen:** Dunya, Nai Baat, Sarhad, Jang, Lahore Post, Naya Zaman

Naturraum und geographische Rahmenbedingungen

Pakistan nimmt eine besonders wichtige Lage zwischen Südasien und Zentralasien ein. Es grenzt im Osten an Indien, im Westen an Afghanistan und an Iran sowie im Norden an China. Der ausgesprochen vielfältig differenzierte Naturraum reicht von Hochgebirgslandschaften im Norden mit wesentlichen Anteilen an Hindukusch, Karakorum und Himalaya über das Gebirgsvorland und schließlich dem von den fünf östlichen Nebenflüssen des Indus, dem Jhelam, Chanab, Ravi, Beas und Satluj, geprägten Panjab (= Fünfstromland, von pers. panj = fünf und ab = Wasser) bis an die Küste des Arabischen Meeres im Süden, das ein Teil des Indischen Ozeans ist. Im Süden und Südwesten des Landes erstrecken sich weite Teile über die ariden und semiariden Bereiche von Belutschistan.

Administrativ ist Pakistan in die vier Provinzen Panjab, Sindh, Belutschistan und Khyber-Phakhtunkhwas (früher: North-West Frontier Province, NWFP) gegliedert sowie in zwei weitere Gebiete mit provinzähnlichem Status (Asad Kaschmir und die Nordgebiete im Raum Gilgit-Baltistan), die vor den indisch-pakistanischen Auseinandersetzungen zum indisch kontrollierten Teil Kaschmirs gehörten. In weiten Teilen im Westen des Landes, insbesondere in den sogenannten Stammesgebieten (Federal Administrated Tribal Areas, FATA) und dort vor allem in Waziristan, ist das staatliche Gewaltmonopol stark eingeschränkt. Paschtunische Clan-Oberhäupter und Taliban-Führer üben hier die tatsächliche Kontrolle aus und schwächen den Staat dadurch erheblich.

Geschichtliche Entwicklung bis zur Unabhängigkeit

Das Gebiet, welches der heutige Staat Pakistan einnimmt, war seit jeher ein Durchgangs- und Transitraum zwischen Südasien einerseits und Zentralasien sowie dem Mittleren Osten andererseits. Entsprechend viele Kulturen haben hier ihre Spuren hinterlassen. Zu den frühesten Zeugnissen erster Hochkulturen gehören die Siedlungen der Indus-Kultur, die auf Bewässerungslandwirtschaft und frühem Städtewesen aufbauend ihre Blütezeit zwischen der Mitte des dritten vorchristlichen Jahrtausends und der ersten Hälfte des zweiten Jahrtausends v. Chr. hatten. Neben zahlreichen anderen Siedlungsresten gelten vor allem Harappa und Mohenjo-Daro im Bereich des Indusdeltas als besonders beeindruckende frühe Städte dieser Epoche. Die seinerzeit entwickelte Induskultur-Schrift ist bis heute nicht entschlüsselt.

Ab etwa 1500 v. Chr. wanderten Arier-Gruppen ein, die den Hinduismus mitbrachten. Dieser wurde ab dem vierten Jahrhundert v. Chr. weitgehend vom Buddhismus abgelöst. Die Herausbildung der Gandhara-Kultur ab dem vierten vorchristlichen Jahrhundert geht wahrscheinlich auf eine Verbindung zwischen indischen und griechischen Kulturelementen zurück, die im Rahmen der Feldzüge von Alexander dem Großen (326 v. Chr.) miteinander in Kontakt kamen. Buddhistische Kulturdenkmäler finden sich heute noch verstärkt in Form eindrucksvoller Felsbilder und Inschriften entlang des oberen Industales (insbesondere im Raum Chilas und Gilgit).

Bereits im frühen 8. Jahrhundert wurde das Gebiet des heutigen Pakistan islamisiert. Eine Blütezeit erlebte die Region unter den Mogulherrschern vom 16. bis 18. Jahrhundert. 1843 errichtete die britische Ostindische Handelskompanie ihren Herrschaftsbereich, der wenig später in den direkten Besitz der britischen Krone überging. Pakistan, für das es als Staat keinen entsprechenden geschichtlichen Vorläufer gab, entstand erst 1947 mit der Teilung Britisch-Indiens, aufbauend auf der Idee der Schaffung eines eigenen Staates für Muslime durch Abgrenzung von den überwiegend von Hindus bewohnten Gebieten.

Bevölkerungsstruktur

Mit 189 Millionen Einwohnern ist Pakistan heute nach China, Indien, den USA, Indonesien und Brasilien das sechstgrößte Land der Welt, bei einer durchschnittlichen Bevölkerungswachstumsrate von 2,1 Prozent. Die Bevölkerungsdichte ist im fruchtbarsten Landesteil, dem Panjab, mit mehr als 200 Einwohnern pro qkm am größten, erreicht im Nordwesten und im Sindh im Süden mittlere Werte um 150 bis 200 Einwohner pro qkm und liegt deutlich niedriger in den Hochgebirgsregionen des Nordens (Gilgit-Baltistan) sowie in den Wüstenregionen Belutschistans im Südosten.

Eine große Vielfalt kennzeichnet die sprachliche Zusammensetzung der einzelnen Bevölkerungsgruppen Pakistans. Insgesamt sind über 50 verschiedene Sprachen im Lande verbreitet. Als offizielle Staatssprachen gelten Urdu und Englisch. Etwa 55 Prozent der Pakistaner sprechen Panjabi (inkl. versch. Dialekte) als Muttersprache, ca. 16 Prozent Paschtu und ca. 14 Prozent Sindhi. Belutschisch wird von etwa 3,7 Prozent der Pakistaner als Muttersprache gesprochen; daneben existiert eine Fülle kleinerer Sprachen. Während Englisch insbesondere in der Verwaltung und im höheren Bildungswesen eine zentrale Rolle einnimmt, kommt Urdu als einer weit verbreiteten und relativ neuen Lingua Franca darüber hinaus auch eine besondere, staatstragende Bedeutung zu, die in den Prozessen des Nation Building ab der zweiten Hälfte der 1940er Jahre besonders wichtig wurde.

Urdu enthält wesentliche Anteile des Panjabi, hat aber auch Elemente aus anderen indoeuropäischen, in Pakistan verbreiteten Sprachen, wie etwa dem Paschtu, integriert. Ursprünglich wurde Urdu als eine Art vereinfachter Kunstsprache zur Zeit der britischen Kolonialherrschaft über den indischen Subkontinent entwickelt und diente in erster Linie zur Verständigung im Militär, das Angehörige unterschiedlicher Sprachgruppen vereinigte. Mit der Staatsgründung Pakistans wurde Urdu besonders propagiert und favorisiert, da man im Nebeneinander unterschiedlicher Sprachen vor allem auch die Gefahr des Aufkommens von separatistischen Strömungen sah. Heute ist Urdu die in Pakistan am weitesten verbreitete Verkehrs- und Verwaltungssprache, das von den meisten männlichen Bewohnern zumindest ansatzweise beherrscht wird, während in den nördlichen und nordwestlichen Landesteilen innerfamiliär den Frauen der Zugang zum Erlernen von Urdu aus vorgeblich religiösen Gründen teilweise bewusst verwehrt wird (z. B. Alphabetisierungsrate der Frauen in den FATA um 3 Prozent). In den Gebirgsregionen des Nordens erhöht sich der Anteil der Urdu-Sprecherinnen in den letzten Jahren im Zuge der Verbreitung von Fernsehen und anderen Telekommunikationsmedien.

Panjabi ist die Muttersprache von etwa 44 Prozent der pakistanischen Bevölkerung und wird vor allem im zentralen Osten Pakistans gesprochen, jedoch auch darüber hinaus, vor allem wegen seines hohen Anteils an Urdu, auch in anderen Landesteilen relativ gut verstanden. Die Bereitschaft, sich im Alltagsleben in Urdu oder anderen Sprachen als der eigenen Muttersprache auszudrücken, scheint allgemein, insbesondere bei den Angehörigen von linguistischen Minoritäten, stärker ausgebildet zu sein als bei den Panjabi-Muttersprachlern. Die zweitgrößte Sprache Pakistans ist Paschtu, das sich in Ausprägungen unterschiedlicher Dialekte auch über die Landesgrenzen hinweg insbesondere bis nach Ost-Afghanistan erstreckt. Die dritte große Sprache Pakistans bildet mit ca. 14 Prozent das Sindhi im Süden bzw. Südosten des Landes.

Die Sprache der Belutschen in Süden und Südwesten ist zwar besonders weit verbreitet (auch bis Süd-Afghanistan und Ost-Iran), wird aber bei einer insgesamt geringen Bevölkerungsdichte dieser ariden bis semiariden Räume nur von wenigen Menschen gesprochen. Insgesamt werden die vier großen Sprachen Pakistans, Panjabi, Paschtu, Sindhi und Belutschi, der indoeuropäischen Sprachfamilie zugerechnet.

Besonders groß ist die ethno-linguistische Differenzierung in den Gebirgsregionen im Nordwesten und Norden des Landes. Zu nennen sind hier das vor allem im Chitral-Distrikt gesprochene Khowar oder das Buruschaski im Karakorum, die nur wenig bis keine Verwandtschaftsbeziehungen zu anderen Sprachen aufweisen, oder aber das mit tibetischen Sprachen verwandte Balti im Osten von Gilgit-Baltistan und das vor allem im Raum Gilgit und südlich davon verbreitete Shina mit Beziehungen zu anderen Sprachen im pakistanisch-indischen Gebirgsvorland. Die ausgesprochene Vielfalt ethnolinguistischer Gliederungen im Hochgebirgsraum zwischen Hindukusch, Karakorum und Himalaya hat verbreitet zu der Annahme geführt, dass in der Vergangenheit die Kammerung des Gebirgsraumes zugleich Isolation und Konservierung für die Angehörigen von Sprachen- und Sprachgruppen bot, die andernorts vertrieben worden waren und deren (Sprach-)Kultur sich im Schutze der Hochgebirge länger erhalten konnte.

Die weitaus meisten Pakistaner sind Muslime (ca. 96 Prozent). Während etwa 80 Prozent davon Sunniten sind, gibt es auch religiöse Minderheiten von Schiiten, Ismaeliten, Ahmadija und anderen. Auch innerhalb der sunnitischen Glaubensgemeinschaft sind unterschiedliche Richtungen vertreten. Es ist allgemein sehr schwer, dazu genaue, verlässliche oder gar aktuelle Zahlen zu erhalten, da sie, selbst wenn erhoben, nicht immer frei zugänglich sind. Unter den nicht-muslimischen Gruppen im Lande sind vor allem die Sikhs, mit ihren traditionellen Siedlungsschwerpunkten in der Provinz Sindh (ca. 1,6 Prozent der pakistanischen Gesamtbevölkerung), und die etwa ebenso vielen Christen, die vor allem im Raum Lahore sowie den größeren Städten Islamabad, Rawalpindi und Karachi leben, zu nennen. Darüber hinaus gibt es Angehörige besonders kleiner Religionsgemeinschaften wie etwa die der alt-persischen Zoroastrier (im Raum Karatschi) oder die der Kalasch im Chitral-Disrikt des Nordwestens, deren Glaubensanhängerschaft aber jeweils unter 10.000 Mitgliedern liegen dürfte, die aber dennoch, wohl weniger wegen ihrer Zahl als vielmehr wegen ihrer

Besonderheit, in (v.a. westlichen) Gesamtstatistiken der Vollständigkeit halber oft mitgenannt werden. In pakistanischen Aufstellungen tauchen Sie dagegen gar nicht oder nur in Sonderlisten auf.

Allgemein ist Pakistan ein von großer religiöser Intoleranz geprägtes Land. Alle nicht-muslimischen Gruppen, insbesondere aber die der Sikhs und der Christen, sind beständigen Drangsalierungen und Angriffen ausgesetzt. Diese werden von einzelnen radikalisierten muslimischen Gruppen getragen, staatlicherseits kaum thematisiert oder sanktioniert und vielfach sind sie durchaus im Einklang mit entsprechenden Strömungen in der Mehrheitsbevölkerung. Darüber hinaus sind auch viele muslimische Gruppen untereinander uneins. Den Ahmadija wird von den übrigen Muslimen vielfach der Status, Muslime zu sein, abgesprochen und die schiitischen Gruppen, vor allem im Gebiet Gilgit-Baltistan, sehen sich beständiger Bedrängnis sunnitischer Eiferer ausgesetzt. Die Ismaeliten sind in allen größeren Städten Pakistans, vor allem Karachi und Rawalpindi, ansässig, bilden jedoch – als einzige Region weltweit – im Karakorum (Hunza-Tal) die Bevölkerungsmehrheit.

Wirtschaftsstruktur

Die pakistanische Wirtschaft verzeichnete in den letzten Jahren eine stabile Wachstumsrate um ca. 4 Prozent (2012: 4,4; 2013: 3,7; 2014: 4,0 und 2015: 4,2 Prozent), bleibt jedoch insgesamt hinter den potentiellen wirtschaftlichen Entwicklungsmöglichkeiten des Landes weiterhin zurück. Die Landwirtschaft ist mit einem Anteil von 58 Prozent am BIP und ca. 44 Prozent aller Beschäftigten immer noch der wichtigste Faktor in der pakistanischen Wirtschaftsstruktur. Etwa 60 Prozent der ländlichen Bevölkerung hängen direkt von der Landwirtschaft ab. Das Fünfstromland, der Panjab, ist als größtes zusammenhängendes Bewässerungsgebiet der Erde vor allem in den Bereichen Getreideproduktion und Viehzucht bedeutend und sichert einen Großteil des Nahrungsmittelbedarfs des Landes. Innerhalb des etwa 21 Prozent am BIP ausmachenden sekundären Sektors ist die Textilproduktion der bei weitem wichtigste Bereich. Einen etwa gleichgroßen Anteil am BIP mit um die 20 Prozent hat der Dienstleistungssektor, dessen wichtigste Bereiche das Banken-, Transport- und Versicherungswesen sowie der Kommunikationssektor und die öffentliche Verwaltung darstellen. Letztere ist in weiten Teilen überproportional ausgebaut und erfüllt neben dem rein wirtschaftlichen Nutzen auch den der versorgenden Beschäftigungspolitik.

Insgesamt kennzeichnet die pakistanische Wirtschaft ein hoher Investitionsbedarf. Ausländische Direktinvestitionen (FDI) sind zwar in den Jahren seit 2004 leicht angestiegen, erreichen aber noch längst nicht das notwendige Maß, um nachhaltige Verbesserungen zu zeigen. FDI behindernde Faktoren sind die nach wie vor prekäre Sicherheitslage im Land, der vergleichsweise hohe Korruptionsgrad bzw. das deutliche Ausbaupotential im Bereich Good Governance sowie besonders die landesweite Energieknappheit. Letztere wirkt sich vor allem in immer wieder auftretenden Elektrizitätsdefiziten und Stromausfällen aus, die jeweils ganzen Branchen Produktionspausen verordnen.

Aktuelle politische Entwicklungen

Pakistan ist eine parlamentarische Demokratie mit Zweikammersystem, bei dem es eine Nationalversammlung und einen Senat gibt. Die innenpolitischen Beziehungen werden seit der Staatsgründung durch ein gewisses Spannungsverhältnis zwischen den gewählten Regierungen und der jeweiligen Militärführung bestimmt. Nach Putschen an die Macht gekommene Militärs regierten das Land von 1958 bis 1971, von 1977 bis 1988 und von 1999 bis 2008. Im weltweit ersten islamischen Staat der Neuzeit kommt außerdem der Religion bzw. der religiösen Prägung der handelnden politischen Akteure eine besondere Bedeutung zu. Darüber hinaus sieht sich der Staat in den letzten Jahren einer zunehmenden Einflussnahme von terroristischen Gruppen gegenüber, die sich zwar vor allem im Westen des Landes und dort in der früheren Provinz Khyber-Pakhtunkhwas (früher: North-West Frontier Province, NWFP) sowie den westlich davon entlang der Grenze zu Afghanistan gelegenen sogenannten Tribal Areas um Taliban-Gruppen (Nord-Wasiristan) oder Al-Qaeda-Aktivisten (Süd-Wasiristan) konzentrieren, aber auch bereits vermehrt Anschläge vor allem gegen Polizei- und Militäreinrichtungen im übrigen Land verübt haben.

Seit den Wahlen von 2013 ist eine relative Beruhigung der innenpolitischen Landschaft eingetreten, da die Pakistan Muslim League (PML-N) als klarer Sieger daraus hervorging (126 von 272 Sitzen) und nach komplizierten Koalitionsbildungen nicht erst lange gesucht werden musste.

Zweitstärkste Partei wurde die frühere Regierungspartei (2008–2013), die Pakistan People´s Party (PPP). Wie sehr die Strahlkraft einzelner Persönlichkeiten auch in Pakistan das Wahlgeschehen bestimmen kann, zeigt der relative Erfolg der von einem ehemaligen Cricket-Star geführten Partei Pakistan Tehreek-e-Insaf (PTI). Kleinere, teilweise stark religiös bzw. sogar islamistisch ausgerichtete Parteien sind die Jamaat-e-Ulema-e-Islamyia (JUI-F), eine paschtunisch geprägte Partei (seit 2014 Koalitionspartner der PML-N), die Jamaat-e-Islami (JI) sowie das Muttahida-Quami Movement (MQM), die Partei der muslimischen Einwanderer aus Indien.

Die außenpolitischen Beziehungen Pakistans werden aktuell vor allem von vier Prägefaktoren determiniert: dem traditionellen Spannungsverhältnis zu Indien, den strategisch freundschaftlichen Beziehungen zu China, dem ambivalenten Verhältnis zum Westen und den Versuchen, eine größere Bedeutung als Regionalmacht, insbesondere im Verhältnis zu Zentralasien und Afghanistan, zu entwickeln.

Die Beziehungen zwischen Pakistan und Indien sind als ausgesprochen angespannt zu bezeichnen. Beide Länder führten bislang insgesamt vier Kriege gegeneinander. Bei allen Auseinandersetzungen wurden von pakistanischer Seite vordergründig religiöse Gründe instrumentalisiert; bei dreien der Kriege ging es um Kaschmir und stets waren der pakistanische Staat bzw. Aktivisten pakistanischer Provenienz die Auslöser zur Eskalation der Konflikte.

Im ersten indisch-pakistanischen Krieg ging es um die Zugehörigkeit von Kaschmir, das von beiden Ländern beansprucht wird, wobei Indien mit der Zustimmung des kaschmirischen Herrschers zum Verbleib in der Indischen Union argumentiert und Pakistan mit der muslimischen Bevölkerungsmehrheit in Kaschmir, die einzig eine Zugehörigkeit zu Pakistan rechtfertige. Im Zuge des ersten Indisch-Pakistanischen Krieges gelangten zunächst die Nordgebiete des früheren Gilgit-Distrikts und des Baltistan-Distrikts im Karakorum- und Himalaya-Bereich, die ihrerseits geschichtlich bis in die 1890er Jahre einmal unter (west)-kaschmirischer Kontrolle gestanden hatten, unter pakistanische Oberhoheit. Im Zuge dieser Norderweiterung Pakistans wurden fast alle nicht-muslimischen Bevölkerungsgruppen aus dem später als „Northern Areas of Pakistan“ bezeichneten Raum vertrieben. Daran waren zu einem großen Teil vor allem auch nicht-militärische Gruppen beteiligt. Nur auf Intervention der UN konnte ein Waffenstillstand herbeigeführt und sich auf eine Line of Control geeinigt werden, die bis heute die pakistanisch und die indisch kontrollierten Teile Kaschmirs voreinander trennt. Innerhalb Pakistans wird das Gebiet der früheren „Northern Areas" heute als Gilgit-Baltistan bezeichnet; es strebt weiterhin den Status einer regelrechten pakistanischen Provinz an, steht aber vorerst noch unter Kontrolle eines eingesetzten Gouverneurs.

Auch weiter südlich gerieten direkt entlang der Grenze weitere Teile Kaschmirs im Raum Muzafarabat, die laut des ursprünglichen Trennungsplans bei der Staatsgründung zu Indien gehört hätten, unter pakistanische Kontrolle. Sie werden seither mit dem Namen „Asad Kaschmir" bezeichnet, was so viel wie „Freies Kaschmir" oder „Befreites Kaschmir" bedeutet und damit suggerieren will, dass es noch einen anderen, nicht-befreiten, also noch von Indien kontrollierten Teil von Kaschmir gibt.

Auch im zweiten Indisch-Pakistanischen Krieg (1965) ging es um die Kaschmir-Frage. Der Schwerpunkt der Kampfhandlungen lag diesmal im Bereich der Ostgrenze von Asad-Kashmir, wo die für beide Seiten verlustreichsten Kämpfe stattfanden. In den Nordgebieten konnten indische Truppen zunächst Geländegewinne verzeichnen, wurden aber dann von pakistanischem Militär zurückgeschlagen. Nach internationalen diplomatischen Interventionen konnten die beiden Kontrahenten zunächst zu einem Waffenstillstand und dann zu einem Rückzug auf den Stand vor Ausbruch der Kampfhandlungen bewegt werden. Bis heute liefern sich hochspezialisierte pakistanische und indische Hochgebirgstruppen im Bereich des Siachen-Gletschers im äußersten Nordosten des Gilgit-Baltistan-Bereiches allsommerlich Gefechte.

Der dritte Indisch-Pakistanische Krieg von 1971 war ursächlich in erster Linie ein Sezessionskrieg, bei dem es um die Abspaltung von Ost-Pakistan (heute Bangladesch) von West-Pakistan ging. Ebenso wie die Kaschmir-Krisen war auch dieser Krieg eine direkte Folge von Fehlern des Teilungsplanes im Rahmen der Erlangung der Unabhängigkeit und der Herausbildung von Indien und Pakistan. Dem Grundsatz einer räumlichen wie staatlichen Trennung der überwiegend von Muslimen und der hauptsächlich von Hindus bewohnten Gebiete folgend, hatte man, durchaus konsequent, das mehrheitlich islamische Ost-Bengalen gesondert abgetrennt, aber als in einem Staat mit West-Pakistan (dem heutigen Pakistan) vereinigt vorgesehen.

Neben kulturellen und sprachlichen Unterschieden sowie starken regionalen Disparitäten waren es vor allem auch die großen Entfernungen und die nicht realisierbaren Verkehrsverbindungen über Land, theoretisch durch Nordindien, die schließlich zur folgerichtigen Abspaltung Ost-Pakistans führten. Indien unterstützte seinerzeit aus nicht nur altruistischen Gründen die Loslösung von Ost-Pakistan. Zwar hatte Indien dadurch keinen direkten Territorialgewinn erreicht, der etwa Gebietsverluste in der Kaschmirregion hätte ausgleichen können, allerdings doch dem Feind Pakistan einen empfindlichen Schlag versetzt.

Die jüngste der besonders gefährlichen Auseinandersetzungen zwischen Indien und Pakistan war die Kargil-Krise 1999, die von manchen Analytikern auch als Kargil-Krieg bezeichnet wird. Es ging dabei im Wesentlichen wieder um Kaschmir bzw. Teile von Kaschmir. Von pakistanischem Territorium aus waren Kämpfer auf Gebiete im von Indien kontrollierten Teil Kaschmirs im Raum Kargil und Drass vorgedrungen, hatten sich hier mit kaschmirischen Kämpfern zusammengetan und versucht, unter dem Vorwand der „Befreiung“ eine Loslösung dieses Raumes aus indischer Oberhoheit zu erreichen. Es handelte sich bei den Eindringlingen zwar nicht um offizielle, uniformierte pakistanische Militärangehörige, die logistische, planerische und waffentechnische Unterstützung von Pakistan aus für diese „Rebellen“ war jedoch offenkundig. Zwar konnten die Angreifer zurückgedrängt und der von außen inszenierte „Aufstand der kaschmirischen Freiheitskämpfer“ wieder unterdrückt werden, jedoch verschlechterten sich die pakistanisch-indischen Beziehungen danach wiederum um ein Vielfaches. Nur knapp entging der indische Subkontinent Anfang der 1990er Jahre einem größeren Krieg, der sich angesichts des Atompotentials der beiden Kontrahenten Indien und Pakistan rasch zu einer globalen Krise hätte ausweiten können.

Genau dieses Szenario bestimmt die berechtigte Sorge um die Entwicklung der Sicherheitsstrukturen in Südasien und erklärt das große Engagement der USA in Schlichtungsgesprächen sowohl mit der indischen als auch mit der pakistanischen Seite. Das Aufrüsten Pakistans zu einer Atommacht, das seit Mitte der 1980er Jahre offiziell bekannt ist, war eine direkte Antwort auf entsprechende atomare Aufrüstungen auf indischer Seite. Das demonstrative Zünden unterirdischer pakistanischer Atombomben erfolgte nur wenige Monate nach entsprechenden indischen Aktivitäten. Auf pakistanischer Seite kommt auch hier wieder der ideologische Aspekt hinzu, indem die neue Waffe als „Islamische Bombe“ propagiert wird.

Vor diesem mehrfachen Gefährdungspotential entstehen daher Einschätzungen, die Pakistan – mit einer gewissen Berechtigung – als „das gefährlichste Land der Welt“ einstufen wollen. Insbesondere dann, wenn man die pakistanische atomare Hochrüstung mit Weiterentwicklungspotential vor den Hintergründen des innenpolitischen Spannungsverhältnisses zwischen Militärs und Islamisten im Lande sieht und dazu das traditionell feindliche Verhältnis zum Nachbarn Indien und der Instrumentalisierung der sogenannten „Islamischen Bombe“ im demnächst sechstbevölkerungsreichsten Land der Erde betrachtet, wird die besondere Brisanz der Situation deutlich.

Ausblick

Pakistan verfügt über enorme, bislang zum Teil kaum erschlossene Entwicklungspotentiale. Diese können dann genutzt werden, wenn eine politische und sicherheitstechnische Stabilisierung der Region umgesetzt wird. Vor allem das Potential der strategisch wichtigen Gunstlage als Verbindungsglied zwischen Südasien und Zentralasien einerseits, aber auch zwischen China und dem Indischen Ozean andererseits könnte dann gewinnbringend instrumentalisiert werden. Voraussetzung dafür ist kurzfristig vor allem eine Klärung der Grenzstreitigkeiten mit Afghanistan und die damit verbundene Verfügbarmachung von sicheren Trassenverbindungen für zentralasiatisches Erdgas sowie der Ausbau von Pipelines und Terminals für die Vermarktung von iranischem Erdöl an Häfen der pakistanischen Küste weitab von potentiell gefährdeten Standorten im persisch-arabischen Golf.

Die Kooperation mit China geht zwar in den Anfängen vor allem auch auf eine strategische Partnerschaft als Gegenüber zum gemeinsamen Feind Indien zurück, hat sich mittlerweile aber auch in wirtschaftlicher Hinsicht als für beide Seiten gewinnbringend erwiesen. Die Hauptherausforderung einer vertieften Zusammenarbeit stellen hier nicht politische, sondern eher physisch-geographische Probleme, der Aufbau einer verkehrstechnischen Überwindung des Karakorum-Gebirges mit einer nachhaltig verlässlichen Verbindung zwischen dem nördlichen Gebirgsvorland im chinesischen Xinjiang (Sinkiang) und dem südlichen Gebirgsvorland in Pakistan, dar.

Literatur

Azeem, Muhammad (2017): Law, State and Inequality in Pakistan: Explaining the Rise of the Judiciary. Puchong, Selangor D. E. Singapore.

Batchelor, Daud Abdul-Fattah (2016): Comparing Political Systems of Islamic Republics: Pakistan and Iran. Saarbrücken.

Beckmann, Oliver (2009): Pakistans Entwicklung zum „Failed State" und die internationalen Folgen. Marburg.

Chiari, Bernhard und Conrad Schetter (2010): Wegweiser zur Geschichte. Pakistan. Paderborn.

Cohen, Stephen (2004): The Idea of Pakistan. Brookings Institution Press.

Cohen, Stephen (2011): The future of Pakistan. Washington D. C.

Dittmann, Andreas (Hg.) (1996): Mountain Societies in Transition. – Culture Area Karakorum Studies, Bd. 6. Köln.

Dittmann, Andreas (2017): Junge Städte im Karakorum. Zentrum und Peripherie in einem Hochgebirgsraum. Stuttgart.

Hasnain, Kazim (2015): Plötzlich Pakistan. Hamburg.

Hippler, Jochen (2001): Das gefährlichste Land der Welt? Hamburg.

Jettmar, Karl (1985): Zwischen Gandhara und den Seidenstraßen. Mainz.

Kiessling, Hein G. (2011): ISI und R&AW – Die Geheimdienste Pakistans und Indiens. Konkurrierende Atommächte, ihre Politik und der internationale Terrorismus. Berlin.

Ladurner, Ulrich (2001): Islamabad-Blues. Briefe aus Pakistan. Hamburg.

Malik, Walid (2012): Pakistan – eine fragile und unreife Demokratie? Eine kritische Auseinandersetzung mit der Nachhaltigkeit der Religions- und Menschenrechtspolitik Pakistans. München.

Mielke, Katja; Schetter, Conrad (2013): Pakistan. Land der Extreme. Geschichte – Politik – Kultur. München.

Mittelsten Scheid, Jörg (2013): Pulverfass Pakistan. Eine Gefahr für den globalen Frieden? Berlin.

Rahman, Taimur (2012): The class structure of Pakistan. Oxford.

Rosiny, Tonny (1990): Drei Hochkulturen am Indus. Harappa, Gandhara, die Moguln. Köln.

Schofield, Victoria (2010): Kashmir in conflict. India, Pakistan and the unending war. London.

Scholz, Jorge (2008): Der Pakistan-Komplex. Ein Land zwischen Niedergang und Nuklearwaffen. München.

Talbot, Ian (2012): Pakistan. A new history. London.

Thränert, Oliver; Wagner, Christian (2009): Atommacht Pakistan. Nukleare Risiken, regionale Konflikte und die dominante Rolle des Militärs. / Stiftung Wissenschaft und Politik (SWP). Berlin.

Wagner, Christian (2012): Brennpunkt Pakistan. Islamische Atommacht im 21. Jahrhundert. Bonn.

Zaheer, Asim (2012): Die Zusammenarbeit Pakistans und der USA im Kampf gegen den Terrorismus. Zum pakistanischen Kosten-Nutzen-Kalkül im „war on terror". München.

Markus Porsche-Ludwig

Saudi-Arabien

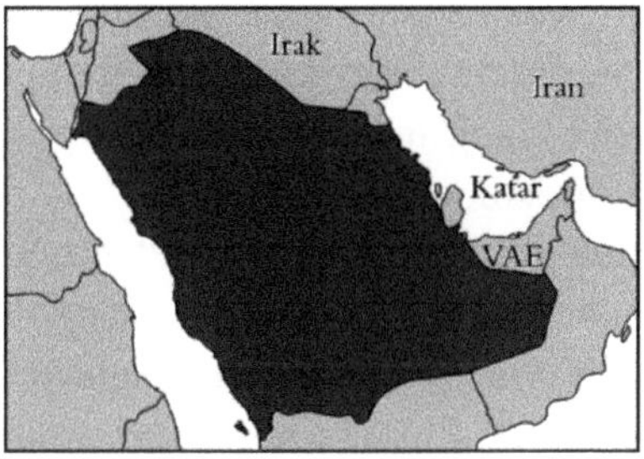

Offizieller Name:	Königreich Saudi-Arabien
Staatsform:	Absolute Monarchie
Unabhängigkeit:	23. September 1932 (Proklamation des Königreichs)
Nationalfeiertag:	23. September (Tag der Vereinigung von Hijaz und Nejd zum Königreich Saudi-Arabien)
Hauptstadt:	Riad
Lage:	Arabische Halbinsel
Fläche:	2.149.690 qkm (Weltrang: 12)
Bevölkerung:	31,5 Millionen (Weltrang: 41)
Landesstruktur:	13 Provinzen („Emirate"), gegliedert in insgesamt 118 Gouvernements (Verwaltungsbezirke)
Sprachen:	Arabisch
Religionen:	Islam (Staatsreligion; überwiegend wahhabitische Sunniten); schiitische Minderheit hauptsächlich in der Ostprovinz
Währung:	Saudi-Riyal (SAR)
Wirtschaftszweige:	Erdölförderung, Peak-Oil, Erdgas, Tourismus
Mitgliedschaften:	UN und Sonder-Organisationen, WTO, IWF, Weltbank, OPEC, OAPEC, Arabische Liga und AMF, AFESD, BADEA, OIC, Muslimische Weltliga, Golfkooperationsrat
Wichtigste Medien:	Regionale Sender Al-Jazeera (aus Katar) und Al-Arabiya (aus Dubai, in saudischem Eigentum); private Unterhaltungskanäle von „mbc"; staatlicher Rundfunk und Fernsehen (Nachrichtensender „Al-Ikhbariya"); Tageszeitungen: „Al-Hayat", „Ash-sharq Al Awsat" (beide mit Hauptsitz im Ausland, aber in saudischem Eigentum), „Okaz", „Al-Riyadh", „Al-Watan", „Al-Jazeera", „Arab News" und „Saudi Gazette" (englischsprachig)

Naturraum und geographische Rahmenbedingungen

Im Norden grenzt Saudi-Arabien an Jordanien und den Irak, im Osten an Katar und Kuwait, im Südosten an Oman und die Vereinigten Arabischen Emirate, im Südwesten an den Jemen. Der Lebensraum für Menschen, Tiere und Pflanzen ist durch Wüsten geprägt: Etwa 90 Prozent der Grundfläche ist nicht fruchtbar. Die durchschnittliche Jahrestemperatur beträgt ca. 28 °C, die jährlichen Niederschlagsmengen sind dürftig und konzentrieren sich meist auf die Monate Dezember bis Februar.

Geologisch bestimmend ist die Arabische Platte, auf der Saudi-Arabien liegt, und die sich nach Osten hin neigt. Entlang des Roten Meeres im Westen befindet sich der Arabische Schild mit seinen Gebirgsmassiven, die von Nord bis Süd reichen („Hijaz", mit Mekka und Medina sowie der Hafenstadt Jidda), wo sich die ganze Vielgestaltigkeit der landeseigenen Landschaftsformen und klimatischen Unterschiede zeigt. Die Berge erreichen, insbesondere im südwestlich gelegenen Asir-Gebirge (südlich von Mekka), in dem sich mit dem Jabal Suda auch der höchste Berg des Landes befindet (3.133 m), eine Höhe von 3.000 m, im Norden bleiben sie meist unter 2.000 m. In Asir herrschen günstige klimatische Bedingungen vor. Von Oktober bis März profitiert man dort von Niederschlägen durch Monsunausläufer des Indischen Ozeans; darüber hinaus auch von der Sommermonsunzeit. Im Jahresmittel erreichen die Temperaturen im Hochgebirge 14–16 °C. An den westlichen Grenzen befinden sich die Wadis Najran und Bisha.

Der Norden, Osten sowie die Mitte des Landes werden überwiegend von lockeren Sedimentschichten bedeckt. Die Landesmitte, das Gebiet des vor allem aus Geröll- und Steinwüsten bestehenden Najd („Hochebene"), wird gebildet von einem Hochplateau mit einem niedrigeren Steilhang (beginnend in der Nähe von Riad) von nahezu 1.000 km Länge, dem Jabal Tuweiq, der aus Kalkstein besteht. Im südlichen Najd befinden sich mit dem ad-Dawasir und al-Hanifa wichtige Wadis des Landes, Oasen; Flüsse im eigentlichen Sinne existieren in Saudi-Arabien nicht. In der Landesmitte erreichen die Temperaturen bei trocken-heißem kontinentalem Klima im Sommer tagsüber mehr als 50 °C. Aufgrund der niedrigen Luftfeuchtigkeit schwanken die Temperaturen zwischen Tag und Nacht extrem. Im Winter (Dezember bis Februar) können sie 0 °C in der Nacht unterschreiten.

Teilweise fallen hier jahrelang überhaupt keine Niederschläge, dann aber extreme Mengen, die zu Überschwemmungen und auch zur Bildung von fruchtbarem Schwemmland führen.

Nördlich des Najd befindet sich die (Große) Nafud („Große Wüste“), eine Sandwüste von 55.000 qkm mit ihren Dünen (die sich in kleinerer Form im ganzen Land finden). Ihre Ausläufer, insbesondere die ad-Dahna, verbinden sie mit der Rub al-Khali („Leeres Viertel“), der größten Sandwüste der Erde im Südosten, die ein Viertel des Landes einnimmt. Hier befindet sich das bedeutende Wadi Sirhan, das seinen Ausgang an der jordanischen Grenze nimmt. Im Winter fallen sehr unregelmäßig Niederschläge. Deren Menge kann von Jahr zu Jahr verschieden sein. Im Winter sind auch Frost sowie Schneefälle möglich. Östlich des Randabbruchs, parallel zur Küste des Roten Meeres, flacht das Hochland sukzessive ab und läuft am Persischen Golf zu einer weiten Küstenebene aus. Hier und an den Küsten des Roten Meeres, mit der Küsten-Tihama, einer feuchtschwülwarmen, regenarmen, fruchtbaren Ebene, werden im Sommer tagsüber Temperaturen von bis zu 40 °C gemessen und auch nachts entsprechende Grade erreicht.

Geschichtliche Entwicklung bis zur Staatsgründung

Der Wahhabismus stellt eine besonders strenge Auslegung des Islam dar, die auf die Reformtheologie Muhammad b. Abdalwahhabs (1703–1792) zurückgeht. Sie ist, gemäß der bescheidenen Lebensführung in der Wüste, sehr asketisch, stark antimodernistisch und versucht, wortgetreu Gottes Gebote in die Tat umzusetzen. Mitte des 18. Jahrhunderts sind der Stamm der Saud aus der Gegend von Riad unter dem damaligen Emir in Dir'iya/Najd, Muhammad b. Saud (reg. 1766–1803) und der Religionsführer Abdalwahhab ein Bündnis zwischen Religion und Politik eingegangen, das die Saud auf die Unterstützung und Verbreitung des Wahhabismus verpflichtete, der im Gegenzug die wechselhaften Eroberungen des Saud-Stammes „religiös begleitete“ und ihm religiöse Legitimation verschaffte. Weil die meisten Beduinen wahhabitisch wurden und Muhammad b. Saud das Land militärisch einigte, konnte der Staat Saudi-Arabien geschaffen werden. In der Politik des Landes vereinen sich diese beiden Elemente bis heute, getragen durch die Familien Saud und Al ash-Shaikh (in Nachkommenschaft Abdalwahhabs).

Das erste Wahhabitenreich zerfiel, nachdem der osmanische Sultan den ägyptischen Gouverneur der Osmanen, Muhammad Ali, aussendete, um die heiligen Stätten Mekka und Medina von den Wahhabiten in die Herrschaft der Osmanen zurückzuerobern. Endgültig wurde der erste saudische Staat durch ägyptische Truppen, die im Auftrag des osmanischen Reiches agierten, 1818 vernichtet. Ab 1824 konnte die Saud-Dynastie ihre Herrschaft wieder im Najd aufrichten und ausweiten, ohne dabei die alte Ausdehnung zu erreichen. Der pragmatische Imam Faisal starb 1865 und hinterließ einen intakten Staat. Es folgten Familienfehden und Thronwirren, so dass die Herrscherfamilie der Rashid, der feindlichen Shammar-Beduinen aus Hail, die Saud-Dynastie verdrängen konnte, die zunächst in Ostarabien, dann in Kuwait ins Exil ging. König Ibn Saud (reg. 1902–1953) eroberte 1902 mit wenigen Dutzenden Getreuen Riad und tötete eigenhändig den aus seiner Sicht unrechtmäßigen Emir dort.

In den folgenden Jahren kämpfte er – entsprechend den traditionellen Raub- und Grenzkriegen zwischen den Stämmen – mit seinem schlagkräftigen Nomaden- und Kamelheer (Ikhwan-Bewegung) gegen andere Emirate, endend mit der Proklamation des Königreichs Saudi-Arabien im Jahr 1932. Die Nomaden ließen sich in festen Siedlungen nieder, wurden in die Grundlehren der Wahhabiya unterwiesen und hinsichtlich ihrer religiösen Pflichten überwacht. Ibn Saud ging es politisch darum, unter seiner Herrschaft die Stämme Arabiens zu einigen, indem er – letztverantwortlich für die Entscheidungen – die Stammesführer an politischen Entscheidungen beteiligte (Ulama, Ältestenrat, Experten, einflussreiche Prinzen u. a.), was bis heute geschieht. Diese Einigung wurde fundiert durch „10.000“ Prinzen mit ihren Apanagen, die quasi den sozialen Kitt des Staates bilden.

Wenn es dem fundamentalistischen Wahhabismus nicht möglich ist, weltweit seinen Glauben offensiv zu betreiben, grenzt er sich gerne von der bösen Welt ab, indem er sich auf das eigene Territorium zurückzieht, um sich so ausländischen Einflüssen und Interventionen zu entziehen – wie nach 1945 in Saudi-Arabien geschehen: 1. sich außenpolitisch zurückhaltend und 2. westliche Einflüsse durch eine konservative innere Gesellschaftspolitik abhaltend. Man griff aber ein, wenn man sich bedroht fühlte, wie 1962, während der Ära König Sauds (reg. 1953–1964), als die Saudis die konservativ-royalistischen Kräfte im Verlaufe des Bürgerkriegs im Nord-Jemen unterstützten. Dort wurde von marxistischen Kräften der Versuch unternommen, an die Macht zu kommen. Der revolutionären Stimmung dieser Zeit in der arabischen Welt, die insbesondere auf die schiitischen Gastarbeiter in der Ostprovinz Saudi-Arabiens übergriff, begegnete man mit der Verfolgung von Oppositionellen und Dissidenten. Ulama und Ältestenrat setzten 1964, auch vor dem Hintergrund des Konflikts mit Ägypten zur Zeit des panarabischen Nationalismus Nassers, als die staatliche Existenz bedroht war, den schwachen „Playboy-König" Saud ab.

Im ägyptisch-israelischen Krieg unterstützte Saudi-Arabien unter König Faisal (reg. 1964–1975) den Erdölboykott gegen die westliche Welt, insbesondere die USA und die Niederlande, und damit gegen Länder, die eine pro-israelische Politik verfolgten. In der Folge blieb Saudi-Arabien aber moderat hinsichtlich der Erdölpreisgestaltung, da es an langfristiger Stabilität interessiert war. Seinen 1962 noch als Ministerpräsident angekündigten tief greifenden politischen Reformvorhaben ließ Faisal keine dementsprechenden Taten folgen. 1988, während der Ära König Fahds (reg. 1982–2005), vermittelte u. a. Saudi-Arabien, um den Iran-Irak-Krieg zu beenden. Die Saudis unterstützten zuvor den Irak, da sie befürchteten, dass der Iran Ayatollah Khomeinis die schiitische Revolution exportieren könnte. Aus ähnlichem Grund kämpften sie mit den USA und der UN gegen den Irak, der 1990 Kuwait eroberte: Auch hier befürchtete man eine Gefahr des Irak für die arabische Halbinsel. Saudi-Arabien sieht sich als „Hüter der beiden heiligen Stätten" des Islam (Mekka, Medina), was außenpolitisch in der Unterstützung von Muslimen zur Geltung kommt: durch finanzielle Zuwendungen, vor allem an islamische internationale Organisationen und Entwicklungshilfe; im Jugoslawienkonflikt (wo man auch eindeutig Stellung für die Muslime bezog – auch mit Bezug auf Tschetschenien); auch beim Widerspruch seinerzeit gegen das Camp David-Abkommen zwischen Ägypten und Israel, wo dem arabischen Anspruch auf einen palästinensischen Staat und der Befreiung der Westbank von israelischer Besatzung nicht entsprochen wurde. Als Konsequenz zerbrach die Achse zwischen den islamischen Führungsmächten Saudi-Arabien und Ägypten, erst 1987 verbanden sie sich wieder miteinander. Seine militärische Abhängigkeit von den USA hat Saudi-Arabien nie in Abrede gestellt, aber auch nicht, dass man aufgrund spiritueller Führerschaft der Umma (islamische Weltgemeinschaft) die Herrschaft Israels über Jerusalem, der drittheiligsten Stätte des Islam, nicht tolerieren kann.

Bevölkerungsstruktur – speziell ethnische Zusammensetzung

Saudi-Arabien hat zur Zeit rund 31,5 Mio. Einwohner, davon sind etwa 10,7 Mio. Ausländer. Ca. 90 Prozent der Saudis sind arabischer Abstammung (Saudis, Ägypter, Jordanier, Palästinenser, Syrer und Libanesen), die restlichen afro-asiatischer Abstammung. Bei den Gastarbeitern stellen die Araber in Saudi-Arabien nur eine Minderheit, 70 Prozent kommen aus Asien. Man bevorzugt solche aus friedlichen Ländern. Das ist auch ein Grund, warum Saudi-Arabien heute keine Flüchtlinge aus Bürgerkriegsländern, gegenwärtig Syrien (2015), aufnimmt, da sie aus ihrer Heimat Konflikte mit ins Land bringen. Stattdessen versucht Saudi-Arabien, sich „freizukaufen".

Auf weit mehr als 1 Mio. Menschen wird der Anteil illegaler Einwanderer im Land geschätzt, die im November 2013 registriert und ausgewiesen wurden (insbesondere nach Bangladesch, Indien, Nepal, Pakistan, Äthiopien). Viele von ihnen reisten als Pilger in das Land ein. Das ist vor allem deshalb ein Problem, weil sich bis 2050 die Einwohnerzahl bei heutigem Bevölkerungswachstum annähernd verdoppeln wird. Die Bevölkerung wächst schnell an: bei den Einheimischen um 2,1 Prozent, bezogen auf die gesamte Bevölkerung um 2,55 Prozent, aufgrund des hohen Anteils an Arbeitsimmigranten. Die Gesellschaft Saudi-Arabiens ist dementsprechend sehr jung. 70 Prozent der Bevölkerung ist unter 30 Jahre, 40 Prozent sind jünger als 14 Jahre alt (Durchschnittsalter der Bevölkerung: ca. 25,3 Jahre). Die durchschnittliche Lebenserwartung liegt bei rund 75 Jahren. 29 Prozent der unter 26-Jährigen sind arbeitslos (2014). Eine steigende Jugendarbeitslosigkeit ist zu verzeichnen. Die offizielle Arbeitslosenquote des Landes liegt bei rund 5,7 Prozent (01/2015), bei 11,7 Prozent für saudische Staatsangehörige (12/2014), inoffiziell ist sie aber um ein Vielfaches höher und betrifft vor allem Frauen. Der Einschulungsgrad beträgt 97 Prozent, die Alphabetisierungsrate 86 Prozent (Ende des Zweiten Weltkriegs: höchstens 5 Prozent). Der Besuch der Schulen ist kostenlos und sieht 6 Jahre Grundschule sowie jeweils 3 Jahre Mittelschule und Gymnasium vor. Es herrscht im gesamten Erziehungssystem eine strikte Geschlechtertrennung.

Die Saudis gehören fast vollständig dem Islam an, wobei keine gesicherten Zahlen über die Religionszugehörigkeit existieren. Nach Schätzungen beträgt der Anteil schiitischer Muslime ca. 8 bis 15 Prozent, in der ölreichen Ostprovinz 30–50 Prozent, womit sie dort die Bevölkerungsmehrheit bilden. Diese sog. Zwölferschia (mit Glaubensbrüdern und -schwestern in Bahrain, Iran und Südirak) wird ergänzt durch Angehörige der Siebenerschia (Ismailiten) in Najran an der Grenze zum Jemen; daneben existiert eine geringe Zahl schiitischer Zaiditen. Die saudi-arabischen Muslime gehören überwiegend dem sunnitischen Islam an, vor allem der wahhabitischen Richtung. Die Gesellschaft ist heute immer noch stark tribal geprägt. Entscheidend ist, zu welchem Stamm man gehört. Wenn man zu keinem zählt, dann gilt man meist als gesellschaftlich unterprivilegiert. Wichtiges Charakteristikum der saudi-arabischen Gesellschaft ist die eigentümliche Verbindung eines ausgeprägten Regionalismus mit einer Ideologie tribaler Distinktion. Familien nehmen heute den Platz der Stämme ein. Die Sklaverei wurde 1962 abgeschafft.

In vier große Gruppierungen lassen sich die Stämme Saudi-Arabiens grob unterteilen. Erstens die Stämme des Najd. Von ihnen stammt die Herrscherfamilie ab. Diese sind noch am meisten der Beduinentradition verhaftet und lassen sich als „sehr konservativ" einstufen. Bis heute halten sich zwischen ihnen und den Bewohnern der eroberten Provinzen Ressentiments: den Najdis ist deren relativ weltoffene Lebensweise ein Dorn im Auge, der sie bis heute mit „Wahhabisierungskampagnen" begegnen, die in den Provinzen auch auf Widerstand stoßen. Zweitens die Stämme des Hijaz, bei denen es sich überwiegend um Städter handelt, die maßgeblich durch die Pilgerschaft zu den heiligen Stätten des Islam geprägt sind. Zahlreiche westliche Einflüsse halten Einzug und lassen sie liberaler, weltoffener als die Najd-Araber werden (mit unterschiedlichen religiösen Traditionen). Drittens die Stämme der Asir im Südwesten des Landes. Sie kennzeichnen ihre tribalen Bindungen an den benachbarten Jemen. Dabei lebten sie im Gegensatz zu den Bewohnern des Najd ohne strenge religiöse Einschränkungen (Frauen dieser Gegend waren etwa traditionell unverschleiert). Die Wahhabiten sahen sich dadurch veranlasst, viele „unislamische Sitten und Gebräuche" zu bekämpfen, was zunächst nur begrenzt erfolgreich war. Viertens die Stämme der ölreichen Ostprovinz Hasa. Bei ihnen handelt es sich um eine klerikal-reaktionäre Minderheit. Die Wahhabiten sehen diese als Ketzer an. 10 bis 15 Prozent Nomaden und Halbnomaden sind in Saudi-Arabien zu verzeichnen (in den 1950ern noch ca. 2/3 der Bevölkerung), wobei viele Übergänge zwischen städtischem und nomadischem Leben existieren. Die Bevölkerung verteilt sich im Land sehr unterschiedlich. Im Najd sind die Provinzen Riad (Dichte: 13,5) und Quasim (17,5) am bevölkerungsreichsten, der Norden ist dünn besiedelt wie auch der Osten, der Hijaz erreicht im Westen in den Provinzen Medina (9,9) und Mekka (37,9) die höchste Bevölkerungszahl, im Süden sind das die Provinzen Asir (22,0) und Jizan (101,6).

Wirtschaftsstruktur

Saudi-Arabiens Wirtschaft, die mit Abstand führende auf der Arabischen Halbinsel, ist geprägt durch die Erdölwirtschaft, die 1945, nach der Entdeckung des Öls (1938), ihren Anfang nahm. 1/6 aller nachgewiesenen Erdölreserven befinden sich dort, es ist der bedeutendste Produzent und Exporteur von Erdöl und bleibt in der OPEC der wichtigste Akteur. Das Öl ist auch der maßgebliche Faktor der letzten Jahre, der Saudi-Arabien half, massive Haushaltsüberschüsse zu erwirtschaften. Öl- und Gasförderung trugen 2014 45 Prozent zum BIP, 86 Prozent zum Gesamtexport und 90 Prozent zu den staatlichen Einnahmen bei. Der Einfluss von Erdöl und Gas erstreckt sich auf fast alle Wirtschaftssektoren, vor allem auf Petrochemie, Eisen-, Stahl- und Aluminiumverarbeitung, die als kritische Branchen so erst aufrechterhalten werden können.

Durch diese Einnahmen kommt die Regierung erst in die Lage, die Nahrungsmittelverarbeitung und die Metallbranche aufzubauen. Der Industriesektor macht in Saudi-Arabien 60,6 Prozent des BIP (2014) aus, gefolgt vom Dienstleistungssektor (37,6 Prozent) und dem hochsubventionierten Landwirtschaftssektor (1,8 Prozent). Das Land verbraucht gegenwärtig bereits ca. 1/3 seiner gesamten Erdölproduktion für sich selbst, insbesondere für die Erzeugung von Strom, dessen Verbrauch durch die Bevölkerung staatlich subventioniert wird. Der Staat subventioniert auch – neben weiteren Gütern des täglichen Bedarfs – den Verbrauch von Benzin und Wasser der Bevölkerung, was aufgrund der ansteigenden Bevölkerungszahl zu stetig ansteigendem Verbrauch und damit staatlichen Ausgaben führt. Längerfristig setzt daher die Regierung bei der Stromerzeugung auf Kernenergie und erneuerbare Energien.

Trotz der Position Saudi-Arabiens als swing producer muss aufgrund der letzten Ölpreisentwicklungen künftig mit schwankenden Ölpreisen gerechnet werden. Erdölförderung wie -exploration liegen vollständig bei der staatlichen Energiegesellschaft Saudi ARAMCO. Anstrengungen erwachsen daraus insbesondere hinsichtlich wirtschaftlicher Diversifizierung und Privatisierung. Die Regierung plant daher Economic Cities, die Investitionen in hoher dreistelliger Milliarden USD-Höhe erfordern; setzt auf weitere im Land befindliche Rohstoffe (u.a. Gold, Bauxit, Phosphat) und auf stärkere ausländische Investitionen, ermöglicht durch entsprechende liberalere Gesetze, weg insbesondere vom Sponsorensystem, nach dem ausländische Investoren nur durch Vermittlung eines Sponsors (wakil) einreisen durften und während des gesamten Aufenthaltes an ihn gebunden blieben. 2015 wurde die Börse für ausländische Investoren geöffnet, weitere Schübe erbringen die Mitgliedschaft in der WTO (seit 2005), die Gründung einer Investitionsförderungsgesellschaft und die Tourismusindustrie.

Eine Stärkung der Wirtschaftselite hätte freilich gewichtige soziopolitische Entwicklungen zur Folge. Wirtschaftspolitisch notwendig sind – auch aufgrund des hohen Bevölkerungswachstums – der Ausbau der Verkehrsinfrastruktur, des Gesundheitswesens und von Wohnraum (die Mehrheit der Bevölkerung besitzt kein Privateigentum). Diese Maßnahmen treiben den Staatshaushalt permanent in die Höhe, zwischen 2010 und 2014 um über 50 Prozent. Sollte sich diese Entwicklung fortsetzen und nicht mehr – wie schon 2014 und voraussichtlich 2015 – über den Ölpreis aufgrund dessen Zerfalls aufgefangen werden können, muss Saudi-Arabien wiederholt auf seine Budgetreserven zurückgreifen. Belastet wird die Situation weiter durch erhebliche Ausgaben zur Beruhigung regionaler Unruhen („Arabischer Frühling"), auf die die Regierung u.a. mit „sozialen Wohltaten" im öffentlichen Sektor (Sozial- und Transferleistungen) reagierte. Das reale Wirtschaftswachstum bleibt hingegen ziemlich stabil (2013: 2,7 Prozent, 2014: 3,6 Prozent; 2015/16: voraussichtlich: 3,0 Prozent/2,7 Prozent).

Die große wirtschaftliche und soziale Herausforderung des Landes besteht im sehr hohen Bevölkerungswachstum. Daraus entstehen Versorgungs- und Distributionsprobleme. Um alle jungen Arbeitssuchenden im Arbeitsmarkt zu integrieren, bedürfte es eines jährlichen Wachstums von 8 Prozent, was aber aktualiter und für die Zukunft als illusorisch erscheint, zumal der Ölpreis fällt, und die Wachstumsprognosen auch zurückhaltend sind. Zur Zeit ist der öffentliche Sektor mit ca. 90 Prozent von Saudis besetzt (1/3 davon zwischenzeitlich von Frauen), als etwas niedriger erweist sich der Anteil der Immigranten im privaten Sektor (v. a. Bausektor, in Handel und Gaststättengewerbe, in der verarbeitenden Industrie und in Privathaushalten). Durch ein quotenbasiertes Saudisierungsprogramm (Nitaqat, seit 2011), mit Strafzahlungen für Unternehmen, versucht die Regierung, den Anteil an Einheimischen im privaten Sektor zu stärken. Der Kampf gegen illegale Einwanderung ist ebenfalls Teil dieses Programms, das faktisch stark problembehaftet ist – insbesondere auch aufgrund der wahhabitischen Ausrichtung des Landes, was die Notwendigkeit umfassenderer Reformen erheblich erschwert bzw. verunmöglicht, da dies eine – ungewollte – politische Teilhabe erforderlich machte.

Aktuelle politische Entwicklungen

Um Traditionalisten wie Modernisten im eigenen Land Genüge zu tun, versucht(e) Saudi-Arabien stets, schnelle Industrialisierung und Erhalt traditioneller Werte in einem vorsichtigen Kurs zusammenzuführen und damit auch die Systemstabilität zu gewährleisten, die bereits einige Male erschüttert wurde: z. B. durch die Besetzung der Großen Moschee in Mekka durch militante Islamisten (1979) oder in der Ostprovinz die schiitische Protestbewegung (seit 2011); oder durch Osama Bin Laden, der bis zu seiner Ausbürgerung aus Saudi-Arabien 1994 eine Figur des auswachsenden Fundamentalismus war, und dessen al-Qa'ida seit 2003 – als Randgruppe – auch militant in Saudi-Arabien agiert.

Reformen zur Stabilisierung und Modernisierung wurden seit 2003, insbesondere innenpolitisch, angeschoben und u. a. eine nationale Anti-Korruptions-Kommission gegründet (2011). Hiervon geprägt war auch die Herrschaft König Abdullahs (2005–2015), eines pragmatischen Reformers: einerseits die Sorge vor dem expansiven Rivalen Iran, andererseits der sunnitische Islam als Bedrohung. Im September 2014 trat Saudi-Arabien offiziell der internationalen Koalition gegen den sog. „Islamischen Staat" (IS), die jihad-salafistische Terrorgruppe in Irak und Syrien, bei und beteiligt sich aktiv am US-geführten Luftkampf. Abdullah führte Saudi-Arabien auch in die WTO und G20 und maßregelte die Religionspolizei (Mutawwa) für manche ihrer Aktionen (was ihn in Konflikt mit der Ulama brachte). Er führte das aktive und passive Wahlrecht für Frauen (seit 2015) ein, förderte deren Universitätsstudium und Integration in den Arbeitsmarkt.

Der Rückbezug auf islamische Quellen bleibt hinsichtlich von individuellen und sozialen Normen und Werten hingegen kompromisslos (z. B. Vormundschaft [Wisakeel] für Frauen, strikte Trennung der Geschlechter), so auch in Bezug auf junge liberale Gruppen, die sich dagegenstellen. Hier kommt es in praxi oftmals zu Widersprüchen, die aber in Saudi-Arabien als solche kaum wahrgenommen werden. Im Bereich der wirtschaftlichen und politischen Strukturen der Gesellschaft und des Staates existieren hingegen keine verbindlichen theologischen Vorgaben, so dass dort Liberalität und Offenheit vorherrschen können, wodurch ein außen- und wirtschaftspolitisch prowestlicher Kurs (Technologieimport, militärischer Schutz) ermöglicht wird.

So konnte Saudi-Arabien von Anfang an auch moderne Institutionen aufbauen. König Salman (seit 2015) will nach eigenem Bekunden diesen Kurs seines Vorgängers Abdullah fortsetzen. Saudi-Arabien kann man nicht einfach unter den Begriff „Diktatur" subsumieren, auch nicht unter denjenigen der Demokratie im europäisch-atlantischen Verständnis. Der König ist vom Ratschlag und der Unterstützung der wahhabitischen Geistlichkeit abhängig, die bspw. die Annäherung Saudi-Arabiens an Israel ablehnt. Zwar wird auch eine Verfassung abgelehnt, aber Art. 1 des verfassungsähnlichen, saudi-arabischen „Grundgesetzes der Herrschaftsausübung" (erlassen 1992) bezeichnet den Islam als Religion des Königreichs, Koran und Sunna als seine Verfassung. Es besteht also keine Trennung von Staat und muslimischer Religion; der Wahhabismus integriert den Staat.

Das Königreich wird wie ein traditioneller Stamm regiert, Rücksichtnahme und Abstimmung sind dabei maßgebende Prinzipien. Die Wüste kann immer wieder kommen, da sie nah ist. Alle Saudis wissen das – einhergehend mit einem entsprechenden Freiheitsverständnis, das vom westlich-liberalistischen abweicht – und unterstützen die politische Verfassung des Landes daher mehrheitlich (der bisweilen hemmungslose Konsum der Oberschicht ist daher eine Pervertierung dieser Freiheit; das Geld aus den Ölförderungen wird aber maßgeblich zur Entwicklung des Landes verwendet). Sie ist tief in der Tradition der Bürger verankert.

Der Wahhabismus wird auch heute noch von einem Großteil der Gesellschaft getragen und die Traditionen weitgehend akzeptiert (sieht man von gewissen Teilen der städtischen Intelligenz ab). Das betrifft auch die Menschenrechtspolitik. So sind die Strafarten im Land, vor denen selbst das Königshaus nicht gefeit ist, weitgehend akzeptiert, außer bei westlich orientierten Intellektuellen. Auch das Reformlager ist konservativ. Es muss gerade umgekehrt befürchtet werden, dass zumindest eine große Mehrheit der Saudis eher mehr Islamismus will. Der Wahhabismus kann so immer wieder auch zu sozialen Explosionen führen, weil er insgesamt rigoros fundamentalistisch ist.

Literatur

Al-Rasheed, M. (2008): Kingdom without Borders: Saudi Arabia's Political, Religious and Media Frontiers. London.

Alshamsi, M. J. (2011): Islam and Political Reform in Saudi Arabia: The quest for political change and reform. New York [u. a.].

Ayoob, M., H. Kosebalaban (eds.) (2009): Religion and Politics in Saudi Arabia: Wahhabism and the State. Boulder [u. a.].

Bellers, J. u. Porsche-Ludwig, M. (2011): Weltgeschichte der Politik. Volk, Idee, Raum und Ruhm: Ein chronologisches Handbuch. Berlin.

Bindagji, H. H. (1378, 1978): Atlas of Saudi Arabia. Oxford.

Brandes, J.-D. (1999): ... mit Säbel und Koran: der Aufstieg der Königsfamilie Saud und der Wahhabiten. Sigmaringen.

El Masry, I. (2012): Saudi-Arabien, in: Porsche-Ludwig, M. u. Bellers, J. (Hg.): Handbuch der Religionen der Welt, Band 2: Afrika und Asien. Nordhausen, S. 1249–1253.

El Masry, I. (2013): Saudi-Arabien, in: Porsche-Ludwig, M., Bellers, J. u. Gieler, W. (Hg.): Sozialpolitik in Asien: Ein Handbuch der Staaten Asiens von A-Z. Berlin, S. 176–181.

Field, M. (1984): The Merchants: The Big Business Families of Arabia. New York.

Freitag, U. (Hg.) (2010): Saudi-Arabien im Wandel? Paderborn.

Haarmann, U. (Hg.) (1987): Geschichte der arabischen Welt. München.

Koch, Chr. (2014): Status und Aussichten der saudi-arabischen Wirtschaft, in: Bundeszentrale für politische Bildung (Hg.): Aus Politik und Zeitgeschichte (APuZ 46/2014). Bonn, S. 34–39.

Kostiner, J. (1993): The Making of Saudi Arabia: From Chieftaincy to Monarchial State 1916–36. New York.

Koszinowski, T. (Hg.) (1983): Saudi-Arabien: Ölmacht und Entwicklungsland. Beiträge zur Geschichte, Politik, Wirtschaft und Gesellschaft. Hamburg.

Long, D. E. (2005): Culture and Customs of Saudi Arabia, Westport. Conn. [u. a.].

Meijer, R., P. Aarts (eds.) (2012): Saudi Arabia between conservativism, accommodation and reform. The Hague.

Niblock, T. (2007): The Political Economy of Saudi Arabia. London [u. a.].

Otto, J. M. (ed.) (2010): Sharia Incorporated: A Comparative Overview of the Legal Systems of Twelve Muslim Countries in Past and Present. Leiden.

Peskes, E. u. Endres, W. (2011): Artikel „Wahhabiyya“, in: Encyclopedia of Islam, Second Edition, Ed. by: P. Bearman, Th. Bianquis, C. F. Bosworth, E. van Donzel, and W. P. Heinrichs. Brill Online.

Pfullmann, U. (1997): Thronfolge in Saudi-Arabien: wahhabitische Familienpolitik von 1744 bis 1953. Berlin.

Pfullmann, U. (1999): Ibn Saud: König zwischen Tradition und Fortschritt. Berlin.

Philipp, H.-J. (1984; 1989): Saudi Arabia/Saudi-Arabien, 2 Bde. München.

de Planhol, X. (1975): Kulturgeographische Grundlagen der islamischen Geschichte. Zürich [u. a.].

Porsche-Ludwig, M. (2011): Christenverfolgungen von Saudi-Arabien bis Indien, in: Bellers, J. u. Porsche-Ludwig, M. (Hg.): Christenverfolgung in islamischen Ländern. Berlin, S. 111–127.

Preuschaft, M. (2014): Religion, Nation und Identität: eine Untersuchung des zeitgenössischen saudischen Diskurses zum Umgang mit religiöser Pluralität. Würzburg.

Schweizer Eidgenossenschaft SECO, Königreich Saudi-Arabien.

Steinbach, U. (Hg.) (2014): Der Nahe und Mittlere Osten: Politik – Gesellschaft, Wirtschaft, Geschichte – Kultur: Grundlagen, Strukturen und Problemfelder. Länderanalysen, 2. Aufl. Wiesbaden.

Steinberg, G. (2002): Religion und Staat in Saudi-Arabien: Die wahhabitischen Gelehrten (1902–1953). Würzburg.

Steinberg, G. (2014): Saudi Arabien: Politik – Geschichte – Religion, 3. Aufl. München.

Vassiliev, A. (1998): The History of Saudi Arabia. London.

Wynbrandt, J. (2010): A Brief History of Saudi Arabia, 2. Aufl. New York.

Dietmar Herz & Marlene Heide

Sudan

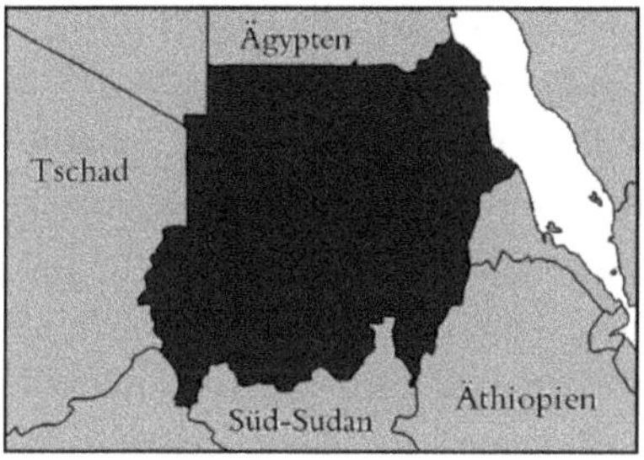

Offizieller Name:	Republik Sudan (Jumhuriya al-Sudan)
Staatsform:	Präsidialrepublik
Unabhängigkeit:	01.01.1956 (von Großbritannien / Ägypten)
Nationalfeiertag:	1. Januar (Unabhängigkeitstag, Id al-Isteqlal)
Hauptstadt:	Khartum
Lage:	Nordostafrika
Fläche:	1.886.068 qkm (Weltrang: 15)
Bevölkerung:	40,2 Millionen (Weltrang: 33)
Landesstruktur:	Aufteilung in 17 Bundesstaaten
Sprachen:	Amtssprachen sind Arabisch und Englisch. Des Weiteren existieren über 70 indigene Sprachen. Am weitverbreitetsten sind Bedawi, Fur, Masalit und Nubisch. Sudanesisches Arabisch hat die Funktion einer Lingua franca.
Religionen:	Islam (Staatsreligion), Christen, traditionelle Religionen
Währung:	Sudanesischer Dinar
Wirtschaftszweige:	Landwirtschaft, Erdöl
Mitgliedschaften:	UN und Unterorganisationen, WHO, GATT/WTO, ACP, AU, COMESA, IGAD, ILO, IWF
Wichtigste Medien:	Radio: Radio Omdurman, Radio Mango, Radio Dabanga. Fernsehen: Sudan Television, Blue Nile TV, Al-Shuruq, Omdurman TV. Wichtige Tageszeitungen: in Arabisch: al-Ra'y al-'am, al Sahafa, al-Ayam; in Englisch: Sudan Vision; Khartoum Monitor, Wochenzeitung: tägliches englisch- und arabischsprachiges Bulletin der Sudan News Agency (SUNA).

Naturraum und geographische Rahmenbedingungen

Das ostafrikanische Land Sudan mit einer Fläche von mehr als 18,5 Millionen qkm hat nach der Unabhängigkeit des Südsudans seinen Status als größtes afrikanisches Land eingebüßt und steht im kontinentalen Vergleich an dritter Stelle. Die Nord-Süd-Ausdehnung beträgt 1.755 km, die Ost-West-Ausdehnung 1.810 km. Nachbarstaaten im Osten sind Eritrea und Äthiopien; im Westen grenzt der Sudan an den Tschad und die Zentralafrikanische Republik, im Süden an den Südsudan sowie im Norden an Libyen und Ägypten. Das Land hat eine 853 km lange Küstenlinie entlang des Roten Meeres. Die Hauptstadt Khartum hatte 2014 eine Bevölkerung von 2,7 Mio., die größte Stadt des Landes ist jedoch Omdurman mit 2,9 Mio. Die Oberflächenstruktur des Sudans ist relativ einheitlich; das Land besteht zu einem großen Teil aus Flachland und Hochebenen, die nur an einigen Stellen von Gebirgsketten und Erhebungen über 3.000 Meter unterbrochen werden: die Nuba-Berge im Zentralsudan und das Vulkangebirge Jebel Marra in Darfur, wo sich mit 3.088 m der höchste Berg des Landes befindet, und an der östlichen Grenze schließt sich das äthiopische Hochland an.

Klimatisch gesehen ist der Sudan äußerst divers: Das Land besteht zu 50 Prozent aus Wüste oder Halbwüste, weitere 10 Prozent weisen Baumbestand auf und 13 Prozent der Fläche werden landwirtschaftlich genutzt. Im Norden liegt die nubische Wüste, die Teil der Sahara ist. In diesen weitestgehend niederschlagsfreien und vegetationslosen Wüstengebieten kann es tagsüber zu Temperaturen von bis zu 50 °C kommen, nachts kühlt es sehr stark ab. In der von extremer Trockenheit geprägten Region findet man den nubischen Sandstein, der in vorchristlicher Zeit für den Bau von Pyramiden verwendet wurde. Gerade in den trockenen Regionen des Sudans kommt es häufig zu Sandstürmen (Habub) und Wadis können, insbesondere während der Regenzeit von Juli bis September, zu einem Sicherheitsrisiko werden.

Der Niederschlag nimmt von Norden nach Süden zu. In der Flora zeigt sich diese Veränderung in den Savannen, dem Grasland und teilweise bewaldeten Grasland des Zentralsudans, die für die Landwirtschaft genutzt werden. Der Nationalbaum des Sudans, die Akazie, kommt überall im Land vor; die tief reichenden Wurzeln des Baumes ermöglichen sein Gedeihen in ungünstigen klimatischen Bedingungen. Auch der Baobab (Afrikanischer

Affenbrotbaum) ist weitverbreitet und dient gerade in trockenen Regionen als Wasserquelle. Die höchsten Niederschlagsmengen verzeichnet die südliche Region von Darfur, wo es in der Regenzeit zu erheblichen Überschwemmungen kommen kann wie zuletzt im Sommer 2014. Klimatisch gesehen ist der Sudan damit äußerst differenziert. Der Nil, insbesondere der Blaue Nil, der das Land vom niederschlagsreichen Süden in den kargen Norden durchläuft, fungiert dabei als Lebensader. Bei Khartum treffen der Weiße und der Blaue Nil aufeinander und vereinen sich zum Nil.

Der Nil bestimmt maßgeblich das Leben der ländlichen Bevölkerung des Sudans: Die unberührte Wildnis des Nilbeckens erlaubt seinen Bewohnern eine Lebensweise, die sich seit Jahrhunderten kaum verändert hat. Der Lebensrhythmus der Nomaden wurde seit jeher von den Wasservorkommnissen ihrer Lebensräume bestimmt. Im Zuge des Klimawandels kommt es jedoch immer häufiger, vor allem im Westen und Norden des Landes, zu Dürreperioden oder im Süden zu Überschwemmungen, oft durch Überflutung des Nils. Die Auswirkungen auf die Bevölkerung sind gravierend: Familien und ethnische Strukturen werden durch den Zwang zur Migration zunehmend aufgelöst. Im globalen Nachhaltigkeitsindex rangiert der Sudan unter den letzten zehn Ländern: Bodendegradation, Bodenerosion, Desertifikation und Entwaldung betreffen viele Gebiete des Landes. Lediglich 23,3 Prozent der Oberfläche waren 2011 mit Waldfläche bedeckt. Der jahrzehntelange Bürgerkrieg führte auch zur Veränderung der Umwelt in eine immer unwirtschaftlichere Landschaft.

Geschichtliche Entwicklung bis zur Unabhängigkeit

Archäologische Funde im Nilbecken des Nordsudans lassen auf eine prähistorische Besiedlung während des Paläolithikums (etwa 1.750.000 Jahre v. Chr.) schließen. Ab ca. 2000 v. Chr. entwickelt sich im nubischen Norden des Landes eine Hochkultur. Die Region, die den alten Ägyptern als „Kusch" („Gebiet der Schwarzen") bekannt war, stand seit jeher in engem kulturellen und politischen Austausch mit dem pharaonischen Ägypten, sie findet auch in der Bibel Erwähnung. So regierten zeitweise nubische Herrscher das Pharaonenreich, die Nubier übernahmen Regierungspraktiken, Baukultur, Religion und Schrift des pharaonischen Ägyptens: Im Sudan befinden sich mehr (archäologisch erschlossene) Pyramiden als in Ägypten.

Durch einen Wechsel der Dynastien verschob sich das Machtzentrum des Königreiches Kusch um 300 v. Chr. nach Süden, Meroë wurde der neue Regierungssitz. Als Schnittstelle zwischen Ägypten, der arabischen Halbinsel und dem Afrika südlich der Sahara spielte das Königreich fortan eine bedeutende wirtschaftliche und politische Rolle. Die Dynastie bestand bis in die Spätantike und geriet dann unter den Einfluss des Königreichs Aksum, im heutigen Äthiopien, das bis in die Neuzeit bestand und eine zentrale Rolle im äthiopisch-orthodoxen Christentum einnahm. Hieraus resultieren christliche Einflüsse.

Ab dem 7. Jahrhundert verfolgten die Araber expansive Ziele im Gebiet des heutigen Sudans, stießen jedoch auf ihren Eroberungszügen immer wieder an Grenzen, gerade in den südlichen Regionen. Aber erst 1560 geriet das nordsudanesische Nubien in die Abhängigkeit (des osmanischen) Ägyptens und damit in den direkten Einfluss des Islam.

Die Herrscherfamilie des Reiches der Fung im heutigen Nordsudan konvertierte zum Islam und trug maßgeblich zur Islamisierung des Sudan bei. Die ägyptische Expansion nach Süden war vor allen Dingen von wirtschaftlichen Interessen, insbesondere der Beteiligung am Sklavenhandel, getrieben. Offiziell handelte Ägypten als Teil des Osmanischen Reiches, es waren aber die wirtschaftlichen Interessen der tatsächlichen Herrscher Ägyptens, längst de facto von der Hohen Pforte unabhängig, die die Eroberungen vorantrieben. Die Unterwerfung der Gebiete des heutigen Südsudans – das auch wegen seines Reichtums an Elfenbein und Gold von Bedeutung war – gelang jedoch erst 1874. Die geographischen Grenzen des heutigen Sudan gehen im Wesentlichen auf die ägyptische Expansion im 19. Jahrhundert zurück.

Die Brutalität, mit der die Eroberer vorgingen, aber auch die als ungerecht handelnd empfundene ägyptische Administration, führten zu Ressentiments der sudanesischen Bevölkerung. Dies erklärt die Unterstützung für den sudanesischen „Propheten" Mohammed Ahmed, den „Mahdi". 1881 vertrieb er die ägyptischen und mit ihnen verbündeten britischen Herren und errichtete ein staatliches Gegenmodell auf der Grundlage islamischer Prinzipien. Die Mahdisten erzielten beachtliche militärische Erfolge; ihr bedeutendster Sieg war die Eroberung Khartums (1885). Danach errichtete der Mahdi das Kalifat von Omdurman – ein islamisches Staatswesen – mit rigiden Regierungsmethoden, das bis 1899 Bestand hatte.

Die Briten, die Ägypten seit 1882 besetzt hielten, standen den Auseinandersetzungen zunächst passiv gegenüber. Da das britische Empire jedoch an der Sicherung des Handelsweges nach Indien (durch den Suezkanal) interessiert war, war die Besetzung der Küste des Roten Meeres durch die Mahdisten eine Gefährdung britischer Interessen. Seit 1884 unterstützen daher britische Truppen den Kampf gegen den Mahdi-Staat. 1896 eroberte die Anglo-Egyptian Nile Expeditionary Force unter dem Kommando von General Kitchener die verlorenen Gebiete zurück. In der Schlacht von Omdurman 1898 – an der auch Winston Churchill teilnahm – wurde der Mahdi geschlagen. Danach stand der Sudan unter britisch-ägyptischer Verwaltung (durch das von 1899 bis 1955 bestehende ägyptisch-britische Kondominium). Kitchener wurde Generalgouverneur. Dieses Verwaltungskonstrukt ist in der Kolonialgeschichte singulär: De jure gehörte der Sudan nicht zur britischen Krone, war aber de facto doch Teil des britischen Empires.

Durch eine Verwaltungsreform wurde ein säkulares Rechtssystem geschaffen, das vor allem von der nicht-muslimischen Bevölkerung als gerechter empfunden wurde. Unterstützt durch die öffentliche Meinung in England wurde die Sklaverei abgeschafft. Die Besteuerung wurde gerechter strukturiert als zur Zeit der osmanischen Besetzung. Der Sudan konnte so unter britischer Herrschaft stabilisiert werden. Zur Zeit des Kondominiums entwickelte sich der Sudan wirtschaftlich: Telegraphie wurde eingeführt, der Bau eines Schienennetzes begonnen und Textilfabriken eröffnet. Der wirtschaftliche und soziale Fortschritt führte zu einer größeren politischen Partizipation der Bevölkerung in den Nordprovinzen, die bereits durch die Politik des Mahdi-Staates politisierter war. Im Vorfeld und während des Zweiten Weltkriegs entstand eine islamisch geprägte Nationalbewegung.

Nach dem Zweiten Weltkrieg begann – vor allem zwischen Briten und Ägyptern – die Debatte um eine (zukünftige) Souveränität des Sudans. 1953 regelte ein Abkommen den phasenweisen Abzug der Kolonialtruppen. In diesem Jahr fanden die ersten sudanesischen Wahlen statt. Der Konflikt im Inneren des Landes schwelte jedoch weiter, der wirtschaftlich deutlich ärmere Süden fühlte sich vom Norden benachteiligt und unterdrückt. 1955 mündeten die Auseinandersetzungen in einen offenen Bürgerkrieg. Am 1. Januar 1956 wurde der Sudan zwar unabhängig; das Zusammenwachsen zu einem sudanesischen Gesamtstaat war jedoch durch die unterschiedlichen Interessen und Entwicklungsstadien des Landes behindert.

Der Süden war weder wirtschaftlich noch politisch oder gesellschaftlich ausreichend entwickelt. Die daraus resultierenden Probleme wurden jedoch gleichermaßen von Ägyptern, Briten und Nordsudanesen ignoriert. Die Südsudanesen befürchteten weiterhin eine Benachteiligung und Arabisierung; zudem waren sie in der Zentralregierung unterrepräsentiert. Nach Erlangung der Unabhängigkeit kam es zu Unruhen, die mit Repressalien seitens der Regierung in Khartum beantwortet wurden. Die Südsudanesen forderten ihre Unabhängigkeit, während die Regierung die territoriale Integrität des Landes verteidigte. Die Verschärfung der „Südfrage", aber auch wirtschaftliche Probleme schwächten das Land, bis 1958 die Führung in die Hände eines Militärrates überging.

Unter der neuen Regierung wurden alle Versuche, eine politische Lösung zu erreichen, beendet; die Auseinandersetzungen mündeten in einem offenen Bürgerkrieg. Südsudanesische Untergrundkämpfer kämpften verbittert gegen die „Unterdrücker" aus dem Norden. Die Regierungstruppen verübten Massaker an der Zivilbevölkerung. Erst 1964 führten massive Bürger- und Studentenproteste zum Ende der Militärregierung. Der Bürgerkrieg setzte sich jedoch, trotz Bemühungen um Ausgleich, fort. 1967/68 erlebt der Konflikt eine Internationalisierung: Der Nordsudan hatte Ägypten im Sechstagekrieg gegen Israel unterstützt. 1969 schloss die Regierung ein Militärabkommen mit der Sowjetunion. Israel gewährte im Gegenzug seit 1969 der südsudanesischen Guerilla Anya Nya über Äthiopien und Uganda Militärhilfe, wodurch die Bewegung allmählich zu einer gut organisierten Untergrundarmee – dem Southern Sudan Liberation Army/ Movement (SPLA/M) – wurde.

Das Land war zu diesem Zeitpunkt – auch durch innere Auseinandersetzungen im Nordsudan – zerrüttet; das Militär übernahm 1969 unter Dschafar al-Numeiri erneut die Regierung. Dieser machte, unmittelbar nach der Machtübernahme, umfangreiche Zugeständnisse an den Süden. Zudem offerierte er eine regionale Autonomie unter Wahrung der territorialen Integrität des Landes. 1971 fanden die ersten Verhandlungen unter der Schirmherrschaft des äthiopischen Kaisers Haile Selassi statt. Das Abkommen, das in den Verhandlungen erreicht wurde (Addis Abeba Agreement), löste zwar nicht die Probleme des Landes, entspannte die Situation jedoch erheblich. Al-Numeiris politische Agenda war panarabisch und an sozialistischen Ideen orientiert. Nach Putschversuchen moskautreuer Kommunisten in den 1970er Jahren und unter dem Druck islamischer Sekten suchte al-Numeiri in den 1980er Jahren eine Annäherung an die Muslimbruderschaft; die Scharia wurde zur verbindlichen Rechtsordnung. Dies löste einen Kulturkampf aus, der letztlich (seit 1983) in einen zweiten Bürgerkrieg überging. 1985 wurde al-Numeiri gestürzt. Im Süden formierte sich die SPLA/M unter John Garang. Der Bürgerkrieg wurde mit äußerster Brutalität und ohne Rücksicht auf die Zivilbevölkerung geführt. Erst 2005 wurde ein umfassendes Friedensabkommen (Comprehensive Peace Agreement) zwischen der SPLM und der Zentralregierung geschlossen.

Bevölkerungsstruktur – speziell ethnische Zusammensetzung

Nach aktuellen Schätzungen leben im Sudan 40.235.000 Menschen. Der Sudan hat eine sehr junge Bevölkerung: 40,8 Prozent der Bevölkerung sind zwischen null und 14 Jahren alt. Das Durchschnittsalter liegt bei 18,9 Jahren und die Lebenserwartung beträgt 63,3 Jahre. Die Bevölkerung wächst jährlich um 1,78 Prozent (2014).

Der Sudan ist ein Vielvölkerstaat mit etwa fünfzehn größeren Ethnien, mehreren hundert Untergruppen und kleineren Ethnien. Die offiziellen Amtssprachen im Sudan sind Arabisch und Englisch. Auch wenn die meisten Bewohner des Nordsudan arabisch sprechen, gibt es 76 indigene Sprachen, die im Alltag verwendet werden. Die wichtigsten sind Bedawi, Fur, Masalit und Nubisch, wobei zu beachten ist, dass letztgenannte eine Sammelbezeichnung der vielen in den Nuba-Bergen gesprochenen Sprachen ist. Sudanesisches Arabisch wird neben ihrer Funktion als Muttersprache auch als Lingua Franca gesprochen. Die Analphabetenrate liegt bei 24,1 Prozent, wobei die Rate bei den Frauen mit 31,4 Prozent fast doppelt so hoch ist, wie die der Männer mit nur 16,7 Prozent.

Zwar wanderten im 9. Jahrhundert Nomaden von der arabischen Halbinsel in den Nordsudan ein; die sukzessive Ausbreitung des Islam setzte allerdings erst unter ägyptischem Einfluss ein. Zuvor war ein Großteil der Bevölkerung christlich. Die Identifikation mit dem arabisch-islamischen Kulturkreis ist ein Konstrukt: die Vermischung von Ethnien und Nationalitäten hat eine Differenzierung zwischen „arabischen Sudanesen“ und nicht-arabischen Sudanesen fast unmöglich gemacht. „Hellhäutige Araber“, die denen der Golfregion ähneln, sind eher selten und die wenigsten sudanesischen Muslime können sich darauf berufen, Nachkommen des Propheten Mohammed zu sein (Ashraf).

90 Prozent der Sudanesen sind Muslime, der Großteil davon Sunniten. Die Sunniten sind gespalten in die Sufis der Khatmyya (Umma und National Unionist Party) und die al-Ansar (Mahdisten), die mit unterschiedlichen politischen Gruppierungen assoziiert werden. Diese Gruppierungen haben das politische Leben des Sudans über Jahrzehnte bestimmt. Die Verbindung von ethnisch-religiöser Identität und Politisierung der Bevölkerung ist prägend für den Sudan. Die Christen stellen derzeit nur fünf Prozent der Bevölkerung und sind auf den Süden des Landes beschränkt, 2,8 Prozent der Bevölkerung praktizieren eine traditionelle Religion. Wichtig ist zu vermerken, dass diese Zahlen nicht aussagekräftig sind, da sich im Sudan wie auch in anderen afrikanischen Ländern die Religionen überlappen. Muslime und Christen glauben gleichzeitig an eine traditionelle Religion.

Im Norden hat sich seit den 1920er Jahren ein relativer Wohlstand durch den Anbau von Baumwolle und unter Einfluss der Briten eine Bürger- und Beamtenschicht herausgebildet. Die islamischen Sekten des Nordens haben allerdings seither großen Einfluss auf die politischen Geschicke des Landes genommen.

Größere arabische Ethnien sind die Jaalayin und Shaygiya, die Bauern und Viehzüchter sind. Die Kabish im Bord-Kordofan und die Baggara im östlichen Darfur und Süd-Kordofan sind Kamel- und Rindernomaden. Große nicht-arabische Ethnien sind die Nubier, die entlang des Nils und im Süden Ägyptens leben. Aufgrund ihrer jahrhundertelangen distinktiven Geschichte haben die Nubier eine eigene kulturelle Identität, die allerdings seit dem Bau des Assuan-Staudamms und damit verbundenen großflächigen Umsiedlungsmaßnahmen empfindlich gelitten hat. Weitere bekanntere Ethnien sind die im Darfur wie die Zaghawa und die Fur. Im Ostsudan am Roten Meer leben die Beja als Kamelnomaden.

Die Bevölkerungsstruktur des Sudans wurde in jüngerer Vergangenheit nicht nur durch Emigration, sondern auch Zuwanderung verändert: Zur Zeit des Kondominiums wurden muslimische Afrikaner, die auf dem Weg nach Mekka den Sudan durchquerten, ermuntert, sich niederzulassen und sich landwirtschaftlich zu betätigen. Auch die Konflikte in Nord- und Zentralafrika haben die ethnische Zusammensetzung des Sudans verändert.

Die jüngsten Einwanderungsgruppen aus Westafrika werden als Fellata bezeichnet. Seit einiger Zeit gibt es auch chinesische Gastarbeiter.

Wirtschaftsstruktur

Die Wirtschaft des Sudans wurde durch den jahrzehntelangen Bürgerkrieg beeinträchtigt. Noch in den 1970er Jahren – nach der Reform der sudanesischen Wirtschaft durch Projekte der Regierung – gab es einen enormen Zuwachs von Auslandsinvestitionen aus Saudi-Arabien und Kuwait. Die Investoren hofften, das Land würde „Brotkorb der arabischen Welt“ werden. Der Sudan erhielt zudem umfangreiche Wirtschaftshilfen aus den USA und durch Förderprogramme der EG und der Weltbank. Die Wirtschaftsprognosen waren optimistisch und die Beendigung des Bürgerkrieges brachte relative Stabilität. Die Entdeckung von Öl in den südlichen Provinzen versprach Prosperität.

Die erneut ausbrechenden politischen Auseinandersetzungen seit 1983 destabilisierten das Land jedoch auch in wirtschaftlicher Hinsicht – trotz der Bemühungen um weitere Reformen im ökonomischen Sektor. Unter dem Druck des Internationalen Währungsfonds initiierte das hochverschuldete Land 1997 schließlich ein umfassendes Reformkonzept, das unter anderem die Senkung staatlicher Beihilfen, eine Liberalisierung des Wechselkurses und die Abschaffung von Preiskontrollen beinhaltete. Trotz des Ölbooms und einem Wirtschaftswachstum von 7 Prozent leidet die sudanesische Wirtschaft unter der Politik der Konfrontation mit dem Südsudan, unter Missmanagement und vor allem unter den innenpolitischen Konflikten.

Die Landwirtschaft, die bisher ausschließlich auf den Inlandskonsum ausgerichtet war, wurde seit den 1970er Jahren zu einem exportfähigen Sektor. Der Anbau von „Cash Crops“ begann: Exportgüter waren vor allem Baumwolle und Gummi Arabicum. Heute ist der Sudan der größte Gummi Arabicum Exporteur mit 75 bis 80 Prozent. Die Landwirtschaft hat bis heute einen hohen Stellenwert in der sudanesischen Wirtschaft. Weitere Exportgüter sind Sesam, Erdnüsse, Häute, Weizen, Hirse und Sorghum. Obwohl 80 Prozent der Bevölkerung in diesem Sektor tätig sind, werden aufgrund der Dürren in den letzten 20 Jahren nur 30 Prozent des BIP in der Landwirtschaft erwirtschaftet. Der Dienstleistungssektor trägt 50 Prozent zum BIP bei, Industrie und Handel etwa 20 Prozent.

Auch der extensive Abbau von Erdöl begann in den 1970er Jahren. Doch erst 1999 wurde sudanesisches Erdöl tatsächlich exportfähig und hat seitdem zu einem erheblichen wirtschaftlichen Aufschwung beigetragen. Gerade im Ölsektor kooperiert der Sudan eng mit ausländischen Investoren. Die Nile Petroleum Corporation ist der größte Ölproduzent. Das Konsortium besteht aus Unternehmen aus dem Sudan, der Volksrepublik China, Malaysia, Indien, Katar und den Vereinigten Arabischen Emiraten. Die längste Pipeline ist die Greater Nile Oil Pipeline, die über 1.600 Kilometer vom Heglig über die nubischen Berge nach Port Sudan verläuft. Rohöl aus dem Muglad Becken, aufgearbeitet in Khartum, ist als „Nile Blend" und Öl aus dem Melud Becken, das im Port Sudan weiterverarbeitet wird, ist als „Dar Blend" bekannt. Vor der Unabhängigkeit Südsudans hatte der Ölexport einen Anteil von ca. 95 Prozent am Gesamtexport des Landes und mehr als die Hälfte des Binneneinkommens wurden durch Öl erzielt. Die Förderung lag 2008 bei einer halben Mio. Barrel pro Tag. Nach Juni 2011 kam es durch den Verlust von 75 Prozent seiner Öleinnahmen zu enormen Einbußen.

Mit dem Abschluss des Friedensvertrages im Jahr 2005 sowie der Währungsreform 2007 setzte eine wirtschaftliche Stabilisierung ein. Der industrielle Sektor und die Infrastruktur werden beständig ausgebaut. Nichtsdestotrotz steht der Sudan vor enormen Herausforderungen: Die UN Millennium Development Goals werden nicht annähernd erreicht, zwanzig Prozent der Bevölkerung sind ohne Beschäftigung, 29 Prozent lebten 2011 unterhalb der Armutsgrenze. Das Land hat mit 40 Mrd. USD nach wie vor eine der höchsten Auslandsverschuldungen. Im sudanesischen Wassersektor gibt es eine Reihe von Entwicklungen: der Merowe Damm im Nordsudan (Merowe Multi-Purpose Hydro Project), der zur landwirtschaftlichen Bewässerung und zur Energiegewinnung dient; die 1999 ins Leben gerufene Nile Water Initiative ist ein Projekt zur nachhaltigen Nutzung des Nilwassers durch alle Nil-Anrainerstaaten.

Der Sudan ist Mitgliedsland des Common Market for Eastern and Southern Africa (COMESA) und der Greater Arab Free Zone. Die Volksrepublik China ist einer der wichtigsten Handelspartner des Sudans. Die Volksrepublik hat seit den 1960er Jahren erheblich in die sudanesische Wirtschaft investiert und deckt heute einen nicht unerheblichen Teil ihres Ölbedarfs mit sudanesischer Produktion.

Aktuelle politische Entwicklung

Seit 1989 regiert Präsident Omar Hassan Ahmed al-Baschir den Sudan: Der Präsident ist Chef einer islamistischen Partei. Al-Baschir kam durch einen Militärputsch an die Macht. Die Regierungspartei, die National Congress Party (NCP), ist seit 1998 die einzig legitime Partei, das Land wurde zur Islamischen Republik erklärt, die Scharia ist Rechtssystem der vorwiegend muslimischen Landesteile. Der Sudan hat in den vergangenen Jahren vor allem durch den Konflikt in der südöstlichen Provinz Darfur internationale Aufmerksamkeit erlangt. Im Kern geht es um Interessen- und Ressourcenkonflikte – v. a. um Wasser und Weideland.

Verschiedene Ethnien ringen um mehr Selbstbestimmung gegenüber der Zentralregierung. Seit den 1970er Jahren kam es zu einer Eskalation der Auseinandersetzungen – interpretiert als ein Bürgerkrieg zwischen der „arabischen“ und der „schwarzafrikanischen“ Bevölkerung. Libyen unterstützte dabei – motiviert von panarabischen Ideen – die islamische Regierung im Norden und ihre Verbündeten in Dafur. Seit 2003 herrscht dort offener Bürgerkrieg. Die Zentralregierung in Khartum unterstützt die Dschandschawid Milizen.

Verschiedenen Schätzungen zufolge kamen zwischen 200.000 und 400.000 Menschen ums Leben, mehr als 2,5 Mio. wurden vertrieben. Damit ist der Darfur-Konflikt eine der größten humanitären Katastrophen der letzten Dekade. Im Mai 2006 wurde das Darfur Peace Agreement unterzeichnet, das durch Vermittlungen der Afrikanischen Union zustande kam. Mehrere der in Darfur aktiven Rebellengruppen entschieden sich jedoch gegen eine Unterzeichnung; die Gewalt dauert an – ein endgültiges Abkommen wurde bisher noch nicht geschlossen. Der UN-Sicherheitsrat setzte 2007 die African Union–United Nations Hybrid Operation in Darfur (UNAMID) ein, um eine Stabilisierung zu erreichen.

Die Beziehungen zwischen dem Sudan und seinen Nachbarstaaten gestalten sich schwierig. Dies ist auch durch die inneren Unruhen zu begründen. So bringt die politische und ökonomische Instabilität den Sudan immer wieder in eine isolierte Position. In den 1990er Jahren bot der Sudan Osama bin-Laden Asyl. Erst 1996 wurde er auf Druck der US-amerikanischen Regierung ausgewiesen. Der Sudan wurde jedoch seither mit den Aktivitäten von Al-Qaida assoziiert, galt als „safe haven“ für Terroristen – so folgte der Bombenserie auf US-amerikanischen Botschaften in afrikanischen Staaten 1998 ein Vergeltungsschlag auf die Asch-Schifa Arzneimittelfabrik, die unter dem Verdacht stand, Giftgas zu produzieren. Präsident Bush erklärte den Sudan nach den Terroranschlägen vom 11. September 2001 zum „Schurkenstaat“. Die Bashir-Regierung geht seither gegen Terroristen vor, um Glaubwürdigkeit und Unterstützung zurückzugewinnen.

Die Beziehungen zur Republik Tschad werden durch den Konflikt in Darfur beeinflusst: Der Tschad erklärte 2005 das Bestehen eines Kriegszustandes, nachdem es im Grenzgebiet zu Rebellenaktivitäten gekommen war, und warf der sudanesischen Regierung vor, das Land zu destabilisieren. 2006 brach der Tschad die diplomatischen Beziehungen zum Sudan ab. Eine vorläufige Entspannung der Beziehungen wurde erst durch die Vermittlungen Libyens und des Senegals erreicht. Im Ostsudan kämpft ein Zusammenschluss von Rebellenorganisationen (Eastern Front) gegen eine Marginalisierung durch die Zentralregierung. Sie wird durch Eritrea unterstützt. Seit 2006 jedoch bemüht sich auch Eritrea um einen Ausgleich in den ostsudanesischen Provinzen und im gleichen Jahr kam es zu einer Unterzeichnung eines Grundsatzpapiers. In den Beziehungen zu Ägypten erweisen sich vor allen Dingen Grenzstreitigkeiten als problematisch. Das Hala'ib-Dreieck wird nach Rückzug der sudanesischen Truppen seit 2000 von Ägypten verwaltet.

Der Staat unternimmt erhebliche Bemühungen die (internationale) Isolation aufzubrechen. Seit 2000 konnte ein Ausgleich mit den Nachbarstaaten Äthiopien, Uganda und Ägypten erreicht werden. Der Sudan ist mittlerweile Mitglied in fast 50 internationalen Organisationen, darunter die Vereinten Nationen und die Afrikanische Union (AU). Bemühungen, den Vorsitz in der AU zu erlangen, scheiterten jedoch.

Bei den Wahlen im April 2010, die eine wichtige Voraussetzung für die Durchführung eines Referendums zur Unabhängigkeit waren, wurden der Staatspräsident, der Vizepräsident, der Präsident der südsudanesischen Regierung, die Gouverneure der 25 Bundesstaaten, die Abgeordneten der Nationalversammlung der südsudanesischen Gesetzgebung und 25 der Bundesparlamente des damaligen Gesamtsudan bestimmt. Mit 68,2 Prozent der Stimmen wurde Präsident Al-Baschir wiedergewählt. Die Regierungspartei NCP erhielt 20 Ministerposten, die SPLM neun und weitere sechs

Ministerposten gingen an Oppositionsparteien aus dem Norden und Süden des Landes.

Im Januar 2011 kam es dann im Südsudan zum Referendum als abschließender Bestandteil des Friedensabkommens von 2005. 98,8 Prozent der Südsudanesen stimmten für die Unabhängigkeit des Südens. Am 9. Juli 2011 erklärte sich schließlich der Südsudan zu einer unabhängigen und souveränen Nation und ist damit der 54. Staat Afrikas. Von den etwa 2,5 Mio. südsudanesischen Flüchtlingen, die aufgrund des Bürgerkriegs seit den 1980er Jahren in den Norden Sudans flohen, kehrten bereits 1 Mio. Menschen vor dem Beginn des Referendums zurück. Diese Migrationsströme dauerten auch nach der Unabhängigkeitserklärung noch an.

Die Ansetzung der Wahlen für April 2015 wurde von vielen Oppositionsparteien wegen Verhaftungen von Politikern und starker Pressezensur kritisiert und schließlich boykottiert. Dennoch wurden Wahlen abgehalten, bei denen aufgrund des Boykotts der Opposition Al-Bashir 94,05 Prozent der Stimmen erhielt mit 323 von 426 Sitzen in der Nationalversammlung für die NCP. In einigen Teilen der Unruheprovinzen Darfur, Blauer Nil und Südkordofan konnten die Wahlen nicht durchgeführt werden. Die Wahlbeteiligung lag nach Angaben der Nationalen Wahlkommission bei 46,5 Prozent.

Literatur

Akol, L. (2007): Southern Sudan: Colonialism, Resistance, and Autonomy. New Jersey.

Assal, M. A. M.; Abdul-Jalil, M. A. (2015): Past, present, and future: Fifty Years of Anthropology in Sudan. / Chr. Michelsen Institute (CMI). Bergen.

Beswick, S. et al. (2014): The Road to the Two Sudans. Cambridge.

Bonnet, C. u. Valbelle, D. (2006): The Nubian Pharaohs: Black Kings on the Nile. Kairo.

Casciarri, B., Assal, M. u. Ireton, F. (2015): Multidimensional Change in Sudan (1989–2011): Reshaping Livelihoods, Conflicts and Identities. New York.

CIA World Fact Book (2015): 'Sudan' unter https://www.cia.gov/library/publications/the-world-factbook/geos/su.html [15.10.2015].

Collins, R. O. (2008): A history of modern Sudan. Cambridge.

Farkas, B. (2010): Chinas strategische Partnerschaft mit dem Sudan. Eine Bedrohung des internationalen Systems? Frankfurt a. M.

Flint, J. u. de Waal, A. (2005): Darfur: A Short History of a Long War. London, New York.

Garang, A. (2002): Terrorismus im Namen des Islam und das Horn von Afrika. Der Vergessene Konflikt im Sudan und die Rolle Osama bin Ladens. Marburg.

Holt, P. M. u. Daly, M. W. (1988): A History of the Sudan: From the Coming of Islam to the Present Day. London, New York.

Hölzer, T. (2015): 'Länderinformationsportal Sudan', in: GIZ (Hg.) unter http://liportal.giz.de/sudan/ [15.10.2015].

Hopkins, P. G. (2007): The Kenana Handbook of Sudan. London.

International Crisis Group (ICG) (2015): Sudan and South Sudan's Merging Conflicts. Brussels.

Ismail, E. (2015): Sudan und Südsudan. Menschen und Kultur. Bendestorf.

Klein-Arendt, R. (2007): 'Sudan', in: Gieler, W. (Hg.) Die Außenpolitik der Staaten Afrikas. Ein Handbuch: Ägypten bis Zentralafrikanische Republik. Paderborn, S. 386–396.

Lewis, M. P., Simons, G. F. u. Fennig, C. D. (Hg.) (2015): Ethnologue: Languages of the World, Eighteenth edition. Dallas, Texas: SIL International unter http://www.ethnologue.com [15.10.2015].

Moorcraft, P. (2015): Omar Al-Bashir and Africa's Longest War. Havertown.

Natsios, A. (2012): Sudan, South Sudan, and Darfur: what everyone needs to know. Oxford.

Patey, L. (2014): The new kings of crude: China, India, and the global struggle for oil in Sudan and South Sudan. Noida.

Reuter, L. (2016): Die Teilung des Sudan – zur Ambivalenz des Comprehensive Peace Agreement. Berlin.

Ryle, J. (2011): The Sudan handbook. London.

Schmidt, K. (2016): Krisenherd Sudan und der „Anti-Terror-Krieg". München.

Stieglitz, K., Pamperrien, S. (2016): Das Öl, die Macht und Zeichen der Hoffnung – von Konzernen und dem Menschenrecht auf sauberes Wasser. Zürich.

Tetzlaff, R. (1993): Staatswerdung im Sudan. Ein Bürgerkrieg zwischen Demokratie, Ethnischen Konflikten und Islamisierung. Münster.

United Nations Environmental Program (2007): Sudan: Post-Conflict Environmental Assessment. Nairobi.

Waal, A. de (2015): Real Politics of the Horn of Africa: Money, War and the Business of Power. Polity Press.

Weber, A. (2010): Der politische Raum im Sudan. Zwischen Status quo, Fragmentierung und Bürgerkrieg. / Stiftung Wissenschaft und Politik (SWP). Berlin.

Olaf Leiße

Südsudan

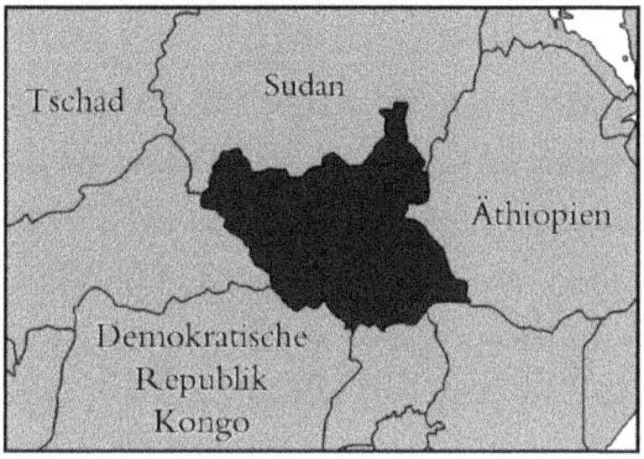

Offizieller Name:	Republik Südsudan (Republic of South Sudan)
Staatsform:	Föderale Republik
Unabhängigkeit:	09.07.2011 (vom Sudan)
Nationalfeiertag:	9. Juli (Unabhängigkeitstag)
Hauptstadt:	Juba
Lage:	Nordostafrika
Fläche:	619.745 qkm (Weltrang: 43)
Bevölkerung:	12,3 Millionen (Weltrang: 75)
Landesstruktur:	Aufteilung in 10 Bundesstaaten
Sprachen:	Englisch, daneben afrikanische Sprachen und Arabisch
Religionen:	traditionelle afrikanische Religionen, Christen, Muslime
Währung:	Südsudanesisches Pfund
Wirtschaftszweige:	Landwirtschaft, Erdöl
Mitgliedschaften:	UN und Unterorganisationen, AU, beantragt: COM-ESA, IGAD, EAC, IWF, Commonwealth of Nations
Wichtigste Medien:	Radio: South Sudan Radio Network (in 9 von 10 Bundesstaaten vertreten, inkl. Radio Juba), Catholic Radio Network, Sudan Radio Service (mit Sitz in Nairobi, Kenia), Internews media development organization (mit Sitz in den USA), Radio Miraya (der UN), BBC World Service. Fernsehen: South Sudan Television. Tageszeitungen: The Citizen, The Juba Monitor, Wochenzeitungen: Juba Post, Sudan Mirror, South Sudan Today Newspaper.

Naturraum und geographische Rahmenbedingungen

Der Südsudan ist nach seiner Abspaltung vom Sudan ein Binnenland mit rund der doppelten Fläche Deutschlands und der Einwohnerzahl Österreichs. Nachbarstaat im Norden ist die Republik Sudan, im Osten Äthiopien; Kenia, Uganda und die Demokratische Republik Kongo schließen sich im Süden an; im Westen grenzt der Südsudan an die Zentralafrikanische Republik. Der Staat ist in 10 Bundesstaaten unterteilt, die den historischen Regionen Bahr el Ghazal, Equatoria und Greater Upper Nile entsprechen.

Die Grenzen zu einigen Nachbarländern sind noch nicht vollständig geklärt. Besonders umstritten ist die Zugehörigkeit des Abyei-Gebietes, das Konflikte mit dem Norden auslöst. Nicht geklärt ist der Status des Gebietes von Kafia Kingi im Nordwesten sowie des Ilemi-Dreiecks im Südosten, das von Äthiopien und Kenia beansprucht wird. Die Hauptstadt Juba liegt im Süden des Landes am Weißen Nil in Richtung der Grenze zu Uganda. Die Geographie des Landes wird im Norden von Savannen und Trockenwäldern, im Süden von tropischem Regenwald geprägt. Höchste Erhebung ist mit 3.187 m der Kinyeti im Immatong-Gebirge an der Grenze zu Uganda. Jenseits der nördlichen Grenze, in der Republik Sudan liegend, werden die Nuba-Berge von schwarzafrikanischen Völkern besiedelt. An der östlichen Grenze schließt sich das äthiopische Hochland an.

Das Klima wird durch die beiden vorherrschenden geographischen Gegebenheiten geprägt. Die Häufigkeit und Intensität der Regenfälle nimmt von Norden nach Süden zu. In der Trockenzeit von November bis März steigen die Temperaturen auf rund 36 ° Celsius am Tag und über 20 ° Celsius in der Nacht. Januar und Februar sind besonders heiß und trocken. Weiter südlich ist das Klima äquatorial-tropisch, mit hoher Luftfeuchtigkeit und vielen Regenfällen. Die Ostsudanesische Savanne gehört zu den wichtigsten Ökoregionen der Welt. Hier leben Savannentiere wie Elefanten, Giraffen, Büffel, Löwen, Leoparden und Hyänen, Gazellen, Antilopen und Strauße.

Eine wichtige Lebensader ist der Weiße Nil, der aus Uganda kommend das Land Richtung Norden durchfließt und dabei einige Zentren des Südsudan, darunter Juba und Malakal, miteinander verbindet. Der Weiße Nil, hier Bahr al-Jabal (arabisch: Bergfluss) genannt, verlässt hinter Juba das Hochland und bildet das Sumpfgebiet des Sudd, das sich knapp 400 km nach Norden auf einer Fläche von circa 30.000 qkm erstreckt. Das Gefälle des Nils ist äußerst gering, weshalb ca. 55 Prozent des Wassers verdunsten, wobei die Wassermenge und damit die Größe des Sudd eng an die Abflussmenge der großen zentralafrikanischen Seen gebunden ist. Der Sudd ist eines der größten Feuchtgebiete der Welt und ist die fruchtbarste Zone des Landes; hier wachsen Papyrus, Schilfgräser, Wasserhyazinthen und viele verschiedene Sumpfpflanzen. Die Flussläufe sind reich an Fischen und Wasservögeln, Krokodilen und Nilpferden. Aufgrund des dichten Bewuchses mit Schwimmpflanzen (die dem Sudd auch seinen arabischen Namen gegeben haben) muss die Fahrrinne ständig gereinigt werden, was im Sezessionskrieg nicht möglich war und die Schifffahrt zum Erliegen brachte. Kurz vor Verlassen des Sudd trifft der Bahr al-Jabal mit dem Fluss Bahr al-Ghazāl im No-See zusammen und fließt weiter Richtung Khartum, wo er sich mit dem Blauen Nil zum Nil vereinigt.

Südsudan ist reich an Bodenschätzen. Es gibt große Ölvorkommen, daneben Gold, Diamanten, Silber, Eisenerz, Kupfer, Chromerz, Zink und Wolfram. Angebaut werden vor allem Maniok, Erdnüsse, Süßkartoffeln, Sesam, Mais, Reis, Hirse und Bohnen. Knapp 4 Prozent des Landes wurden als Nationalparks und Schutzzonen für Wildtiere eingerichtet. Insgesamt verfügt der Südsudan über fünf Nationalparks und 14 Wildreservate.

Geschichtliche Entwicklung bis zur Unabhängigkeit

Die Geschichte des Südsudan ist eng an die Geschichte des Sudan geknüpft. Vermutlich war die Region bereits seit frühester Zeit besiedelt, gilt doch Ostafrika als Wiege der Menschheit. Wahrscheinlich sind frühe Gruppen aus der Region um die Großen Afrikanischen Seen den Nil hinunter gewandert. Als erste heute noch existente Stämme sind die nilotischen Völker der Dinka, Nuer und Schilluk im 10. Jahrhundert in das Gebiet eingewandert. Bis in die Gegenwart hinein war der Südsudan jedoch weder staatlich noch religiös, kulturell oder ethnisch geeint. Im Norden entwickelte sich ab ca. 2000 v. Chr. im nubischen Nordsudan eine frühe Hochkultur. Die Region, die im alten Ägypten als „Kusch" („Gebiet der Schwarzen") bezeichnet wurde, stand in einem engen kulturellen und politischen Austausch mit Ägypten.

Um 300 v. Chr. verschob sich das Machtzentrum des Königreiches Kusch nach Süden und Meroë wurde neuer Regierungssitz. In der Spätantike geriet das Land unter den Einfluss des Königreichs Aksum im heutigen Äthiopien, wodurch sich christliche Einflüsse im Südsudan verstärkten. Nachdem 1560 das nordsudanesische Nubien in die Abhängigkeit des osmanischen

Ägyptens geriet, verstärkte sich der Einfluss des Islam. Für den Südsudan hatte dies zwei Konsequenzen. Zum einen widerstand die Region der Islamisierung des Sudan, wodurch sich die Gegensätze zum Norden vertieften. Zum anderen litt der Südsudan nach der ägyptischen Expansion unter den nunmehr exzessiven Sklavenjagden. Der Sklavenhandel zerstörte die sozialen und wirtschaftlichen Strukturen nachhaltig. Der Südsudan wurde zum Zugriffsgebiet für Sklavenjäger, Goldsucher und Elfenbeinhändler und blutete allmählich aus. Im Gegensatz zu den umliegenden Gebieten gelang mit Ausnahme der Schilluk keinem Stamm die dauerhafte Errichtung staatlicher Strukturen. Vielmehr beherrschten Stammesführer, die Privatarmeen unterhielten und die man heute als Warlords bezeichnen könnte, das Land.

Der Zugriff des Nordens verfestigte sich zunehmend. In den 1870er Jahren wurde die Provinz Äquatoria eingerichtet; einer der Gouverneure war der deutsche Forscher Emin Pascha. Doch zugleich gerieten der Norden und Ägypten unter britische Kontrolle, die mit dem Suezkanal den Handelsweg nach Indien sichern wollten. In den Südsudan gelangten nun immer häufiger britische und amerikanische Missionare, die den Stämmen das Christentum predigten. In den 1880er Jahren etablierte sich im türkisch-ägyptischen Norden die islamische, antikoloniale Mahdi-Bewegung und gründete das Kalifat von Omdurman. Der Südsudan blieb das Zielgebiet ausgedehnter Sklavenjagden. 1889 führte Lord Kitchener ein mit den modernen Maschinengewehren ausgestattetes anglo-ägyptisches Heer nach Khartum und mähte bei der legendären Schlacht von Omdurman innerhalb weniger Stunden mehr als zehntausend mit Schwertern und Säbeln kämpfende Mahdi-Kämpfer nieder. Damit begann die Zeit der britischen Kolonialherrschaft.

Großbritannien verwaltete Nord- und Südsudan als Kondominium getrennt voneinander. Die drei Provinzen Bahr al-Ghazal, Upper Nile und Äquatoria, die weitgehend dem heutigen Südsudan entsprachen, wurden vom Rest des Landes abgetrennt. In den 1920er Jahren erließen die Briten die „Closed Districts Ordinances“, die den Handel und Verkehr zwischen beiden Provinzen stark einschränkten und die Spaltung des Landes vertieften. Im Norden war Arabisch die vorwiegende Sprache, im Süden Englisch. Im Norden wurden Wirtschaft, Industrie und Verwaltung ausgebaut, während der Süden wirtschaftlich weitgehend sich selbst überlassen blieb. Mit der Rückständigkeit des Südens versuchten die Briten ein Überspringen der antikolonialen Ideen der Mahdi-Bewegung auf ihre Kolonien in Ostafrika zu verhindern. Die Region Südsudan blieb ein koloniales Niemandsland, de facto zum britischen Empire gehörig, verwaltet vom Nordsudan aus, ethnisch und kulturell jedoch eher zur Region um die Großen Seen gehörig. Mit der Hypothek einer tiefen politisch-administrativen, kulturellen, ethnischen und sprachlichen Spaltung des Staates entließen die Briten den Sudan in die Unabhängigkeit.

Die permanente Benachteiligung des Südens kulminierte bereits vor der Unabhängigkeit von Großbritannien, die am 1. Januar 1956 ausgerufen wurde, in einem Aufstand von Soldaten an verschiedenen Standorten im Süden. Dieser sogenannte 1. Sezessionskrieg dauerte vom August 1955 bis zum Friedensabkommen von Addis Abeba 1972. Nach nur wenigen Jahren des Friedens brach 1983 der 2. Sezessionskrieg aus, der erst mit dem Comprehensive Peace Agreement 2005 beendet werden sollte. Der Bürgerkrieg wurde von allen Seiten mit beträchtlicher Brutalität geführt und hatte Millionen von Vertriebenen, Entwurzelten und Getöteten zur Folge. Der Süden wurde im Laufe des Krieges in wirtschaftlicher, sozialer und politischer Hinsicht vollkommen zerrüttet. Hunger wurde als Waffe auf allen Seiten eingesetzt und die Zivilbevölkerung systematisch massakriert oder vertrieben.

Die Gründe für den ungewöhnlich langen und blutigen Post-Kolonialkrieg sind vielfältig. Aufgrund der Heterogenität des Landes, der fehlenden gemeinsamen Geschichte und der ethnischen und religiösen Gräben wurde die Bekämpfung der zentrifugalen Tendenzen des Landes zur prioritären Aufgabe der politischen Führung in Khartum. Die Wahrung der Einheit des Landes schadete jedoch direkt der Ausbildung eines Mehrparteiensystems und der Herausbildung eines pluralen demokratischen Systems. Die gewählten Politiker zeigten sich unfähig, die vielfältigen Probleme des Landes zu lösen. Nur zwei Jahre nach der Unabhängigkeit übernahm das Militär unter General Ibrahim Abboud die politische Macht im Sudan, das Parlament wurde aufgelöst, politische Parteien verboten. Der Sudan entwickelte sich damit praktisch von Beginn an zu einem autoritären Staat. Nach einem kurzen zivilen Gastspiel putschte sich 1969 Gaafar al-Numeiri an die Macht, von der er erst 1985 durch einen Volksaufstand vertrieben wurde. 1989 schließlich ergriff der jetzige Präsident, Omar Hassan al-Bashir, die Macht. Wahlen spielten bei den Regierungswechseln keine Rolle, sondern dienten nur zur Bestätigung und Legitimation des zuvor gewaltsam an die Macht gekommenen Herrschers.

Die Beziehungen des Zentrums zur Peripherie gestalteten sich ähnlich verhängnisvoll. Nicht nur wurde die reguläre Armee aufgerüstet und in langjährigen Bürgerkriegen gegen Rebellengruppen und Zivilbevölkerung eingesetzt. Um ihre Macht zu sichern, rüsteten die Machthaber auch regionale und lokale Milizen aus, die die Bevölkerung terrorisierten und auspressten. Unter den Rebellengruppen wurde auf südsudanesischer Seite die 1983 gegründete Sudanesische Volksbefreiungsbewegung (SPLM, Sudan People's Liberation Movement) bzw. ihr bewaffneter Arm, die Sudan People's Liberation Army (SPLA) unter John Garang federführend. Während des Bürgerkriegs war es eine bevorzugte Strategie der Zentralregierung, bestimmte Clans im Süden mit Waffen zu beliefern, in der Hoffnung, sie würden den bewaffneten Kampf gegen die SPLA aufnehmen. Nicht zuletzt aufgrund ethnischer Differenzen spalteten sich von der von den Dinka dominierten SPLA Truppenteile unter dem Nuer Riek Machar und dem Schilluk Lam Akol ab.

Im Laufe des blutigen Bürgerkriegs übertrafen im Süden zeitweise die Opfer der internen Kämpfe die Zahl der Opfer der Auseinandersetzung mit dem Norden. Die Zentralregierung vertiefte somit vorsätzlich vorhandene interethnische Spannungen und nutzte die Eskalation zur eigenen Machterhaltung. Im zweiten Bürgerkrieg zwischen 1983 und 2005 wurde das Land paralysiert. Bis heute nicht aufgearbeitete Massaker an der Zivilbevölkerung verbreiteten Angst und Schrecken. Die alten Handelsbeziehungen zwischen den Stämmen wurden aufgelöst, Not und Elend breiteten sich aus. Bis zu zwei Mio. Binnenflüchtlinge sollen in den 1990er Jahren allein nach Khartum gekommen sein. Schutzlos waren sie staatlichen Repressalien, Gewalt und Nötigungen ausgesetzt. Im Südsudan soll es zu Sklavenjagden gekommen sein, die besonders den Stamm der Dinka betrafen. Letztlich verspielte die Zentralregierung in Khartum mit ihrem Vorgehen die Einheit des Landes.

Verschärft wurde der Konflikt zwischen dem Süden und dem Norden zusätzlich durch eine aggressive Islamisierung des Landes. Ursprünglich als multireligiöser Staat angelegt, trieben die jeweiligen Machthaber seit den 1970er Jahren die Islamisierung des Sudan stetig weiter voran. So wurde der Freitag als alleiniger Ruhetag festgelegt, islamische Schulen gegründet und die Scharia für den Gesamtsudan eingeführt. Nach dem Staatsstreich von Generalleutnant al-Bashir 1989 ging die Islamisierung weiter. 1991 wurde der Sudan zur Islamischen Republik und 1993 der Jihad gegen die Ungläubigen im Süden ausgerufen. Der Bau von Kirchen wurde endgültig untersagt, bestehende Kirchen gezielt zerstört, gemischte Schulklassen wurden untersagt, Geschlechtertrennung im öffentlichen Transportwesen durchgesetzt, Frauen wurden aus dem öffentlichen Dienst entfernt und zum Tragen von Kopftüchern gezwungen. Hinzu kommt die Praxis der „islamischen Konditionalität" im Norden. Wer als Afrikaner im Norden in den Genuss von Hilfsleistungen kommen wollte, musste zum Islam übertreten. So wurden Hunger und Armut zur Waffe der Islamisierung. Umgekehrt rechtfertigten die südsudanesischen Ethnien den Krieg unter Berufung auf ihre christliche oder nicht-muslimische Identität als afrikanische Ethnien mit eigener Geschichte, Sprache, Kultur etc. Sie definieren ihn als nationalen Befreiungskrieg. Das Gefühl, in einer Minderheitenposition zu sein, festigte die oft verfeindeten politischen Lager im Süden. Was sie einte, war das Leitbild eines eher säkularen, multi-religiösen Staates.

Schließlich handelte es sich insbesondere in den späten Jahren des Bürgerkriegs auch um einen Konflikt um Ressourcen. Nachdem Mitte 1999 die Pipeline zwischen den Ölfeldern, die sich vor allem im Süden des Landes befinden, und Port Sudan am Roten Meer in Betrieb genommen wurde, entwickelte sich das Öl zum Exportgut Nummer eins. Damit konnten beide Seiten des Bürgerkriegs, Norden und Süden, ihre Aufrüstung beschleunigen. Die Staatlichkeit des Sudan wurde von den politischen Eliten des Landes, der Führung in Khartum sowie den Rebellengruppen im Süden, systematisch unterminiert. Die Verantwortungslosigkeit der politischen Eliten in Verbindung mit ethnischen, religiösen und weiteren Konfliktlinien ließen den Staat Sudan letztlich scheitern.

22 Jahre nach Beginn des zweiten Bürgerkriegs wurde im Jahr 2005 ein Friedensvertrag, das „Comprehensive Peace Agreement" (CPA), in der kenianischen Hauptstadt Nairobi durch den sudanesischen Vizepräsidenten Ali Osman Ahmad Taha und Rebellenführer John Garang unterzeichnet. Dieser Vertrag bot dem Land die lang ersehnte Chance, Frieden und Stabilität wiederherzustellen und ein demokratisches System zu etablieren. Zugleich eröffnete es dem Süden langfristig auch die Möglichkeit einer Sezession vom Norden des Landes.

Das CPA besteht aus acht Protokollen. Auf der föderalen Ebene in Khartum wurde eine Übergangsregierung gebildet, die sogenannte Regierung der nationalen Einheit, die nach konkordanzdemokratischen Regeln funktionierte. Präsident blieb der Nord-Sudanese und langjährige Diktator Omar al-Bashir, Vizepräsident wurde der Süd-Sudanese und Chef der SPLM, John Garang; nach dessen Unfalltod im Jahr 2005 Salva Kiir Mayardit. Der zweite Vizepräsident ist Nordsudanese. In der Regierung der nationalen Einheit gingen 30 Prozent der Posten in der sudanesischen Zentralregierung an den Südsudan. Das Land wurde teilweise dezentralisiert und die Regionen aufgewertet. 15 Bundesstaaten wurden weiterhin vom Norden regiert, 10 Bundesstaaten gehörten nunmehr zum Südsudan. Der Süden verwaltete sich weitgehend selbst mit einer autonomen Regierung unter Führung der SPLM. Unter dem Regime des CPA entstand im Süden ein De-facto-Staat, denn die Südsudanesen schufen ein funktionsfähiges politisches System, das praktisch über vollständige Autonomie in allen Bereichen verfügte. Dies wurde auch militärisch abgesichert. Während einer Übergangszeit sollten zwei Armeen bestehen, die der bisherigen Sudan Army Forces des Nordens und der SPLA des Südens entsprachen. Die Öleinnahmen wurden zu jeweils 50 Prozent zwischen Süden und Norden aufgeteilt.

Die eigentliche Bedeutung des CPA bestand für den Süden in der Möglichkeit der Durchführung eines Unabhängigkeitsreferendums, das vom 9.–15. Januar 2011 durchgeführt wurde. Trotz massiver Behinderungen durch den Norden im Vorfeld des Referendums und zahlreicher logistischer Probleme ist von einer freien und fairen Abstimmung auszugehen. Das Referendum wurde von rund 3.000 ausländischen Wahlbeobachtern überwacht, darunter Vertreter der Vereinten Nationen, der Afrikanischen Union, der Kirchen und lokaler Nichtregierungsorganisationen. Am Ausgang des Referendums gab es niemals Zweifel, denn bereits Monate zuvor wurde Werbung für die Sezession betrieben und die Trennung als einmalige Gelegenheit und „patriotische Pflicht“ dargestellt. Mit einer überwältigenden Mehrheit haben sich dann die Südsudanesen auch tatsächlich für eine Unabhängigkeit vom Norden ausgesprochen. Gemäß dem am 30. Januar 2011 veröffentlichten Ergebnis sprachen sich 3,8 Mio. Wähler (98,8 Prozent) für die Unabhängigkeit aus. Damit wurde der Weg frei für die Ausrufung der Unabhängigkeit und die Gründung der Republik Südsudan (Republic of Southern Sudan), die am 9. Juli 2011 erfolgte.

Bevölkerungsstruktur – speziell ethnische Zusammensetzung

Für die Republik Südsudan gibt es derzeit keine verlässlichen statistischen Daten. Grund dafür ist der jahrzehntelange Sezessionskrieg mit dem Norden und die allgemein schlechte Infrastruktur im Land. Nach der letzten Bevölkerungszählung von 2008 lebten rund 8,2 Mio. Menschen im Land. Durch Rückkehrer nach dem Sezessionskrieg sowie eine hohe Geburtenrate kann diese Zahl jedoch deutlich höher liegen. Andere Quellen gehen daher von über 12 Mio. Einwohnern aus. Darüber hinaus gibt es auch Zuwanderer aus anderen afrikanischen Staaten, wie beispielsweise aus Eritrea und Äthiopien. Die größte Bevölkerungsgruppe bilden die Dinka mit rund 31 Prozent, danach folgen die Nuer mit 22 Prozent und die Schilluk als drittgrößte Bevölkerungsgruppe. Darüber hinaus gibt es noch zahlreiche weitere Völker, wie Azande, Bari, Kakwa, Kuku, Murle, Mandari, Didinga, Ndogo, Bviri, Lndi, Anuak, Bongo, Lango, Dungotona. Die meisten Stämme gehören zu den nilotischen Völkern. Die kleineren Völker stehen im unterschiedlichen Verhältnis zueinander, insbesondere zu den vorherrschenden Dinka. Im Sezessionskrieg unterstützen sie vorwiegend die Dinka, während sie in ökonomischer Hinsicht mit ihnen um Weidegebiete und Wasserzugang konkurrieren.

Die Dinka (Eigenbezeichnung im Singular Muonjang, im Plural Jieng, was so viel wie „die Leute vom Volk“ bedeutet) wohnen als bevölkerungsstärkste Gruppe vor allem in den Bundesstaaten Western Bahr el Ghazal, in den Sumpfgebieten des Sudd im Bundesstaat Jonglei sowie im nordöstlichen Bundesstaat Upper Nile. Es werden je nach Region fünf verschiedene Dinka-Sprachen unterschieden, die sämtlich zur Gruppe der westnilotischen Sprachen gehören. Die Dinka sind traditionell überwiegend Viehzüchter. Sie leben in weit verstreuten Einzelgehöften aus runden Lehmhäusern mit grasgedeckten Kegeldächern. Viehställe und Felder in der Nähe runden die Dörfer ab. Da die Dinka eine halbnomadische Lebensweise bevorzugen, werden die Siedlungen aufgegeben und an anderer Stelle neu errichtet, wenn der Boden erschöpft ist. Angebaut wird vor allem Hirse, das in Form von Brei und Bier das Hauptnahrungsmittel darstellt, ferner Erdnüsse, Gemüse und Tabak. Ackerbau ist bei den Dinka jedoch nicht besonders beliebt. Auseinandersetzungen um Weiderechte, die vielfach bewaffnet ausgetragen werden, gab es in jüngster Zeit an den nördlichen Siedlungsrändern, vor allem in der Provinz Abyei. Schätzungsweise 100.000 Südsudanesen, darunter vor allem Dinka, mussten die Provinz im Jahr 2011 verlassen, als die nordsudanesische Armee kurz vor Ausrufung der Unabhängigkeit des Südsudan die Region Abyei besetzte.

Die Nuer (Eigenbezeichnung Naath, was so viel wie „Menschen" bedeutet) sind eng mit den Dinka verwandt und zählen ebenfalls zu den Niloten. Sie bewohnen insbesondere die Feuchtgebiete des Weißen Nils und seiner Nebenflüsse sowie die Savannen im Norden des Landes. Die Nuer sind traditionell Rinderzüchter und das Hausrind besitzt eine wichtige Rolle in allen Bereichen des Lebens. Der Mann ist für das Hüten der Rinder, die Frau für das Melken zuständig. Darüber hinaus spielen Fischfang und Ackerbau eine gewisse Rolle. Auch die Nuer leben halbnomadisch. In der Regenzeit werden die Rinder von den nun reißenden Flüssen weggeführt. Dann ist auch die Zeit für den Anbau von Hirse und Mais. In den trockeneren Monaten werden die Rinder näher an die Flüsse geführt und zusätzlich Fischfang in den schmal gewordenen Flüssen betrieben. Es herrscht Subsistenzwirtschaft vor. Alle Produkte dienen dem Eigenbedarf, Überschüsse werden mit den Nachbarn geteilt. Eine ausreichende Versorgung ist nur im Zusammenspiel von Viehzucht, Ackerbau und Fischfang sichergestellt.

Die Schilluk, deren Name von der Eigenbezeichnung Chollo abgeleitet ist, sind das am weitesten nördlich lebende nilotische Volk. Sie wohnen vorwiegend in der nordöstlichen Provinz Upper Nile, aber ihr Siedlungsgebiet reicht bis weit in den Nordsudan. Die Schilluk wohnen in kleinen Gemeinschaften, die von einer Familie bis zu mehreren hundert Familien reichen können. Jedes Gehöft, das wie bei den übrigen Völkern aus strohgedeckten Lehmbauten besteht, ist umgeben von einem kleinen Feld, auf dem Hirse, Mais und Sesam angebaut werden. Ihre Wohnsitze errichten die Schilluk in Sichtweite voneinander, daher ist das Schilluk-Land dichter besiedelt als die übrigen Gebiete des Südsudan. Als Nahrungsgrundlage dient neben Feldfrüchten vor allem Fisch, aber auch Flusspferde, Antilopen und Büffel werden gejagt. Die Schilluk besitzen einen traditionellen Anführer oder König („Reth"), der in Pachodo in der Nähe von Kodok (früher Faschoda) ansässig ist. Der Reth ist ein Symbol für die Geschichte, Kultur und Politik der Schilluk. Er besitzt den Geist von Nyikang, dem legendären ersten König und Held der Schilluk.

Das Zusammenleben der vielen unterschiedlichen Völker gestaltet sich konfliktreich. Bereits im langen Sezessionskrieg standen die Völker des Südsudan keinesfalls gemeinsam gegen die Regierung im Norden. Vielmehr zeichnete sich eine heterogene Lage ab, bei der einzelne Stämme sich mal mit der Regierung in Khartum, mal gegen sie zusammenschlossen. Gefördert wurde die Zersplitterung nicht nur durch die Zentralregierung, sondern auch durch den Umstand, dass sich die Rebellenarmee des Südsudan, die SPLA, vor allem aus Dinka rekrutierte. Diese übernahmen nach der Unabhängigkeit auch die Kontrolle über den neuen Staat. Nach der Unabhängigkeit setzten sich die Konflikte fort. Die politischen Auseinandersetzungen gründen jedoch in ethnischen Spaltungen, unterschiedlichen Stammesloyalitäten und in der Konkurrenz um Weideland und Wasser in diesem ausschließlich agrarisch geprägten Staat. So kommen sich insbesondere die nomadisch oder halbnomadisch lebenden Stämme immer wieder ins Gehege. Verschärft wird die Situation durch den Umstand, dass nach den Jahrzehnten des Bürgerkriegs genügend Waffen im Umlauf sind und die Bereitschaft besteht, diese rücksichtslos einzusetzen.

Wirtschaftsstruktur

Die Wirtschaft des Landes produziert in erster Linie für den Eigenbedarf. Die Landwirtschaft, die auf rund der Hälfte der Fläche des Südsudan betrieben werden kann, ist bislang eine reine Subsistenzwirtschaft. Angebaut werden Hirse, Mais, Weizen, Sesam, Süßkartoffeln, Mangos, Ananas, Baumwolle, Zuckerrohr und weitere Produkte. Der Anbau beschränkt sich jedoch auf kleine Felder im Umkreis der Dörfer. Die Industrialisierung der Nahrungsmittelproduktion steckt noch in den Anfängen. Schätzungsweise 31 Mio. Rinder werden gehalten, dazu Hühner, Ziegen, Pferde, Esel, Schafe und andere Tiere. Jedoch dient auch die Tierhaltung ausschließlich dem Eigenbedarf. Fischerei ist der dritte Erwerbszweig im Nahrungsmittelbereich. Besonders ertragreich ist sie in den Kanälen des Sudd. Wälder und Waldland bedecken 29 Prozent der Oberfläche. Offiziell ist die Waldnutzung auf die Gewinnung von Teakholz, Mahagoni und Gummi Arabicum beschränkt, jedoch leiden die Wälder unter unerlaubtem Raubbau zur Ackerland-, Bauholz- und Brennholzgewinnung, langen Dürreperioden oder Überschwemmungen infolge des Klimawandels und der Abholzung zur Finanzierung von

Waffenkäufen. Die allgemeine Verbreitung von Schusswaffen in Verbindung mit Lebensmittelknappheit führt zu einer Gefährdung der Großtiere.

Das Handwerk beschränkt sich auf die wenigen großen Siedlungen im Land. Größtes Unternehmen ist die Southern Sudan Beverages Ltd., die Bier und Soft Drinks für den einheimischen Markt produziert. Der Ausbau der Wirtschaft wird durch die schlechte Infrastruktur des Landes behindert. Bei Ausrufung der Unabhängigkeit existierten im ganzen Land weniger als 100 km asphaltierte Straßen, die zudem auf die Hauptstadt beschränkt waren. Mittlerweile beginnt der Ausbau der Straßen, eine Autobahn Richtung Uganda wurde errichtet. Eine eingleisige Eisenbahnlinie führt von Wau nach Norden und weiter nach Khartum. Nach dem Krieg wieder hergestellt, ist derzeit ungewiss, ob sie befahren wird. Darüber hinaus gibt es Pläne, ein Eisenbahnnetz im Südsudan anzulegen und dieses mit den Bahnen in Uganda und Kenia zu verknüpfen. Diese Pläne liegen angesichts der schwierigen finanziellen Situation des Südsudan und des maroden Zustandes der Bahnen in den Nachbarländern auf Eis.

Südsudan ist reich an Bodenschätzen wie Gold, Silber, Diamanten, Eisenerz, Kupfer und Zink. Wichtigstes Exportgut ist weiterhin Erdöl. Der Abbau von Erdöl begann in den 1970er Jahren. Seit Ende der 1990er Jahre wird sudanesisches Öl, in Kooperation mit ausländischen Investoren aus der Volksrepublik China, Malaysia, Indien, Katar und den Vereinigten Arabischen Emiraten, in größerem Umfang exportiert. Bis zur Teilung des Landes 2011 erreichte der Ölexport einen Anteil von ca. 95 Prozent am Gesamtexport des Sudan. Die längste Pipeline ist die Greater Nile Oil Pipeline, die über 1.600 km vom Unity Ölfeld über die nubischen Berge und Khartum nach Port Sudan am Roten Meer verläuft.

Nach der Teilung des Gesamtsudan verblieben 85 Prozent der Ölfördergebiete im Süden. Gemäß dem Comprehensive Peace Agreement werden die Einnahmen je zur Hälfte zwischen dem Norden und Süden aufgeteilt. Streitigkeiten bei den Neuverhandlungen nach der Unabhängigkeit führten dazu, dass die Ölproduktion zwischenzeitlich eingestellt wurde, was jedoch dramatische Auswirkungen auf den Haushalt des Südsudan hatte, denn 98 Prozent des Bruttoinlandsprodukts des Landes in Höhe von rund 14 Mrd. USD werden von der Ölindustrie erwirtschaftet. Umstritten war und ist, ob die Einnahmen aus dem Ölgeschäft zwischen dem Norden und Süden geteilt werden sollen oder ob der Süden eine Gebühr für die

Durchleitung bezahlen soll. Mittlerweile wurde die Ölförderung wieder aufgenommen. Die Volksrepublik China bot Südsudan an, Kredite für den Bau einer neuen Pipeline zu kenianischen Häfen bereit zu stellen. In diesem Fall könnte auch die US-Ölindustrie, die wegen des Anti-Terror-Banns der US-Regierung nicht mit dem Norden zusammenarbeiten darf, einsteigen. Andere Überlegungen gehen dahin, eine große Straße für Tanklaster durch Äthiopien zum Hafen von Dschibuti zu bauen. Neben diesen Projekten geht es dem Süden jedoch vor allem darum, den Norden zu besseren Konditionen bei der Durchleitung des Öls zu bewegen.

Die wirtschaftliche Situation des Südsudan ist insgesamt kläglich und selbst für afrikanische Verhältnisse Besorgnis erregend. Auf dem Human Development Index 2015 rangiert der Südsudan auf Rang 169 von 188, mit trostlosen Werten in allen Bereichen, wie Lebenserwartung, Zugang zu Krankenversorgung, Kindersterblichkeit, Nahrungsmittelversorgung, Bildung etc. Die Bevölkerung ist sehr jung: Rund die Hälfte der südsudanesischen Bevölkerung ist unter 18 und rund zwei Drittel unter 30 Jahre alt. Analphabetismus ist weit verbreitet und liegt im Gesamtdurchschnitt bei 70 Prozent, bei Frauen sogar bei bis zu 90 Prozent. Zwischen 20 und 35 Prozent der Bevölkerung gelten als unternährt. Kinderehen sind weit verbreitet. Fast die Hälfte aller südsudanesischen Mädchen im Alter zwischen 15 bis 19 Jahren ist verheiratet. Heirat ab 14 Jahren ist weit verbreitet; eine unverheiratete Frau über 25 hat es in der Gesellschaft schwer. Die Geburtenrate liegt zwischen 5,5 und bis zu 7 Geburten pro Frau. Damit liegt der Südsudan weltweit an dritter Stelle. Die Lebenserwartung beträgt 55 Jahre. Der Südsudan gehört somit zu den rückständigsten Ländern der Welt.

Aktuelle politische Entwicklung

Der jüngste Staat der Welt erlangte am 9. Juli 2011 seine Unabhängigkeit. Am 14. Juli 2011 wurde der Südsudan von den Vereinten Nationen aufgenommen und am 27. Juli 2011 von der Afrikanischen Union. Die Herausforderungen waren von Anfang an enorm. Aus dem De-facto-Staat musste ein neuer souveräner Nationalstaat geformt werden mit Ministerien, Verwaltung, eigenem Geld und Ausweispapieren, Gesundheits- und Bildungswesen. Zudem müssen zurückkehrende Flüchtlinge integriert werden. Etwa vier Mio. Südsudanesen sind vor dem Bürgerkrieg geflohen, schätzungsweise drei Mio. von ihnen wollten in den Südsudan zurückkehren. In der Hauptstadt Juba entstanden Flüchtlingscamps und slumähnliche Ansiedlungen, die sozialen Sprengstoff bergen, wenn den Rückkehrern keine politischen und wirtschaftlichen Perspektiven geboten werden können.

In diesen Zusammenhang gehört auch ein Programm zur Rückführung von Soldaten der überdimensionierten Sudan People's Liberation Army (SPLA) in das zivile Leben. Dies ist im Südsudan besonders schwierig, da viele Soldaten bereits als Kinder angeworben wurden. Darüber hinaus muss auch der ausufernde Geheimdienstapparat zurückgefahren werden. Armee und Geheimdienst bilden einen Staat im Staate, das Justizwesen existiert nur rudimentär, die Haftbedingungen sind menschenunwürdig, Folter ist an der Tagesordnung.

Die größte Herausforderung besteht in der Erkenntnis der politischen Elite, dass sie sich ändern muss, wenn sie nicht selbst zum Modernisierungshindernis werden will. Derzeit fährt die Regierungspartei SPLM unter Präsident Salva Kiir Mayardit einen autoritären Kurs und ist nicht bereit, ihre Macht mit den Oppositionsparteien, den 63 verschiedenen Stämmen des Landes und den zehn Bundesstaaten zu teilen. In der Legislative, die zuletzt 2010 noch vor der Unabhängigkeit gewählt worden ist, gibt es außer der SPLM keine bedeutsame Partei, doch dominiert in der SPLM das Selbstverständnis, der politische Arm der Armee zu sein.

Der autoritäre Kurs der SPLM führte direkt nach der Unabhängigkeit zu Unruhen in den Provinzen Jonglei, Unitiy, Äquatoria und in der Stadt Wau. Nachdem Präsident Kiir im Juli 2013 die Regierung umstrukturiert und dabei Riek Machar als Vizepräsidenten abgesetzt hatte, brachen weitere gewalttätige Konflikte aus. Seit 15. Dezember 2013 befindet sich der Südsudan in einem erneuten Bürgerkrieg. Bei Gefechten starben tausende Menschen, massive Menschenrechtsverletzungen und Gräueltaten trieben hunderttausende Menschen in die Flucht. Bereits im Januar 2014 wurde ein Waffenstillstand beschlossen, der jedoch nicht lange hielt. Die Kämpfe zwischen der SPLA-IG (in Government) unter Salva Kiir und der SPLA-IO (in Opposition) unter Riek Machar nahmen an Intensität weiter zu. Die Vereinten Nationen stockten die UNMISS auf 12.000 Blauhelme auf. Nach langwierigen Verhandlungen wurde im August 2015 ein Friedensabkommen in der äthiopischen Hauptstadt Addis Abeba unterschrieben, das im Kern die Wiederherstellung einer Konsensregierung zwischen Kiir und Machar vorsah, doch wurde das Abkommen nicht umgesetzt, da am 8. Juli 2016 erneut der Bürgerkrieg in der Hauptstadt Juba ausbrach.

Insgesamt sind in diesem neuen Bürgerkrieg schätzungsweise 2,2 Mio. Menschen auf der Flucht. Gezielte Massaker an der Zivilbevölkerung und Massenvergewaltigungen werden auf beiden Seiten eingesetzt. Rund 5 Mio. Menschen sind von Hungerkatastrophen bedroht. Die intensiven, von den Nachbarländern und der AU unterstützten Gespräche zwischen Kiir und Machar führten bislang zu keinem dauerhaften Ergebnis. Es muss davon ausgegangen werden, dass der Bürgerkrieg erst mit der Eliminierung eines Kontrahenten und dem absoluten Sieg einer Seite beendet sein wird. Der Westen unter Führung der Amerikaner unterstützte die Friedensbemühungen, ergriff dabei aber zunächst für die Opposition unter Machar Partei. Im August 2016 wechselten die USA die Seiten und unterstützten nunmehr Präsident Kiir.

Die Regierung des Südsudan ist derzeit nicht in der Lage, die Sicherheit wenigstens in der Hauptstadt Juba zu garantieren. In den Provinzen gleichen die feindlichen Armeen eher marodierenden Banden, die außer Kontrolle geraten sind. Die Wirtschaft des Landes ist Mitte 2015 zusammengebrochen. Die Öleinnahmen des ressourcenreichen Landes werden größtenteils für Waffenkäufe verwendet und nicht für die Verbesserung der Lebenssituation der Bevölkerung. Ohne massive politische und wirtschaftliche Hilfe der Weltgemeinschaft wird der Südsudan auf unabsehbare Zeit nicht aus dem Abgrund herausfinden.

Literatur

Akol, L. (2007): Southern Sudan: Colonialism, Resistance, and Autonomy. New Jersey.

Biel, M. R. (2007): Southern Sudan after John Garang. Jena.

Biel, M. R. u. Leiße, O. (2007): Politik in Ostafrika – Zwischen Staatszerfall und Konsolidierung. Frankfurt.

Breidlid, A./ Avelino, A. S./ Breidlid, A.-K. (2010): A Concise History of South Sudan. Oxford.

Chiari, B. (2008): Wegweiser zur Geschichte. Sudan. Paderborn.

Collins, R. O. (2008): A history of modern Sudan. Cambridge.

Hopkins, P. G. (2007): The Kenana Handbook of Sudan. London.

Fadlalla, M. (2007): Sudan – der große Unbekannte am Nil. Biographie eines Landes. Marburg.

Frahm, O. (2016): How a state is made – statebuilding and nationbuilding in South Sudan in the light of its African peers. Berlin.

Garang, A. (2002): Terrorismus im Namen des Islam und das Horn von Afrika. Der vergessene Konflikt im Sudan und die Rolle Osama bin Ladens. Marburg.

Gasmelseid, O. A. A. (2006): Federalism as Conflict-Management: Device for multiethnic and multicultural societies. The Case of Sudan. Basel.

Grawert, E. (2010): After the Comprehensive Agreement in Sudan. Woodbridge.

Henneberg, I. (2013): Das politische System des Südsudan. In: Verfassung und Recht in Übersee, Nr. 2, S. 174–196.

Kulusika, S. E. (2004): South Sudan. Right of self-determination and Establishment of New Sovereign State: a Legal Analysis. Lusaka.

Kur, M. J. (2016): New Paradigm for South Sudan: The Christian Contribution to the South African TRC. Saarbrücken.

Kuschel, S. (2015): Selbstbestimmt ins Chaos? Die Sezession der Republik Südsudan – Ein Fallbeispiel. München.

Leiße, O. (2011): Der Sudan ist tot – es lebe der Sudan. Die Zukunft des Föderalismus im Herzen Afrikas, in: Jahrbuch des Föderalismus 2011. Baden-Baden, S. 351–362.

Malwal, B. (2015): Sudan and South Sudan: From One to Two. Basingstoke, New York.

Nhema, A./ Zeleza, P. Z. (2008): The Resolution of African Conflicts: The Management of Conflict Resolution & Post-Conflict Reconstruction. Oxford.

Reuter, L. (2016): Die Teilung des Sudan – zur Ambivalenz des Comprehensive Peace Agreement. Berlin.

Wolf-Dieter Lassotta & Martin Schwarz

Syrien

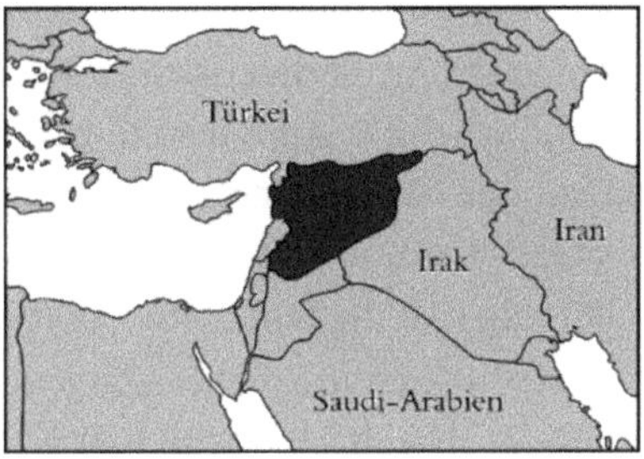

Offizieller Name:	Arabische Republik Syrien
Staatsform:	Präsidialregime
Unabhängigkeit:	17. April 1946 (Völkerbundmandat unter französischer Administration)
Nationalfeiertag:	17. April (Id el-Dschalaa)
Hauptstadt:	Damaskus
Lage:	Mittlerer Osten
Fläche:	185.180 qkm (Weltrang: 87)
Bevölkerung:	18,5 Millionen (Weltrang: 60)
Landesstruktur:	14 Gouvernements, die nach dem jeweiligen Hauptort benannt sind
Sprachen:	Arabisch (Amtssprache), Sprachen der jeweiligen nationalen Minderheiten: Syrisch (Sprache der syrischen Christen), Kurdisch, Armenisch, Aramäisch, Französisch aufgrund der kolonialen Vergangenheit, Englisch
Religionen:	Islam (87 Prozent), Christentum (10 Prozent), Drusen (3 Prozent)
Währung:	Syrische Lira (SYP)
Wirtschaftszweige:	Erdölförderung, Textil- und Lebensmittelindustrie, vor dem Bürgerkrieg Tourismus
Mitgliedschaften:	AFESD, AMF, CAEU, FAO, G-24, G-77, IAEA, IBRD, IDA, IDB, IFRCS, ILO, IMF, Interpol, IOC, LAS, NAM, OAPEC, OIC, OPCW, UN, UNCTAD, UNESCO, UNIDO, WHO, WTO (Beobachter)
Wichtigste Medien:	Wichtigste Tageszeitungen sind die Parteizeitungen al-Baath und ath-Thaura, die privaten al-Watan, Tishrin, al-Dschamahir al-Arabia und al-Fida und die englischsprachige Syria Times; staatliche Radio- und Fernsehkanäle, über zwei Drittel der Syrer empfangen ausländische Fernsehsender über Satellit.

Naturraum und geographische Rahmenbedingungen

Syrien in den heutigen Grenzen entstand nach dem Ende des Ersten Weltkriegs und während der Aufteilung des Osmanischen Reiches durch die Siegermächte Frankreich und England. Mit ungefähr 185.000 qkm ist das Land etwa halb so groß wie Deutschland. Im Norden grenzt Syrien an die Türkei, im Osten an den Irak, im Süden an Jordanien und Israel und im Westen an den Libanon. Nördlich der Grenze zum Libanon erstrecken sich 193 km der Ostküste des Mittelmeeres. Hinter der ca. 30 km breiten Küstenebene erstreckt sich parallel zur Küste das Alawitengebirge (Dschebel Ansariye), an dessen Osthang sich die fruchtbare Ebene des Flusses Orontes anschließt.

Der Nordosten Syriens ist Teil der historischen Region Mesopotamien. Durch diesen Teil Syriens fließt der in der Türkei entspringende Euphrat als längster Fluss des Landes in Richtung Irak. Südlich der Euphratsenke erstreckt sich auf einer Hochebene, dabei von mehreren Hügel- und Bergketten unterbrochen, die Syrische Wüste. Im Westen und damit parallel zur Mittelmeerküste verläuft an der Grenze zum Libanon über 150 km das Antilibanon-Gebirge, mit dem Hermon als höchstem Berg des Landes (2.814 m). Die südlich davon gelegenen Golan-Höhen hält Israel seit 1967 unter seiner Kontrolle.

Syrien lässt sich grob in zwei Klimazonen einteilen. Während im Westen des Landes mediterranes Klima vorherrscht, bestimmt kontinentales und trockenes Steppen- bis Wüstenklima das Landesinnere. Die Nähe zum Mittelmeer führt in den westlichen Regionen zu wesentlich höheren Niederschlagsmengen als im Osten. Im Jahresdurchschnitt fallen hier 600 bis 1.000 mm Niederschlag, während im ariden Osten und Südosten die Werte auf unter 100 mm sinken. Mit Durchschnittstemperaturen um die 15 °C sind die Winter im Westen Syriens sehr mild, die Sommer mit bis zu über 30 °C sehr warm. Im Landesinneren und in den Wüstengebieten im Osten des Landes fallen die mittleren Temperaturen im Winter auf rund 7 °C, während sie im Sommer bei knapp 30 °C liegen. Die Tagestemperaturen in den Wüstenregionen können bis 40 °C ansteigen und fallen nachts bis unter den Gefrierpunkt. Die bereits mehrere Jahrtausende andauernde Besiedlung Syriens hat die Landschaft und damit auch Flora und Fauna stark geprägt. Schon seit dem Altertum sind natürliche Waldbestände kaum noch vorhanden. Auf Plantagen werden Öl- und Feigenbäume gepflanzt, die aufwändige Bewässerung lässt den Grundwasserspiegel seit Jahren sinken. Die Landwirtschaft kann nicht verhindern, dass rund 7 Prozent der Syrer (Stand 2014) infolge von Bürgerkrieg und Dürre als unterernährt gelten.

Der wichtigste Bodenschatz Syriens ist das Erdöl. Vor dem Bürgerkrieg erzielte das Land seine Exporterlöse zu großen Teilen aus dem Verkauf von Erdöl und deckte damit auch zwei Drittel des Staatshaushaltes ab. Das Fördermaximum ist allerdings schon seit Mitte der 1990er Jahre erreicht, die Reserven werden in ca. 20 Jahren erschöpft sein. Für die Energieversorgung des Landes sind daher die Erdgasvorkommen von zunehmender Bedeutung. Beim Export spielen Eisenerz und Phosphat eine gewisse Rolle. Weiterhin fördert Syrien in geringem Maße Chrom, Mangan, Steinsalz und Gips, soweit das der Bürgerkrieg zulässt.

Geschichtliche Entwicklung bis zur Unabhängigkeit

Syrien ist als eigenständiger Staat knapp 70 Jahre alt. Das Land liegt aber in einer Region, die eine Jahrtausende lange Kultur- und Zivilisationsgeschichte aufweist. Die beiden größten Städte in Syrien, Damaskus und Aleppo, gehören zu den am längsten durchgehend besiedelten Orten der Welt. In der Antike und im Mittelalter verstand man unter Syrien ein größeres Territorium als den heutigen Staat Syrien. Ab 64 v. Chr. unter römischer Herrschaft gehörte die Provinz Syria zu den seinerzeit reichsten Gebieten des Imperiums. Bis in das 7. Jahrhundert n. Chr. gehörte Syrien zum Oströmischen Reich. Im Jahr 634 n. Chr. eroberten die arabisch-muslimischen Umayyaden Syrien. Ab dieser Zeit erhielt Syrien mit der Verlegung des Kalifats von Medina nach Damaskus eine neue Bedeutung. Syrien wurde Kernland des Umayyaden-Reiches. Damaskus wurde in der Folge neben Mekka und Jerusalem zur dritten Heiligen Stadt des Islam. Im frühen Mittelalter stand Syrien unter der Herrschaft verschiedener arabisch-islamischer Dynastien – z.B. die Fatimiden und die Seldschuken – und war das Ziel mehrerer Eroberungsbewegungen. Die in Folge der Kreuzzüge gegründeten Kreuzfahrer-Staaten Antiochia, Edessa und Tripolis erstreckten sich aber nur auf die reinen Küstengebiete und konnten sich bis Ende des 13. Jahrhunderts halten. Nachdem die ägyptischen Ayyubiden schon im 12. Jahrhundert das Hinterland erobert hatten, wurden sie im 13. Jahrhundert von den Mongolen der Weißen Horde besiegt, die ihrerseits von den Mamelucken verdrängt wurden, welche aus Syrien und Ägypten ein Herrschaftsgebiet formten.

Nach der Unterwerfung der Mamluken durch die Osmanen 1517 wurde Syrien in das osmanische Herrschaftsgebiet eingegliedert. Die osmanische Herrschaft dauerte bis 1918, nur zwischen 1832 und 1840 für acht Jahre von der Herrschaft Muhammad Ali Paschas unterbrochen, welcher als Gouverneur der eigentlich osmanischen Provinz Ägypten unabhängig von der Zentralregierung regierte.

Seit dem 17. Jahrhundert setzte ein wirtschaftlicher Niedergang Syriens ein. Die Region hatte durch die Entdeckung des Seewegs nach Indien ihre Bedeutung für die europäischen Händler verloren. Einfälle arabischer Beduinen, die durch die schwache Zentralregierung nicht abgewehrt wurden, ließen außerdem noch die landwirtschaftlich genutzte Fläche deutlich zurückgehen.

Das 19. Jahrhundert brachte für Syrien erhebliche wirtschaftliche und soziale Umwälzungen mit sich, die eng mit den 1826 begonnenen Reformen innerhalb des Osmanischen Reiches verbunden waren. Die Modernisierungen von Militär, Verwaltung und Justiz sowie der Anschluss an das Eisenbahnnetz ließen aber nicht nur die syrische Wirtschaft aufblühen. Nach blutigen Unruhen zwischen Drusen, Sunniten und Christen wurde der Libanon auf Druck Frankreichs organisatorisch von Syrien gelöst. Eine Landreform ließ einen Großteil des verbliebenen Landes in die Hände einer städtisch geprägten Oberschicht geraten. Verschiedene Abkommen, sog. Kapitulationen, mit europäischen Staaten führten dazu, dass der Außenhandel von christlichen Syrern dominiert und die Wirtschaft in großen Teilen von den europäischen Mächten kontrolliert wurde, wodurch die Distanz zu Istanbul weiter zunahm.

Während des Ersten Weltkriegs versuchten arabische Intellektuelle und Offiziere die Unabhängigkeit Syriens vom Osmanischen Reich zu erlangen, das auf Seiten der Mittelmächte kämpfte. Unterstützt wurden sie dabei durch Großbritannien, das die Anerkennung eines unabhängigen arabischen Königreichs zugesagt hatte. Allerdings hatten sich Großbritannien und Frankreich zuvor bereits im geheim gehaltenen Sykes-Picot-Abkommen (1916) über die gemeinsame Aufteilung der arabischen Provinzen des Osmanischen Reiches verständigt.

Nachdem Syrien nach der Niederlage des Osmanischen Reiches 1918 mit der Billigung Londons zunächst unter einer arabisch-nationalistischen Regierung gestanden hatte und 1920 zur unabhängigen konstitutionellen Monarchie erklärt worden war, einigten sich Frankreich und Großbritannien auf der Konferenz von San Remo – die maßgeblich der Vorbereitung des Vertrags von Sèvres diente – über die Aufteilung der Region in die einzelnen Mandatsgebiete, wobei Syrien und der Libanon an Frankreich fielen. Die Mandate wurden erwartungsgemäß 1922 vom Völkerbund bestätigt, zumal sich Paris auf seine enge wirtschaftliche und historische Verbundenheit mit der Region berufen konnte. Während der Zeit des Mandats, die allgemeinhin als „Kolonialisierung" empfunden wurde, wurden die noch aus osmanischer Zeit stammenden Privilegien für die französischen Unternehmen verlängert und neu vergeben. Frankreich investierte vor allem in das Bankwesen, den Handel, die staatliche Infrastruktur und die Ausbeutung der vorhandenen Rohstoffe, während Industrie und Landwirtschaft kaum eine Rolle spielten. Die Vormacht der frankophonen Eliten wurde durch die Privatisierung, Vermessung und Registrierung des Landes gefestigt. Die überwiegend in den Städten lebenden Großgrundbesitzer, etwa 3.000 Familien, ließen ihren Besitz von lokalen landlosen Pächtern und Lohnarbeitern bewirtschaften.

Um nun eine nationale Opposition gegen die Mandatsherrschaft zu verhindern, wurden die ethnisch-konfessionellen Einzelinteressen gefördert respektive durch Begünstigungen gegenseitig ausgespielt. Ethnische und religiöse Minderheiten wurden dabei überproportional zum Militärdienst herangezogen. Auch wurden neue Verwaltungszonen geschaffen, an ethnisch-konfessionellen Gesichtspunkten orientiert.

Dennoch entstand in den späten 1920er Jahren ein Nationaler Block, in dem sich die nationalistische Elite des Landes zusammenschloss, nachdem eine Reihe von politischen Parteien durch die Mandatsmächte verboten worden war. Zugleich versuchte die wachsende städtische Mittelschicht im Verbund mit der ländlichen und städtischen Unterschicht das öffentliche Geschehen durch Generalstreiks, Wahlboykotte, Demonstrationen, Petitionen und Flugblätter da zu beeinflussen, wo mehrere Aufstände scheiterten und militärisch niedergeschlagen wurden. 1936 stellte ein Vertrag die Unabhängigkeit Syriens in Aussicht, der aber nie von Paris ratifiziert wurde. Im Sommer 1941 marschierten britische Truppen in Syrien ein, das nach der

Kapitulation Frankreichs unter der Verwaltung des Vichy-Regimes gestanden hatte. General Charles de Gaulle erklärte das Mandat für beendet und Syrien für unabhängig. Obwohl das Land 1945 bereits zu den Gründern der UN und der Arabischen Liga gehört hatte, blieben französische Truppen weiterhin im Land. Nach antifranzösischen Aufständen zog Paris auf Druck von London, der USA und der UN seine Truppen ab, sodass am 17. April 1946 die unabhängige Syrische Republik ausgerufen werden konnte.

Bevölkerungsstruktur – speziell ethnische Zusammensetzung

Nach Israel, dem Libanon und den palästinensischen Autonomiegebieten ist das heutige Syrien das am dichtesten besiedelte Land in der Region, obgleich die Differenzen erheblich sind. Die genaue Bevölkerungszusammensetzung ist aber im Zuge des Bürgerkriegs (seit 2011) von außen kaum noch festzustellen. Vor Beginn des Bürgerkriegs hatte das Land bis zu 22,5 Mio. Einwohner, von denen derzeit etwa 4 Mio. ins Ausland geflohen sind, während sich mehr als 6 Mio. innerhalb von Syrien auf der Flucht vor den rivalisierenden Kriegsparteien befinden.

90 Prozent der Einwohner sind Araber. Die übrigen 10 Prozent setzen sich aus Kurden, Armeniern und anderen Minderheiten zusammen. Auf den Golanhöhen leben in den israelisch besetzten Gebieten bis zu 20.500 israelische Siedler. Bei Beginn des Bürgerkrieges lebten noch ca. 500.000 palästinensische Flüchtlinge in Syrien. Über 50 Prozent der Bevölkerung sind jünger als 25.

Die einzelnen Bevölkerungsgruppen verstehen ihre Gemeinschaftszugehörigkeit weniger ethnisch, sondern eher sprachlich bzw. über die Religionszugehörigkeit. 87 Prozent der Syrer sind Muslime, von denen sich die überwiegende Mehrheit der sunnitischen Richtung zurechnet und sich die verbliebenen 13 Prozent auf Schiiten, Ismaeliten, Alawiten und Yesiden verteilen. Ein Zehntel der Bevölkerung gehört verschiedenen christlichen Glaubensgemeinschaften an. Drei Prozent der Syrer sind Drusen.

Insbesondere im Westen des Landes ist die Urbanisierungsrate hoch. Knapp 60 Prozent der Syrer leben in Städten. Die zweitgrößte Stadt im Land war bis zur Zerstörung im Bürgerkrieg (durch den Kriegseintritt Russlands auf der Seite des Regimes in Damaskus ab September 2015 eingeleitet) Aleppo mit rund 2 Mio. Einwohnern, dicht gefolgt von der Hauptstadt

Damaskus mit 1,8 Mio. und bis zu drei Mio. Einwohnern in der Metropolregion. Weitere wichtige Städte sind Homs, mit bis zu 800.000 Einwohnern vor dem Bürgerkrieg, Hama mit 550.000 Einwohnern und Latakia mit 400.000 Einwohnern.

Wirtschaftsstruktur

Aussagen über die Wirtschaftsstruktur lassen sich überwiegend für die Zeit vor dem Beginn der Proteste gegen das Assad-Regime und des Bürgerkriegs treffen. Viele Datenerhebungen zur syrischen Wirtschaft gehen nicht über das Jahr 2011 hinaus, sondern basieren auf Schätzungen und Hochrechnungen.

Nach dem Tod von Staatspräsident Hafiz al-Assad im Jahr 2000 hatte sein Sohn Baschar al-Assad als Nachfolger einen Transformationsprozess nicht nur der Organisation des politischen Systems, sondern auch der Wirtschaft eingeleitet. Nach anfänglichen politischen Reformen konzentrierte sich der Wandel aber bald auf die wirtschaftliche Liberalisierung des Finanz- und Dienstleistungssektors und einen Umbau der sozialistisch geprägten Staatswirtschaft zu einer (gelenkten) sozialen Marktwirtschaft. Das damalige Motto „Reform und Erneuerung“ für den Wandlungsprozess wurde nur allzubald durch die Formel „Modernisierung und Entwicklung“ ersetzt.

Mit zwei Fünf-Jahresplänen gelang es dem ehemaligen Wirtschaftsminister Abdallah al-Dardari, einen Investitionsboom auszulösen und auch ausländische Investoren anzulocken, die sich vor dem Hintergrund des sog. Arabischen Frühlings noch weitreichendere Reformen und, damit einhergehend, zusätzliche Wachstumseffekte versprachen. Wachstumsraten von über 4 Prozent, der Aufbau eines privaten Finanz- und Versicherungssystems, ein deutlicher Abbau von Handelszöllen, die Eröffnung einer Börse in Damaskus, die Aussicht auf den ungehinderten Zugang zu den internationalen Märkten für Syriens Unternehmer als Voraussetzung für eine WTO-Mitgliedschaft, ein Freihandelsabkommen mit der Türkei und Syriens Mitgliedschaft in der Großen Arabischen Freihandelszone stechen als rein wirtschaftliche Erfolge dieser Transformationspolitik heraus, die aber keine Zweifel an der vorherrschenden Stellung der Baath-Partei zuließ.

Die Kehrseite war eine Verschärfung der gesellschaftlichen Gegensätze, die mit der räumlichen und zeitlichen Ungleichverteilung der Einkommensverbesserung einherging. Privatisierungen in der Landwirtschaft sowie Subventionskürzungen (ab 2014) und die Abschaffung von Preiskontrollen auf Pestizide und Tierfutter verschlechterten die Situation der Bauern zusätzlich, hatten diese doch schon mit dem Absinken des Grundwasserspiegels als Nebenwirkung der systematischen Bewässerung einer industriell-kommerziellen Landwirtschaft zu kämpfen. Die Absenkung der Subventionen ließ auch die garantierten Löhne für Arbeiter und Angestellte sinken, während zeitgleich die Mietpreise in den Städten stiegen.

Syrien leistete sich trotz der begonnenen Reformen eine aufgeblähte Bürokratie. 2011 hatte das Land 1,2 Mio. Beamte, die in der Öffentlichkeit als Synonym für ein Staatssystem aus Vetternwirtschaft, Willkür und Korruption zugunsten der Baath-Partei wahrgenommen wurden. Lag Syrien im Jahr 2003 noch auf Rang 69 des Korruptionsindex von Transparency International, so verschlechterte sich die Platzierung 2016 deutlich auf Rang 173.

Der Beginn der Proteste im Jahr 2011 war auch eine Reaktion auf die Korruption im Land, die bis in die Familie von Baschar al-Assad hinein greifbar wurde. So soll sein Cousin Rami Makhlouf, der inzwischen in Dubai lebt, über diverse und intransparente Firmenbeteiligungen bis zu 60 Prozent der syrischen Volkswirtschaft kontrolliert haben. Demgegenüber fallen die rund 500.000 Kleinbetriebe, die bis heute das Erscheinungsbild in den Städten und auf dem Land prägen, kaum ins Gewicht, beschäftigen sie doch jeweils kaum mehr als fünf Arbeiter.

Seit Beginn der Wirtschaftsreformen hatte Syrien mit zahlreichen zusätzlichen Problemen zu kämpfen. Infolge des Dauerkonfliktes mit Israel mussten mehr als 450.000 Palästinenser im Land untergebracht und versorgt werden. Während des Zweiten Irak- oder auch Dritten Golfkrieges (März bis Mai 2003) wurden 1,5 Mio. irakische Flüchtlinge aufgenommen. Nach dem Abzug der von 1976–2005 im Nachbarland Libanon stationierten syrischen Truppen und im Zuge der Finanzkrise in Dubai (2008/09) kehrten Tausende von Auslandssyrern in ihre Heimat zurück. Ihren Familien fehlten dadurch häufig die Auslandsüberweisungen, mit denen sie zuvor noch angesichts einer geschätzten Arbeitslosigkeit von 57 Prozent (Stand 2014) den Lebensunterhalt bestritten hatten. Infolge einer langanhaltenden Dürre (2008–10) verstärkte sich die Landflucht noch einmal, die Versorgung der Bevölkerung mit einheimischen Lebensmitteln litt unter weitreichenden Engpässen, die nur mittels subventionierten Importen überbrückt werden konnten. Das drückte wiederum die ohnehin schwachen Exporte von Baumwolle, Olivenöl, Obst und Gemüse.

Das Bruttoinlandsprodukt lag 2011 geschätzt bei ca. 65 Mrd. USD. Vor allem der Ölexport war lange Zeit Syriens wichtigste Einnahmequelle und lag im Jahr 2010 noch bei 24 Prozent des BIP. Im Verhältnis dazu trug die Landwirtschaft ca. 23 Prozent zum BIP bei, das Potential liegt Schätzungen zufolge bei rund 60 Prozent. Seither ist die Ölproduktion und damit das BIP des Landes deutlich gesunken, wobei die Schätzungen zwischen -38 und -48 Prozent liegen (2014). Im gleichen Zeitraum ist die geschätzte Inflationsrate von 4,4 Prozent (2010) auf bis zu 91,7 Prozent (2013) gestiegen und wurde das Syrische Pfund im Verhältnis zum USD um mehr als 80 Prozent abgewertet. Ausschlaggebend dafür sind nicht nur die breiten internationalen Sanktionen im Zusammenhang mit dem Bürgerkrieg, sondern auch dessen Zerstörungen in der Infrastruktur des Landes. Ferner ist ein großer Teil der Ölvorräte in die Hände des sog. Islamischen Staates (IS) gefallen, der auf dem Höhepunkt seiner Macht (Juni 2015) rund die Hälfte des Landes kontrollierte. Das syrische Regime ist damit im Energiebereich von den Lieferungen aus dem Iran abhängig, der so seine Position in der Region stärkt.

Nach dem Erdöl war bis 2011 der Tourismus die wichtigste Devisenquelle, was auch die UNESCO-Liste der Weltkulturgüter widerspiegelt, die mit gleich sechs Einträgen auffällt, die aber bis auf Damaskus im Bürgerkrieg schwer beschädigt wurden.

Die wichtigsten Handelspartner für Syrien waren bis 2011 die Mitgliedsstaaten der Europäischen Union, die ca. ein Drittel der syrischen Ausfuhren abnahmen und mit Damaskus über ein EU-Assoziationsabkommen verhandelten. Daneben gewannen die Handelsbeziehungen zu den 14 Mitgliedsstaaten der eng mit der Arabischen Liga verbundenen GAFTA (Greater Arab Free Trade Association), zur Türkei sowie China, Iran, Indien und Malaysia zunehmend an Bedeutung. Syrien importiert hauptsächlich Maschinen, Transportausrüstungen, Metalle und Metallerzeugnisse, Kraftfahrzeuge, Nahrungsmittel und chemische Produkte. Im Gegenzug wurden Erdölprodukte, Gas und Phosphat exportiert. Die meisten Importe aus der EU stammen aus Deutschland, Italien und Frankreich.

Seit dem Jahr 2004 hatte das Land bereits mit Wirtschaftssanktionen der USA zu kämpfen. Mit der Niederschlagung der Proteste gegen das Regime und dem Beginn des Bürgerkrieges hat auch die EU alle Kooperationsprogramme bis auf weiteres ausgesetzt und eigene Wirtschaftssanktionen verhängt. Darunter fallen u.a. Einreiseverbote für syrische Politiker, ein Waffenembargo, der Einfuhrstopp für Erdöl, Gold, Edelmetalle und Luxusgüter. Syrische Fluggesellschaften dürfen keine Frachtflüge mehr durchführen. Auch arabische Staaten beteiligen sich an den Sanktionen. So wurde Syrien aus der Arabischen Liga suspendiert.

Die Folge sind massiv sinkende Staatseinnahmen. Schätzungen zufolge ist die Wirtschaftskraft des Landes seit Beginn des Bürgerkrieges um mehr als 60 Prozent geschrumpft. Einzig der Iran gewährt dem Assad-Regime noch Kredit und liefert neben Öl auch Waffen, um seinen Status als regionale Großmacht auszubauen, geht es doch um die Vorherrschaft in der schiitischen Welt, die es gegenüber dem sunnitischen Saudi-Arabien ebenso zu behaupten gilt wie gegenüber der Türkei. Außerdem gilt Damaskus als letzte Ruhestätte von Zaynab bint Ali, einer Tochter von Iman Ali und Schwester der Imame Hasun und Husain, die vor allem in der schiitischen Welt verehrt wird. Somit kommen den schiitischen Milizen, die wie die Hisbollah im Libanon und in Syrien kämpfen, eine zentrale Rolle zu. Bachir al-Assad gilt daher in Teheran, obwohl Alewit, als Garant für einen schiitischen Halbmond, der vom Golf bis ans Mittelmeer reicht. Die seit 2012 zwischen der Regierung in Damaskus und Moskau geführten Verhandlungen über dringend benötigte Kredite blieben auch im Oktober 2015 ergebnislos. Stattdessen greift Russland seit September 2015 zu Gunsten der Regierung al-Assad offen in den Konflikt ein und hat sich dafür vertraglich den Luftwaffenstützpunkt Khmeimin in der Stadt Latakia sowie den Marinestützpunkt Tartus gesichert. Zumindest in der Öffentlichkeit wird das militärische Engagement Russlands mit dem Kampf gegen den Islamischen Staat begründet. Der offizielle Staatsbesuch von Baschar al-Assad in Moskau (20.10.2015) gilt zudem als Beleg für die Anstrengungen der russischen Regierung, den eigenen Einfluss in der Region auszubauen.

Für die syrische Bevölkerung hat sich die wirtschaftliche Situation mit dem Bürgerkrieg erheblich verschlechtert. Das Heizöl wird zunehmend knapp, es gibt Stromsperren und Verdunklungen. Die Strom- und Wasserversorgung ist in zahlreichen Städten zusammengebrochen. Das Gleiche gilt auch für die staatliche Gesundheitsversorgung und für große Teile des öffentlichen Bildungswesens. Die Preise für Grundnahrungsmittel sind um

30 bis 50 Prozent gestiegen. Hilfsorganisationen wird die Arbeit so erschwert, dass sie wie etwa Médecins Sans Frontières ihre Operationen von Jordanien aus durchführen müssen.

Aktuelle politische Entwicklung

Nach der Unabhängigkeit erlangte Syrien keine nachhaltige politische Stabilität. Die Niederlage 1948 gegen Israel delegitimierte nicht nur die Regierung, sondern legte auch den Grundstein für die engen Beziehungen zu Moskau, das sich 1946 verpflichtet hatte, Syrien in der Außen- und in der Sicherheitspolitik zu fördern. Dementsprechend eng ist die militärische Kooperation, nachdem sich Moskau schon 1955 im Konflikt mit den CENTO-Staaten demonstrativ an die Seite von Damaskus gestellt und Syrien durch umfangreiche Waffenlieferungen wie auch die Einbindung in den RGW insbesondere nach dem Verlust der Golanhöhen an Israel (1967) enger an sich gebunden hatte. Dieser Kurs wurde insbesondere von den alten Eliten aus der Kolonialzeit mitgetragen, die seit der Unabhängigkeit an den Schalthebeln im Staat saßen und ein klassisches Nation-Building nach dem Vorbild der westlichen Demokratien ablehnten. Modernisierungseffekte gingen meist vom Militär aus, das wie der gesamte Sicherheitsapparat für Angehörige der wachsenden Mittelschicht wie auch von ethnisch-konfessionellen Minderheiten neue Karrieremöglichkeiten anbot.

Die einflussreichste Gruppierung war die 1940 in Damaskus gegründete Baath-Partei, die sich in Anlehnung an die u.a. in Ägypten formulierte Idee einer den Nahen Osten umspannenden, die gesamte arabische Welt umfassenden, Identität für den Panarabismus öffnete und diesen mit säkularen und sozialistischen Zielen verquickte. Ihr Wahlspruch: „Einheit, Freiheit und Sozialismus“ und ihre explizit antiimperialistische Ausrichtung bescherten ihr in den 1950er Jahren eine starke Zustimmung unter den Intellektuellen, aber auch beim Militär und in bäuerlichen Gesellschaftsschichten. Nicht selten stieß die Idee des arabischen Nationalismus mit seinem Widerstand gegen die als künstlich empfundenen Grenzziehungen der Mandatszeit aber auf realpolitische Widerstände in anderen arabischen Staaten, die wie etwa der Irak gleichfalls eine regionale Vormachtstellung anstrebten und darüber mit Ägypten, Saudi-Arabien oder dem Iran konkurrierten. Dass sich die Kurden – um nur eine der Minderheiten zu nennen – nicht dem Panarabismus anschließen konnten, fiel dabei weniger ins Gewicht als die Frage, wer die in der Arabischen Liga versammelten Staaten gegen Israel anführen sollte. Dennoch ist es für den späteren Konfliktverlauf relevant, dass sich in der Auseinandersetzung mit dem Panarabismus u. a. kurdisch-nationalistische Parteien bildeten, wodurch das ohnehin schwache Integrationsangebot des syrischen Staates noch zusätzlich abgeschwächt wurde.

Mit Voranschreiten des Kalten Krieges ging Syrien nicht nur auf Distanz zu der US-amerikanischen Nahostpolitik. Damaskus trat auch nicht der CENTO bei, die als Bagdad-Pakt 1955 gegründet und 1979 aufgelöst wurde. Stattdessen wurde die Nähe zu Ägypten gesucht und gefunden, wo Gamal Abdel Nasser seit 1952 als Minister- und ab 1954 dann als Staatspräsident an seiner vom Sozialismus inspirierten Version des Panarabismus feilte. 1958 reiste eine Gruppe syrischer Offiziere ohne Kenntnis der Regierung nach Ägypten, um Syrien und Ägypten zur Vereinigten Arabischen Republik (VAR) zusammenzuschließen. Für Syrien brachte der Zusammenschluss allerdings nicht die erhofften Vorteile. Nasser, von 1958–1961 Präsident der VAR, ordnete die syrische Seite in allen Bereichen der ägyptischen unter. Die Wirtschaft wurde zunehmend zentralistisch gelenkt und große Verstaatlichungen beschlossen. 1961 beendete ein Putsch syrischer Offiziere die Mitgliedschaft Syriens in der VAR.

In den Folgejahren kamen zu den innenpolitischen Auseinandersetzungen, auch innerhalb der dominierenden Baath-Partei, außenpolitische Probleme hinzu. Nach der Niederlage im Sechs-Tage-Krieg gegen Israel im Juni 1967 – bereits in den Jahren zuvor hatte es an der syrisch-israelischen Grenze immer wieder Konflikte gegeben – wurden die Golanhöhen von der israelischen Armee besetzt, woran sich bis heute trotz Begleitung durch eine UN-Blauhelmmission nichts geändert hat. Aus den sich an die Niederlage anschließenden Auseinandersetzungen in der syrischen Führung ging Hafis al-Assad, der ehemalige Verteidigungsminister des Landes, als Sieger hervor. Im November 1970 ließ er Partei- und Staatsspitze verhaften und bildete eine neue Regierung. Seine Macht stützte er vor allem auf die Kontrolle des Militärs und der Sicherheitsdienste, zu deren Modernisierung er infolge des Lieferstopps aus dem Westen wieder auf Moskau zugehen musste. Während al-Assad selbst in einer Zeit des relativen wirtschaftlichen Wohlstands in den 1970er Jahren durchaus auf den Rückhalt der Bevölkerung setzen konnte, baute er seine Macht durch die Personalunion aus Oberbefehlshaber der Armee, Staatspräsident und Regierungschef aus.

Weitere Schlüsselpositionen besetzte er mit Verwandten und loyalen Anhängern. Konkurrierende Geheimdienste und der Ausbau der Armee waren Stützen seines Machtapparats. Finanziell wurde er dabei von der Sowjetunion, aber auch von den arabischen Verbündeten getragen, die Damaskus wegen des Einflusses im Libanon und als mögliche Alternative zu Teheran oder Bagdad bzw. als einen Kontrapunkt zur NATO-Mitgliedschaft der Türkei hofierten. Ein wesentliches innenpolitisches Ziel war denn auch – als Reflex auf die Revolution im Iran und die Ermordung von Anwar as-Sadat – die Unterdrückung der islamischen Opposition, vor allem der Muslimbrüder, die nach der blutigen Niederschlagung des Aufstandes von Hama (1982) mit bis zu 30.000 getöteten Zivilisten systematisch verfolgt wurden. Innenpolitisch drohte Assad danach kaum noch ernsthafter Widerstand. Daran änderten auch die sich verschlechternde wirtschaftliche Lage zu Beginn der 1980er Jahre oder aber die erneute Niederlage gegen Israel im Sommer 1982 nichts.

Außenpolitisch demonstrierte Hafis al-Assad seine Stärke und verdeutlichte die Ansprüche Syriens als Regionalmacht u.a. mit dem Einmarsch im Libanon und der Unterstützung Irans im Ersten Golfkrieg gegen den Irak. Obwohl der Irak unter Saddam Hussein ebenfalls baathistisch regiert wurde, konkurrierten beide Länder um die Meinungshoheit im Nahen Osten. Der Iran unterstützte Syrien im Gegenzug wirtschaftlich und lieferte Waffen. Den Wegfall der Sowjetunion als strategischem Partner versuchte das Regime mit der Unterstützung der USA und anderer alliierten Truppen im Krieg gegen den Irak nach dessen Einmarsch in Kuwait zu kompensieren (Zweiter Golfkrieg, 1990/91).

Hafis al-Assad starb am 10. Juni 2000. Als Nachfolger wurde sein Sohn Baschar al-Assad zum Präsidenten gewählt. Der im Vergleich zum Vater eher als liberal geltende Baschar al-Assad ließ zunächst Hoffnungen auf einen grundlegenden politischen Wandel aufkommen, indem er 600 politische Gefangene freiließ und die für den westlichen Lebensstil stehende Asma Fauaz al-Akhras heiratete. Dass das Land unabhängig davon weiterhin eine Militärdiktatur blieb, zeigte die Beibehaltung der seit 1963 geltenden Notstandsgesetze. Die anfängliche und von der EU geförderte politische Öffnung wurde in eine eher einseitige ökonomische Liberalisierung umgelenkt. Die politischen Reformen wurden zwar von den alten Eliten in der Baath-Partei und von konservativen Kräften kritisiert. Dennoch ist der sog. Damaszener Frühling, also die Forderung von Oppositionellen nach mehr Demokratie und bürgerlichen Freiheiten, trotz seiner breiten zivilgesellschaftlich Unterstützung nur ein kurzlebiges Phänomen geblieben.

Außenpolitisch waren mit der Machtübernahme al-Assads Hoffnungen auf einen Wandel verbunden. 2004 schloss Syrien ein Assoziierungsabkommen mit der EU ab, in dem politischer Dialog, Reformen und die Zusammenarbeit in Justiz und Kultur sowie der Kampf gegen Kriminalität, Terrorismus und illegale Migration festgelegt wurden. Syrien unterzeichnete den Atomwaffensperrvertrag. Bis 2005 zog das Land seine letzten im Libanon verbliebenen Truppen ab, die dort fast 30 Jahre stationiert gewesen waren.

Im Konflikt zwischen Israel und dem Libanon 2006 stellte sich al-Assad auf die Seite des Libanons und rief die arabischen Nationen zur Unterstützung der Hisbollah auf. Durch Kooperationen und Treffen mit Russland, Venezuela unter Hugo Chavez oder dem Iran unter Mahmud Ahmadinedschad versuchte Baschar al-Assad, an die antiimperialistische Politik der Baath-Partei anzuknüpfen. Mit Beginn des „Arabischen Frühlings“ 2010 kam es dann auch in Syrien zu ersten Demonstrationen gegen Korruption und Vetternwirtschaft und für Demokratie und politische Liberalisierung, die seit 2011 in einen Bürgerkrieg umgeschlagen sind. Dabei ist der Konflikt längst über die Grenzen des Landes hinaus spürbar geworden. Angesichts der Vielzahl von Akteuren und Akteursgruppierungen in dem Land hat sich eine kaum noch zu überblickende Gemengelage ergeben, die eine Lösung des Konfliktes zunehmend erschwert und die Vermittlungsversuche (durch Sondergesandte) der Vereinten Nationen ins Leere laufen lassen. Neben den Truppen des Regimes sind hier vor allem die Freie Syrische Armee (als die größte säkulare oppositionelle Entität), die kurdische YPG sowie die schiitischen Milizen und die islamistischen Verbände wie der IS oder die al-Nusra-Front zu nennen. Russland und eine unter Führung der USA stehende Koalition sind auf den Luftkrieg fokussiert, während die Türkei Bodentruppen gegen die Kurden zum Einsatz bringt.

Aufmerksamkeit bekommt der Konflikt nur bei Großereignissen wie etwa der Rückeroberung von Homs durch die Regierungstruppen (Mai 2014), der Idlib-Offensive (April 2015) oder der weitgehenden Zerstörung der Stadt Aleppo (bis Dezember 2016), die nicht nur den Verlust von Kulturgütern, sondern eben auch Menschenleben bedeuten. Im Norden bauen derweil die syrischen Kurden den nicht anerkannten Staat Rojava aus, während der kurdische Sieg über den IS in der Grenzstadt Kobane (September 2014) das Signal für das Eingreifen der Türkei gab. Ging es der syrischen Opposition 2011 ursprünglich um den Protest gegen die Willkür des Regimes und Menschenrechtsvergehen in den staatlichen Gefängnissen, haben sich die Gewichtungen heute in Gänze verschoben, zumal die staatlichen Strukturen weitgehend erodiert sind und immer mehr zivile Opfer zu beklagen sind. In der Folge müssen die Nachbarstaaten Türkei, Libanon und Jordanien massive Flüchtlingsströme bewältigen, die bis an die Grenzen der EU spürbar werden. Das im März 2016 zwischen der EU und der Türkei vereinbarte Flüchtlingsabkommen hat die Verhandlungsposition der Türkei gegenüber der EU nachhaltig gestärkt.

Syrien hat sich zu einem Stellvertreterschauplatz des Konflikts zwischen Saudi-Arabien und dem Iran entwickelt. Durch das Auftreten der Terrormiliz des sog. Islamischen Staates und dem damit verbundenen militärischen Eingreifen von USA und Russland wird die geostrategische Dimension des Bürgerkrieges klar. An der Seite des Assad-Regimes steht die islamistische Hisbollah. Die Hisbollah ist im Libanon auf die Unterstützung des Assad-Regimes angewiesen und hat daher, ungeachtet der eigenen Opfer, einen Kampf bis zum Ende an der Seite der Regierung angekündigt. In Syrien selber existiert eine nicht sprachfähige, weil zutiefst zerstrittene und damit blockierte Opposition aus verschiedenen Parteien und Bündnissen, die aber jeweils unterschiedliche Zielsetzungen verfolgen. In der bewaffneten Opposition zum Assad-Regime steht die Freie Syrische Armee (FSA), die von ehemaligen Soldaten der syrischen Armee gegründet wurde und von der sunnitischen Mehrheit des Landes getragen wird. Unterstützt wird die FSA von den Golfstaaten, auch der türkische Geheimdienst soll Einheiten der FSA trainiert haben. 600 Kämpfer der Libyschen Nationalen Befreiungsarmee sollen nach unbestätigten Angaben des libyschen Nationalen Übergangsrates nach Syrien gesandt worden sein, um die FSA zu unterstützen. Die sehr heterogene Zusammensetzung der FSA führte aber zu ihrer Zersplitterung und dem Aufstieg anderer, vor allem religiös motivierter Rebellengruppen.

So vereinigten sich im November 2013 sieben islamistische Rebellengruppen zur Islamischen Front, die vermutlich die größte bewaffnete Rebellengruppe ist und zudem von Saudi-Arabien finanziert wird. Mit ihrer Machtzunahme sanken gleichzeitig die Einflussmöglichkeiten des Westens auf den Konfliktverlauf. Teile des Bündnisses gingen auch gegen das Hauptquartier der FSA vor, die seitdem als erheblich geschwächt gilt.

Die Zielsetzung eines am Salafismus ausgerichteten sunnitischen Staates verfolgt die al-Nusra-Front, die al-Qaida nahesteht. Sie bekämpft nicht nur das Assad-Regime, sondern auch die säkulare Opposition. Zeitweilig hatte sie sich als zweitgrößte Oppositionsgruppe neben der FSA etabliert. Die dschihadistischen Kämpfer beziehen ihre Unterstützung nicht nur aus den Ländern der Region. Syrien ist mittlerweile Zielort von islamistischen Extremisten aus der ganzen Welt. Dschihadisten aus Europa und der gesamten arabischen Welt halten sich im Kriegsgebiet auf. Häufig gelangen sie über die syrisch-türkische Grenze nach Syrien. Der türkische Präsident Erdoğan unterstützte die Islamisten zumindest in der Vergangenheit teilweise, da durch den Krieg in Syrien Assad als regionaler Konkurrent geschwächt wird. Gleichzeitig ging Erdoğan militärisch gegen die Kurdenmilizen im Norden Syriens vor, weil er ein erneutes Aufflammen der Autonomiebestrebungen auch in der Türkei befürchtet. Auch beim Wachstum des IS spielte die Türkei eine ambivalente Rolle, werden ihr doch von Seiten der internationalen Staatengemeinschaft beispielsweise logistische Hilfestellungen für die Extremisten (Nachschubwege, Waffen, medizinische Hilfe) unterstellt.

Im Norden Syriens kämpfen nun die Kurden für eine größere Autonomie ihrer Gebiete. Sie verfolgen damit ähnliche Ziele wie die Kurden im Irak, die in den vergangenen Jahren weitreichende Autonomierechte erlangt haben. Die Türkei fürchtet ein Übergreifen des Konflikts auf ihr Territorium und ein Erstarken der verbotenen PKK. Bislang konnten die Kurden sich erfolgreich gegen die Eroberung ihrer Gebiete durch den Islamischen Staat wehren. Als Symbol dafür gilt der Kampf um Kobane an der syrisch-türkischen Grenze, den die kurdischen Kämpfer nach erbitterter Gegenwehr für sich entscheiden konnten.

Der Islamische Staat tritt seit 2013 als ein wesentlicher Faktor in Syrien auf. Nachdem die Terrorgruppe zusammenhängende Gebiete im Nordwesten des Irak und im Osten Syriens erobert hatte, rief sie im Juni 2014 das Kalifat aus. Ihr Anführer Abu Bakr al-Baghdadi sieht sich als Nachfolger Mohammeds und als politisches und religiöses Oberhaupt aller Muslime. Das Vorrücken des IS hat dazu geführt, dass der Konflikt international inzwischen anders bewertet wird. Zunehmend steht nicht mehr der Kampf gegen Machthaber Assad im Fokus der westlichen Staatenwelt, sondern die Verhinderung der weiteren Ausbreitung des IS. Seit September 2014 fliegen die USA und die mit ihr verbündeten Staaten der Anti-IS-Allianz (u.a. Katar, Türkei, Saudi-Arabien, VAE, Bahrain) Luftangriffe gegen den IS, bisher ohne großen Erfolg. Seit September 2015 werden sie von Frankreich unterstützt, das sein Engagement nach den Terroranschlägen von Paris im November 2015 noch verstärkte. Auch Russland hat mit Luftschlägen in den Konflikt eingegriffen. Der russische Präsident Putin verfolgt mit dem Eingreifen vor allem seine Eigeninteressen im Land. Er will die militärischen Stützpunkte Russlands in der Mittelmeerregion halten. Ein weiteres Ziel könnte dagegen ein Ablenken vom Ukrainekonflikt sein.

Die Bewertung des Assad-Regimes hat sich angesichts der militärischen Erfolge des IS geändert. Vor allem die EU-Staaten waren der Ansicht, eine Lösung des Konfliktes könne nur nach Absetzung des Assad-Regimes gefunden werden. Mittlerweile werden aber die Stimmen lauter, die sich eine Lösung des Konflikts nun nur mit der Hilfe Assads vorstellen können. Frankreichs Präsident Hollande, der zuvor noch die Absetzung Assads gefordert hatte, erklärte nach den Attentaten von Paris, nicht der Kampf gegen Assad sei das vorrangige Ziel Frankreichs in Syrien, sondern der Kampf gegen den IS. Unter dem Eindruck des zunehmenden Flüchtlingsstroms aus Syrien nach Europa plädierten auch weitere europäische Politiker dafür, Assad in die Suche nach einer Lösung des Konflikts einzubeziehen. Militärisch gilt die verfahrende Situation nur dann als annähernd lösbar, wenn die externen Akteure mit Bodentruppen in den Krieg eingreifen (boots on the ground) oder ihre Unterstützung (so etwa der Iran) für das syrische Regime einstellen (Militärberater, Spezialkräfte, Ausbilder). Trotz der weltweiten Bemühungen gelingt es noch nicht, den Nachschub an Waffen und Kämpfern für den IS zu stoppen. Somit ist es sehr wahrscheinlich, dass die Zahlen der Kriegsopfer (seit 2011 ca. 400.000) und Flüchtlinge weiter steigen werden.

Mittlerweile gibt es auch Versuche, den Konflikt diplomatisch zu lösen. Formate wie Genf I und Genf II (die Vermittlung durch einen UN-Gesandten) haben sich nicht bewährt, Waffenstillstandszonen konnten nicht durchgesetzt werden. Selbst die Berichte über die Vernichtung des Chemiewaffenarsenals (nach Einsätzen im August 2013) sind wohl verfrüht gewesen. Die syrische Opposition hat sich seit 2011 inhaltlich verändert und mit der im November 2012 in Katar gegründeten Nationalen Koalition der Syrischen Revolutions- und Oppositionskräfte erstmals so etwas wie einen Dachverband erhalten, der von mehr als 130 Staaten als die einzige legitime Vertretung des Landes betrachtet wird.

Auf der Syrien-Konferenz im November in Montreux 2014 einigten sich die nach Ausschluss der syrischen Kurden verbliebenen Delegierten und Vertreter von 20 Staaten und Organisationen auf einen möglichen Fahrplan zur Beilegung des Konflikts. Baschar al-Assad soll demnach in die Konfliktlösung ausdrücklich einbezogen werden. Die Teilnehmer der Konferenz, darunter der Iran und Saudi-Arabien als Gegner im Syrien-Konflikt, haben damals zugesagt, dass sie sich um einen Waffenstillstand zwischen den einzelnen Kriegsparteien bemühen wollen. Dass Baschar al-Assad im April 2016 und damit mitten im Bürgerkrieg ein neues Parlament hat wählen lassen, in dem seine Baath-Partei die Mehrheit der Sitze hat, überrascht wenig.

Am 20.12.2016 gaben unterdessen Russland, die Türkei und der Iran mit der Moskauer Deklaration erstmals einen gemeinsamen Ansatz für die Einleitung des Friedensprozesses für Syrien bekannt. Demnach verstehen sich diese drei Staaten nunmehr als Garantiemächte für die Souveränität und Integrität Syriens, von den USA ist hier keine Rede. Der daraufhin von Russland verhängte Stopp der Bombardierungen und die militärische Niederlage der Rebellen in der Stadt Aleppo machten den Weg frei für Gespräche in der kasachischen Hauptstadt Astana, die ihrerseits eine neuerliche UN-Friedenskonferenz in Genf vorbereiten sollten. Ob dieser neue Anlauf tragfähig ist, muss bezweifelt werden, da die Opposition in Syrien auch weiterhin stark zersplittert und damit nicht verhandlungsfähig ist. Ferner haben die islamistischen Terrorgruppen angekündigt, ihren Kampf für den Gottesstaat fortzusetzen.

Literatur

Alexander, Yonah; Alexander, Dean (2015): The Islamic State. Combating the Caliphate Without Borders. Lanham.

Becker, Petra (2015): Syrien: Ein Sunna-Schia-Konflikt? In: Zeitschrift für Außen- und Sicherheitspolitik, November 2015, Volume 8, Issue 4,

S. 483–493, online unter: http://www.swp-berlin.org/fileadmin/contents/products/sonstiges/Syrien_Ein_Sunna-Shia-Konflikt.pdf [14.11.2015].

Darrah, Usahma Felix (2014): Geschichte Syriens im 20. Jahrhundert und unter Bashar Al-Asad. Von nationaler Selbstbehauptung bis zum gesellschaftlichen Aufbruch. Marburg.

Dittmann, Andreas (2014): Der Nahe Osten zerfällt. Zur historisch-politischen Geographie des Raumes zwischen Levante und Mesopotamien. In: Geographische Rundschau 10, S. 50–57.

Eckelt, Marcus (2011): Syrien im internationalen System. Die Politische Ökonomie des syrischen Ba'th-Regimes vor und nach der doppelten Zäsur 1990. Münster.

Ghrawi, Amer Nizar (2015): An Elusive Hope. State Reform in Syria, 2000–2007. Berlin.

Haddad, Bassam (2013): Business Associations and the New Nexus of Power in Syria, in: Aarts, Paul and Cavatorta, Francesco (eds.): Civil Society in Syria and Iran. Activism in Authoritarian Contexts. London.

Helberg, Kristin (2012): Brennpunkt Syrien. Einblick in ein verschlossenes Land. Freiburg.

Hokayem, Emile (2012): Syria and its Neighbours. In: Survival. Global Politics and Strategy, Volume 54, No. 2. Washington, S. 7–14.

Jud, Andrea; Schumann, Christoph (2013): Staatliche Ordnung und politische Identitäten in Syrien. In: Aus Politik und Zeitgeschichte, Beilage zur Wochenzeitung ‚Das Parlament' 8/2013, 18. Februar 2013, S. 44–49.

Kirchner, Magdalena (2014): Flächenbrand mit Ansage. Wie der syrische Bürgerkrieg droht, die gesamte Region zu destabilisieren. In: S+F. Sicherheit und Frieden 4/2014, S. 248–253.

Kraitt, Tyma (2013): Das Scheitern des Damaszener Frühlings: Baschar al-Assads uneingelöste Versprechen, in: ders. und Fritz Edlinger (Hg.): Syrien. Hintergründe, Analysen, Berichte. Wien, S. 45–58.

Lange, Katharina (2013): Syrien: Ein historischer Überblick. In: Aus Politik und Zeitgeschichte, Beilage zur Wochenzeitung ‚Das Parlament' 8/2013, 18. Februar 2013, S. 37–43.

Lemke, Bernd (Hg./2016): Irak und Syrien. Paderborn.

Lenkfeld, Karin (2016): Flächenbrand. Syrien, Irak, die arabische Welt und der Islamische Staat. 2. Aufl. Köln.

Poggendorf, Monique (2015): Syrien. In: Gieler, Wolfgang (Hg.): Handbuch Außenpolitik Nahost. Eine grundlegende Einführung in die Außenpolitik der Staaten des Nahen und Mittleren Ostens. Münster, S. 215–228.

Röhrich, Wilfried (2016): Fronten des Dschihadismus. Der islamische Staat, al-Quida und der Syrien-Konflikt. Berlin.

Stolleis, Friederike (2014): Zwischen Chemiewaffen und Islamisten. In: Bender, Larissa: Innenansichten aus Syrien. Frankfurt a. M., S. 239–248.

Wieland, Carsten (2015): Syrien. Online abrufbar unter: http://www.bpb.de/internationales/weltweit/innerstaatliche-konflikte/54705/syrien [12.11.2015].

Bastian Balzer

Tunesien

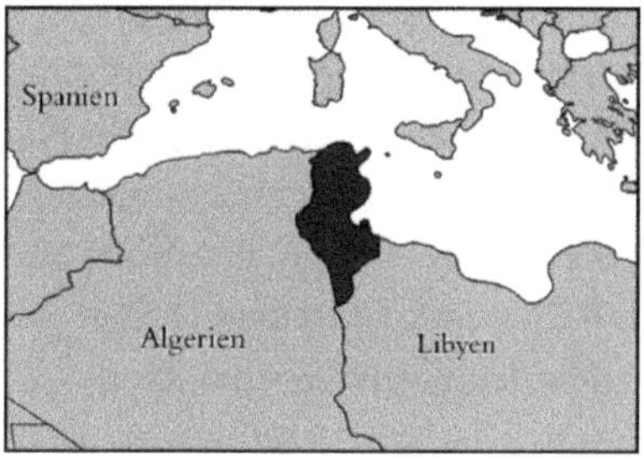

Offizieller Name:	Tunesische Republik (al-Dschumhūriyya at-Tūnisiyya)
Staatsform:	Präsidialrepublik
Unabhängigkeit:	20. März 1956 (von Frankreich)
Nationalfeiertag:	20. März (Unabhängigkeitstag); 14. Januar (Revolutionstag 2011)
Hauptstadt:	Tunis
Lage:	Nordafrika
Fläche:	163.610 qkm (Weltrang: 90)
Bevölkerung:	11,1 Millionen (Weltrang: 80)
Landesstruktur:	Aufteilung in 24 Gouvernements
Sprachen:	Arabisch, Französisch; Berbersprachen
Religionen:	Sunnitische Muslime (99 Prozent)
Währung:	Tunesischer Dinar
Wirtschaftszweige:	Tourismus, Erdöl, Olivenöl
Mitgliedschaften:	UN, IAEA, ILO, FAO, UNESCO, WHO, IWF, ICAO, UPU, WMO, OSZE, WTO, AU, Arabische Liga, AMU, GAFTA, Bewegung der Blockfreien, EU (assoziiert)
Wichtigste Medien:	Fernsehen, Hörfunk: Staatlicher Rundfunk und Fernsehen ERTT (Etablissement Radiodiffusion Télévision Tunisienne) und Kanal 21, italienisches Fernsehprogramm (RAI I): per Satellit (Arabsat/Astra) arabische, zahlreiche europäische, auch deutsche Programme. Seit neuestem auch private tunesische Unterhaltungssender. Zeitungen: Tageszeitungen: La Presse, Le Quotidien, Le Renouveau, Al Hourria, Essahafa, Le Temps, Assabah, Ech-Chourouq; Wochenzeitungen: Réalités, L'Observateur (beide arabisch/französisch); As Sabah Al Ousbue, Al Hadath, Ach-Chaab (Gewerkschaftszeitung UGTT), Al Bayan (Organ des Arbeitgeberverbandes UTICA).

Naturraum und geographische Rahmenbedingungen

Tunesien grenzt im Norden an das Mittelmeer, die Küstenlinie nordwestlich der Stadt Bizerte stellt die geographische Nordspitze des afrikanischen Kontinents dar. Der größte Teil der ca. 1.300 km langen Küste mit dem Mittelmeer befindet sich im Osten des Landes. Im Südosten grenzt Tunesien an Libyen. Die gemeinsame Grenze mit Algerien erstreckt sich von der Nordwestküste bis an die Südspitze. Tunesien ist mit einer Fläche von 163.610 qkm der kleinste der nordafrikanischen Mittelmeeranrainerstaaten. Die West-Ost-Ausdehnung beträgt lediglich ca. 200 km. Die Nord-Süd-Ausdehnung von ca. 800 km sorgt hingegen dafür, dass Tunesien in unterschiedliche geographische und klimatische Einheiten gegliedert werden kann.

Der Norden des Staates ist im Vergleich zu den weiten Beckenlandschaften des Südens sehr viel hügeliger. An der teils steilen Nordküste erstrecken sich die zwei Höhenzüge des Kroumir (800–1.200 m) und des Mogod (400–600 m). Dort wachsen vor allem Kork- und Steineichen, aber auch Aleppokiefern, Eschen und andere Laubbäume. Als Verlängerung des algerischen Atlas ragt weiter südlich die Dorsale über eine Strecke von ca. 220 km quer durch den Nordteil des Landes bis an das Cap Bon an der Ostküste hinein. Dort befindet sich der Djebel Chambi, welcher mit einer Höhe von 1.544 m die höchste Erhebung des Landes ist. Die Fläche ist teilweise mit Wäldern bedeckt, wird aber vor allem landwirtschaftlich genutzt. Zwischen den beiden Gebirgslandschaften an der Nordküste und der Dorsale befindet sich die Hochfläche des Hohen Tells (bis 1.000 m) sowie an der Grenze zu Algerien und östlich davon das tiefer gelegene Tal des Flusses Medjerda. Dieser fließt ca. 300 km durch Tunesien und mündet im Nordosten in den Golf von Tunis. Er ist der einzige ganzjährig wasserführende Fluss Tunesiens. Die Medjerda Talsenke wird aufgrund ihrer klimatischen Bedingungen landwirtschaftlich genutzt.

Klimatisch kann der Nordteil des Landes als mediterran-humid eingestuft werden. Die Sommer sind mit Durchschnittstemperaturen von mehr als 25 °C heiß und die Winter mit 10 °C angenehm mild. Die 700–1.000 mm Jahresniederschläge an der Küste und die bis zu 1.500 mm Jahresniederschläge der Hochlagen fallen vor allem zwischen November und April. Lediglich die westlichen Abschnitte des Hohen Tells und der Dorsale sind von kontinentalem Klima geprägt, was die Winter kälter macht.

Die ca. 15.000 qkm große Küstenregion südlich des Cap Bon zwischen dem Golf von Hammamet und dem Golf von Gabès wird als „Sahel“ bezeichnet. Diese Region profitiert vom klimatischen Einfluss des Mittelmeeres und kann aufgrund der Niederschlagsverhältnisse ebenfalls landwirtschaftlich genutzt werden. Jedoch regnet es hier mit 200–400 mm pro Jahr und einer höheren Variabilität bedeutend weniger als im Norden des Staates, weswegen vor allem genügsamere Olivenbäume angebaut werden. Zusammenfassend kann eine landschaftsräumliche und klimatische Zweiteilung des Staates festgehalten werden. Der Norden ist eher bergig und das Klima mediterran-humid. Südlich der Klimascheide Dorsale wird es ebener, trockener und heißer.

Geschichtliche Entwicklung bis zur Unabhängigkeit

Das Gebiet des heutigen Tunesiens wurde bereits in der Antike aufgrund seiner geostrategischen Lage mehrfach in Besitz genommen. Von Asien kamen die erobernden Völker stets entlang der nordafrikanischen Küste und aus europäischer Sicht war die Nordspitze Afrikas ebenfalls naheliegender Anlaufpunkt für Eroberungszüge. Im 11. Jahrhundert v. Chr. gründeten die Phönizier (bzw. Punier) 30 km nördlich des heutigen Tunis die Stadt Utica und deren Nachfolger im 9. Jahrhundert v. Chr. das berühmte Karthago, von wo aus über das gesamte westliche Mittelmeer geherrscht wurde. Im Jahr 146 v. Chr. gelang es den Römern, am Ende des Dritten Punischen Krieges, Karthago in Besitz zu nehmen und zu zerstören. Von dem Zeitpunkt an zählte die Küste und das Hinterland des heutigen Tunesiens zum Gebiet der römischen Provinz „Africa proconsularis“. Die Römer waren es, die das Christentum nach Nordafrika brachten, das sich dort sehr viel schneller ausbreitete als in Europa. 429 n. Chr. erreichten die Vandalen von Spanien aus die Nordküste Afrikas und übernahmen die Herrschaft. 104 Jahre später wurden sie von den Byzantinern abgelöst, die jedoch lediglich die Küstenabschnitte eroberten, bewohnten und bewirtschafteten.

Im 7. Jahrhundert kam es zur ersten arabischen Invasion. Nach mehreren Vorstößen eroberten die arabischen Reiter den gesamten Maghreb. Sie gründeten unter anderem Kairouan und Tunis als Handelszentren. Das heutige Tunesien war bis 750 als Provinz „Ifrikija“ zunächst dem Umajjaden von Damaskus unterstellt. Später folgten mit den Abbasiden, Agjlabiden, Fatimiden und Siriden unterschiedliche Herrscher. Eine teilweise Eigenständigkeit wuchs unter den unterschiedlichen externen Machthabern. 1052 fielen die Beni-Hilal-Nomaden in das heutige Tunesien ein. Sie waren als räuberisches Volk weniger an der Herrschaft, als an den Besitztümern und Vorräten der dort lebenden Menschen interessiert. Sie waren auch maßgeblich an der Ausbreitung des Islam beteiligt, dem sich viele der verbliebenen Christen aus Angst anschlossen. Ebenso sorgten sie für die flächenhafte Ausbreitung der arabischen Sprache bis in die berberischen Rückzugsgebiete. 100 Jahre nach ihrem ersten Raubzug konnten sie von den aus Westen kommenden Almohaden wieder vertrieben werden.

Noch während der Hafsidendynastie von 1229 bis 1574 wurde Tunis 1535 von spanischen Truppen besetzt, welche die Stadt jedoch nur kurz in Besitz nehmen konnten. 1574 wurde das gesamte heutige Tunesien osmanisch. Aufgrund der Größe des Osmanischen Reiches und entsprechender Bestrebungen gewann das Gebiet unter der Dynastie der Husainiden ab 1705 eine faktische Autonomie. Erstmals seit Jahrhunderten gingen die Machtverhältnisse von Fremd- auf Landeseliten über. 1846 wurde in Tunesien die Sklaverei abgeschafft und 1869 kam es, nach Abschaffung der Piraterie als bedeutsamer Einkommensquelle, zum Staatsbankrott Tunesiens.

Zuvor hatte eine stark ausgeprägte Korruption zur permanenten Schwächung des Staatshaushaltes geführt. Zahlreiche Staatskredite von Frankreich kamen nur zu einem Bruchteil bei der Finanzverwaltung an. Der Staatsbankrott gab den Franzosen, die bereits ein Protektorat über Algerien hatten, die Möglichkeit, ein ebensolches auch für Tunesien zu erhalten. Der Berliner Kongress erkannte 1878 die französischen Interessen an und das Protektorat wurde zwischen 1881 und 1883 eingerichtet. Für die Tunesier bis heute bedeutsam ist, dass sie nie französische Kolonie waren, sondern immer eine gewisse Eigenständigkeit behalten haben. Großbritannien und Italien scheiterten mit ihrem Vorhaben, den Vorzug gegenüber den Franzosen zu erhalten. Die Italiener hatten als Argument angeführt, dass der italienische Staat geographisch näher liegt und Italiener innerhalb Tunesiens die größte europäische Bevölkerungsgruppe darstellten.

Durch das französische Bildungssystem und Kenntnisse innerhalb der neuen Elite des Staates über Freiheits- und Gleichheitsrechte entstand in Tunesien ab 1907 mit den sogenannten „Jungtunesiern“ eine Bewegung, die sich für die nationale Eigenständigkeit einsetzte. 1920 entstand aus der Bewegung die nationalistische Partei „Destur", welche die Unabhängigkeit Tunesiens zum Ziel hatte und von der sich wiederum 1934 die „Neo-Destur" als radikale Bewegung mit gleichem Ziel abspaltete. Nachdem Tunesien von November 1942 an für ein halbes Jahr Kriegsschauplatz der Europäer war, erstarkte nach dem Ende des Zweiten Weltkrieges der Wunsch nach Unabhängigkeit. Erste Versuche in diese Richtung nach dem Ende des Krieges wurden seitens der Franzosen unterdrückt, die jedoch 1955 anerkannten, dass sie ihre Ansprüche aufgeben mussten und Tunesien 1956 volle Autonomie zustanden. 1957 rief der gewählte Ministerpräsident Bourguiba die Republik aus und ernannte sich zum Staatsoberhaupt. Die auf den Präsidenten zugeschnittene Verfassung Tunesiens stammt aus dem Jahr 1959. Nachdem Frankreich 1962 auch das letzte Stück Sahara und einen französischen Seehafen bei Bizerte aufgab, wurde Tunesien völlig eigenständig.

Bevölkerungsstruktur – speziell ethnische Zusammensetzung

Nachweise für eine Besiedlung des heutigen Tunesiens reichen ca. 100.000 Jahre in die Vergangenheit zurück. Im Süden des Landes wurden Steinwerkzeuge gefunden, die entsprechend datiert werden können. Im Vergleich zu den meisten anderen afrikanischen Staaten scheint die ethnisch-kulturelle Zusammensetzung der tunesischen Bevölkerung überschaubar und eindeutig. Offiziell sind 98 Prozent der Einwohner Araber und in etwa gleicher Höhe muslimische Sunniten. Lediglich 1,2 Prozent der Bevölkerung können dem nomadischen Hirtenvolk der Berber zugerechnet werden. Letztere zeichnen sich durch ihre eigene Kultur aus und besitzen eine eigenständige Sprache. Sie leben in sogenannten Rückzugsgebieten des mitteltunesischen Berglandes, dem Dahargebiet und auf der Insel Djerba. Ein Teil von ihnen hat bis heute eine zumindest noch teilnomadische Lebensweise aufrechterhalten. Der Anteil vor allem französischstämmiger Europäer und anderer afrikanischer Ethnien ist durch ihre geringe Einwohnerzahl zu vernachlässigen. Ihr Anteil liegt jeweils unter einem Prozent. Ebenso verhält es sich mit der religiösen Struktur. Es gibt Minderheiten von Katholiken, Protestanten, Orthodoxen und Juden, die jedoch gemeinsam weniger als ein Prozent der Bevölkerung stellen.

Die kleine ethnische Gruppe der Berber ist aus zwei Gründen von besonderer Bedeutung. Erstens stellen die Berber sozusagen die Urbevölkerung Tunesiens dar. Zwar sind auch sie aus dem westlichen Asien zugewandert, jedoch mindestens 3.000 Jahre vor den Arabern. Hinzu kommt, dass die Berber trotz aller Vertreibungsversuche über die letzten Jahrtausende konstant in Nordafrika vertreten waren. Ein Überleben im Hinterland war vor allem deswegen unter den unterschiedlichen Herrschern möglich, weil sich die Invasoren stets auf die Küste und die Städte konzentrierten. Zweitens muss der Bevölkerungsanteil von heute 1,2 Prozent kritisch vor dem Hintergrund historischer Entwicklungen gesehen werden. Im Laufe der Jahrhunderte fand eine Arabisierung der Berber statt.

Mit den mehrfachen Eroberungen Tunesiens durch arabische Ethnien ging eine natürliche Assimilierung, also eine Anpassung und Vermischung der Berber mit den herrschenden Arabern, einher. Zudem brachte es Vorteile mit sich, Araber zu sein und der führenden Ethnie anzugehören. Dies beginnt damit, dass Araber durch die räuberischen Beni-Hilal weniger bedrängt wurden und setzt sich bis in die Neuzeit fort, in der Araber durch den Staat bevorzugt werden. Zahlreiche Berber legten sich gefälschte arabische Stammbäume zu. Nach mehreren Jahrhunderten ist bei vielen Tunesiern heute unklar, ob es sich bei den Vorfahren um echte Araber handelt oder eine Familie eigentlich berberische Vorfahren hat.

Die tunesische Bevölkerung von etwas über 11,1 Mio. Einwohner ist ungleich über die Fläche des Staates verteilt. Vor allem die landwirtschaftlich ertragreichen und klimatisch attraktiveren Küstenregionen des Nordens sind dicht besiedelt. Ca. 66,6 Prozent der Tunesier wohnen heute in Städten. Knapp zwei Mio. davon in der Großregion um die Hauptstadt Tunis, welche die größte Stadt des Landes ist. Insgesamt ergibt sich für Tunesien eine Bevölkerungsdichte von 66,5 Einw./qkm. Die südlichen Wüstengebiete sind mit ca. drei Einw./qkm deutlich dünner besiedelt. Die Lebenserwartung der tunesischen Bevölkerung ist eine der höchsten Afrikas. Sie liegt bei Männern bei 73,6 Jahren und bei Frauen bei 77,9 Jahren (Angaben beziehen sich auf Neugeborene und das Jahr 2014). Der Bevölkerungsanteil der unter 15-Jährigen von 23 Prozent (2014) ist im internationalen Vergleich eher hoch, aber unter afrikanischen Staaten einer der kleinsten. Die tunesische Bevölkerung wächst mit 0,92 Prozent (2014) vergleichsweise langsam. Damit die junge Bevölkerung gut ausgebildet ist und international mithalten kann, gibt Tunesien mehr als 17 Prozent (2012) der öffentlichen Gesamtausgaben für Erziehung, Ausbildung, Hochschulen und Forschung aus.

Einzige offizielle Amtssprache Tunesiens und Muttersprache nahezu aller Einwohner ist Arabisch. Der in Tunesien gesprochene arabische Dialekt wird als „Derija“ bezeichnet. 1,2 Prozent der Bevölkerung haben das Berberische als Muttersprache. Bedeutsame Nachwirkungen bezüglich der Sprache hat das französische Kolonialerbe. Zahlreiche amtliche und wissenschaftliche Veröffentlichungen erscheinen in französischer Sprache, das von einem Großteil der Bevölkerung gesprochen oder zumindest verstanden wird und vor allem für den Tourismus und den Handel von zentraler Bedeutung ist. In den Schulen sind Französisch und danach Englisch die wichtigsten Fremdsprachen. Die Bevölkerung Tunesiens ist im afrikanischen Vergleich schulisch gut gebildet. Es besteht die allgemeine Schulpflicht und der Alphabetisierungsgrad wird insgesamt mit 81,8 Prozent (2015) angegeben. Unter der jungen Bevölkerung ist er deutlich höher. Bereits vor Einführung der allgemeinen Schulpflicht galt der Mädchenbildung besondere Aufmerksamkeit durch den Staat.

Wirtschaftsstruktur

In der Antike waren die Produkte der „mediterranen Trilogie“ Wein, Olivenöl und Getreide die häufigsten und rentabelsten Anbauprodukte. Die Römer setzten jedoch eine Monokultur durch und machten Nordafrika zu seiner „Kornkammer“. Auch heute ist die Landwirtschaft von zentraler Bedeutung. Jedoch reichen die Erträge nicht zur vollständigen Ernährung der eigenen Bevölkerung, obwohl rund 50 Prozent der Staatsfläche entsprechend genutzt werden. Im Norden findet überwiegend Getreide- (v.a. Weizen und Gerste), Obst- (v.a. Melonen und Weintrauben), Gemüse- (v.a. Tomaten) und Zitrusfrüchte- (v.a. Orangen) Anbau statt. Im Süden des Staates ist auch der Olivenbaum wieder weit verbreitet. Tunesien ist nach Griechenland der weltweit viertgrößte Exporteur von Olivenöl. Wein wird aufgrund der Tradition und seit der französischen Herrschaft verstärkt wieder angebaut. Jedoch ist der Rebenanbau wegen der kritischen Haltung des Islams gegenüber dem Alkohol heute eher unbedeutend. Dahingegen nutzen tunesische Landwirte den klimatisch benachteiligten Süden des Staates erfolgreich zum Dattelanbau. Tunesien ist heute der weltweit größte Exporteur von Datteln.

Dass 70 Prozent der landwirtschaftlichen Anbaufläche von Kleinbauern bewirtschaftet werden, verdeutlicht, dass zahlreiche Tunesier an der Agrarwirtschaft partizipieren. Im Norden des Landes weiden auf den Grünflächen Rinder, wohingegen in der Mitte und im Süden des Staates die genügsameren Weidetiere: Schafe und Ziegen gezüchtet werden. Ebenso wird entlang der Küste (v.a. Golf von Gabès) industrieller Fischfang (v.a. Sardinen, Thunfische und Garnelen) betrieben. Steppengras wird zur Herstellung von Papier bzw. Karton genutzt, und die Eichen im Norden des Landes produzieren Kork, welcher als Halbfertigprodukt exportiert wird. Tunesien ist insgesamt ein rohstoffarmes Land. Es tritt jedoch auf dem Weltmarkt als sechstgrößter Phosphatanbieter auf, welches rund um die Städte Gafsa und Sfax abgebaut wird. Weitere Abbauprodukte des Bergbaus sind Salz, Eisen-, Blei- und Zinkerz. Das Land verfügt mit Erdgas im Golf von Gabès und Erdöl im Süden sowie bei den Kerkennainseln über zwei international gefragte fossile Energieträger. Die Vorkommen sind jedoch nicht mit denen der Nachbarstaaten zu vergleichen.

Die industrielle Produktion ist maßgeblich auf die Exportwirtschaft ausgerichtet. Zu den bedeutendsten industriellen Exportprodukten gehören Textilien und Lederprodukte sowie Erzeugnisse der Elektroindustrie (v.a. Leitungen und Kabel). Da mehr als 80 Prozent des Außenhandels mit der Europäischen Union (v.a. Frankreich: 30 Prozent, Italien: 18 Prozent und Deutschland: 11,2 Prozent; je 2014) stattfindet, ist Tunesien sehr an einem gemeinsamem Wirtschaftsraum des südlichen Mittelmeerraumes mit der EU interessiert. 1995 war Tunesien der erste nordafrikanische Staat, der ein Assoziierungsabkommen mit der EU schloss. Mit dem seit 2012 gewährten Status einer „Privilegierten Partnerschaft“ existiert bereits Freihandel für Industrieprodukte, dem nun aber auch Agrarprodukte und Dienstleistungen folgen sollen. Ein vollständiges Abkommen für den Freihandel mit der EU sind die Ziele der neuesten Verhandlungen. Das Land profitiert maßgeblich von der räumlichen Nähe zu Europa, begibt sich jedoch auch in dessen Abhängigkeit. Aus europäischer Sicht zeichnet sich Tunesien, im Gegensatz zu vielen afrikanischen Staaten, durch seine Verlässlichkeit aus.

Die neue Regierung möchte dieser einseitigen Abhängigkeit jedoch entgegenwirken und zielt, ergänzend zu den Beziehungen der EU, auf den

Ausbau einer ökonomischen Integration mit der regionalen Organisation der Union des Arabischen Maghreb. International ökonomisch vernetzt ist Tunesien somit in der Maghreb Union, der Welthandelsorganisation, der Weltbank und dem Internationalen Währungsfonds. Wichtigste Einfuhrgüter sind Maschinen und Fahrzeuge, sowie Erdölprodukte und Lebensmittel.

Die Erwerbstätigenstruktur von 14,8 Prozent in der Landwirtschaft und Fischerei, 33,2 Prozent in der Industrie und 51,7 Prozent im Dienstleistungssektor weist Tunesien als vergleichsweise modernen Wirtschaftsstaat aus. Innerhalb des tertiären Sektors ist der Tourismus (2014: 7,4 Prozent des BIP und ca. 400.000 Arbeitsplätze) von besonderer Bedeutung. Obwohl nach der Revolution im Zuge des ‚Arabischen Frühlings' wie vor allem aus den zwei terroristischen Attentaten auf touristische Ziele im März (Bardo-Museum) und Juni 2015 (Hotel in Sousse) der Tourismussektor und damit die Tourismuseinnahmen einen deutlichen Rückgang zu verzeichnen haben. Dabei ist zu erwähnen, dass die Tourismuseinnahmen der wichtigste Devisenbringer des Staates ist. Die Flughäfen Djerba und Monastir dienen fast ausschließlich dem Touristentransport. 2008 besuchten erstmals über sieben Mio. Besucher den kleinen Staat mit nur zehn Mio. Einwohnern, 2014 ist diese Anzahl um knapp eine Mio. Besucher gesunken. Insgesamt kann Tunesien fast 30 Mio. Übernachtungen ausländischer Gäste verzeichnen. Erwähnenswert ist der Trend, dass es in den vergangenen Jahren gelungen ist, innerafrikanischen Tourismus zu fördern. Die gezielten terroristischen Attentate auf touristische Anlagen und Besucher werden aber deutliche Einbußen nach sich ziehen.

Da die zahlreichen Hotelbetten nur in den Saisonmonaten nachgefragt werden, sind sie im Winter größtenteils nicht belegt. Ein Teil dieser freien Betten wird erfolgreich für einen wesentlich günstigeren Preis an nordafrikanische Touristen vermietet. Ebenfalls erfolgreich ist Tunesien darin, zusätzlich zum Massentourismus Individualreisen (Wüstentourismus, Oasentourismus, Kameltourismus, sanften Tourismus, Trekkingtouren, Hollywoodtourismus) zu vermarkten.

Zwei weitere bedeutsame Wirtschaftsphänomene sind zu erwähnen: Das eine ist das der „Libyschen Märkte". Da der durch die Ölvorkommen reiche libysche Staat Güter des täglichen Bedarfs stark subventioniert, sind diese dort sehr viel günstiger als in Tunesien. Eine nicht unbedeutende Anzahl Tunesier lebt davon, täglich Waren oder Benzin in Libyen einzukaufen und diese auf Märkten in Südtunesien anzubieten. Das zweite Phänomen ist das der Auslandstunesier. Bis in die 1970er Jahre warb Europa um Arbeitsmigranten. Auch heute gelangen viele junge Tunesier auf unterschiedlichen Wegen nach Europa, um dort zu arbeiten. Diese generationsweise Abwanderung wirkt sich in allen gesellschaftlichen Bereichen aus. Nicht unerheblich sind die damit verbundenen finanziellen Geldflüsse. Ein Arbeitsmigrant trägt dabei oft maßgeblich zur Unterhaltung einer ganzen Familie bei. Je nach Quelle wird davon ausgegangen, dass bis zu eine Mio. Tunesier in Europa leben. Das entspricht 10 Prozent der einheimischen Bevölkerung. Die finanziellen Rückflüsse zu beziffern fällt schwer, sie werden auf mehrere hundert Mio. Euro geschätzt.

Die hohe Arbeitslosigkeit von offiziell 15,2 Prozent (August 2015) ist jedoch weiterhin das größte Problem der tunesischen Regierung. Vor allem Menschen unter 30 mit fast 30 Prozent Arbeitslosigkeit, Frauen mit 60 Prozent Arbeitslosigkeit und potenziell hoch ausgebildete Akademiker mit fast 50 Prozent Arbeitslosigkeit – mit allen sich nachziehenden negativen Folgen – stellen ein gewichtiges Problem dar.

Aktuelle politische Entwicklung

Nach seiner Unabhängigkeit hatte Tunesien erst drei Staatoberhäupter. Die ersten drei Jahrzehnte herrschte Präsident Bourguiba, dessen Politik sich zunächst an westlichen Vorbildern orientierte. Er stand dem Islam kritisch gegenüber, den er als veraltet ansah. Die demokratische Erziehung war sein oberstes Ziel, welches er jedoch mit steigender Machtfülle aufgab. Nachdem der gealterte Staatspräsident Bourguiba sich wirtschaftlich erfolglos in einem islamischen Sozialismus versucht hatte und 1972 sogar eine Staatszusammenlegung mit Libyen geplant hatte, wuchs mit dem Unmut der Bevölkerung auch der Wunsch nach einem Neubeginn.

Dieser fand 1987 statt, indem der ehemalige Geheimdienstchef und erst kurz zuvor von Bourguiba selbst ernannte Regierungschef Zine el-Abidine Ben Ali das Amt des Staatspräsidenten übernahm. Er erklärte seinen Vorgänger für regierungsunfähig und stellte ihn unter Hausarrest. Ben Ali wurde seither viermal in seinem Amt bestätigt. Die Bürger waren unter Ben Ali keineswegs frei in ihrem Handeln und die Wahlen mangels Auswahl nicht demokratisch. Staatspräsident und Oberbefehlshaber Ben Ali hatte einen autoritären Führungsstil. Bereits für 1997 hatte Ben Ali demokratische Reformen angekündigt, jedoch diese nie durchgeführt. Es wurden streng islamische Strömungen ebenso unterdrückt wie demokratische Bewegungen. Ben Ali löste zunächst die bis dahin alleinherrschende Destur-Partei auf und gründete mit der linksliberalen RCD (Rassemblement Constitutionnel Démocratique) die Partei, welche bis zu der Revolution des Arabischen Frühlings dominierend in allen politischen, wirtschaftlichen und gesellschaftlichen Bereichen war.

Zwar ist der tunesische Staat im nordafrikanischen Vergleich bezüglich der Meinungsfreiheit liberal, jedoch machte 2000 der Journalist Tawfik Ben Brick durch einen Hungerstreik auf Hausdurchsuchungen und teilweise Folterungen nicht staatstreuer Journalisten aufmerksam. Die Opposition agierte deswegen aus dem Ausland (v.a. aus London) und versuchte, ihre Sicht auf die tunesischen Verhältnisse mittels eines eigenen Fernsehsenders per Satellit zu übermitteln. Da in Tunesien nach der neuen Verfassung nun die Presse keiner Zensur mehr unterliegt, gelingt es auf diesem Wege jetzt, ein ausgeglichenes Meinungsbild zu produzieren. Die mittlerweile überwiegend privaten Medien (Zeitungen, Radio- und Fernsehsender) werden, ebenso wie das Internet, nicht mehr staatlich kontrolliert.

Der wirtschaftliche Kurs Tunesiens ist liberal ausgerichtet. Der Handel und Tourismus verdeutlichen die Öffnung des Landes gegenüber Europa und der westlichen Welt. Handelspolitisch ist Tunesien somit sehr viel stärker mit Europa verknüpft als mit dem afrikanischen Kontinent, dem Maghreb oder der arabischen Welt. Die Liberalisierung der Wirtschaft hat Tunesien ein sicheres Wachstum und intensive Beziehungen mit Investoren aus dem Ausland eingebracht. Den großen Vorwürfen der Benachteiligung einiger Regionen möchte die Regierung mit einem Programm der Regionalentwicklung entgegentreten. Dabei sollen private Investoren durch eine Verbesserung der Infrastruktur aller Regionen angezogen werden.

Den strenggläubigen Muslimen sind die Öffnung und Verflechtung des Staates mit dem Westen sowie die strenge Überwachung ihrer Religion ein Dorn im Auge. Die daraus resultierende Unzufriedenheit war einer der Gründe, warum eine touristisch stark frequentierte Moschee auf der Insel Djerba für einen terroristischen Bombenanschlag im April 2002 ausgewählt wurde. Eine religiöse islamische Gerichtsbarkeit ist in Tunesien abgeschafft und durch Zivilgerichte ersetzt worden. Das Rechtssystem ist nach französischem Vorbild aufgebaut und beinhaltet einige wenige islamische Elemente. Menschenrechtsorganisationen werten einige Verurteilungen angeblich islamischer Terroristen als Schauprozesse.

Die Gleichstellung der Frau ist in Artikel 6 der Verfassung festgeschrieben und wird immer wieder in Reden und Erlassen betont. Somit hat Tunesien diesbezüglich eine Vorreiterrolle in der islamischen Welt inne. Der Staat und seine Organe garantieren Frauen das Prinzip der Monogamie, ermöglichen Scheidungen und erlauben die Ausübung eines Berufes. Frauen sind im Arbeitsalltag seit langem fest integriert. Frauen stellen an den Universitäten die Hälfte aller Studierenden dar. 36 Prozent der Parlamentsabgeordneten der Wahlen von 2014 sind (durch die Einführung einer Paritätsvorschrift bei den Kandidatenlisten) Frauen. Trotz dieser großen Änderungen sind Frauen immer noch nicht vollständig gleichgestellt. So schreibt die Verfassung z.B. eine Gleichheit im Erbrecht vor, die praktisch nicht durchgeführt wird. Innenpolitisch aufschlussreich ist die Politik gegenüber der berberischen Minderheit. Seitdem sich aus der touristischen Vermarktung der berberischen Kultur Chancen ergeben, sind auch in den vergangenen zwei Jahrzehnten die Rechte der Berber gestärkt worden. Seither bekennen sich auch zahlreiche arabisierte Berber zu ihrer Tradition, entledigen sich ihrer gefälschten Stammbäume und verdienen mit Berberkultur (Produktion und Verkauf handwerklicher Produkte und Souvenirs, Führungen) ihr Geld.

Im Dezember 2010 kam es vermehrt zu Protesten und Demonstrationen in Tunesien. Hauptursache waren die hohe Arbeitslosigkeit, Korruptionsvorwürfe gegen die Regierung, eine umfassende Armut in der Bevölkerung und immens steigende Preise für Grundnahrungsmittel. Im Januar 2011 eskalierten die Demonstrationen und schlugen in Ausschreitungen um, die die größten Metropolen ergriffen und in deren Folge mehrere hundert Personen starben. Am 11. Januar 2011 löste Ben Ali das Parlament auf und setzte sich in Reaktion auf die anhaltenden Proteste ins Ausland ab. Der Verfassungsrat übertrug daraufhin die Regierungsgeschäfte interimistisch auf den Parlamentspräsidenten Fouad Mebazaâ und die neu geformte ‚Nationale Einheitsregierung'. Wahlen für eine verfassungsgebende Versammlung wurden für den Oktober 2011 anberaumt und im Dezember desselben Jahres wurde der Menschenrechtsaktivist Moncef Marzouki als Interimspräsident gewählt. Dieser ernannte am 24. Dezember Hamadi Jebali zum Ministerpräsidenten. Darüber hinaus wurde seit Februar 2012 über eine neue Verfassung verhandelt, die – nach mehreren Verschiebungen und einer Monate langen politischen Krise – am 7. Januar 2014 ratifiziert wurde. Hervorzuheben ist, dass die neue Verfassung Glaubens- und Gewissensfreiheit garantiert sowie die Gleichstellung von Mann und Frau beinhaltet, was sich insbesondere in einer Quote bei der Besetzung von Posten in den Regionalparlamenten und -räten äußert.

Die ersten post-revolutionären Präsidentschafts- und Parlamentswahlen wurden am 26. Oktober 2014 abgehalten, bei denen Mohamed Beji Caid Essebsi von der säkularen Nidaa Tounes Partei mit 55,68 Prozent der Stimmen – bei einer Wahlbeteiligung von 69 Prozent – gewählt wurde. Als Prioritäten ihres politischen Handelns hatte die neue Regierung vor allem die Verbesserung der Sicherheitslage und weitreichende Reformen in der Wirtschaft auszuarbeiten und zu implementieren. Die jüngsten Terroranschläge im Juni 2015 zwangen die Regierung dazu, einen erneuten Ausnahmezustand zu verhängen.

Die Revolution in Tunesien gilt als Initialbewegung des ‚Arabischen Frühlings', der in seinem Verlauf Länder wie Libyen und Ägypten erfasste und sukzessive alte Herrschaftsstrukturen aufbrach und eine Welle der Demokratisierung in vielen Staaten des Maghreb und des Mittleren Ostens auslöste. Es ist hierbei zu erwähnen, dass das Tunesische Quartett für den „nationalen Dialog", in der schweren Phase der politischen Unruhen, mit dem Friedensnobelpreis belohnt wurde (Oktober 2015). Dabei hatte die Gruppe des Tunesischen Quartetts, bestehend aus dem tunesischen Gewerkschaftsverband (UGTT), dem Arbeitgeberverband (UTICA), der Menschenrechtsliga (LTDH) und der Anwaltskammer, einen friedlichen Übergang zur Demokratie durch einen nationalen Dialog geebnet, nachdem der Machthaber Ben Ali durch die Unruhen des sogenannten Arabischen Frühlings gestürzt worden war. Als das Land am Rande des Bürgerkriegs gestanden hatte, habe das Quartett einen „alternativen, friedlichen politischen Prozess etabliert", lautete die Begründung aus Oslo. Durch diese Initiative wurde „ein verfassungsmäßiges Regierungssystem errichtet, das der gesamten Bevölkerung grundlegende Rechte garantiert, ungeachtet des Geschlechts, der politischen Überzeugung oder des religiösen Glaubens".

Außenpolitisch ist Tunesiens Engagement vielfältig, so war das Land bereits aktiv an der Gründung der Arabischen Liga beteiligt und stellte von 1979 bis 1991 den Generalsekretär. Die außenpolitische Zusammenarbeit mit Europa ist in der Regel auf die wirtschaftlichen Aktivitäten beschränkt. Aber auch hier übernimmt Tunesien eine Vorreiterrolle, wie zum Beispiel bei der Umsetzung des Barcelona-Prozesses und der Gründung der Mittelmeerunion. Die Kontakte zu China sind außenwirtschaftspolitischer Natur.

Die Zusammenarbeit mit den USA hingegen beinhaltet vor allem sicherheitsrelevante Themen, wie die Bekämpfung des Terrorismus, den Irakkrieg und den Umgang mit Israel. Präsident Essebsi besuchte im Mai 2015 US-Präsident Obama in den USA, bei dem Tunesien zu einem wichtigen Verbündeten außerhalb der NATO („Major Non-NATO Ally") wurde.

Eine ebenfalls sicherheitsrelevante Zusammenarbeit findet mit Italien statt. Hierbei geht es um – aus europäischer Sicht illegale – Migration zwischen Afrika und Europa. Aufgrund der geographischen Nähe zum italienischen Festland und den Inseln Sizilien und Lampedusa stellt Tunesien ein wichtiges Abfahrtsland für nächtliche Überfahrten dar. Um die gute wirtschaftliche Zusammenarbeit nicht zu gefährden, gab Tunesien dem Wunsch Europas nach und rüstete in den vergangenen Jahren massiv an der Küste auf, um illegale Abfahrten Richtung Europa im Vorfeld zu verhindern. Vorerst verlagerte sich das Migrationsgeschehen an die libysche Küste. Aber mit dem Ausbruch der neuen Konflikte (Mitte 2014), die nach dem Ende des Bürgerkrieges in Libyen (2011) aufflammten, waren Migranten gezwungen, abermals eine neue Route nach Europa zu suchen. Zudem nahm Tunesien zehntausende libysche Flüchtlinge auf, die vor den neuen kriegerischen Auseinandersetzungen flohen.

Mit Algerien wie auch mit Marokko werden enge wirtschaftliche Beziehungen gehalten. Mit den ähnlichen Problemen von Terroranschlägen verbinden sie zudem eine enge Zusammenarbeit in der Terrorbekämpfung und im Sicherheitsbereich. Die tunesisch-ägyptischen Beziehungen sind mit der für sie undemokratischen Absetzung des Staatsoberhauptes Mursi durch die neue Militärregierung praktisch auf Eis gelegt. Tunesien versucht aus wirtschaftlichen und auch aus Friedens- und Sicherheitsgründen, eine engere regionale Zusammenarbeit der Länder des arabischen Maghreb (nach Vorbild der EU) wieder neu zu beleben und auszubauen. Jedoch bringen unterschiedliche Spannungen innerhalb dieser Länder dieses Vorhaben immer wieder zum Erliegen.

Literatur

Auswärtiges Amt (2015): ‚Tunesien: Wirtschaft', unter: http://www.auswaertiges-amt.de/diplo/de/Laenderinformationen//Wirtschaft.html [15.12.2015].

Axtmann, D. (2007): Reform autoritärer Herrschaft in Nordafrika. Verfassungs- und Wahlrechtsreformen in Algerien, Tunesien und Marokko zwischen 1988 und 2004. Wiesbaden.

Balzer, B. (2009): ‚Im Vorhof der Festung Europa: Die Rolle von Fuerteventura und Lampedusa als Trittsteine afrikanischer Migrationsbewegungen in der Wahrnehmung der Zielländer', in: Dittmann, A.; Gieler, W. u. Pinto Escoval, A. (Hg.) Entwicklungsforschung. Beiträge zu interdisziplinären Studien in Ländern des Südens 6. Berlin.

Bantle, S. (1994): ‚Schattenhandel als sozialpolitischer Kompromiß: die ‚Lybischen Märkte' in Tunesien. Informelle Kleinimporte, Wirtschaftsliberalisierung und Transformation', Studien zur Volkwirtschaft des Vorderen Orients 6. Münster.

Berriane, M. (2001): ‚Arbeitsmigration aus Nordafrika und ihre Auswirkung auf die Herkunftsgebiete', Geographische Rundschau 53 (6), S. 38–42.

CIA World Factbook (2015): 'Tunisia', unter: https://www.cia.gov/library/publications/theworld-factbook/geos/ts.html [15.12.2015].

Der Spiegel (2005): ‚Tunesien', Jahrbuch. Zahlen, Daten, Analysen, München, S. 540–541.

Escher, A.; Riempp, E. u. Wüst, M. (2008): ‚Auf den Spuren von Sternenkriegern und Seepiraten. Auswirkungen von Hollywoodfilmen in Tunesien', Geographische Rundschau 60 (7–8), S. 42–48.

Forstner, M. (2001): ‚Sprachen und Kulturen', Informationen zur politischen Bildung 272 – Afrika II, S. 7–10.

Gaede, P.-M. (Hg.) (2006): ‚Tunesien', GEO Themenlexikon. Unsere Erde. Länder, Völker, Kulturen. Gütersloh, S. 1420–1427.

Gerlach, J. (2001): ‚Nordafrikas Medienlandschaft', Informationen zur politischen Bildung 272 – Afrika II, S. 8.

Germany Trade & Invest (2009): ‚Wirtschaftsdaten kompakt: Tunesien', unter: http://www.gtai.de/ext/Einzelsicht-Druck/DE/Content/__

SharedDocs/Links-Einzeldokumente-Datenbanken/fachdokument,templateId=renderPrint/PUB200905148056.html [15.12.2015].

Germany Trade & Invest (2009): ‚Wirtschaftstrends: Tunesien', unter: http://www.gtai.de/ext/Einzelsicht-Druck/DE/Content/__SharedDocs/Links-Einzeldokumente-Datenbanken/fachdokument,templateId=renderPrint/PUB200907178010.html [15.12.2015].

Gießner, K. (1998): ‚Wasserhaushalt in Tunesien', Geographische Rundschau 50 (7–8), S. 414–421.

Haarmann, U. (2004): Geschichte der arabischen Welt. München.

Institut für Zeitgeschichte (2004): ‚Akten zur Auswärtigen Politik der Bundesrepublik Deutschland', Auswärtiges Amt (Hg.). München.

Institut National de la Statistique Tunisie (2009): unter: http://www.ins.nat.tn/indexfr.php [15.12.2015].

Kassah, A. (2002): ‚Die tunesische Inselgruppe der Kerkenna', Geographische Rundschau 54 (4), S. 40–45.

Lessmeister, R. u. Scherle, N. (2008): ‚Abseits ausgetretener Pfade? Spezialreiseangebote in den Maghrebländern', Geographische Rundschau 60 (7–8), S. 4–9.

Marx, C. (2004): Geschichte Afrikas. Von 1800 bis zur Gegenwart. Berlin.

Mattes, H. (2002): Nahost. Jahrbuch 2002. Politik, Wirtschaft und Gesellschaft in Nordafrika und dem Nahen und Mittleren Osten, Deutsches Orient Institut (Hg.). Opladen.

Mensching, H. (1968): ‚Tunesien', Wissenschaftliche Länderkunden 1. Darmstadt.

Observatory of Economic Complexity (2015): 'Tunisia', unter: https://atlas.media.mit.edu/en/profile/country/tun/ [15.12.2015].

Rheichmuth, P. (2007): ‚Tunesien', in: Gieler, W. (Hg.) Die Außenpolitik der Staaten Afrikas. Ein Handbuch. Paderborn, S. 456–469.

Schliephake, K. (2001): ‚Arabische Maghrebstaaten. Von der Antike bis zum Ende der Kolonialzeit', Informationen zur politischen Bildung 272 – Afrika II. Bonn, S. 16–19.

Schliephake, K. (2001): ‚Von der Kornkammer zum Industrieraum', Informationen zur politischen Bildung 272 – Afrika II. Bonn, S. 35–39.

Ultes, S. (2014): Systemtransformation in der Arabischen Welt. Akteurskonstellationen in Tunesien und Bahrain. Eine vergleichende Untersuchung. München.

Willis, M. J. (2014): Politics and Power in the Maghreb: Algeria, Tunisia and Morocco from independence to the Arab Spring. Oxford/New York.

Wöhler-Khalfallah, K.K. (2004): Der islamische Fundamentalismus, der Islam und die Demokratie. Wiesbaden.

Zemni, S. (2015): 'The Extraordinary Politics of the Tunisian Revolution: The Process of Constitution Making', Mediterranean Politics 20 (1), S. 1–17.

Zielhofer, C. (2006): ‚Römische Landnutzung und deren Einfluss auf die antike Umwelt in Nordtunesien', Geographische Rundschau 58 (4), S. 22–29.

Wolfgang Gieler

Türkei

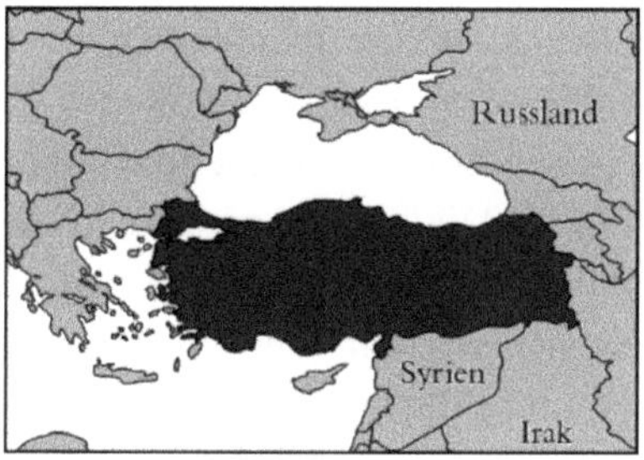

Offizieller Name:	Republik Türkei
Staatsform:	Parlamentarische Republik
Unabhängigkeit:	20. Oktober 1923 (Nachfolgestaat des Osmanischen Reiches)
Nationalfeiertag:	29. Oktober (Tag der Republik)
Hauptstadt:	Ankara
Lage:	Kleinasien
Fläche:	779.452 qkm (Weltrang: 36)
Bevölkerung:	78,6 Millionen (Weltrang: 18)
Landesstruktur:	81 Provinzen
Sprachen:	Türkisch, Kurdisch
Religionen:	Islam (99,8 Prozent)
Währung:	Türkische Lira
Wirtschaftszweige:	Textilindustrie, Tourismus, Automobilindustrie
Mitgliedschaften:	UN, NATO, Europarat, OECD, OIC, EG-Assoziierungsabkommen, EU-Zollunion, Assoziiertes Mitglied der WEU
Wichtigste Medien:	**Fernsehen:** Habertürk, TRT Haber, CNN-Türk, ATV **Rundfunk:** Yaşam Radyo, Karmaturka, Radyo Cagri, Radyo Vizyontürk, Radyo Trabzon **Zeitungen:** Zaman, Hürriyet, Habertürk, Sözcü, Yeni Şafak, Türkiye, Milliyet

Naturraum und geographische Rahmenbedingungen

Das Staatsgebiet der Republik Türkei (Türkiye Cumhuriyeti) mit der Hauptstadt Ankara umfasst eine Fläche von 779.452 qkm. Die geographische West-Ost-Ausdehnung beträgt dabei etwas mehr als 1.500 km, bei einer Breite von Nord nach Süd von 500 bis 600 km. Zudem erstreckt sich das

Staatsgebiet der Türkei über zwei Kontinente, wobei sich der größte Teil Anatolien (ca. 97 Prozent) auf dem asiatischen Kontinent befindet. Den europäischen Teil bildet das östlich gelegene Thrakien, das ca. 3 Prozent des Staatsgebiets bildet.

Die Staatsfläche wird umschlossen von Grenzen, die geopolitisch äußerst günstig liegen. Etwa 2.700 km Landesgrenzen stehen rund 5.900 km Seegrenzen (ohne Inseln) gegenüber und von den Landesgrenzen folgen zudem die Grenzen gegen Iran weitgehend Gebirgskämmen in einem siedlungsarmen Hochland. Die Seegrenze liegt im Westen am Ägäischen Meer, im Süden am Mittelmeer und im Osten am Schwarzen Meer. Die Landesgrenzen ergeben sich aus den Grenzen zu den acht Nachbarländern: Griechenland (206 km) und Bulgarien (240 km) im Nordwesten, im Nordosten Georgien (252 km), Armenien (268 km), Aserbaidschan (Exklave und autonome Republik Nachitschewan, 9 km), im Osten an den Iran (499 km) und im Süden an den Irak (352 km) und Syrien (822 km). Außerdem zählt das verlegte Grab Suleiman Schahs (vorher am Qual'at Dschabar) in der syrischen Stadt Sarrin als eine offizielle Exklave und wird als Hoheitsgebiet von türkischen Soldaten bewacht.

Das Staatsgebiet ist somit dreimal so ‚lang' wie ‚breit', wodurch sich beträchtliche Abstufungen im Typus der Landschaft schon wegen der Dimension und Erstreckung ergibt. Um den verschiedenen Abstufungen im Typus gerecht zu werden, wird die Türkei geographisch in sieben Regionen unterteilt: Die Marmararegion liegt im Nordwesten der Türkei und ist die kleinste (67.000 qkm), aber bevölkerungsreichste Region. In dieser Region liegt auch die einwohnerstärkste Stadt Istanbul. Zentralanatolien, das sich im Zentrum der Türkei über eine Fläche von 151.000 qkm erstreckt, ist die zweitgrößte der sieben Regionen. Die Ägäisregion liegt im Westen am Ägäischen Meer und ist mit einer Fläche von 79.000 qkm die fünftgrößte der sieben Regionen. Die Mittelmeerregion im Süden umfasst etwa 15,4 Prozent des türkischen Staatgebiets mit einer Fläche von 120.000 qkm. Die Schwarzmeerregion im Norden der Türkei ist mit etwa 18 Prozent des türkischen Staatsterritoriums (141.000 qkm) die drittgrößte Region der sieben Regionen.

Die Region Südanatolien im Südosten der Türkei ist das kleinste der sieben Gebiete mit einer Fläche von 75.000 qkm (7,5 Prozent des Staatsterritoriums). Ostanatolien ist die flächenmäßig größte (163.000 qkm;

20,9 Prozent des türkischen Staatsterritoriums) und die bevölkerungsärmste Region der sieben türkischen Regionen. Die Einteilung der Regionen erfolgt vor allem nach ähnlichen klimatischen Merkmalen, wodurch sich die Region klimatisch als auch durch ihre Vegetation, Fauna, Flächennutzung, Lage sowie Bodenbeschaffenheiten und geographische Eigenschaften stark voneinander unterscheiden können.

Das Staatsgebiet der Türkei liegt größtenteils auf der Anatolischen Platte, die im Norden und Osten an die Eurasische Platte, im Süden an die Arabische Platte und im Südwesten an die Afrikanische Platte grenzt. Wegen der tektonischen Verschiebung von Kontinentalplatten kommt es vor allem im Norden der Türkei immer wieder zu Erdbeben. Die bedeutendste Erdbebenzone folgt der nordanatolischen Horizontalverschiebungslinie von Marmarameer bis in die Gegend Erzican im westlichen Ostanatolien.

Geschichtliche Entwicklung bis zur Unabhängigkeit

Die Türkei ist erst seit knapp 90 Jahren ein „türkischer" Staat. Er entstand aus dem Osmanischen Reich, dessen Dynastie und dessen Kernvolk zwar türkisch waren, das sich aber in erster Linie als islamischer Staat, als Beschützer der Kalifenwürde und nicht zuletzt als reines Herrschaftsgebilde verstand.

Bis ins 16. Jahrhundert hinein, das als Blütezeit des Osmanischen Reiches angesehen werden kann, vergrößerte sich das Reich im Westen bis an die Grenzen des heutigen Österreichs und Italiens und im Osten bis zum Kaspischen Meer und zum Persischen Golf. Im Norden konnte man Gebiete bis an die Grenze zum russischen Zarenreich (Moldawien, Krim) erobern und im Süden drang man in Teile des heutigen Ägypten bis hin zu Mekka vor. Mit diesen Gebietsgewinnen ging auch ein Zuwachs an verschiedenen Religionen und Ethnien einher, sodass das Osmanische Reich zwar ein islamischer Staat war, aber auch ein Vielvölkerstaat. In den asiatischen Provinzen des Reichs gab es eine große Mehrheit an Muslimen (Türken, Araber, Kurden) mit einer erheblichen Minderheit an Juden und Christen. Auf dem Balkan hingegen gab es eine Mehrheit an Christen (Griechen, Bulgaren, Serben) mit einer Minderheit an Muslimen (Bosnier, Albaner, muslimische Bulgaren etc.).

Nach dem Tode des Sultans Süleyman des Prächtigen im Jahr 1566 begann ein Jahrhundert der Stagnation, das den Abstieg des Osmanischen Reiches einleitete. Im Norden und Nordosten gewann das zaristische Russland immer mehr Gebiete und im Mittelmeerraum verschlechterte sich die Situation durch Niederlagen in Seegefechten gegen die Venezianer. Den endgültigen Wendepunkt brachte die Niederlage des Osmanischen Reiches vor Wien 1683. Die Osmanen wurden von den Österreichern, Venezianern, Russen und Polen gleichzeitig bedrängt und mussten fast ganz Ungarn, Kroatien und Slowenien an Österreich, einige dalmatinische Städte an Venedig und den Schwarzmeerhafen Asow an die Russen abtreten.

In weiteren Kriegen gegen den russischen Zaren bis ins 19. Jahrhundert hinein musste das Osmanische Reich immer weitere Gebietsverluste hinnehmen. Zeitgleich mit den Gefechten gegen Russland kam es zu Aufständen, von denen der Aufstand in Zentralgriechenland nach zehnjährigem Kampf erfolgreich war und so für einen Teil Griechenlands die Unabhängigkeit nach 400 Jahren türkischer Herrschaft brachte. 1829 kam es erneut zu einem Krieg mit dem Zaren, bei dem die russischen Truppen große Teile des Osmanischen Reiches eroberten. Nur ein drohendes Eingreifen Englands konnte verhindern, dass Russland das ganze Reich annektierte. Dass das Osmanische Reich diesen und die folgenden Angriffe noch ein Jahrhundert überstand, hing letztlich damit zusammen, dass England an einer Zerschlagung des Osmanischen Reiches zugunsten Russlands nicht interessiert war. Denn dadurch hätte Russland Zugang zum Mittelmeer bekommen und die Verbindungswege Englands zu seiner Kolonie Indien bedroht.

In den 1830er Jahren versuchte Mahmud II., das Osmanische Reich zu reformieren. Die Reformbewegung Tanzimat begann eine beachtliche Modernisierung von Staat und Gesellschaft herbeizuführen. Der Höhepunkt des Erneuerungsprozesses war die Verkündung der ersten osmanischen Verfassung im Jahre 1876. Das Vielvölkerreich wurde formell in eine konstitutionelle Monarchie umgewandelt. Die Reformer erhofften, die auseinanderstrebenden Interessen der einzelnen Völker im Rahmen eines parlamentarischen Systems versöhnen zu können. Alle Untertanen des Sultans, welcher Religion oder welchem religiösen Bekenntnis sie auch angehörten, sollten rechtlich gleichgestellte Bürger desselben osmanischen Vaterlandes sein. Ein Unterfangen, das auf lange Sicht unmöglich schien. Denn es drangen nationale Befreiungsbewegungen der christlichen Völker immer wieder auf die Erstehung ihrer eigenen Nationalstaaten. Ebenso formierte sich in der muslimischen Bevölkerung Widerstand gegen die Reformen. Die Muslime sahen sich einerseits als das staatstragende Volk, fühlten sich aber andererseits wirtschaftlich und sozial schlechter gestellt als die Nichtmuslime.

Neben den erstarkten nationalstaatlichen Interessen der eigenen Bevölkerung führte eine immer stärker werdende ökonomische Abhängigkeit von den europäischen Großmächten zu einer Schwächung des Osmanischen Reiches. 1853 fielen russische Truppen in die türkischen Fürstentümer ein und lösten damit den Krim-Krieg aus, an dem sich alle europäischen Mächte beteiligten. Das Osmanische Reich überstand zwar den Krim-Krieg ohne territoriale Verluste, musste aber politische Zugeständnisse machen und wurde durch die hohen Kriegskosten ökonomisch schwer belastet. Damit das Reich zahlungsfähig blieb, mussten die Osmanen zwischen 1854 und 1875 ca. 5,5 Mrd. Franc an Krediten im Ausland aufnehmen. 1876 konnte ein Staatsbankrott dennoch nicht verhindert werden und die Finanzhoheit wurde an die Großmächte abgetreten. Die siegreichen Befreiungskämpfe der Griechen und Rumänen animierten allmählich auch die anderen von den Osmanen unterjochten nichttürkischen Völker zum Widerstand gegen das Regime.

Bis zum Ersten Weltkrieg kam es auf dem Balkan zu zahlreichen Rebellionen. Hinzu kam, dass Russland weiterhin Kriegspolitik gegen das Osmanische Reich betrieb, um Zugang zum Mittelmeer zu erhalten und ebenso versuchte, die Rebellionen zu ihren Gunsten zu beeinflussen. 1877 griff Russland erneut an. Der Angriff erfolgte auf breiter Front sowohl vom Westen als auch vom Osten. Die Niederlage des Osmanischen Reiches schien besiegelt. Nur ein erneutes Eingreifen Englands, das am Goldenen Horn mit seiner Schiffsflotte Stellung bezog, konnte eine Eroberung Istanbuls verhindern. Auf Vermittlung Bismarcks tagte 1878 in Berlin eine Konferenz, auf der die Neuordnung des Balkans beschlossen wurde. Unter Druck von Österreich-Ungarn und England erhielt Russland nur einen Teil seiner Eroberungen.

Im Inneren des Reiches machte sich Reaktionismus breit. Das aufgrund der Reform von 1878 gewählte Parlament wurde durch den Staatsstreich Abdul Hamids II. aufgelöst und das Osmanische Reich kehrte wieder zur absoluten Monarchie zurück. In den 1880er Jahren entwickelte sich zunächst noch im Verborgenen die „Jungtürkische Bewegung“, die eine bürgerliche Republik anstrebte. Am Beginn noch von der Peripherie des Osmanischen Reiches agierend, um Repressionen zu entgehen, unternahmen sie 1908 einen Militäraufstand, der 1909 zum Sturz des Sultans führte. Die innenpolitischen Auseinandersetzungen wurden von Österreich dazu genutzt, um Herzegowina und Bosnien zu annektieren. Bulgarien, das bis dahin tributpflichtig war, machte sich restlos unabhängig. 1910 folgten Aufstände im Jemen und in Albanien und ein Jahr später annektierte Griechenland die Insel Kreta.

Das Regime der Jungtürken war keine Massenbewegung, sondern eine von Militärs und Bürokraten getragene Oligarchie. Gewerkschaften und politische Organisationen blieben verboten. Bis zum Ersten Weltkrieg musste das Osmanische Reich immer weitere Gebietsverluste und Absplitterungen hinnehmen. Die Aufstände in Jemen und Albanien zeigten, dass auch die islamischen Völker nicht mehr durch religiöse Bande unter dem Banner des osmanischen Imperialismus gehalten werden konnten.

Die jungtürkische Führung schloss bereits am Tage nach der deutschen Kriegserklärung (02.08.1914) an Russland mit der deutschen Militärführung ein Geheimabkommen, beteiligte sich aber zunächst nicht direkt an Kriegshandlungen. Bei Kriegsausbruch war die militärische Lage des Osmanischen Reiches, das schon seit Jahren an verschiedenen Fronten Krieg geführt und zahlreiche Niederlagen erlitten hatte, ausgesprochen ungünstig. Am 18. Dezember 1914 begann der Vormarsch gegen Russland. An der Kaukasusfront musste das Osmanische Reich eine schwere Niederlage hinnehmen. Im Zusammenhang mit diesen Auseinandersetzungen wurde von der türkischen Armee an den Armeniern ein Völkermord verübt, der bis heute als solcher nicht von türkischer Seite, jedoch von den Vereinten Nationen anerkannt wird. Um die Armenier an einer Verbindung zur zaristischen Armee zu hindern, wurde über eine Million Armenier deportiert und getötet.

Im März 1917 eroberten die Engländer und ihre Verbündeten Bagdad und im Oktober Jerusalem. Im September 1918 wurde das Schicksal des Osmanischen Reiches durch die Niederlage an der West- und Ostfront besiegelt. Am 30. Oktober 1918 wurde der türkischen Regierung auf einem britischen Kreuzer in der Bucht vor Mudors der Frieden diktiert. Noch bevor ein „Friedensvertrag“ zustande kam, begannen die Siegermächte mit der Zerschlagung des osmanischen Vielvölkerstaats.

Was folgte, war ein Befreiungskampf gegen die Besatzungsmächte und Anhänger des Sultans, der fast von Beginn an von General Mustafa Kemal Pasa angeführt wurde. Der am 10. August 1920 unterzeichnete Vertrag von Sèvres stellte die Existenz eines Nationalstaates der Türkei generell infrage, sodass Ansehen und Autorität des Sultans von Grund auf erschüttert wurden. Die Nationalisten in Ankara lehnten den Vertrag ab und erklärten sich zur rechtmäßigen Vertretung der Regierung. Bis 1922 existierte sowohl die Sultanregierung in Istanbul als auch die Widerstand leistende Nationalbewegung in Ankara. Die militärischen Erfolge gegen die Besatzer führten dazu, dass auf einer zweiten Friedenskonferenz in Lausanne die Revision des Vertrages von Sèvres durchgesetzt wurde. Am 1. November 1922 erklärte die Nationalregierung das Sultanat für abgeschafft, woraufhin die letzte osmanische Regierung in Istanbul zurücktrat und am 6. November Istanbul von den Nationalisten eingenommen wurde.

1923 wurde von der Nationalversammlung das Kalifat abgeschafft und die Republik ausgerufen. Erster Präsident der Republik Türkei wurde Mustafa Kemal, der später den Ehrennamen Atatürk („Vater der Nation") erhielt, welcher das Land mit Hilfe der von ihm gegründeten und geführten republikanischen Volkspartei regierte. Der Präsident besaß bis auf weiteres diktatorische Vollmachten. Im April 1924 erhielt die Türkei eine neue Verfassung.

Bevölkerungsstruktur – speziell ethnische Zusammensetzung

Die Hauptbevölkerungsgruppen der in der Türkei lebenden 78,6 Mio. Einwohner bilden hauptsächlich Türken (70–75 Prozent), Kurden (18 Prozent) und Araber. Minderheiten sind Armenier, Griechen, Juden, Bosnier, Zaza, Lasen, Tscherkessen, Turkmenen, Jesiden und Roma. Zu Beginn des 20. Jahrhunderts begann eine zunehmende „Türkisierung" im damaligen Osmanischen Reich. Während dort nichtmuslimische Minderheiten und ethnische Gruppen in Millets (Religionsgruppen) meist konfliktfrei nebeneinanderlebten, begann mit dem Prozess der Türkisierung eine Verschmelzung des türkischen Volkes mit dem sunnitischen Islam. Dennoch zeigt sich heutzutage vor allem in Großstädten ein gewisser Mosaik-Charakter. Seit den 1960er Jahren haben sich viele Landflüchtige aus Anatolien in Vereinen und Stiftungen organsiert, die das Brauchtum der Herkunftsregion und Konfessionen pflegen. Über 1.000 Immigrationsvereine der Anatolier, darunter Kultur- und Kulthäuser der Alewiten, Interessensvereine der Rumelier (Ost-Thrakier) und Krimtataren, Kulturvereine der Kasachen und Tataren, der Tscherkessen und anderen Kaukasiern, der Albaner und Bosniaken. Diese ethnischen Gemeinschaften sind in der Regel genauso wie die verschiedenen konfessionellen (Sunniten, Alewiten) und religiöse Gruppen (Griechisch-Orthodoxe und Armenier, Juden und Jesiden) darauf bedacht, ihre Endogamie aufrechtzuerhalten.

Die größte ethnische Minderheit ist die Gruppe der Kurden. Die Anerkennung ihrer kulturellen Rechte spaltet die Türkei schon jahrzehntelang. Neuste Tendenzen zeigen ein Zuspitzen des Konfliktes hin zu gewaltvollen Auseinandersetzungen. Vor allem die Bekämpfung der PKK und zeitgleich der Einzug der prokurdischen Partei (HDP = Halkların Demokratik Partisi; zu Deutsch: Demokratische Partei der Völker) in das Parlament nach der Wahl 2015 befeuern den Konflikt politisch als auch innerhalb der Zivilbevölkerung. In der türkischen Gesellschaft ist die Übernahme von Positions- und Statusbegriffen aus dem familialen, verwandtschaftlichen und religiösen Leben in die öffentliche Sphäre weit verbreitet. Mit der Verwendung von Begriffen wie ağabey (älterer Bruder), baba (Vater), dede (Großvater) und Hoca („religiöse" Lehrer) aus traditionellen sozialen Zusammenhängen wie der Verwandtschaftsgruppen, dem Orden und der religiösen Gemeinschaft werden die an sie gebundenen personalen Verhaltenserwartungen in die Sphäre des öffentlichen Lebens übertragen. 73,4 Prozent der türkischen Bevölkerung leben in Städten, wovon Istanbul mit 14,16 Mio. Einwohnern die größte Stadt als auch das kulturelle Zentrum der Türkei ist. Dabei bleibt eine genaue Angabe der Einwohnerzahl unmöglich, da in Vororten unkontrollierter Zuzug herrscht und illegale Bauten immer wieder vorkommen.

Zivilgesellschaftliches Engagement im Sinne der politischen Einflussnahme auf Staat, Gesellschaft und Wirtschaft ist in der Türkei eine neuere Erscheinung und kommt seit den 1990er Jahren verstärkt vor. Vor allem ein moderner Mittelstand in den großstädtischen Ballungsräumen, dessen Vertreter meist Angehörige der jüngeren Generation sind, leben einen modernen, westlich geprägten, konsumorientierten Lebensstil. Dem gegenüber steht ein moderner Mittelstand des konservativen religiösen Lagers, der ein von religiösen Werten bestimmtes Leben führt und für den der Glaube eine wichtige Rolle spielt. Anhänger der traditionellen Linie haben ihre

Wurzeln oft in der Mili-Görus-Bewegung, der Hauptorganisation des klassischen politischen Islam. Sie bilden den Kern eines religiös-traditionellen Mittelstandes anatolischer Prägung, dessen Angehörige die Leitlinie der islamischen Religion durchaus als gesellschaftsweit verbindliche Verhaltensrichtlinie verstehen.

Obwohl ein Erstarken des zivilgesellschaftlichen Engagements zu verzeichnen ist, konzentriert sich dieses zumeist auf die städtischen Ballungsräume, was auf die dort ausgeprägt vorhandene Mittelschicht zurückzuführen ist. Eine regionale Ausnahme bildet der Südosten der Türkei. Hier konnten sich inzwischen kurdische Nationalbewegungen in der Zivilgesellschaft etablieren und auch andere Nichtregierungsorganisationen immer stärker gegen allgemeine gesellschaftliche Missstände aktiv werden. Dennoch ist einer starken Zivilbevölkerung die oben angedeutete Spaltung der Gesellschaft hinderlich. Einer konservativ-traditionellen Mehrheit steht eine kemalistisch-nationale Minderheit gegenüber. Auch die große Solidarität unter den Frauenorganisationen (z. B. KA-DER) wird immer wieder von Gegensätzen von Laizistinnen und Traditionalistinnen auf die Probe gestellt.

Hervorzuheben sind hierbei die Vorkommnisse im Istanbuler Gezipark, weil unterschiedliche Bevölkerungsgruppen sich diesen Protesten anschlossen. Ursprünglich waren die im Frühling 2013 begonnenen Proteste als Widerstand gegen die Abholzung von Bäumen des Parks zugunsten eines Bauprojektes gestartet, weiteten sich aber auf Aktionen in anderen Städten aus. Mit der Verbreitung von Bildern über die sozialen Netzwerke, die Polizeigewalt und das Vorgehen der Polizei mit Wasserwerfern und Tränengas gegen Demonstranten zeigten, solidarisierten sich Menschen unterschiedlicher ideologischer Richtungen gegen die autokratische Ausrichtung der AKP. Derart gesellschaftsübergreifende Proteste und Debatten bleiben die Ausnahme, wenngleich ein Erstarken der Zivilbevölkerung erkennbar ist.

Wirtschaftsstruktur

Die türkische Wirtschaft wird zunehmend von dem Industrie- und Dienstleistungssektor angetrieben. Dennoch sind ca. 25 Prozent der Beschäftigten im traditionellen Landwirtschaftssektor vorzufinden. Vor allem mit dem ehemaligen Ministerpräsidenten Turgut Özal ist ein radikaler Einschnitt in der Wirtschaftspolitik verbunden, der dazu führte, die Türkei von einem

Agrar- zu einem Industriestaat umzuwandeln. Schon unter dem Gründer Atatürk fand ein Wandel statt, versuchte dieser die industrielle Produktion, die im Osmanischen Reich von den europäischen Mächten abhängig war, auszubauen. Zu dieser Zeit bestand nur eine schwach entwickelte Textilmanufaktur und es mussten zahlreiche Produkte und sogar Nahrungsmittel eingeführt werden. Atatürk forcierte zunächst eine liberale Wirtschaftspolitik. Der Staat sollte lediglich in den Ausbau von Infrastruktur investieren. Da diese Maßnahmen die Wirtschaft nicht auf das erhoffte Niveau brachten (1927: 155 Fabriken und nur 27.000 Industriearbeiter), sah sich der türkische Staat veranlasst, Wirtschaftsunternehmen zu gründen, um Importe langfristig durch eigene Produktionen zu ersetzen.

Dies führte vor allem in den 1930er Jahren zu einer Steigerung der industriellen Produktion. In den 1950er Jahren erlebte die Landwirtschaft, bedingt durch zinsgünstige Kredite für Agrarprodukte und die Abnahme mit Garantiepreisen, einen Aufschwung. Ein Anstieg der Lebensstandards konnte zwar im ländlichen Raum erreicht werden, zeitgleich wurden jedoch durch die Mechanisierung immer mehr Arbeitskräfte frei. Turgut Özal begann nun die türkische Wirtschaft für den Weltmarkt zu öffnen und beschleunigte eine Annäherung an die EU. Importverbote wurden abgebaut, Exporthandelsfirmen aufgebaut und es erfolgte eine Anwerbung ausländischer Investoren. Auf diese Weise veränderte sich die Türkei von einem Agrar- zu einem Schwellenland. Den Weg der liberalen Marktwirtschaft setzt die AKP, die seit 2002 in der Regierungsverantwortung ist, stetig fort und konnte so ein vorübergehendes Wirtschaftswachstum von 10 Prozent generieren.

Anhand politischer Maßnahmen begann die Regierung unter Ministerpräsident Recep Tayyip Erdoğan die Wirtschaft und das Finanzsystem zu reformieren, um den Anschluss der türkischen Wirtschaft an das globale Wirtschaftssystem zu ermöglichen und die Wettbewerbskraft zu fördern. Zwischen 2002 und 2012 wuchs die türkische Wirtschaft um durchschnittlich 4,7 Prozent, wobei sich das Wachstum im Jahr 2014 deutlich abgeschwächt hatte und um 2,9 Prozent auf 10.482 USD pro Kopf wuchs. Dieser Rückgang ist durch eine im Januar 2014 eingeführte kreditbeschränkende Maßnahme zu erklären, welche die Binnennachfrage schwächte.

Vor allem zwischen 2001 und 2008 profitierte die Türkei von den riesigen Kapitalmassen, die über den Globus transferiert wurden. Die Türkei wurde zu einem attraktiven Land für Investitionen, wodurch ein enormes Wirtschaftswachstum generiert werden konnte. Zwischen 2000 und 2010 gelang eine Verdreifachung der Wirtschaftskraft, zudem stieg der Export von 36 Mrd. USD auf 132 Mrd. USD, wobei der Handelsumfang sogar vervierfacht wurde. Hinzu kommt, dass die Türkei versucht auch Staaten neben der EU, vor allem im Nahen Osten und in der Golfregion, verstärkt als Handelspartner zu gewinnen, um einen stärkeren Zufluss von „grünem Kapital" zu generieren.

Mit einem aggressiven Privatisierungsprogramm konnte die staatliche Beteiligung an grundlegenden Industrien, Bankensystem, Transport und Kommunikation reduziert werden. Zudem steigt die Anzahl von mittelständischen Unternehmen und die Automobil-, Bau- und Elektroindustrie gewinnt zunehmend an Bedeutung. Im Jahr 2014 stiegen die türkischen Exporte um knapp 4 Prozent auf 158 Mrd. USD, während sich die Importe um 3,7 Prozent auf 242 Mrd. USD gegenüber dem Vorjahreszeitraum verringerten. Diese Konjunkturabkühlung trug dazu bei, das chronisch hohe Leistungsbilanzdefizit, welches 2011 noch bei ca. 10 Prozent lag, 2014 auf 5,7 Prozent des BIP zu senken. Auch die Eurokrise trug ihren Teil dazu bei, dass die Konjunktur in der Türkei nachließ, da nach wie vor die Europäische Union der wichtigste Absatzmarkt für die Türkei ist. Positiv ist die Staatsfinanzierung hervorzuheben. Mit einem Haushaltsdefizit von 1,4 Prozent und einer Gesamtverschuldung von 33 Prozent 2014 liegt die Türkei mit beiden Indikatoren unter den Maastrichtkriterien, was hinsichtlich eines EU-Beitritts von Bedeutung werden kann. Zudem stieg 2012/2013 die Kapazitätsauslastung der Industrie um 7 Prozent.

Grundlegend kritisch bleibt dabei die hohe Abhängigkeit der türkischen Industrie von importierter Energie und Rohstoffen. Bedingt durch den wirtschaftlichen Aufschwung und die zunehmende Bevölkerungsrate, steigt der Energiebedarf (mehr als 130 Prozent in den letzten 20 Jahren). Dem stehen neben Kohlevorkommen von schlechter Qualität und Wasserkraft keine weiteren Energievorkommen gegenüber. Der Bau von Atomkraftwerken hat bereits begonnen. Dieses Vorhaben muss durchaus kritisch betrachtet werden, da ein Teil der zukünftigen AKWs auf erdbebengefährdetem Gebiet entstehen soll. Mehr als zwei Drittel des Energiebedarfs werden durch Importe gedeckt. Erdöl wird aus Aserbaidschan, dem Nordirak und dem Nahen Osten importiert. 60 Prozent der Energieeinfuhr besteht aus russischem Erdgas.

Die Energieunsicherheit kann sich auf Dauer auch auf die heimische Wirtschaft auswirken, vor allem auf die in der Westtürkei angesiedelte Leicht- und Schwerindustrie (Textil, Fahrzeuge, Chemie, Maschinen, Elektrobranche). Diese tragen insgesamt ca. 25 Prozent zum BIP bei.

Besonders der Textil- und Bekleidungssektor ist, gemessen an der Wertschöpfung, der Anzahl der Beschäftigten und der Exportrate, der wichtigste Sektor. Die Hauptabsatzmärkte sind Russland (542,2 Mio. USD), Italien (418,3 Mio. USD) und Deutschland (213,9 Mio. USD). Ein weiterer wichtiger Sektor ist der Dienstleistungssektor mit einem Anteil von ca. 60 Prozent am BIP. Daran hat vor allem der Tourismus einen großen Anteil. Dieser ist ein wichtiger Wirtschaftssektor und eine wichtige Devisenquelle. Nach Angabe des Türkischen Statistik Instituts (TÜIK) stiegen die Einnahmen um 6,4 Prozent auf 34,3 Mrd. USD im Jahr 2014.

Eine wichtige Wirtschaftsregion ist die Westtürkei mit dem Marmara-Raum und der Ägäis. Die Region Istanbul erwirtschaftet mit ca. 20 Prozent der Bevölkerung 40 Prozent der gesamten Wertschöpfung. Im Gegensatz dazu ist der Südosten und Osten des Landes meist wirtschaftlich rückständig und durch wirtschaftliche Armut gezeichnet. Zentralanatolien ist wie die Provinz Gaziantep dabei, sich wirtschaftlich zu entwickeln, wobei letztgenannte Provinz sich in ihrer Handlungsbeziehung am Irak orientiert. Dennoch hat die türkische Wirtschaft auch einige Schwierigkeiten. Trotz Wirtschaftswachstum herrscht eine relativ hohe Arbeitslosenquote von ca. 10 Prozent (2016). Zudem ist die Wirtschaft stark abhängig von ausländischen Kapitalflüssen und hat mit der Abwertung der Türkischen Lira zu kämpfen (2016 um bis zu 10 Prozent gegenüber dem USD, um 9 Prozent gegenüber dem Euro). Ferner ist die Inflation von ca. 9 Prozent als problematisch zu benennen.

Aktuelle politische Entwicklung

Die aktuelle politische Lage ist sowohl innenpolitisch als auch außenpolitisch extrem angespannt. Innenpolitisch herrscht Präsident Erdoğan zunehmend autokratisch, Meinungs- und Pressefreiheit werden eingeschränkt und auch die Kurdenfrage entflammt erneut in gewaltvollen Auseinandersetzungen. Vor allem das Jahr 2013 war gekennzeichnet durch landesweite bürgerliche Proteste, die jedoch durch massive Polizeieinsätze gegen Demonstranten mit

Todesfolge bekämpft wurden, und die seit Dezember 2013 anhaltenden Auseinandersetzungen zwischen der AKP-Regierung und den Anhängern des in den USA lebenden Predigers Fethullah Gülen. In diesem Kontext wurden massive Korruptionsvorwürfe in der Justiz- und Sicherheitsbehörde gegen die Regierung erhoben. Die türkische Regierung bezichtigt die Gülen-Bewegung des Versuchs eines Staatsumsturzes und stellt die Anhänger unter Terrorismusverdacht. Außenpolitisch stagniert der Prozess des EU-Beitrittes, zudem bekämpft man militärisch die kurdische PKK und ihre Stellungen im Nordirak, beendete somit den 2013 beschlossenen Waffenstillstand. Zeitgleich kämpft die Türkei gegen den Islamischen Staat und muss Herr werden über den massiven Flüchtlingsstrom aus Syrien.

Damit die gegenwärtigen Entwicklungen ansatzweise verständlich werden können, müssen einige geschichtlich-politische Gegebenheiten ansatzweise beleuchtet werden. Zunächst prägen nach wie vor die Erinnerungen an ein starkes Osmanisches Reich und die darauffolgende Machtlosigkeit das Selbstverständnis der Türkei und ihr Verhältnis zu Europa. Staatsgründer und erster Präsident General Mustafa Kemal Atatürk formierte die neue Republik unter sechs Grundprinzipien: (1) Republikanismus als Prinzip der Volkssouveränität als Grundlage aller politischen Entscheidungen; (2) Populismus als Gleichheit der türkischen Staatsbürger; (3) Etatismus, eine bestimmende Rolle des Staates in der Wirtschaft; (4) Reformismus als Ausdruck der Notwendigkeit, die Modernisierungspolitik von oben kontinuierlich fortzuführen; (5) Laizismus, die Trennung von Staat/Politik und Religion; und (6) Nationalismus als Ausdruck für das Zusammengehörigkeitsgefühl der neuen türkischen Bürgerinnen und Bürger. Der von Atatürk propagierte Säkularismus ist bis heute eine der tragenden Säulen des türkischen Staatsverständnisses. Dennoch machte Atatürk das Parlament zum Instrument seiner Republikanischen Volkspartei (CHP) und diese zum Instrument seiner kemalistischen Revolution von oben. Atatürk herrschte theoretisch und praktisch in einem Einparteienstaat.

Nach dem Zweiten Weltkrieg entstand angesichts der wirtschaftlich angespannten Lage und der Unfähigkeit der CHP, auf die Sorgen der Bevölkerung zu reagieren, eine Opposition. In den Jahren darauf zeichnete sich die türkische Republik vor allem durch zahlreiche Regierungen und die damit verbundene Instabilität des politischen Systems aus. Im Zeitraum von 1923 bis 2016 hatte die Republik 65 Regierungen. Diese Instabilität wurde spätestens 2002 mit der Wahl von Recep Tayyip Erdoğan als Ministerpräsident beendet. Die Wahl glich einem politischen Erdbeben. Keine einzige der in der vorhergehenden Legislaturperiode im Parlament vertretenen Parteien schaffte den Wiedereinzug.

Die nur ein Jahr vor der Wahl von Erdoğan gegründete konservative Partei AKP (Partei für Gerechtigkeit und Entwicklung) erzielte auf Anhieb 34,3 Prozent der Stimmen und erlangte damit aufgrund des türkischen Wahlsystems die absolute Mehrheit. Als einzige Oppositionspartei zog die CHP in die Nationalversammlung ein. Ziel der AKP war es, einen neuen Modernisierungsprozess einzuschlagen. Die neue Regierung nahm, direkt den Reformprozess, der sich in den letzten Monaten verlangsamt hatte, wieder auf.

Die Reformen hinsichtlich eines EU-Beitritts veränderten nicht nur das Rechtssystem sowie den Markt tiefgreifend, sondern auch das politische Gefüge des kemalistischen Staates. 2005 kam der Reformprozess jedoch langsam ins Stocken, was teils den zunehmend verhaltenen und negativen Signalen seitens der EU zu einem Beitritt der Türkei anzurechnen ist, teils durch einen Konflikt zwischen dem Staatspräsidenten Ahmet Necdet Sezer und der AKP-Regierung verursacht wurde. Sezer blockierte in der Erdoğan-Epoche Gesetzesentwürfe durch extensiven Gebrauch seines Veto- und Verfassungsklagerechts. Dieser intra-exekutive Streit wurde vor dem Hintergrund des Kulturkampfes zwischen Säkularisten und Islamisten weiter verschärft. Dadurch war auch der Anreiz der AKP begründet, den Posten des Staatspräsidenten mit jemandem aus den eigenen Reihen zu besetzen.

Die AKP hatte im Wahlkampf 2007 die Ausarbeitung einer neuen Verfassung und den Fortgang des Demokratisierungsprozesses angekündigt. Diese Pläne wurden nach der Wahl aber nicht weiter verfolgt. Die Europäische Union hat allerdings während der Beitrittsverhandlungen mit der Türkei weitere Reformen von der Regierung in Ankara gefordert. Im Frühjahr 2010 unternahm Regierungschef Erdoğan einen erneuten Versuch, eine neue Verfassung zu erarbeiten. Nach seiner Vorstellung sollten dadurch die Justiz reformiert, die Bürgerrechte gestärkt und das Parteienrecht geändert werden. Die türkische Verfassung sollte an die Normen der europäischen Demokratie angeglichen werden. Da sich die Regierung nicht mit der Opposition auf einen gemeinsamen Verfassungsentwurf einigen konnte, wurde im Frühjahr 2010 lediglich der Regierungsentwurf einer weiteren Reform von der Nationalversammlung beraten und verabschiedet.

Diese Reform sah Änderungen in 27 Artikeln vor. Die Abgeordneten der AKP stimmten zwar mit einer absoluten Mehrheit für die Vorlage, die verfassungsändernde Zweidrittelmehrheit wurde aber verfehlt. Somit musste der Beschluss in einem Referendum dem türkischen Volk zur Wahl gestellt werden. Am 12. September 2010 stimmten fast 58 Prozent für die Verfassungsänderung. Diese Verfassungsänderung beinhaltet, dass zukünftig der Staatspräsident nicht mehr durch das Parlament, sondern direkt vom Volk gewählt werden sollte. Die zweite Amtszeit Erdoğans, in die auch das Referendum fällt, ist gezeichnet von tiefen innenpolitischen Gräben, in denen sich die Konservativen (AKP) und die Kemalisten (CHP) gegenseitig der Verschwörung und der Manipulation beschuldigen.

Diese Gräben als auch die seit der Mitte der 1980er bestimmende Kurdenfrage prägen bis heute die Innenpolitik. Vor allem entstand die Kurdenfrage durch die Assimilierungspolitik der Türkei in den 1970ern und 1980ern, die zur Unterdrückung kurdischer Kultur und Identität führte. Als Reaktion auf die Assimilierung entstand im Jahre 1978 die Arbeiterpartei Kurdistans (PKK), die seitdem für eine politische Autonomie kurdisch besiedelter Gebiete in der Türkei kämpft. Hinzu kommt eine befürchtete Reislamisierung der Türkei durch die AKP. Zeichen dafür sind u. a. die Verhängung eines Verkaufs- und Ausschankverbotes für Alkohol von 22.00 Uhr bis 06.00 Uhr, die islamische Schulreform mit der Begünstigung der religiösen Prediger-Gymnasien (İmam-Hatip). Auch könnte der inzwischen zum Staatspräsidenten gewählte Erdoğan (seit 2014) das politische System weiter zu einer semipräsidentiellen Demokratie umbauen, um mehr politischen Einfluss zu haben.

Während sogar Verhandlungen mit der einst bekämpften Kurdischen Arbeiterpartei PKK stattfanden und das Kopftuchverbot an Hochschulen aufgehoben wurde, kam es 2009 zu politisch motivierten, rechtsstaatlich fragwürdigen Massenprozessen gegen als Putschisten betrachtete nationalistische und säkularistische Oppositionelle in Armee, Justiz, Politik, Medien, Wirtschaft und Wissenschaft (Ergenekon-Prozesse), bei denen die Angeklagten mit drakonischen Strafen belegt wurden. Zunehmend autoritäre Tendenzen in Form polizeilicher Gewaltexzesse selbst bei friedlichen Demonstrationen und die staatliche Korruptionsaffäre um Erdoğan selbst, die erhebliche Einschränkungen der Presse- und Meinungsfreiheit (zeitweiliges YouTube- und Twitter-Verbot) und Schwächung rechtsstaatlicher Verhältnisse bei Protesten gegen die Regierung hatten zur Folge, dass das Bild der AKP als Reformakteur zur Gewährleistung der EU- bzw. Europatauglichkeit zunehmend in Frage gestellt wird. Eingriffe in die persönlichen Freiheiten als Form der Reislamisierung führten vor dem Hintergrund des bi-polar aufgeladenen Kulturkampfs zwischen säkularen und islamisch-konservativen Kräften nicht selten zu von der Polizei gewaltsam aufgelösten Massendemonstrationen, die diese Polarisierung der Gesellschaft widerspiegeln. Proteste stellten eine Form der Artikulation der Widerrede gegen die AKP dar, da die säkulare Opposition im Parlament die Umbaupolitik der AKP nicht verhindern konnte.

Während die letzten beiden Legislaturperioden eine Alleinregierung für die AKP bedeuteten, reichte es bei den Wahlen 2015 nicht für eine absolute Mehrheit. Trotz deutlicher Verluste wurde sie zwar erneut stärkste Partei, jedoch hat sich durch die Wahl die politische Landschaft verändert. Mit dem überraschenden Einzug der prokurdischen HDP ins Parlament keimten die Hoffnungen eines nachhaltigen Friedensprozesses und die Lösung der Kurdenfrage auf. Mit dem erneut harten Vorgehen der Regierung gegen die PKK und den gescheiterten Koalitionsverhandlungen scheint diese Hoffnung aber unbegründet zu sein. Alle Parteien hatten vor der Wahl eine Zusammenarbeit mit der AKP ausgeschlossen. Da die Koalitionsverhandlungen scheiterten und keine Mehrheit im Parlament zustande kam, wurden für den 1. November 2015 Neuwahlen angesetzt. Die AKP erhöhte bei diesen Wahlen ihren Stimmenanteil um 8,6 Prozent auf 49,5 Prozent. Trotz eines leichten Stimmenverlusts von 2,3 Prozent übersprang die HDP erneut mit 10,7 Prozent die 10-Prozent-Sperrklausel. Im Parlament sind ebenso weiter die CHP mit 25,3 und die MHP mit 11,9 Prozent der abgegebenen Stimmen vertreten.

Am 15. Juli 2016 kam es in der Türkei zu einem Putschversuch. Die türkische Regierung hat daraufhin den Notstand nach Art. 119 und 120 der türkischen Verfassung und des Notstandgesetzes von 1983 ausgerufen. Dieser galt zunächst für drei Monate und in allen 81 Provinzen der Türkei. Im Oktober wurde die Verlängerung des Ausnahmezustands, über den 18.10.2016 hinaus, um weitere drei Monate beschlossen. Hiermit können unter anderem Ausgangssperren kurzfristig verhängt, Durchsuchungen vorgenommen und allgemeine Personenkontrollen jederzeit durchgeführt werden. Personen, gegen die türkische Behörden strafrechtlich vorgehen (etwa im Nachgang des Putschversuchs oder bei Verdacht auf Verbindungen zur sogenannten Gülen-Bewegung), kann die Ausreise untersagt werden.

Außenpolitisch scheint die Lage nicht weniger angespannt als innenpolitisch. Seit Jahrzehnten bestehende außenpolitische Themen wie der EU-Beitritt, die Lösung der Zypernfrage und der neu aufbrechende Konflikt mit den Kurden um ein Autonomiegebiet im Nordirak sind nach wie vor auf der Tagesordnung. Hinzu kommt vor allem die Bedrohung durch den IS an der türkisch-syrischen/irakischen Grenze, bei der die Türkei die von den USA geflogenen Luftangriffe unterstützt. Eine Reihe von Grenzzwischenfällen und terroristischen Anschlägen haben gezeigt, dass die Sicherheit der Türkei unmittelbar vom Konflikt im südlichen Nachbarland betroffen ist. Außerdem gilt es, die Verständigung mit Russland, die durch den Konflikt zwischen Russland und der NATO gelitten hat, zu stabilisieren, da Russland weiterhin ein wichtiger Wirtschaftspartner und Energielieferant ist. Insgesamt bleibt die Außenpolitik, trotz bewusster Ausrichtung auf ihre Region, mancher Rhetorik und starken Differenzen mit Ländern wie Zypern, westorientiert und damit der Leitlinie der türkischen Außenpolitik seit der Zeit Atatürks treu.

Literatur

Adanier, Fikret (1995): Geschichte der Republik Türkei. Mannheim.

Akyol, Cigdem (2015): Generation Erdoğan. Die Türkei – ein zerrissenes Land im 21. Jahrhundert. Wien.

Alaranta, Toni (2014): Contemporary Kemalism. From Universal Secular-Humanism to Externe Turkish Nationalism. New York.

Aydın, Yaşar (2014): “Reflections on the Gezi Park Protest in Turkey – Socio-Political Factors and Subjective Motives”, in: Orient, Jg. 55.

Budak-Fero, Meral (Hg.) (2015): Die Türkei in der Identitätsfalle. Zur Kompatibilität von Kopenhagener Kriterien und türkischem Konstitutionalismus. Baden-Baden.

Bundeszentrale für politische Bildung (2015): Türkei; unter: http://www.bpb.de/izpb/77033/ideologische-grundlagen-und-verfassungsrahmen?p=all (zuletzt abgerufen am 01.10.2015).

Central Bank of the Republic of Turkey (2011): Financial Stability Report, Band 13, November.

CIA, The World Factbook (2015): Turkey, unter: https://www.cia.gov/library/publications/the-world-factbook/geos/tu.html (zuletzt abgerufen am 01.10.2015).

Çopur, Burak (2014): „Erdoğans Umbaupläne", 11.08.2014, Die Zeit Online, http://www.zeit.de/politik/ausland/2014-08/recep-tayyip-erdogan-tuerkei-zukunft/komplettansicht (zuletzt abgerufen am 01.10.2015).

Davutoglu, Ahmet (2013): Turk Republics since Independence: Towards a Common Future. In: SAM-Centre for Strategic Research of the Ministry for Foreign Affairs (Hg.): Vision Paper. Nr. 5. Ankara.

European Commission (2012): Commission Staff Working Document Turkey. 2012 Progress Report-Brussels.

Gieler, Wolfgang (2016): „Es herrschen Misstrauen und Angst", 01.11.2016, Interview Generalanzeiger Bonn, http://www.general-anzeiger-bonn.de/news/wissen-und-bildung/hochschulen/%E2%80%9EEs-herrschen-Misstrauen-und-Angst%E2%80%9C-article3394551.html

Gieler, Wolfgang (2016): „Nach der Wahl. Erdoğans AKP steht vor der Zerreißprobe", 08.06.2015, NTV-Interview, http://www.n-tv.de/politik/Erdogans-AKP-steht-vor-der-Zerreissprobe-article15257226.html

Gieler, Wolfgang; Henrich, Christian Johannes; Henrich, Alica (2014): Konflikte der türkischen Gesellschaft. Hintergründe der Proteste um den Gezi-Park. Bonn.

Gieler, Wolfgang; Friederike Petersen (2013): Der Fall Hrant Dink. Fünf Jahre danach. Berlin.

Gieler, Wolfgang (2013): „Die Neuorientierung der türkischen Außenpolitik zwischen ‚Neo-Osmanismus und regionaler Führungsmacht' – Eine Bestandsaufnahme", in: Leiße, Olaf (Hg.), Die Türkei im Wandel. Innen- und außenpolitische Dynamiken. Baden-Baden, S. 37–53.

Gieler, Wolfgang; Arndt Künnecke (2013): Jahrbuch Türkei 2012. Die wichtigsten Ereignisse des Jahres aus Politik, Wirtschaft, Gesellschaft und Justiz. Bonn.

Gieler, Wolfgang (2013): „Die neue Außenpolitik der Türkei zwischen ‚Neo-Osmanismus und Regionalmachtstellung', unter Beachtung der Unruhen der arabischen Welt“, in: Ruß-Sattar, Sabine; Bender, Peter; Walter, Georg (Hg.), Europa und der Arabische Frühling. Deutschland, Frankreich und die Umbrüche der EU-Mittelmeerpolitik. Baden-Baden, S. 213–225.

Gieler, Wolfgang (2010): „Das türkische Parteiensystem im Spannungsfeld zwischen Religion, Militär und Demokratie“, in: Leiße, Olaf (Hg.), Die Beziehungen der Europäischen Union mit Südosteuropa. Frieden, Sicherheit, Integration. Berlin, S. 227–244.

Gieler, Wolfgang; Christian Johannes Henrich (2010): Politik und Gesellschaft in der Türkei. Im Spannungsverhältnis zwischen Vergangenheit und Gegenwart. Wiebaden.

Günay, Cengiz (2012): Geschichte der Türkei. Von den Anfängen der Moderne bis heute. Wien.

Hanioğlu, M. Şükrü (2015): Atatürk. Visionär einer modernen Türkei. Darmstadt.

Hütteroth, Wolf-Dieter (1982): „Türkei“, in: Storkebaum, Werner (Hg.), Wissenschaftliche Länderkunden, Bd. 21. Darmstadt.

Keyman, Fuat; Yentürk, Nurhan (Hg.) (2010): Debatten zur globalisierten Türkei. Wirtschaft, Politik, Gesellschaft. Berlin.

Ramm, Christoph (2011): „Die Türkei und ihre Politik der ‚strategischen Tiefe‘“, in: Sigrid Faath (Hg.), Die Zukunft arabisch-türkischer Beziehungen. Baden-Baden.

Research Institute (2014): Global Wealth Databook, unter: https://publications.credit-suisse.com/tasks/render/file/?fileID=5521F296-D460-2B88-081889DB12817E02 (zuletzt abgerufen am 01.10.2015).

Schmitt, Eberhard (1988): „Geschichte der Türkei“, in: Schmitt, Eberhard (Hg.), Türkei. Politik, Ökonomie, Kultur. Rieden.

Seufert, Günter (2012): Außenpolitk und Selbstverständnis. Die gesellschaftliche Fundierung von Strategiewechseln in der Türkei. SWP-Studien 2012, http://www.swp-berlin.org/fileadmin/contents/products/studien/2012_S11_srt.pdf. (zuletzt abgerufen am 01.10.2015).

Seufert, Günter (1997): Café Istanbul. Alltag, Religion und Politik in der modernen Türkei. München.

Simon, Martina (2015): Türkei; unter: http://liportal.giz.de/tuerkei/wirtschaft-entwicklung/ (zuletzt abgerufen am 01.10.2015).

Trönde, Dirk (2012): Mustafa Kemal Atatürk. Mythos und Mensch. Zürich.

Weber, Manfred (2016): „Partnerschaft nicht Abhängigkeit“, in: Konrad Adenauer Stiftung: Türkei. Schlüsselmacht einer Region, Politische Meinung 537/2016, S. 25–28.

Yoldas, Yunus; Gümus, Bürak; Gieler, Wolfgang (2015): Die Neue Türkei. Eine grundlegende Einführung in die Innen- und Außenpolitik unter Recep Tayip Erdogan. Frankfurt.

Zürcher, Erik (2004): Turkey. A Modern History. London.

Wolfgang Gieler & Kim Dudek

Vereinigte Arabische Emirate

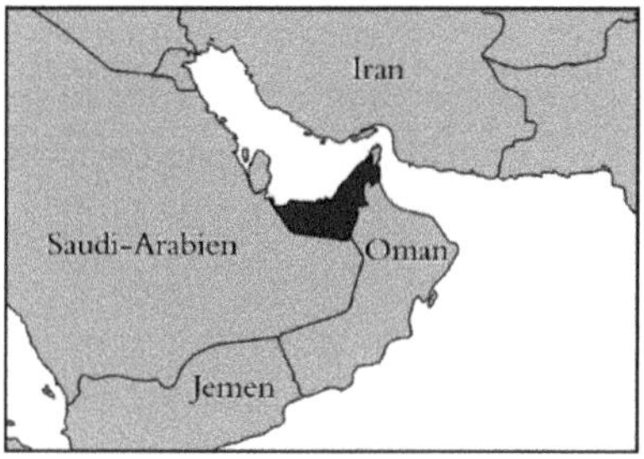

Offizieller Name:	Vereinigte Arabische Emirate
Staatsform:	Föderale konstitutionelle Erbmonarchie
Unabhängigkeit:	2. Dezember 1971 (von Großbritannien)
Nationalfeiertag:	2. Dezember (Unabhängigkeitstag)
Hauptstadt:	Abu Dhabi
Lage:	Persischer Golf
Fläche:	77.790 qkm (Weltrang: 114)
Bevölkerung:	9,1 Millionen (Weltrang: 93)
Landesstruktur:	7 Bundesstaaten (Emirate)
Sprachen:	Arabisch, Persisch, Englisch, Hindu, Urdu
Religionen:	Islam (76 Prozent), Christentum (9 Prozent)
Währung:	VAE-Dirham
Wirtschaftszweige:	Erdöl- und Erdgasförderung
Mitgliedschaften:	UN, AL, OPEC, OAPEC, GCC, OIC, IAEO, ICAO, IMF, FAO, ILO, WHO
Wichtigste Medien:	*Fernsehen:* Abu Dhabi TV, Al Arabiya Dubai TV, Sharjah TV *Rundfunk:* Abu Dhabi Radio, Al Emarat, Quran Kareem, Al-Arabiya, Al-Khaleejia *Zeitungen:* Khaleej Times, Akhbar Al-Arab, Al-Bayan, Al-Wahda, Awraq

Naturraum und geographische Rahmenbedingungen

Die Vereinigten Arabischen Emirate (VAE) mit der Hauptstadt Abu Dhabi bilden zusammen mit ihrem nordwestlichen Nachbarn Katar und ihrem östlichen Nachbarn, dem Sultanat von Oman, den südöstlichsten Teil der Arabischen Halbinsel. Südwestlich grenzen die VAE mit 410 km an Saudi-Arabien. Mit einer Gesamtfläche von 77.790 qkm sind die VAE flächenmäßig der kleinste Staat nach Katar (11.606 qkm). Die VAE hat mit ihrer 75 km langen östlichen Küstenlinie entlang des Golfes von Oman direkten Zugang zum Indischen Ozean. Hinzu kommen 700 km Küstenlinie im Persischen Golf, zwischen der Oman zugehörigen Musansam-Halbinsel im Nordwesten und der Grenze mit dem schmalen saudi-arabischen Korridor im Westen. Wirtschaftlich und geostrategisch wichtig ist die Straße von Hormus. Die Seeverbindung vom Persischen Golf zum Indischen Ozean gilt als wichtigstes Nadelöhr für den Ölexport nach Japan, Westeuropa und die USA.

Zwei Drittel des Territoriums besteht aus der sandigen ar-Rub‘ al-Khali-Wüste mit je nach Jahreszeit unterschiedlichem Bestand an Vegetation. Die zum Teil mit Dornenbüschen und karger Vegetation bewachsenen Wüsten können für Jahrzehnte leblose Landstriche sein, bis Regen fällt und sich Teile der Wüste bei ergiebigen Regenfällen zum Weideland verwandeln. Das Klima (subtropisch bis tropisch) führt zu sehr geringen jährlichen Niederschlägen und bewirkt, dass Wasser in den VAE generell eine knappe und damit wertvolle Ressource ist. Trinkwasserquellen existieren zwar, ihre Kapazität reicht aber nicht für den starken Bedarf aus, so dass mit hohem Energieaufwand Trinkwasser vorwiegend durch Meerwasserentsalzungsanlagen gewonnen wird. Die VAE zählen zu den ölreichsten Ländern der Welt. Mit nachgewiesenen Reserven von 97,8 Mrd. Barrel verfügen sie über 7,3 Prozent der bekannten Weltvorräte.

Geschichtliche Entwicklung bis zur Unabhängigkeit

Die VAE wurden am 2. Dezember 1971 als Föderation aus sechs Emiraten (Abu Dhabi, Dubai, Sharjah, Ajman, Umm al-Qaiwain und Fujairah) gegründet. Das siebte Emirat (Ras al-Khaimah) trat am 10. Februar 1972 bei.

Frühgeschichtlich betrachtet, ist die Islamisierung der arabischen Oaseneinwohner und der Beduinensippen im 7. Jahrhundert bedeutend. Die Islamisierung auf dem heutigen Staatsgebiet der VAE fand noch zu Lebzeiten des Propheten Muhammad um 630 statt. Die Bekehrung zum Islam wurde somit über Jahrhunderte der wichtigste und beständigste Faktor, der die Gesellschaft von Grund auf bestimmte. Im 16. Jahrhundert übernahmen zunächst die türkischen Osmanen die Kontrolle über die Golfregion, bis diese wenige Jahre später von den Portugiesen vertrieben wurden. Portugals Interesse an der Arabischen Halbinsel lag darin begründet, dass Portugal darauf abzielte, den sehr profitablen Handel zwischen den Küsten des Indischen Ozeans und Europa zu beherrschen. Für die Sicherung ihrer Handelsrouten nach Indien errichteten diese eine Reihe militärischer Stützpunkte im östlichen Bereich des Golfs.

In Opposition zu dem wachsenden portugiesischen Einfluss entstand in der Folge eine politische Bewegung (Yaarabi), in der lokale Händler, religiöse Würdenträger und Beduinenscheichs zusammenarbeiteten. Die Yaarabi-Bewegung schaffte es, die Macht der Portugiesen zu brechen. Nachfolgend etablierten sich auf dem Gebiet der heutigen VAE zwei Stämme. Zum einen der Stamm Al Bu-Said, der mit Hilfe der Briten und dem Machtverlust der Yaarabi-Bewegung die Macht in Maskat im Oman übernahm. Zum anderen der Stamm der Al Qawasim, der sich in den Gebieten im Norden der VAE bis heute etablieren konnte.

Die Al Qawasim widersetzten sich zunächst der Macht der Al Bu-Said und der Briten, sowohl auf dem Land als auch auf dem Meer. Der Stamm betrieb vor allem Perlenfischerei, aber ebenso Piraterie gegen Handelsschiffe, vor allem britischer Herkunft. Daraus entstand zwischen den Briten und den wahhabitischen Al Qawasim eine Allianz. Die Briten mussten ihre ganze militärische und politische Macht aufbringen, um den „Piratenkrieg“ zu beenden. 1819 zerstörten sie den Haupthafen der Piraten, Ras al-Khaimah. 1820 schlossen dann neun Scheichs, aus sieben Emiraten, Katar und Bahrain, einen Vertrag, in dem sie der Piraterie abschworen. Dieser auch „Vorläufiges Abkommen“ genannte Vertrag brachte zunächst wenig Erfolg, so dass ab 1837 über einen dauerhaften Vertrag „Treaty of Peace in Perpetuity“ verhandelt wurde. 1853 stimmten alle Beteiligten diesem Vertrag zu. 1892 kam es zu einem erneuten Vertrag zwischen Großbritannien und einigen Emiraten am Golf, der den Emiraten außenpolitischen Kontakt mit Nicht-Briten oder Konzessionen an solche untersagte.

Trotz zugesicherter innerer Autonomie standen die Staaten damit unter britischem Protektorat. Grund dafür war die Entdeckung von Erdöl in dieser Region, die exklusiv britischen bzw. britisch dominierten Ölfirmen (IPC = Iraq Petroleum Company, später PDTC = Petroleum Development Trucial

Coast Limited) die Erkundung und Exploration gestatten. Als Gegenleistung versprach Großbritannien Schutz gegen Angriffe von Land und See.

1968 verkündete Großbritannien den Plan, bis zum Jahr 1971 seine gesamten Streitkräfte östlich von Suez abzuziehen. Daraufhin entschied die Mehrheit der kleinen Emirate, eine Föderation zu bilden. Das politische und ökonomische Zentrum sollte dabei vor allem von Abu Dhabi und Dubai, den zwei reichsten Emiraten, gebildet werden. Als der Schutzvertrag mit den übrigen Scheichtümern am 1. Dezember 1971 auslief, wurden die restlichen sieben Scheichtümer vollständig souverän und unabhängig. Am nächsten Tag bildeten sechs von ihnen die VAE.

Bevölkerungsstruktur – speziell ethnische Zusammensetzung

Von den 9.157.000 Einwohnern der VAE sind ca. 80 Prozent Ausländer. Grund für diesen starken Zuwachs sind Arbeitsmigranten vor allem aus Südasien, also Indien, Pakistan, Bangladesch und Sri Lanka, die mit ca. 55 Prozent den größten Teil ausmachen. Ca. 20 Prozent sind geborene Emiratis und ca. 23 Prozent andere Araber oder Iraner. Die absolute Mehrheit der Staatsbürger sind Araber und sunnitische Muslime (aus Ägypten, dem Libanon, Syrien, Palästina, dem Irak und Jordanien). Die Bevölkerungspyramide zeigt, dass der Anteil der Bevölkerungsgruppe unter 14 Jahren bei 20,9 Prozent liegt, der 15–24 Jährigen bei 13,6 Prozent, der 25–64 Jährigen bei 61,4 Prozent und ab 65 Jahren bei ca. 1 Prozent. Das Durchschnittsalter beträgt damit 30,3 Jahre. 85,5 Prozent der Bevölkerung lebt in Städten, d.h. vor allem in den jeweiligen Hauptstädten der Emirate. Die größte Stadt in den VAE ist Dubai mit 2,415 Mio. Einwohnern.

Die überwiegende Mehrheit der Staatsangehörigen und Ausländer sind Sunniten (85 Prozent), eine Minderheit von 14 Prozent bekennt sich zum schiitischen Islam, 1 Prozent gehört anderen islamischen Richtungen an, u.a. den Drusen. Offizielle Staatsreligion ist der Islam, der auch Teil der Gesetzgebung (z.B. Familienrecht) ist. Das Gros der im Lande lebenden Ausländer sind Muslime (Araber, Inder, Pakistaner, Afrikaner). 9 Prozent sind Christen. 15 Prozent gehören anderen Religionen an (meist Hindus). Toleranz gegenüber nichtmuslimischen Glaubensrichtungen ist typisch für die VAE. Einwohner anderer Religionen – so z.B. Christen – können ihre religiösen Pflichten praktizieren und sich zu gemeinsamen Gottesdiensten zusammenfinden.

Eher im Rahmen einer begrenzten Religionsfreiheit werden offene religiöse Aktivitäten, wie etwa die Missionierung oder auch die Verteilung bzw. der Verkauf missionarischer Schriften, wie der Bibel, nicht gestattet. Es existieren Kirchen (inzwischen ca. 30) in Abu Dhabi, Dubai und in Sharjah (u.a. eine russisch-orthodoxe Kirche und andere Kirchen). Die deutsche evangelische Gemeinde in den VAE (Abu Dhabi und Dubai) besteht seit Januar 2008.

Die in den VAE existierende Gastarbeitergesellschaft weist eine strenge sozioökonomische Hierarchie auf. Dabei nehmen die Einheimischen die Führungspositionen in Anspruch. Die zum Stammesverband der Bani Yas gehörenden Herrscherhäuser beduinischer Herkunft, Dhabi (Al Nahayan) und Dubai (Al Maktoum), bilden die absolute Spitze der Hierarchie.

Wirtschaftsstruktur

Die VAE haben eine offene Wirtschaft mit einem hohen Pro-Kopf-Einkommen und einem jährlich steigenden Handelsüberschuss. Dieser Handelsüberschuss resultiert vor allem aus den Einnahmen aus dem Erdöl- und Erdgasverkauf. Beides wird fast ausschließlich im Emirat Abu Dhabi gefördert. Die VAE gehören zu den erdöl- und erdgasreichsten Ländern der Erde. Nachgewiesene Ölreserven betrugen 2014 97,8 Mrd. Barrel, die bei einer geplanten Förderquote von 3,5 Mio. Barrel/Tag noch ca. 115 Jahre reichen würden. Da nur drei der sieben Emirate (Abu Dhabi, Dubai und Shariah) über Erdöl und/oder Erdgas verfügen, wird auf der Basis der Gesamtstaatseinnahmen ein solidarischer Einkommensausgleich vorgenommen, indem Gelder von den genannten Emiraten in rohstoffarme, wirtschaftlich benachteiligte Länder fließen. Mit dem Wissen um endliche Vorkommen der Ressourcen und schwankende Preise auf dem Weltmarkt bemühte sich die Regierung um eine Diversifizierung ihrer Wirtschaft. Mittlerweile basieren nur noch 25 Prozent des BIP auf dem Verkauf genannter Ressourcen.

Schlüsselsektoren dieser Diversifizierung sind zum einen Handel, Logistik, Veranstaltungen von Messen (Expo 2020), Tourismus und Finanzdienstleistungen. Für die Steigerung der Handelsquote sind zwei wirtschaftliche Tätigkeiten im Land eminent wichtig: der Re-Export und die Freihandelszonen. Die VAE verfügen über 15 Häfen (darunter Port Jabal Ali, der größte künstliche Hafen der Welt), sieben internationale Flughäfen und über 15 Freihandelszonen. Die Entwicklung von weiteren Freihandelszonen bezieht sich dabei vor allem auf die Dienstleistungs- und Produktionsbranchen, wie etwa Informationstechnologie, Medien, Gesundheitswesen, Bildung, Blumenhandel, Goldhandel oder Autoersatzteile.

Ein weiterer wichtiger Faktor des Wirtschaftswachstums (3,6 Prozent im Jahr 2014) ist die Tourismus- und Eventbranche. Zentrum der touristischen Aktivitäten ist Dubai mit einem jährlichen Besucherzuwachs von 8,2 Prozent und im Jahre 2014 13,2 Mio. Besuchern. Die Wirtschaftsleistung wird dabei vor allem durch die genannten Arbeitsmigranten getragen. Der Zustrom ausländischer qualifizierter Arbeitskräfte reißt nach wie vor nicht ab. Gleichzeitig herrscht ein akuter Mangel an geeigneten Arbeitsplätzen für die einheimische Bevölkerung aus jedweder Bildungsgruppe. Grund dafür sind zum einen die ungenügende Eignung oder weil die Arbeitszeiten als zu lang oder die Arbeitsbedingungen als zu hart angesehen werden. Mittels einer Quote und Bußgeldern wird von staatlicher Seite versucht, die einheimische Bevölkerung vor allem in der Privatwirtschaft unterzubringen.

Aktuelle politische Entwicklung

Staatsoberhaupt (Präsident) der Vereinigten Arabischen Emirate ist seit dem 3.11.2004 Khalifah Bin Zayed Al Nahyan, der ebenfalls in Abu Dhabi herrscht. Er ist Nachfolger seines Vaters Sheikh Zayed und wurde im Jahr 2009 vom Obersten Rat erneut für fünf Jahre gewählt. Traditionell sind sowohl das Amt des Präsidenten als auch des Premierministers den Herrschern aus Abu Dhabi und Dubai vorbehalten.

Bedingt durch den Wohlstand des Landes sind innenpolitische Erschütterungen in den VAE, wie es sie in anderen arabischen Ländern gab, ausgeblieben. Als Reaktion auf den „Arabischen Frühling" erhöhte die Regierung großzügig Gehälter und Sozialleistungen und das Emirat Abu Dhabi verstärkte sein finanzielles Engagement in den anderen Emiraten. Ebenso machte die Führung deutlich, dass sie oppositionelle Aktivitäten nicht duldet. Weiterhin sind Parteien und Gewerkschaften verboten, ebenso die Muslimbruderschaft. Staat und Gesellschaft tragen noch Züge traditioneller Stammeskultur, deren gesetzlicher Rahmen für Presse- und Meinungsfreiheit zwar kritische Äußerungen zulässt, bei der aber eine bestimmte rote Linie nicht überschritten werden darf (u. a. Kritik an den Herrschaftshäusern und extrem-religiöse Propaganda). Die VAE betreiben eine Politik der aktiven Frauenförderung. Sowohl im öffentlichen als auch zunehmend im Privatsektor sind Frauen gut etabliert und in Führungspositionen zu finden. Seit Dezember 2012 gibt es eine Quotenreglung für die Zusammensetzung von Firmenvorständen (mindestens eine Frau).

Die Außenpolitik der VAE ist vor allem dadurch geprägt, dass sie auf Ausgleich bedacht ist. Dazu gehören die Leitprinzipien, wie die Nichteinmischung in die inneren Angelegenheiten anderer Staaten, die Lösung von Konflikten mit friedlichen Mitteln und die stete Unterstützung internationaler Institutionen. Priorität genießen dabei die Beziehungen zu den Staaten des Golfkooperationsrates (GCC) sowie zu den arabischen und islamischen Staaten.

Sehr enge außenpolitische Beziehungen bestehen zu Indien und Pakistan, aber auch zu China, Japan und Südkorea. Wobei letztere Hauptabnehmer des exportierten Erdöls sind. Auch zum Iran unterhalten die VAE intensive Beziehungen. Nichtsdestotrotz setzen die VAE die UN-Sanktionen gegenüber dem Iran um. Inwieweit sich die jüngste Einigung in den Atomverhandlungen auf die bilateralen Beziehungen auswirkt, bleibt abzuwarten. Zukünftig wird weiterhin das Ziel der VAE in der Außenpolitik sein, Sicherheit und Stabilität in der Golfregion zu gewährleisten und wirtschaftlich ärmere muslimische Staaten humanitär und wirtschaftlich zu unterstützen.

Literatur

Al-Akim, H. H. (1999): UAE Policy Toward the Sub-Regional Powers. In: Middle East Policy, vol. 6.

Alexander, M. (1997): The United Arab Emirates. In: Geographical Review, vol. 87, no. 4.

Asseburg, M. (Hg.) (2011): Proteste, Aufstände und Regimewandel in der arabischen Welt. Akteure, Herausforderungen, Implikationen und Handlungsoptionen, SWP-Studie. Berlin.

CIA, World Factbook (2015): United Arab Emirates, unter: https://www.cia.gov/library/publications/the-world-factbook/geos/ae.html [12.10.2015].

Davidson, Chr. M. (2011): Power and politics in the Persian Gulf monarchies. London.

Deutsches Orient-Institut (2012): Die Golfstaaten. Das „neue Herz" des Nahen und Mittleren Ostens? Die Außenpolitik der arabischen Golfstaaten in der Analyse. Berlin.

Gieler, W. (2016): Der Nahe und Mittlere Osten – Staaten und Organisationen. Frankfurt.

Gieler, W. (2015): Handbuch Außenpolitik Nahost. Eine grundlegende Einführung in die Außenpolitik der Staaten des Nahen und Mittleren Ostens. Berlin.

Heard Bey, F. (2010): Die Vereinigten Arabischen Emirate. Zwischen Vorgestern und Übermorgen. Hildesheim.

Hollis, R. (2000): Managing New Developments in the Gulf, in: Royal Institute of International Affairs. London.

Shahabi, R. (2003): Die Ursachen des Konflikts am Persischen Golf unter besonderer Berücksichtigung des Konflikts zwischen dem Iran und den Vereinigten Arabischen Emiraten um die drei Inseln Abu-Musa, Große-Tonb und Kleine-Tonb. Siegen.

Steinberg, G. (2009): Deutsche Nah-, Mittelost- und Nordafrikapolitik. Interessen, Strategien und Handlungsoptionen. Stiftung Wissenschaft und Politik (SWP). Berlin.

Studie des Deutschen Orient-Instituts (2012): Die Golfstaaten. Das „neue Herz" des Nahen und Mittleren Ostens? Die Außenpolitik der arabischen Golfstaaten in der Analyse. Berlin.

Sunik, A., Bank, A. u. Richter, T. (2013): Nahöstliche Monarchien: Auslaufmodell oder Zukunftsvision?, GIGA Focus Nahost. Hamburg 5/2013.

Walther, H., Die Vereinigten Arabischem Emirate, unter: http://liportal.giz.de/v-a-emirate [12.10.2015].

Warnock, G. (1998): Vereinigte Arabische Emirate. Eine Nation der Seefahrer. London.

Weiss, W. M. (Hg.) (2007): Die arabischen Staaten. Geschichte, Politik, Religion, Gesellschaft, Wirtschaft. Heidelberg.

Abkürzungsverzeichnis

°C	Grad Celsius
AAG TV	ehemaliger pakistanischer Jugendsender
AAJ TV	Pakistanischer 24h-Nachrichtensender
ACP/AKP	African, Caribbean and Pacific Group of States/Die Länder Afrikas, der Karibik und des Pazifiks
ADB/BAD	African Development Bank/Banque Africaine de Développement
AED	Emiratischer Dirham
AFESD	Arab Fund for Economy and Social Development
AFN	Afghani
AH	Ahdut Haawoda
AKP	Adalet ve Kalkınma Partisi (türkische „Partei für Gerechtigkeit und Aufschwung/Entwicklung“)
AKP-EU	Handelsabkommen der AKP-Staaten und EU
AKW	Atomkraftwerk
AL	Arabische Liga
ALI	Azienda Libica Italiana
AMF	Arab Monetary Fund (Arabischer Währungsfonds)
AMI	Agence Mauritanienne d‘Information
AMISOM	African Union Mission in Somalia
AMU	Arabische Maghreb Union
ANA	Afghan National Army
ANAD	Accord de Non-Aggression et de Défense
ANS	Azerbaijan News Service
AQAP	Al-Quaida auf der arabischen Halbinsel
arab.	arabisch
Art.	Artikel
ARY Digital	pakistanischer TV-Sender (benannt nach dem Gründer Abdul Razzak Yaqoob)
ASEM	Asia-Europe Meeting
ATV	Azad Azerbaycan Televizyonunu

AU	African Union
Aufl.	Auflage
AZN	Aserbaidschanischer Manat
AzTV	offizieller staatlicher Fernsehsender von Aserbaidschan
B.A.	Bachelor of Arts
BADEA	Banque Arabe pour le Développement Économique en Afrique
BBC	British Broadcasting Corporation
bbl.	Barrel
Bd.	Band
BHD	Bahrainischer Dinar
BID	Islamische Entwicklungsbank
BIP	Bruttoinlandsprodukt
BP	British Petroleum
BRD	Bundesrepublik Deutschland
BSP	Bruttosozialprodukt
bzw.	beziehungsweise
ca.	circa
CAEU	Council of Arab Economic Unity
CE	Conformité Européenne (Europarat)
CEN-SAD	Community of Sahel-Saharan States/Communauté des États Sahélo-Sahariens
CENTO	Central Treaty Organization
CFA	Communauté Financière d'Afrique
CHP	Cumhuriyet Halk Partisi (türkische Partei, deutsch: Republikanische Volkspartei)
CIA	Central Intelligence Agency
CILSS	Comité Permanent Inter-États de Lutte contre la Sécheresse dans le Sahel (zwischenstaatliche Organisation zur Dürre-Bekämpfung im Sahel)
CNN	Cable News Network
COMESA	Common Market for Eastern and Southern Africa
CPA	Comprehensive Peace Agreement
d.h.	das heißt
D-8	Gruppe von 8 Entwicklungs- und Schwellenländern
DAAD	Deutscher Akademischer Austauschdienst

DAI	Deutsches Archäologisches Institut
DIPL.-Geograph	Diplom-Geograph
DIPL.-Psych.	Diplom-Psychologe
DIPL.-Soz.	Diplom-Soziologe
dm^3	Kubikdezimeter
DR.	Doktor
DUT	Dritte Universal-Theorie
EAC	East African Community
EADB	East African Development Bank
ECA	European Club Association
ECLA	Europäisches Klassifikationssystem
ECO	Economic Cooperation Organization
ed.	editor
EG	Europäische Gemeinschaft
EGP	Ägyptisches Pfund
EIA	Energie Information Administration
ENP	Europäische Nachbarschaftspolitik
ENRS	Entreprise Nationale de Radiodiffusion Sonore
ENTV	Entreprise Nationale de la Télévision
ERP	Economy Recovery Program
ERTT	Établissement de la Radiodiffusion-Télévision Tunisienne
ERTU	Egyptian Radio and Television Union
ESCAP	Economic and Social Commission for Asia and the Pacific
etc.	et cetera
EU	Europäische Union
EUFOR	European Union Force
EW	Einwohner
EXPO	Weltausstellung
f.	folgende (Seite)
FADES	Arabischer Entwicklungsfonds
FAO	Food and Agriculture Organization
FATA	Federal Administrated Tribal Areas
FDI	Foreign Direct Investment (Ausländische Direktinvestition)
ff.	folgende (Seiten)
FGI	Frankfurter Forschungszentrum Global Islam

FIFA	Fédération Internationale du Football Association
FIS	Front Islamique du Salut
FLN	Front de Libération Nationale/Nationale Befreiungsfront
FM	Frequency Modulation
franz.	französisch
FRENTE POLISARIO	Frente Popular para la Liberacion de Saguia el Hamra y Río d'Oro
FSA	Freie Syrische Armee
G-8	Supranationale Vereinigung der sieben führenden Industrienationen (G-7) und Russlands
G-15	Gruppe der Fünfzehn (Zusammenschluss von Entwicklungsländern)
G-20	Gruppe der 20 wichtigsten Industrie- und Schwellenländer
G-24	Intergouvernementale Gruppe von 24 Ländern für internationale Währungsfragen und Entwicklung
G-77	Gruppe der 77 (Zusammenschluss von überwiegend Entwicklungsländern)
GAFTA	Greater Arab Free Trade Area
GATT	General Agreement on Tariffs and Trade
GCC/GKR	Gulf Cooperation Council/Golf-Kooperationsrat
gegr.	gegründet
GEO TV	ein pakistanischer Sender der GEO-Entertainment-Reihe
GIGA	German Institute of Global and Area Studies
GIZ	Deutsche Gesellschaft für Internationale Zusammenarbeit
GSPC	Groupe Salafiste pour la Prédication et le Combat
GTAI	Germany Trade and Invest
GUAM	Organisation für Demokratie und Wirtschaftsentwicklung der 4 Staaten Georgien, Ukraine, Aserbaidschan und Moldawien
GUS	Gemeinschaft Unabhängiger Staaten
H.	Heft
ha	Hektar
HAT	Haute Autorité pour la Transition
HDI	Human Development Index
HDP	Halkların Demokratik Partisi (türkische „Demokratische Partei der Völker")

HDR	Human Development Reports
Hg.	Herausgeber
HIPC	Heavily Indebted Poor Countries
HIV	Human immunodeficiency virus
IAEA/IAEO	International Atomic Energy Agency/Internationale Atomenergie-Organisation
IAF	Islamic Action Front
IATA	International Air Transport Association
IBRD	International Bank for Reconstruction and Development
ICAO	International Civil Aviation Organization
ICC	International Criminal Court
ICI	Istanbul Cooperation Initiative
IDA	International Development Association
IDB	Islamic Development Bank
IFAD	International Fund for Agricultural Development
IFC	International Finance Corporation
IFRCS	International Federation of Red Cross and Red Crescent
IGAD	Intergovernmental Authority on Development
ILO	International Labour Organization
IMF/IWF	International Monetary Fund/Internationaler Währungsfonds
IMO	International Maritime Organization
INOC	Iranian National Oil Company
INTERPOL	International Criminal Police Organization
InWent	Internationale Weiterbildung und Entwicklung gGmbH
IOC	International Olympic Committee
IOM	International Organization for Migration
IPC/später PDTC	Iraq Petroleum Company/Petroleum Development Trucial Coast Limited
IQD	Irakischer Dinar
IRA	Irish Republican Army
IRC	International Rescue Committee
IRENA	International Renewable Energy Agency
IRIB	Islamic Republic of Iran Broadcasting
IRNA	Islamic Republic News Agency
IRR	Iranischer Rial

IS	Islamischer Staat
ISI/ISIL	Islamischer Staat im Irak und in der Levante
ISIS	Islamischer Staat im Irak und in Syrien
ISO	International Standards Organization
IT	Information Technology
ITU	International Telecommunication Union
ITV	İctimai Television
Jg.	Jahrgang
JI	Jamaat-e-Islami
JOD	Jordanischer Dinar
JRTV	Jordan Radio and Television Corporation
JUI-F	Jamaat-e-Ulema-e-Islamyia
KADER	Kadın Adayları Destekleme Derneği (türkische Frauenorganisation)
KGB	Komitet gosudarstvennoy bezopasnosti (Committee for State Security)
km	Kilometer
km^3	Kubikkilometer
KOC	Kuwait Oil Company
KP	Kommunistische Partei
KWD	Kuwaitischer Dinar
LAS	League of Arab States (Liga der arabischen Staaten)
lat.	lateinisch
LBP	Libanesisches Pfund
LD	Libyscher Dinar
LTDH	Ligue Tunesienne des Droits de l´Homme
m	Meter
M.A.	Master of Arts
m^3	Kubikmeter
MAD	Marokkanischer Dirham
MAP	Maghreb Arab Press
MCJD	Military Council for Justice and Democracy (Militärkomitee für Gerechtigkeit und Demokratie)
MDG	Millennium Development Goals
MEN	Middle-East News Agency

MENA	Middle East and North Africa
MHP	Milliyetçi Hareket Partisi (türkische Partei, deutsch: Partei der Nationalistischen Bewegung)
Mio.	Million
mm	Millimeter
MoHE	Ministry of Higher Education
MQM	Muttahida-Quami Movement
Mrd.	Milliarde
MRO	Mauretanischer Ouguiya
MSc.	Master of Science
MSP	Le Mouvement de la Société pour la Paix/Movement for the Society of Peace
n. Chr.	nach Christus
NAM	Non-aligned Movement (Bewegung der Blockfreien Staaten)
NAN	National Action Network
NASDAQ	National Association of Securities Dealers Automated Quotations
NATO	North Atlantic Treaty Organization
NAVCENT	Naval Forces Central Command
NCP	National Congress Party (Sudan)
NDP	Nationaldemokratische Partei
NEPAD	New Partnership for Africa's Development
NGO	Non-Governmental Organization
NICs	Newly Industrialized Countries
NID	Neuer Irakischer Dinar
NIS/ILS	Neuer Israelischer Schekel
NN	Normal-Null
No./Nr.	number/Nummer
NWFP	North-West Frontier Province
o. A.	ohne Angabe
o. J.	ohne Jahresangabe
OAPEC	Organization of Arab Petroleum Exporting Countries
OAU	Organisation für Afrikanische Einheit
ODA	Official Development Assistance

ODIHR	Office for Democratic Institutions and Human Rights (Büro für Demokratische Institutionen und Menschenrechte)
OECD	Organization for Economic Co-operation and Development
OIC	Organization of Islamic Cooperation (Organisation für Islamische Zusammenarbeit)
OMR	Omanischer Rial
OMVS	Organisation pour la Mise en Valeur du fleuve Senegal (Mali, Mauretanien und Senegal als verantwortliche Organisation für den Senegal-Fluss und sein Einzugsgebiet)
OPCW	Organization for the Prohibition of Chemical Weapons
OPEC	Organization of the Petroleum Exporting Countries
OSCE/OSZE	Organization for Security and Cooperation in Europe/ Organisation für Sicherheit und Zusammenarbeit in Europa
p./pp.	page(s)
PDQ	Petroleum Development Qatar
pers.	persisch
PI	Parti de l´Istiqlal/Partei der Unabhängigkeit
PJD	Parti de la Justice et du Développement
PKK	Partiya Karkerên Kurdistanê (Arbeiterpartei Kurdistans)
PKR	Pakistanische Rupie
PLO	Palestine Liberation Organization (Palästinensische Befreiungsorganisation)
PML-N	Pakistan Muslim League (Nawaz)
POLISARIO	Frente Popular para la Liberacion de Saguia el Hamra y Rio d'Oro
PPM	Parti du Peuple Mauretanien
PPP	Pakistan People´s Party
PRDS	Parti Républican Démocratique et Social
Prof.	Professor
PTI	Pakistan Tehreek-e-Insaf
QAR	Katarischer Rial
QIZ	Qualified Industrial Zones
qkm	Quadratkilometer

RAI	Radiotelevisione Italiana
RCD	Rassemblement Constitutionnel Démocratique
reg.	regieren
RGW	Rat für Gegenseitige Wirtschaftshilfe
RND	Rassemblement National Démocratique
RNI	Rassemblement National des Indépendants
RTA	Radio Television Afghanistan
RTM	Radiodiffusion Télévision Marocaine
S.	Seite(n)
SAARC	South Asian Association for Regional Cooperation
SAP	Strukturanpassungsprogramm
SAR	Saudischer Rial
Saudi ARAMCO	Saudi Arabian-American Oil Company
SCO	Special Communications Organization
SDG	Sudanesisches Pfund
SEATO	Southeast Asia Treaty Organization
sog.	sogenannt
South African TRC	Truth and Reconciliation Commission
SPLA/M	Sudan People´s Liberation Army/Movement
SPLA-IG	Sudan People´s Liberation Army-in Government
SPLA-IO	Sudan People´s Liberation Army-in Opposition
SSP	Südsudanesisches Pfund
SUNA	Sudan News Agency
SWP	Stiftung Wissenschaft und Politik
SYP	Syrisches Pfund
t	Tonne
TND	Tunesischer Dinar
TRT	Turkish Radio and Television Corporation
TRY	Neue Türkische Lira
TÜIK	Türkisches Statistik Institut
u.	und
u. a.	unter anderem/und andere
UdSSR	Union der Sozialistischen Sowjetrepubliken
UEFA	Union of European Football Associations
UGTA	Union Générale des Travailleurs Algériens

UGTT	Union Générale Tunesienne du Travail (tunesische Gewerkschaft)
ULCO	Université du Littoral Côte d'Opale (Forschungsinstitut für Industrie und Innovation, Laboratoire de Recherche sur l'Industrie et l'Innovation)
UMA	Union du Maghreb Arabe
UN	United Nations
UNAMID	African Union–United Nations Hybrid Operation in Darfur
UNCTAD	United Nations Conference on Trade and Development
UNDP	United Nations Development Program
UNESCO	United Nations Educational, Scientific and Cultural Organization
UNFP	Union Nationale des Forces Populaires
UNHCR	United Nations High Commissioner for Refugees
UNICEF	United Nations Childrens' Emergency Fund
UNIDO	United Nations Industrial Development Organization
UNMISS	United Nations Missions in the Republic of South Sudan
UNO	United Nations Organization
UNRWA	United Nations Relief and Works Agency for Palestine Refugees
UPOV	Union internationale pour la Protection des Obtentions Végétales
UPU	Universal Postal Union
US	United States
USA	United States of America
USD	US-amerikanischer Dollar
usw.	und so weiter
UTICA	Union Tunesienne de l'Industrie, du Commerce et de l'Artisanat (Tunesischer Arbeitgeberverband)
v.	von/vom
v. a.	vor allem
v. Chr.	vor Christus
VAE	Vereinigte Arabische Emirate
VAR	Vereinigte Arabische Republik
vgl.	vergleiche

VN	Vereinte Nationen
Vol.	Volume
VR	Volksrepublik
WCL	World Confederation of Labour
WCO	World Customs Organization
WEU	Westeuropäische Union
WFTU	World Federation of Trade Unions
WHO	World Health Organization
WIPO	World Intellectual Property Organization
WMO	World Meteorological Organization
WTO	World Trade Organization
YER	Jeminitischer Rial
YLT	Türkische Lira
YPG	Yekîneyên Parastina Gel (People's Protection Units)
z. B.	zum Beispiel
z. T.	zum Teil

(Zusammenstellung des Abkürzungsverzeichnisses: Dipl.-Psych. Barbara Neuhold)

Karten

Karte 1 Die Staaten des Nahen und Mittleren Ostens

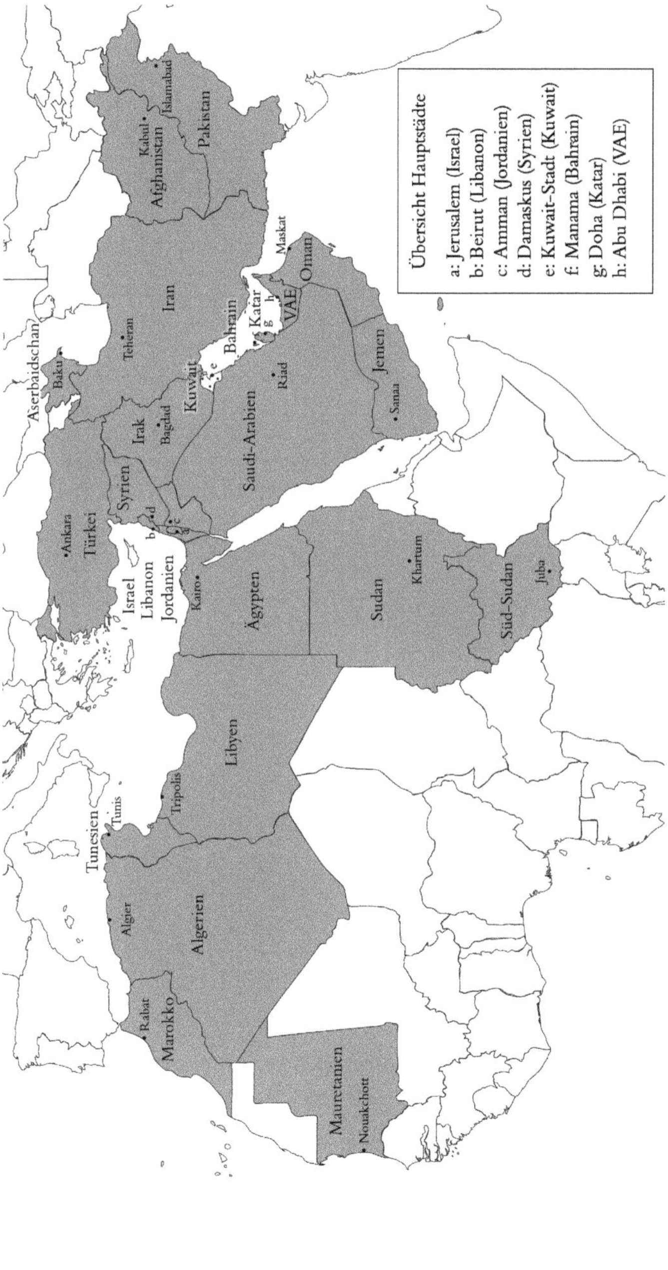

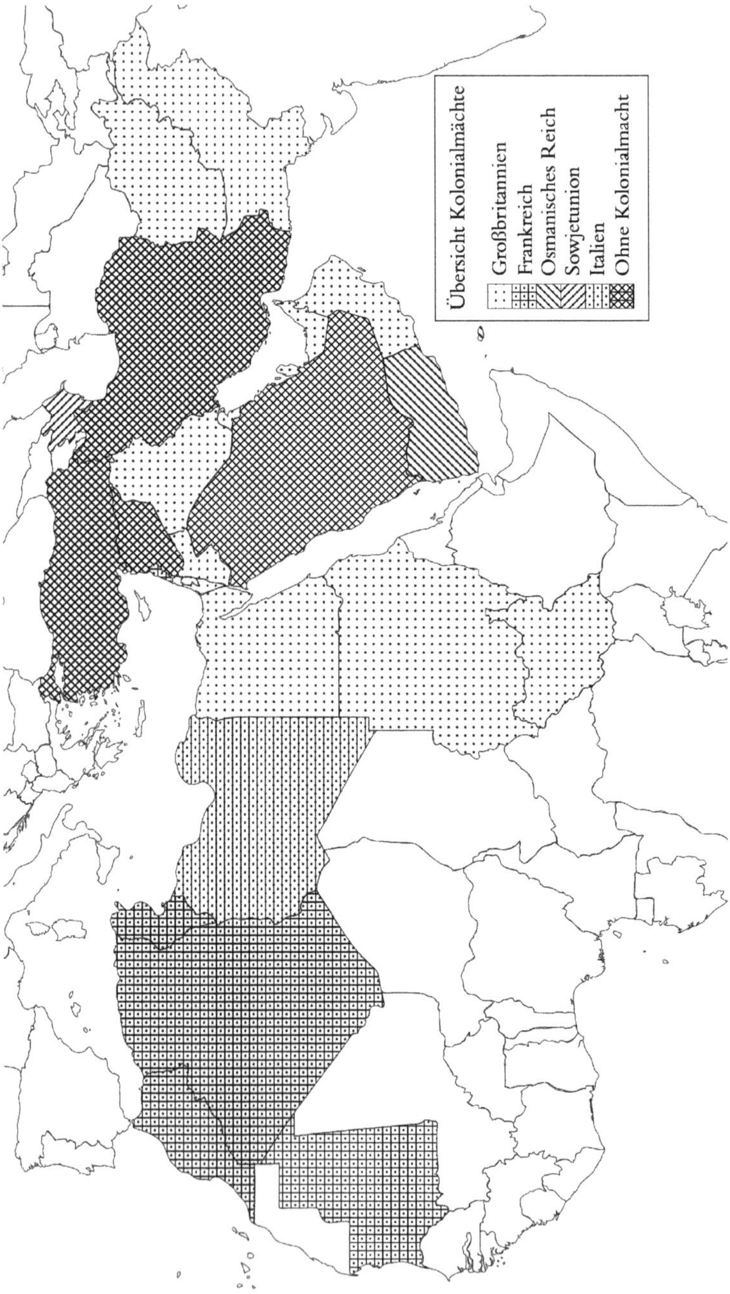

Karte 2 Kolonialmächte

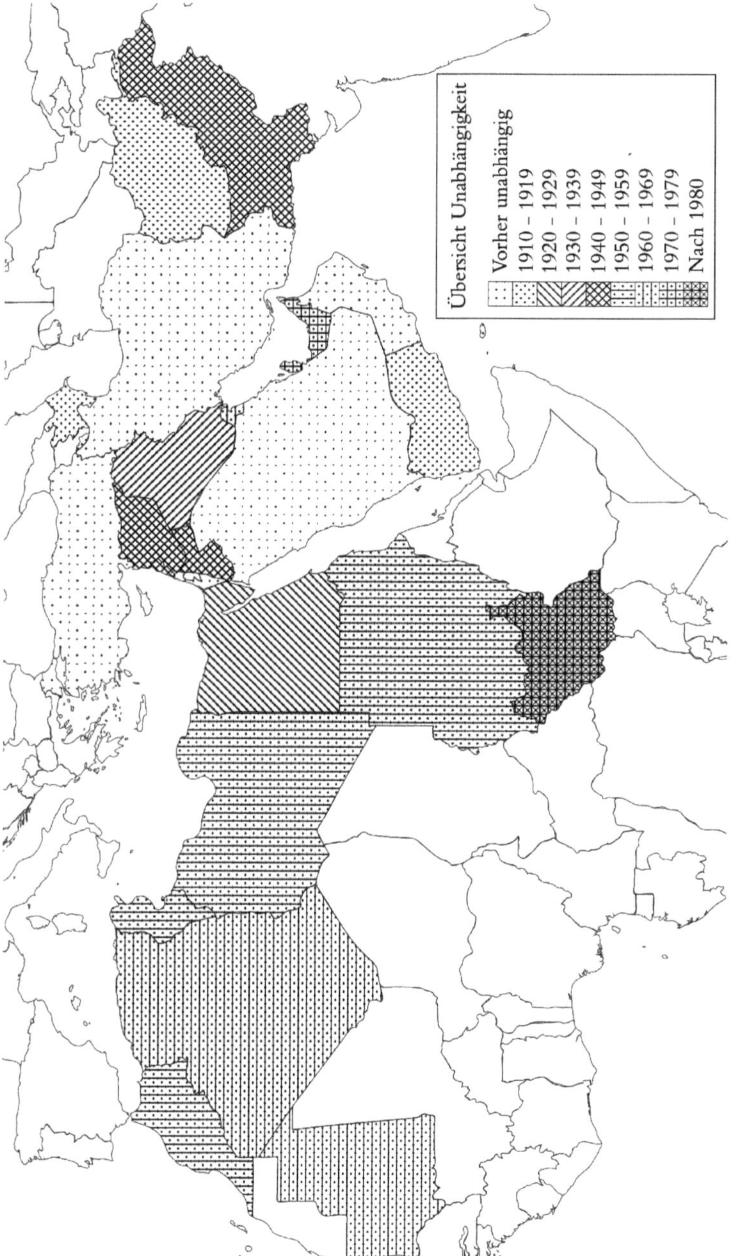

Karte 3 Politische Unabhängigkeit

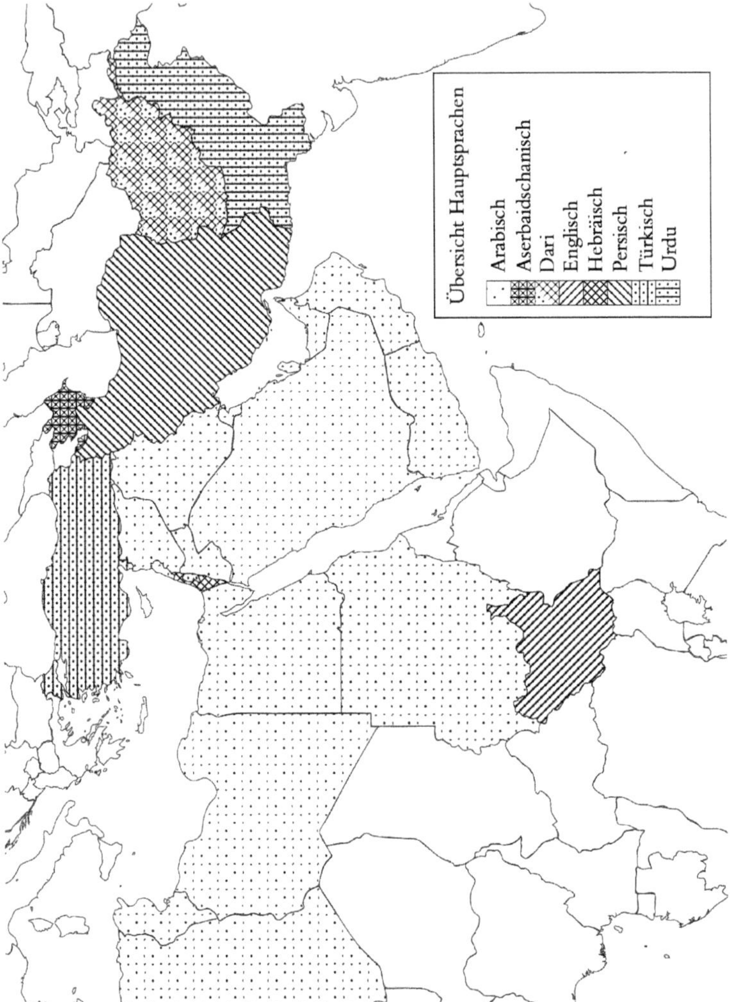

Karte 4 Sprachen

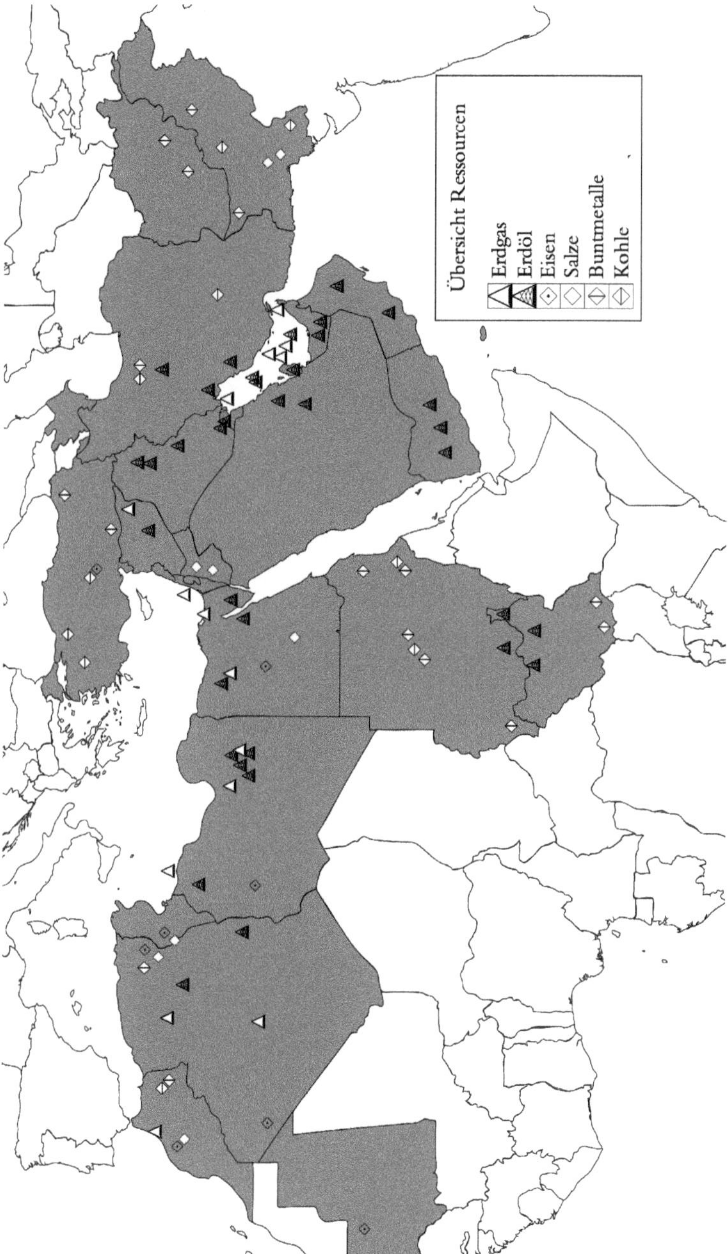

Karte 5 Ressourcen

Staatenübersicht

Staat	Hauptstadt	Einwohner (ca.)	Währung
Afghanistan	Kabul	32.577.000	Afghani
Ägypten	Kairo	91.508.000	Ägyptisches Pfund
Algerien	Algier	39.667.000	Algerischer Dinar
Aserbaidschan	Baku	9.651.000	Aserbaidschan-Manat
Bahrain	Manama	1.377.000	Bahrain-Dinar
Irak	Bagdad	37.100.000	Irakischer Dinar
Iran	Teheran	79.109.000	Iranischer Rial
Israel	Jerusalem	8.463.500	Neuer Israelischer Schekel
Jemen	Sana'a (de jure), Aden (de facto)	26.852.000	Jemen-Rial
Jordanien	Amman	7.595.000	Jordanischer Dinar
Katar	Doha	2.235.400	Katar-Riyal
Kuwait	Kuwait-Stadt	3.892.000	Kuwait-Dinar
Libanon	Beirut	5.882.560	Libanesisches Pfund
Libyen	Tripolis	6.400.000	Libyscher Dinar
Marokko ohne Westsahara (EH)	Rabat	34.400.000	Marokkanischer Dirham
Mauretanien	Nouakchott	4.068.000	Mauritius-Rupie, Ouguiya
Oman	Maskat	4.496.000	Rial Omani
Pakistan	Islamabad	188.925.000	Pakistanische Rupie

Staat	Hauptstadt	Einwohner (ca.)	Währung
Saudi-Arabien	Riad	31.540.000	Saudi-Riyal
Sudan	Khartum	40.235.000	Sudanesisches Pfund
Südsudan	Juba	12.340.000	Süd-Sudanesisches Pfund
Syrien	Damaskus	18.502.000	Syrische Lira
Tunesien	Tunis	11.108.000	Tunesischer Dinar
Türkei	Ankara	78.666.000	Türkische Lira
Vereinigte Arabische Emirate	Abu Dhabi	9.157.000	VAE-Dirham

Die Nationalflaggen der Staaten des Nahen und Mittleren Ostens

Bedeutung/Symbolik der heutigen Flaggen des Nahen und Mittleren Ostens

Afghanistan

Offizielle Einführung: 4. Januar 2004
Die heutige Flagge Afghanistans basiert auf der Flagge während der Monarchie 1930 bis 1973. Sie besteht aus drei gleich großen vertikalen Längsstreifen mit dem historischen Wappen Afghanistans in der Mitte. Dieses stellt eine Moschee dar, deren Mihrab nach Mekka zeigt. Umgeben ist die Moschee ober- und unterhalb von „Allahu Akbar" und dem Schachada, eingerahmt von einem Ährenkranz. Farbsymbolik: Schwarz steht für die dunkle vorislamische Zeit, Rot für den Kommunismus und Grün für den Islam.

Ägypten

Offizielle Einführung: 4. Oktober 1984
Arabische Befreiungsflagge von 1952. Der Adler ist das Symbol des Sultans Saladin und seiner Nachfahren sowie eine Idolfigur der Arabischen Einheit. Farbsymbolik: Rot erinnert an die Kämpfe der Revolution (vergossenes Blut), Weiß steht für eine strahlende Zukunft und Schwarz für die dunkle Vergangenheit.

Algerien

Offizielle Einführung: 3. Juli 1962
Weiß symbolisiert Reinheit und die Farbe Grün den Islam. Die Mondsichel stammt ursprünglich aus vorislamischer Zeit.

Aserbaidschan

Offizielle Einführung: 5. Februar 1990
Die Flagge, die vom Obersten Sowjet Aserbaidschans eingeführt und nach dem Zerfall der Sowjetunion weitgehend übernommen wurde, besteht aus einer horizontalen Trikolore mit weißem Halbmond und achtzackigem Stern im mittleren Streifen. Der Halbmond ist der türkischen Flagge entlehnt und steht für den Islam. Der Stern steht für die acht perso-arabischen Buchstaben, mit denen Aserbaidschan geschrieben wird. Farbsymbolik: Blau steht für die Zugehörigkeit zu den Turkvölkern, Rot als Symbol für die fortlaufende kulturelle Entwicklung und Grün für den Islam.

Bahrain

Offizielle Einführung: 17. Februar 2002
Die Flagge ist vertikal in zwei ungleichgroße Farbfelder unterteilt, mit einem kleineren weißen Feld auf der linken Seite und einem größeren roten Feld auf der rechten Seite. Beide Felder werden getrennt durch fünf Dreiecke, den Farben der jeweiligen Farbfelder entsprechend. Farbsymbolik: Weiß steht für den Frieden zu den Nachbarn, Rot für die kharidschitsche Glaubensrichtung. Die fünf Zacken symbolisieren die fünf Säulen des Islam.

Irak

Offizielle Einführung: 22. Januar 2008
Die Flagge besteht aus drei horizontalen Streifen entsprechend dem Vorbild der arabischen Befreiungsfahne in den Farben Rot, Weiß und Schwarz. Im mittleren weißen Streifen befindet sich eine dunkelgrüne arabische Inschrift mit dem islamischen Takbīr.

Iran

Offizielle Einführung: 29. Juli 1980
Die Flagge besteht aus drei horizontalen Streifen in den Farben Grün, Weiß und Rot. In der Mitte des mittleren weißen Streifens befindet sich ein Emblem, bestehend aus vier Halbmonden und einem Schwert, das in stilisiert persisch-arabischer Schrift das Wort Allah darstellt. Die Form des Symbols ist einer Tulpe nachempfunden, die für die Gefallenen während und nach der iranischen Revolution steht. Am unteren grünen und oberen roten Streifen befinden sich in Weiß jeweils 11 kufische Schriftzüge mit den Worten Allāhu Akbar. Farbsymbolik: Grün steht für den Islam, daneben aber auch für Wachstum, Einheit und die persische Sprache. Weiß steht für Frieden und Rot steht für den Märtyrertod.

Israel

Offizielle Einführung: 28. Oktober 1948
Die Flagge besteht aus einem blauen Hexagramm bzw. Davidstern auf weißem Grund zwischen zwei blauen Streifen. Die Farben gehen zurück auf den jüdischen Gebetsschal Tallit.

Jemen

Offizielle Einführung: 22. Mai 1990
Die Flagge entspricht der arabischen Befreiungsfahne von 1952, mit drei horizontalen Streifen in den Farben Rot, Weiß und Schwarz. Farbsymbolik: Rot steht für das vergossene Blut von Märtyrern und Einheit, Weiß steht für eine strahlende Zukunft und Schwarz für die dunkle Vergangenheit.

Jordanien

Offizielle Einführung: 18. April 1928
Die Flagge besteht aus drei horizontalen Streifen in den Farben Schwarz, Weiß und Grün. Auf der linken Seite befindet sich ein roter Chevron mit einem weißen Stern in der Mitte, welches für die Haschimiten und den arabischen Widerstand steht. Farbsymbolik: Entsprechend anderer panarabischer Flaggen steht Schwarz für das abbasidische Kalifat, Weiß für das umayyadische Kalifat und Grün für das fatimidische Kalifat.

Katar

Offizielle Einführung: 9. Juli 1971
Die Flagge ist vertikal in zwei ungleich große Farbfelder unterteilt, mit einem kleineren weißen Feld auf der linken Seite und einem größeren bordeauxroten Feld auf der rechten Seite. Beide Felder werden getrennt durch neun Dreiecke, den Farben der jeweiligen Farbfelder entsprechend. Farbsymbolik: Weiß steht für Frieden und das Bordeauxrot für das Blut, das in vergangenen Konflikten vergossen wurde.

Kuwait

Offizielle Einführung: 7. September 1961
Die Flagge besteht aus drei horizontalen Streifen entsprechend dem Vorbild der arabischen Befreiungsfahne in den Farben Grün, Weiß und Rot, mit einem schwarzen Trapez auf der linken Seite. Farbsymbolik: Grün steht für fruchtbaren Boden, Weiß für die Reinheit der Taten, Rot für Schwerter oder das Blut der Feinde und Schwarz steht für die Niederlage der Feinde auf dem Schlachtfeld.

Libanon

Offizielle Einführung: 7. Dezember 1943
Die Flagge ist horizontal in drei Streifen unterteilt, wobei der obere und untere jeweils in Rot gehalten ist und der größere mittlere Streifen Weiß ist. In der Mitte des mittleren Streifens befindet sich eine grüne Zeder, die Helligkeit und Ewigkeit symbolisiert und welche auf die maronitischen Christen zurückgeht. Farbsymbolik: Rot steht für das Blut der Märtyrer und die Unabhängigkeit, Weiß steht für Reinheit und den Schnee auf den Gipfeln der Berge.

Libyen

Offizielle Einführung: 24. Dezember 1951; nach dem libyschen Bürgerkrieg vom Nationalen Übergangsrat ab dem 27. Februar 2011 wieder eingeführt. In der Verfassung vom 7. Oktober 1951 wurde die Trikolore als Nationalflagge eingeführt. Die horizontale Anordnung der Farben stellt die traditionellen Provinzen des Landes dar: Rot für Fessan, Schwarz mit Halbmond und Stern für Kyrenaika und Grün für Tripolitanien.

Marokko

Offizielle Einführung: 17. November 1915. Wurde aber erst 1956 mit der Unabhängigkeit Marokkos übernommen.
Das grüne Pentagramm ist das Siegel des Salomons. Rot und Grün sind traditionelle Farben, die oft in arabischen Flaggen verwendet werden, obwohl sie insbesondere mit den Staaten am Persischen Golf noch stärker in Verbindung gebracht werden. Die Verwendung von roten Flaggen war in vielen arabischen Ländern weit verbreitet, da Rot die Farbe des Scherifen von Mekka war.

Mauretanien

Offizielle Einführung: 1. April 1959
Gold symbolisiert die Farbe des Sandes in der Sahara. Die Farbe Grün sowie der Halbmond sind Symbole des Islam, der Hauptreligion des Landes.

Oman

Offizielle Einführung: 17. Dezember 1970
Die Flagge besitzt einen roten vertikalen Streifen auf der linken Seite und drei horizontale Streifen in den Farben Weiß, Rot und Grün. Auf dem vertikalen Streifen befindet sich im oberen Drittel das Wappen der seit 1746 regierenden Said-Dynastie, bestehend aus einem Handschar (Krummdolch) und zwei gekreuzten Krummschwertern. Farbsymbolik: Weiß steht für den Imam des Landes sowie für Frieden und Wohlstand, Rot steht für die Hauptstadt Maskat und den Kampf gegen Feinde, Grün steht für das al-Dschabal al-Achdar (Grünes Gebirge).

Pakistan

Offizielle Einführung: 14. August 1947
Die Flagge besteht aus zwei vertikalen Feldern: dem kleineren weißen auf der linken Seite und einem größeren grünen auf der rechten Seite. In dem grünen Feld befindet sich ein weißer Halbmond mit einem fünfzackigen Stern. Diese stellen Fortschritt sowie Licht und Wissen dar. Farbsymbolik: Grün steht für die Muslime des Landes, Weiß steht für die nicht-muslimische Minderheit.

Saudi-Arabien

Offizielle Einführung: 15. März 1973
Die Flagge stellt auf grünem Grund weiße arabische Buchstaben und ein darunterliegendes Schwert dar. Die Schrift gibt das islamische Glaubensbekenntnis (Schahāda) wieder, das Schwert steht für Rechtschaffenheit und Gerechtigkeit. Eine Besonderheit ist, dass das Schahāda von beiden Seiten der Flagge lesbar ist. Farbsymbolik: Grün ist die Farbe des Islam.

Sudan

Offizielle Einführung: 20. Mai 1970
Grün steht für den Islam, die Dynastie der Fatimiden und für Wohlfahrt und Gedeihen des Staates. Rot ist die Farbe der Revolution, Sozialismus, und Fortschritt und steht für die Opfer, die der Kampf um den Na-

tionalstaat kostete. Weiß symbolisiert Frieden, Licht und Optimismus und erinnert an die weiße Revolutionsflagge von 1924, der Liga der Weißen Fahne, und Schwarz weist auf die Zugehörigkeit des Staates zum „Schwarzen Kontinent" hin (Das arabische Wort „Sudan" bedeutet „Schwarz").

Südsudan

Offizielle Einführung: 9. Juli 2011
Vorbild für die Flagge des Südsudan ist die Nationalflagge Kenias. Die Bedeutung der Farben ist wie folgt: Schwarz steht für die Bevölkerung Afrikas, Weiß für den Frieden, Rot für das Blut der Freiheits- und Gerechtigkeitskämpfer während des Konfliktes mit dem Sudan, Grün für die Landwirtschaft und die äquatoriale Vegetation, Blau für den Nil und der gelbe Stern für die Einheit des Staates Südsudan.

Syrien

Offizielle Einführung: erstmals 1958, wieder am 30. März 1980
Die Flagge entspricht der Vorlage der arabischen Befreiungsfahne mit drei horizontalen Streifen in den Farben Rot, Weiß und Schwarz. Im mittleren weißen Streifen befinden sich zwei grüne fünfzackige Sterne, die ursprünglich die Staaten Ägypten und Syrien als Mitglieder der Vereinigten Arabischen Republik symbolisieren. Nach neuerer Interpretation stehen sie für den Propheten Mohammed und den Islam. Farbsymbolik: Rot steht für Blut und Kampf, Weiß steht für eine strahlende Zukunft und Schwarz für die dunklen Jahre der Unterdrückung.

Tunesien

Offizielle Einführung: 1835 durch den tunesischen Bey Hassan I.
Der Halbmond und der Stern sind Symbole des Islam und gelten auch als glücksbringende Zeichen. Beide Symbole sind ein Verweis auf Tunesiens Vergangenheit als Teil des Osmanischen Reiches. Die Farbe Rot war ein dynastisches Legitimationssymbol im Osmanischen Reich. Nach der Unabhängigkeit des Landes von Frankreich wurde die Flagge als Nationalflagge angenommen.

Türkei

Offizielle Einführung: 5. Juni 1936
Auf der Flagge, oft als Mondstern bezeichnet (Ayyıldız), werden ein weißer Halbmond und ein fünfzackiger Stern auf rotem Grund dargestellt. Die heutige Flagge ist direkt von der Flagge des späten Osmanischen Reiches abgeleitet. Farbsymbolik: Rot steht für überstandene Kriegszeiten.

Vereinigte Arabische Emirate

Offizielle Einführung: 2. Dezember 1971
Die Flagge besitzt einen roten vertikalen Streifen auf der linken Seite und drei horizontale Streifen in den Farben Grün, Weiß und Rot. Farbsymbolik: Schwarz für das abbasidische Kalifat, Weiß für das umayyadische Kalifat, Grün für das fatimidische Kalifat und Rot für die Scherifen von Mekka.

Bearbeitung und Zusammenstellung
Melissa Gieler

Verzeichnis wichtiger Personen

Abbas, *Mahmud (geb. 1935): seit 2004 Vorsitzender der Palästinensischen Befreiungsorganisation, Präsident der Palästinensischen Autonomiebehörde und seit 2008 Präsident des Staates Palästina.*

Abdallahi, *Sidi Mohamed Ould Sheikh (geb. 1938): von 2007 bis zu einem Putsch 2008 gewählter Präsident Mauretaniens, steht seitdem unter Hausarrest.*

Abdalwahab, *Muhammad b. (1703–1792): islamischer Gelehrter und Begründer des sich streng am Koran und der Sunna orientierenden Wahhabismus.*

Abdullah, *Hussein bin (geb. 1994): seit 2009 Kronprinz Jordaniens.*

Ahmadinedschad, *Mahmud (geb. 1956): von 2005 bis 2013 Präsident des Irans, vorher Bürgermeister Teherans und Kommandeur der Revolutionsgarde.*

Al Nahyan, *Khalifah Bin Zayed (geb. 1948): seit 2004 Präsident der Vereinigten Arabischen Emirate.*

Al-Abadi, *Haider (geb. 1952): seit 2014 Ministerpräsident des Iraks.*

Al-Assad, *Bashar (geb. 1965): seit 2000 Präsident Syriens und Generalsekretär der Baathpartei.*

Al-Assad, *Hafiz (1930–2000): syrischer Ministerpräsident von 1970 bis 1971 und Staatspräsident von 1971 bis 2000.*

Al-Aziz, *Fahd ibn Abd (1921–2005): saudischer König von 1982 bis 2005.*

Al-Aziz, *Faisal ibn Abd (1906–1975): saudischer König von 1964 bis 1975.*

Al-Aziz, *Salman ibn Abd (geb. 1935): saudischer König und Premierminister seit 2005.*

Al-Barrak, *Mussallam (geb. 1956): kuwaitischer Oppositionspolitiker, von 2006 bis 2012 Parlamentsmitglied, seitdem unter Arrest.*

Al-Baschir, *Omar Hassan Ahmed (geb. 1944): seit 1989 regierender Präsident des Sudan und Vorsitzender einer islamistischen Partei.*

Al-Ghaddafi, *Muammar (1942–2011): von 1969 bis 1979 libysches Staatsoberhaupt und von 1979 bis 2011 diktatorischer Revolutionsführer.*

Al-Hadi, *Abed Rabbo Mansur (geb. 1945): Generalmajor und bis 2012 Vizepräsident des Jemen, seit 2012 Präsident.*

Al-Khalifa, *Hamad bin Isa (geb. 1950): seit 1999 Emir Bahrains; ernannte sich selbst 2002 zum König.*

Al-Khalifa, *Isa bin Salman (1933–1999): von 1961 bis 1999 Emir Bahrains und mit der Unabhängigkeit vom britischen Protektorat 1971 Staatsoberhaupt.*

Al-Khalifa, *Khalifa bin Salman (geb. 1935): Bruder von Isa bin Salman Al-Khalifa und Onkel des amtierenden bahrainischen Königs Hamad bin Isa Al-Khalifa; seit 1971 Premierminister Bahrains.*

Aliyev, *Heydar (1923–2003): 1969 bis 1982 Erster Sekretär des Zentralkomitees der Kommunistischen Partei der Aserbaidschanischen SSR und von 1993 bis 2003 Präsident der Republik Aserbaidschan.*

Aliyev, *İlham (geb. 1961): Sohn und Nachfolger Heydar Aliyevs, seit 2003 Präsident Aserbaidschans.*

Al-Maliki, *Nuri (geb. 1950): von 2006 bis 2014 irakischer Ministerpräsident.*

Al-Sabah, *Jaber Al-Mubarak (geb. 1942): Staatsoberhaupt Kuwaits.*

Al-Sisi, *Abd al-Fattah (geb. 1954): ehemaliger Oberbefehlshaber der ägyptischen Streitkräfte und seit 2014 Präsident Ägyptens.*

Al-Tahni, *Hamad bin Khalifa (geb. 1952): von 1995 bis 2003 Staatsoberhaupt Katars.*

Al-Tahni, *Tamin bin Hamad (geb. 1980): seit 2003 Staatsoberhaupt Katars.*

Arafat, *Jassir (1929–2004): palästinensischer Freiheitskämpfer, Politiker und Nobelpreisträger; gründete die Fatah 1957 und war Anführer der Palästinensischen Befreiungsorganisation. Er starb 2004 in Frankreich.*

As-Sabah, *Sabah al-Ahmad al-Dschabir (geb. 1929): seit 2006 Staatsoberhaupt Kuwaits.*

Aziz, *Mohamed Ould Abdel (geb. 1956): 2009 zum Staatsoberhaupt Mauretaniens gewählt.*

Barak, *Ehud (geb. 1942): von 1999 bis 2001 Ministerpräsident Israels und ehemaliger Kommandeur einer Mossad-Sondereinheit.*

Ben Al-Hassan, *Mohammed VI. (geb. 1963): seit 1999 König Marokkos.*

Ben Ali, *Zine el-Abidine (geb. 1936): von 1987 bis 2011 autokratischer Präsident Tunesiens.*

Benkirane, *Abdelilah (geb. 1954): Regierungschef Marokkos.*

BIN AL-HUSSEIN, Abdullah II. (geb. 1962): seit 1999 König Jordaniens.

BIN TALAL, Hussein (1935–1999): von 1952 bis 1999 König Jordaniens.

BOUTEFLIKA, Abdelaziz (geb. 1937): seit 1999 algerischer Präsident.

CHATAMI, Mohammad (geb. 1943): von 1997 bis 2005 iranischer Präsident.

DADDAH, Mokhtar Ould (1924–2003): von 1961 bis 1978 Präsident Mauretaniens.

DAVUTOĞLU, Ahmed (geb. 1959): von 2014 bis 2016 türkischer Ministerpräsident.

ERDOGAN, Recep Tayyip (geb. 1954): ehemaliger türkischer Ministerpräsident (2003 bis 2014) und seit 2014 Präsident.

ESSEBSI, Beji Caid (geb. 1926): 2011 tunesischer Übergangspräsident, 2014 zum Präsidenten gewählt.

ESSID, Habib (geb. 1949): seit 2015 tunesischer Ministerpräsident.

GARANG, John (1945–2005): Rebellenführer und erster Vizepräsident des Süd-Sudan.

GÜLEN, Fethullah (geb. 1941): türkischer Prediger, Anführer der religiösen und transnationalen Gülen-Bewegung.

HUSSAIN, Mamnoon (geb. 1940): Präsident Pakistans seit 2013.

HUSSEIN, Saddam (1937–2006): von 1979 bis 2003 diktatorischer Präsident des Iraks sowie von 1979 bis 1991 und von 1994 bis 2003 Premierminister, wurde 2006 wegen der Massaker an irakischen Schiiten und Kurden hingerichtet.

IBN SAID, Quabus (geb. 1940): seit 1970 Sultan des Oman.

ISSAH, Aguila Saleh (geb. 1941): seit 2014 Vorsitzender des Abgeordnetenrates und Übergangspräsident Libyens.

Karzai, Hamid (geb. 1957): von 2001 bis 2014 Präsident Afghanistans.

KEMAL, Mustafa (1881–1938): auch Atatürk (Vater der Nation) genannt; erster Präsident der Republik Türkei 1923.

KHAMENEI, Ali (geb. 1939): Nachfolger Ruholla Khomeinis und seit 1989 Oberster Rechtsgelehrter, sowie politischer und religiöser Führer des Irans. Trägt den geistlichen Titel Ayatollah.

Khomeini, Ruholla (1902–1989): von 1979 bis 1989 Führer der islamischen Revolution im Iran; trug den geistlichen Titel Ayatollah.

Machar, Riek (geb. 1952): Vizepräsident des Süd-Sudan von 2005 bis 2013.

Makhlouf, Rami (geb. 1969): Geschäftsmann und Cousin des syrischen Präsidenten Baschar Al-Assad, gilt als Symbol der weit verbreiteten Korruption in Syrien.

Mansur, Adli (geb. 1945): seit 2013 Vorsitzender des Obersten Verfassungsgerichts Ägyptens.

Masum, Fuad (geb. 1938): Vorsitzender des Repräsentantenrates in 2010 und seit 2014 der zweite kurdische Staatspräsident des Iraks.

Mayardit, Salva Kiir (geb. 1951): Präsident des Süd-Sudans seit 2011.

Morsi, Mohamed (geb. 1951): von 2012 bis 2013 Präsident Ägyptens, wurde durch einen Militärputsch abgesetzt und 2015 wegen Geheimnisverrats zum Tode verurteilt.

Mossadegh, Mohammed (1881–1967): von 1951 bis 1953 Premierminister des Irans; forderte entgegen des Willens des persischen Schahs die Verstaatlichung der iranischen Ölkonzerne.

Mubarak, Husni (geb. 1928): von 1981 bis 2011 autokratischer Präsident Ägyptens; wurde 2012 im Zusammenhang mit tödlicher Gewalt gegen Demonstranten zu lebenslanger Haft verurteilt; 2013 vorzeitig aus der Haft entlassen.

Musharraf, Pervez (geb. 1943): Präsident Pakistans von 2001 bis 2008.

Mütallibov, Ayaz (geb. 1938): von 1991 bis 1992 erster Präsident des unabhängigen Aserbaidschan.

Nabulsi, Sulaiman (1908–1976): von 1956 bis 1957 Premierminister Jordaniens.

Netanjahu, Benjamin (geb. 1949): von 1996 bis 1999 und wieder seit 2009 israelischer Ministerpräsident; 1998 und von 2002 bis 2003 Außenminister, von 2003 bis 2005 Finanzminister.

Pahlewi, Mohammad Rezah (1919–1980): von 1941 bis 1979 Schah des Irans. Mit der islamischen Revolution im Iran verließ er das Land und starb 1980 in Kairo.

Peres, *Schimon (1923–2016): von 1984 bis 1986 sowie von 1995 bis 1996 Ministerpräsident Israels, Friedensnobelpreisträger und von 2007 bis 2014 Staatspräsident.*

Rabin, *Yitzhak (1922–1995): von 1974 bis 1977 und von 1992 bis 1995 Ministerpräsident Israels und Nobelpreisträger; wurde 1995 auf einer Friedenskundgebung von Jigal Amir ermordet.*

Salam, *Tamman (geb. 1945): seit 2014 libanesischer Ministerpräsident.*

Saleh, *Ali Abdullah (geb. 1942): seit 1978 Präsident der Jemenitischen Arabischen Republik (Nordjemen) und von 1990 bis 2012 Präsident des Jemens.*

Scharon, *Ariel (1928–2014): von 2001 bis 2006 israelischer Ministerpräsident; vorher General in den israelischen Streitkräften.*

Sellal, *Abdelmalek (geb. 1948): seit 2012 Ministerpräsident Algeriens.*

Sharaf, *Essam (geb. 1952): 2011 kurzzeitig Premierminister Ägyptens und Leiter der Übergangsregierung im Rahmen des Arabischen Frühlings.*

Sharif, *Mian Mohammed Nawaz (geb. 1949): Premierminister Pakistans von 1990 bis 1993, 1997 bis 1999 und erneut seit 2013.*

Talabani, *Tschalal (geb. 1933): von 2005 bis 2014 erster Staatspräsident des Iraks und Vorsitzender der Patriotischen Union Kurdistans.*

Taya, *Mouawiya Ould Sid Ahmed (geb. 1941): mauretanischer Machthaber von 1984 bis 1992 und Präsident von 1992 bis 2005.*

Thenni, *Abdullah (geb. 1954): seit 2014 Ministerpräsident Libyens.*

Bearbeitung und Zusammenstellung
Melissa Gieler

Autorenverzeichnis

Hussein Almohamad, Assoziierter Prof. Dr.,
Anthropogeograph, Justus-Liebig-Universität Giessen.

Mahmud Aziz, Prof. Dr.,
Politikwissenschaftler, Girne American University, Türkische Republik Nordzypern.

Bastian Balzar, Dipl.-Geograph,
Rheinische Friedrich-Wilhelms-Universität Bonn.

Ismail Dalay, Prof. Dr.,
Wirtschaftswissenschaftler, Gelism-Universität Istanbul.

Andreas Dittmann, Prof. Dr.,
Anthropogeograph, Justus-Liebig-Universität Giessen.

Kim Dudek, B.A.,
Politikwissenschaftler, Friedrich-Schiller-Universität Jena.

Ines Emmermann, M.A.,
Politikwissenschaftlerin, Leibniz-Universität Hannover.

Melissa Gieler, B.A.,
Wirtschaftswissenschaftlerin, Fachhochschule Dortmund.

Wolfgang Gieler, Prof. Dr.,
Politikwissenschaftler und Ethnologe, Universität Istanbul, Friedrich-Schiller-Universität Jena und Universität Kassel.

Fabrice Gireaud, Dr.,
Politikwissenschaftler, Universität Vechta.

Holger Gödderz, M.A.,
Politikwissenschaftler, Friedrich-Schiller-Universität Jena.

Marlene Heide, M.A.,
Projektmitarbeiterin im Auswärtigen Amt.

Christian Johannes Henrich, Dr.,
Politikwissenschaftler, Universität Siegen.

Dietmar Herz, Prof. Dr.,
Politikwissenschaftler, Universität Erfurt und Vorsitzender des Beirats der Willy Brandt School of Public Policy.

Sabrina Keller, M.A.,
Politikwissenschaftlerin, Universität Siegen.

Wolf-Dieter Lassotta, B.A.,
Geschichtswissenschaftler, Westfälische Wilhelms-Universität Münster.

Olaf Leiße, Prof. Dr.,
Politikwissenschaftler, Friedrich-Schiller-Universität Jena.

Markus Mess, M.A.,
Politik- und Islamwissenschaftler, Friedrich-Schiller-Universität Jena.

Nadege Muñoz-Konaté, MSc.,
Verwaltungswissenschaftlerin, University of Manchester.

Bruno Muñoz-Pérez, Dipl.-Soz.,
Sozialwissenschaftler, Leibniz-Universität Hannover.

Markus Porsche-Ludwig, Prof. Dr.,
Politikwissenschaftler und Jurist, National Dong Hwa Universität Hualien, Republik China (Taiwan).

Martin Schwarz, Dr.,
Politikwissenschaftler, Universität Vechta.

André Staarmann, Dipl.-Geograph,
Justus-Liebig-Universität Giessen.

Zeynep Yilmaz, M.A.,
Politikwissenschaftlerin, Universität Istanbul.

Mohammed Zarouni, Prof. Dr.,
Geschichtswissenschaftler, Universität Strassburg/Frankreich.

www.ingramcontent.com/pod-product-compliance
Ingram Content Group UK Ltd.
Pitfield, Milton Keynes, MK11 3LW, UK
UKHW021821290926
8980IPUK00004B/189

9 783631 721728